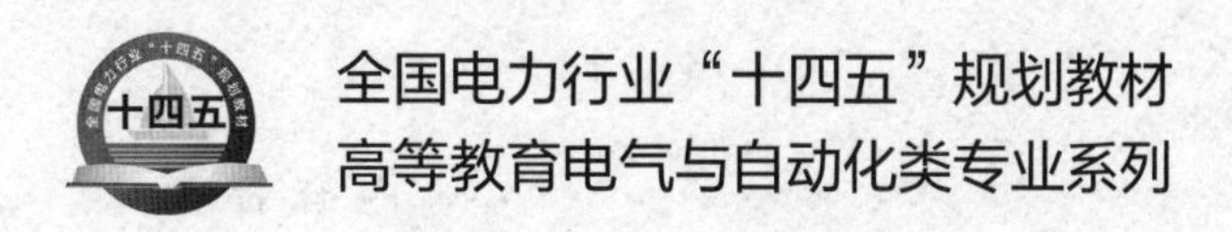

电力系统继电保护原理及应用

（第二版）

主　编　杨晓敏
副主编　王艳丽　王双文
编　写　杨　光　王　杰　侯　娟　吴娟娟
主　审　张　举

中国电力出版社
CHINA ELECTRIC POWER PRESS

内 容 提 要

本书共十二章，内容包括电力系统继电保护的基础知识，输配电线路相间短路的电流保护，输配电线路的接地保护，中低压线路保护测控装置举例，输电线路的距离保护，输电线路的差动保护，高压线路保护装置举例，电力变压器保护，发电机保护，发电机—变压器组保护装置举例，母线保护，以及电动机和电力电容器保护。附录部分介绍了电磁型继电器、微机型继电保护装置的硬件结构及原理、智能变电站继电保护系统的主要硬件结构与使用，供需要者选用。

本书可作为应用型本科院校、高职高专院校电力系统继电保护课程教材以及电力职工培训教材，也可作为电力工程技术人员的参考书。

图书在版编目（CIP）数据

电力系统继电保护原理及应用 / 杨晓敏主编 .—2 版 .—北京：中国电力出版社，2022.1（2023.10重印）
ISBN 978-7-5198-4622-0

Ⅰ.①电… Ⅱ.①杨… Ⅲ.①电力系统－继电保护－高等学校－教材 Ⅳ.①TM77

中国版本图书馆 CIP 数据核字（2020）第 071839 号

出版发行：中国电力出版社
地　　址：北京市东城区北京站西街 19 号（邮政编码 100005）
网　　址：http://www.cepp.sgcc.com.cn
责任编辑：雷　锦（010-63412530）
责任校对：王小鹏
装帧设计：赵丽媛
责任印制：吴　迪

印　　刷：廊坊市文峰档案印务有限公司
版　　次：2006 年 7 月第一版　　2022 年 1 月第二版
印　　次：2023 年10月北京第十五次印刷
开　　本：787 毫米 ×1092 毫米　16 开本
印　　张：16.75
字　　数：414 千字
定　　价：48.00 元

前　言

本书的编写以理论与实际结合、注重实用为原则，强调叙述的系统性、逻辑性和严密性，在阐述继电保护基本原理及新技术应用的同时，以典型的微机保护装置为例，从装置结构、功能配置、回路接线及现场应用等方面进行较详细的介绍，使初学者对继电保护的基本原理及其功能的实现有一个系统的认识，便于理解和掌握。本书自2006年出版以来，深受高校师生和电力工程技术人员的欢迎，发行量已超过数万册，并在2007年荣获电力行业精品教材，2008年荣获电力职业技术教育教学成果三等奖，作为编者真诚感谢多年来各位读者的认可与厚爱。

随着智能化技术在电力系统应用的深入与发展，智能化变电站的不断提升发展，数字式继电保护装置应运而生，微机保护、计算机网络和光纤通信的普及使继电保护技术发生了革命性的变化。为使本书内容与继电保护技术的发展相适应，保持其实用性，更好地服务于读者，在中国电力出版社的支持下，完成了第二版的编写。第二版中除了对第一版内容在文字上进行一些修正外，主要增删了以下内容：

（1）在输电线路光纤纵差保护中，增加了光纤通道的分类及应用、电力系统常用特种光缆等内容。

（2）在高压电动机保护章节中，增加了高压电动机保护配置、异步电动机的其他电流保护（负序电流保护、过热保护、堵转保护及零序电流保护）等内容。

（3）增加了附录C智能变电站继电保护系统的主要硬件结构与使用。

（4）删除第一版的附录A-2整流型功率方向继电器、附录A-3 DCD-2型差动继电器。

第二版修订分工如下：由郑州电力高等专科学校的侯娟完成附录C-2、附录C-4的编写；郑州电力高等专科学校的吴娟娟完成第一章第五节及第四章的改编；由王艳丽完成全书改编的统稿，并完成附录C-1、输电线路光纤纵差保护及高压电动机保护章节中增加内容的编写。

本书第二版编写过程中，参阅了部分继电保护专业相关专家们的研究成果、著作与论文，在此表示衷心的感谢！

限于编者水平，书中难免存在缺点、错误，敬请读者提出宝贵意见。

编者

2021年5月于郑州

第一版前言

变电站综合自动化技术、微机型继电保护装置已经在电力系统中广泛采用，本书在较为全面、系统地阐述继电保护基本原理的基础上，参照新型继电保护装置的产品说明书，将微机型继电保护的原理及新技术融汇、贯穿在各个章节中。本书增添了保护屏、保护装置机箱、保护装置内部插件及外部结构、继电器等的图片，从而使初学者对继电保护装置有一个直观的认识。本书以几种典型的微机型保护装置为例，从结构、功能配置、定值清单及其整定、装置出口回路及端子接线等方面，对微机型保护装置作了较详细的介绍，使读者在掌握继电保护基本原理的基础上，更有助于全面了解继电保护装置，并尽快掌握其使用方法。考虑到应用型本科院校、高职高专院校的培养对象及目标，本书尽量避免了烦琐的理论推导。

全书共十二章。第一章电力系统继电保护的基础知识，第二章输配电线路相间短路的电流保护，第三章输配电线路的接地保护，第四章中低压线路保护测控装置举例，第五章输电线路的距离保护，第六章输电线路的差动保护，第七章高压线路保护装置举例，第八章电力变压器保护，第九章发电机保护，第十章发电机—变压器组保护装置举例，第十一章母线保护，第十二章电动机和电力电容器保护。本书的特点是内容较为全面，叙述力求简明扼要，通俗易懂，图文并茂，实用性强。

附录部分分为附录 A 和附录 B。附录 A 介绍了几种继电保护装置中常用的继电器。附录 B 介绍了微机型继电保护装置的硬件结构及原理。考虑到一些发电厂的老机组和部分变电站，仍采用机电型保护装置；各种微机型继电保护装置的硬件结构及原理，与变电站综合自动化系统中各保护测控单元基本相同或已融为一体，这部分内容也可放在“变电站综合自动化”课程中讲授。因此，将这两部分内容放在附录中，供需要者选用。

参加本书编写的有郑州电力高等专科学校杨晓敏（第二、四、六、十章和附录 B）、王艳丽（第一、五、八、九章）、王双文（第三、十二章和附录 A），河南省电力公司郑州供电公司杨光（第七章），大唐信阳华豫发电有限责任公司王杰（第十一章），郑州电力高等专科学校侯娟、吴娟娟参与了部分章节的编写工作。由杨晓敏担任主编、统稿。本书由华北电力大学张举教授担任主审，在审阅过程中提出了许多宝贵的意见和建议。在此，对张举教授的赐教致以诚挚的谢意。

在本书编写过程中得到了河南省电力勘测设计院周春晓、常吉叶教授级高工，郑州电力高等专科学校朱晓山副教授，河南省电力公司郑州供电公司李川高级技师，河南省电力公司濮阳供电公司丁伟红技师以及北京四方继保自动化有限公司的大力支持，在此向他们表示衷心的感谢。对于本书末所附参考文献的作者，表示衷心的感谢；对于有关厂家产品说明书的作者同样表示衷心的感谢。

限于编者水平，时间仓促，书中难免存在缺点、错误，敬请读者提出宝贵意见。

编　者

2006 年 4 月于郑州

目　录

第一章　电力系统继电保护的基础知识

第一节　电力系统继电保护的目的和任务

一、电力系统继电保护的目的

电力系统继电保护是指反应电力系统中电气设备发生故障或不正常运行状态而动作于断路器跳闸或发出信号的一种自动装置。电力系统由发电机、变压器、母线、输配电线路及用电设备组成。电力系统由于受自然（如雷击、风灾等）、人为（如设备制造上的缺陷、误操作等）等因素的影响，会不可避免地发生各种形式的短路故障（简称故障）和异常运行状态。

电力系统故障总是伴随着很大的短路电流，同时系统电压大大降低。一旦发生短路故障将会产生如下后果：①短路点的电弧将故障的电气设备烧坏；②短路电流通过故障设备和非故障设备时发热并产生电动力，使电气设备的机械损坏和绝缘损伤，以至缩短设备的使用寿命；③电压下降，使大量电能用户的正常工作遭受破坏，影响产品质量；④电压下降可能导致电力系统各发电厂间并列运行的稳定性遭受破坏，引起系统振荡，甚至使整个系统瓦解。

所谓电力系统的异常运行状态是指系统的正常工作受到干扰，设备的运行参数偏离正常值。例如，长时间的过负荷会使电气元件的载流部分和绝缘材料的温度过高，加速设备的绝缘老化或损坏设备。电力系统的异常运行状态如不及时发现并处理，将演变为电力系统故障。

电力系统的故障和异常工作状态若不及时处理或处理不当，就可能在电力系统中引起事故，造成人员伤亡及设备损坏，使电能用户停电、电能质量下降到不能容许的程度。为防止事故发生，就必须在电气设备上装设继电保护装置，根据它们发生的故障和异常运行情况，动作于断路器跳闸或发出信号。

二、电力系统继电保护的任务

继电保护的基本任务是：①电力系统发生故障时，自动、快速、有选择地将故障设备从电力系统中切除，保证非故障设备继续运行，尽量缩小停电范围；②电力系统出现异常运行状态时，根据运行维护的要求能自动、及时、有选择地发出告警信号或者减负荷、跳闸。

综上所述，继电保护在电力系统中的主要作用是通过预防事故或缩小事故范围来提高系统运行的可靠性。继电保护装置是电力系统的重要组成部分，是保证电力系统安全、可靠运行的重要技术措施之一。

第二节　对电力系统继电保护的基本要求

根据继电保护的任务和电力系统运行的特点，对继电保护装置的基本要求是满足选择性、速动性、灵敏性和可靠性。

一、选择性

继电保护的选择性是指继电保护装置动作时，仅将故障设备从电力系统中切除，使停电范围尽量减小，以保证系统中非故障设备继续安全运行。

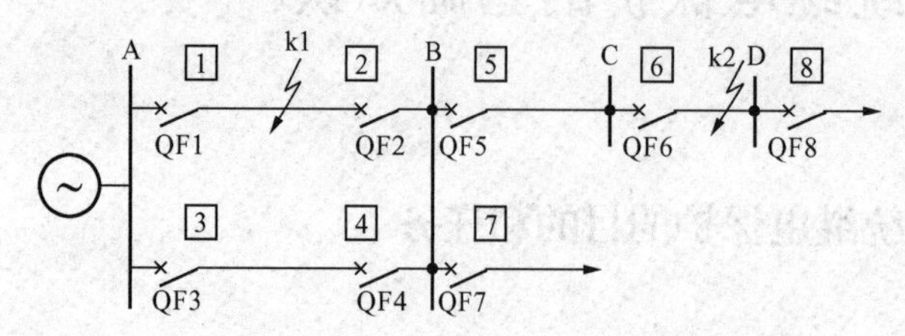

图 1-1　电网保护选择性动作示意图

继电保护装置为保证其选择性，在动作时要尽量断开离故障点最近的断路器。如图 1-1 所示单侧电源网络，母线 A、B、C、D 代表相应的变电站，每段线路上分别装设继电保护装置 1～8。

当 k2 点发生故障时，应由距短路点 k2 最近的保护装置 6 动作跳开断路器 QF6，将故障线路 CD 切除，仅使 D 变电站停电，其余非故障设备可继续运行，这是有选择性的动作。若 k2 点发生故障，保护 6 或断路器 QF6 拒动时，由保护 5 动作使断路器 QF5 跳闸，这种由上一级保护跳开上一级断路器的动作行为仍具有选择性。

若 k1 点短路，由保护装置 1 和 2 动作，断路器 QF1、QF2 跳闸切除故障线路，变电站 B 仍可由另一条线路继续供电，满足选择性的要求。若 QF1、QF2 跳闸的同时，QF3、QF4 也跳闸，将扩大停电范围，属于非选择性动作。

二、速动性

继电保护的速动性是指继电保护装置应以尽可能快的速度切除故障设备。快速切除故障设备具有以下优越性：①可提高电力系统并列运行的稳定性；②可使电压尽快恢复正常，减轻对用户的影响；③可减轻电气设备的损坏程度；④可防止事故扩展，提高重合闸成功率。

故障切除的总时间等于保护装置的动作时间和断路器动作时间之和。在实际应用中，应根据不同电网对故障切除时间的具体要求、电网的经济性以及运行维护水平等条件确定合理的保护动作时间。

三、灵敏性

继电保护的灵敏性是指保护装置对其保护范围内发生故障或异常运行状态的反应能力。满足灵敏性要求的保护装置应该在预先规定的保护范围内发生故障时，不论短路点的位置、短路形式及系统的运行方式如何，都能敏锐感觉，正确反应。

继电保护的灵敏性，又称灵敏度，通常用灵敏系数 K_s 来衡量，它取决于被保护设备和电力系统的参数、运行方式等因素。对于不同的保护装置和被保护设备，灵敏系数的要求各不相同。

在继电保护的整定计算中，灵敏系数的计算通常要考虑电力系统可能出现的最大运行方式和最小运行方式。所谓电力系统最小运行方式是指系统中等值阻抗最大，流过保护装置的短路电流最小时的运行方式；反之，系统等值阻抗最小、流过保护装置的短路电流最大时的运行方式称为最大运行方式。

对反应故障时参数量增加动作的保护装置，其灵敏系数为

$$K_s = \frac{\text{保护区末端故障参数的最小计算值}}{\text{保护动作参数的整定值}}$$

对反应故障时参数量降低动作的保护装置，其灵敏系数为

$$K_s = \frac{\text{保护动作参数的整定值}}{\text{保护区末端故障参数的最大计算值}}$$

四、可靠性

继电保护的可靠性是指保护装置在电力系统正常运行时不误动；在规定的保护范围内发生故障时，应可靠动作；而在不属于该保护动作的其他任何情况下，应可靠不动作。

继电保护的选择性、速动性、灵敏性和可靠性是相辅相成、相互制约的，是分析研究各种继电保护装置的基础，是贯穿本课程的一条基本线索。

第三节　继电保护的基本原理及分类

一、继电保护的基本原理

根据继电保护的任务和要求，继电保护的基本原理是利用电力系统正常运行与发生故障或不正常运行状态时，各种物理量的差别来判断故障或异常，并通过断路器将故障切除或者发出告警信号。

电力系统发生故障时，通常有电流增大、电压降低、电压与电流的比值（阻抗）和它们之间的相位角改变等现象。因此，根据发生故障时这些基本参数与正常运行时的差别，可构成不同原理的继电保护装置。例如，反应故障时电流增大构成电流保护；反应电压降低构成低电压保护；反应电压与电流比值的变化构成距离保护；反应电流与电压之间相角的变化构成方向保护。此外还有，根据故障时被保护设备两端电流相位和功率方向的差别，构成差动保护；根据不对称短路故障出现的相序分量，可构成灵敏的负序和零序保护；根据故障瞬间的特征量构成瞬态保护等。

除了反应各种电气量的保护外，还有反应非电气量的保护，如反应非电气量的电力变压器瓦斯保护、温度（过热）保护等。

二、继电保护装置的分类

继电保护装置的分类方法很多，从不同角度出发分类，将有不同的称谓。例如，按照继电保护装置的构成原理分类，通常有电流保护、电压保护、差动保护、功率方向保护、距离保护和高频保护等；按照被保护的对象分类有线路保护、变压器保护、发电机保护、母线保护、电动机保护、电容器保护等；按照构成保护装置的元件或模块分类，通常分为机电型保护装置、静态型保护装置和微机型保护装置；按照保护的功能划分，通常有主保护、后备保护和辅助保护等。

常用继电保护装置的类别和用途见表 1-1。

表 1-1　　常用继电保护装置的类别和用途

序号	类别		主要用途
1	电流保护	（1）电流速断保护； （2）定时限过电流保护； （3）反时限过电流保护	（1）发电机、变压器、线路、电动机、电容器保护等； （2）发电机、变压器、线路、电动机、电容器保护等； （3）发电机、变压器、线路、电动机保护等
2	电压保护	（1）低电压保护； （2）过电压保护	（1）发电机、变压器、母线、线路、电动机、电容器保护等； （2）发电机、变压器保护等
3		电流方向保护	线路、变压器保护等
4		电流平衡保护	平行线路保护

续表

序号	类别		主要用途
5	差动保护	(1) 纵差保护； (2) 横差保护	(1) 线路、发电机、变压器、母线、电动机保护等； (2) 发电机、双回线路保护等
6	距离保护（阻抗保护）		线路、发电机、变压器保护等
7	母线保护		母线保护
8	匝间短路保护		发电机保护
9	定子接地保护		发电机保护
10	转子接地保护		发电机保护
11	失励磁保护		发电机、电动机保护
12	失步保护		发电机、电动机保护
13	瓦斯保护		变压器保护

三、继电保护装置的基本组成

1. 继电保护装置的基本工作过程

以图 1-2 所示某线路保护原理接线图为例，说明继电保护装置的工作过程。当线路的 k 点发生短路时，线路中的电流由负荷电流突然增大到短路电流，通过电流互感器 TA 反应到二次侧后流过继电保护装置；同时母线电压降低，通过电压互感器 TV 反应到二次侧继电保护装置。继电保护装置通过对输入电流和电压进行计算比较判断。当满足跳闸的条件时，发出跳闸脉冲，经过断路器的动断辅助触点驱动其跳闸线圈，使断路器跳闸；如果仅满足告警条件时，发出告警信号。

2. 继电保护装置的基本组成

继电保护装置通常均由测量、逻辑、执行部分等三部分组成，如图 1-3 所示。

(1) 测量部分对来自被保护设备的输入信号进行计算分析并与基准整定值进行比较，确定是否发生故障或异常运行状态，然后输出相应的信号至逻辑部分。

(2) 逻辑部分对测量部分输出的信号进行逻辑判断，确定保护是否应该动作使断路器跳闸或者发告警信号，并将确定的结果输入到执行部分。

(3) 执行部分根据逻辑部分送来的信号，执行保护装置的任务，使断路器跳闸或者发告警信号。

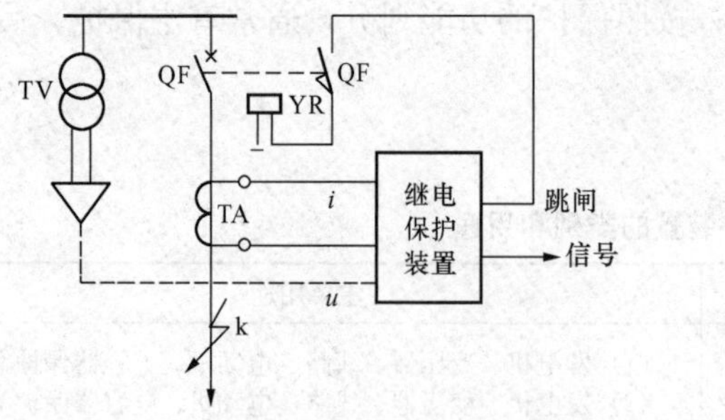

图 1-2 某线路保护装置原理接线图

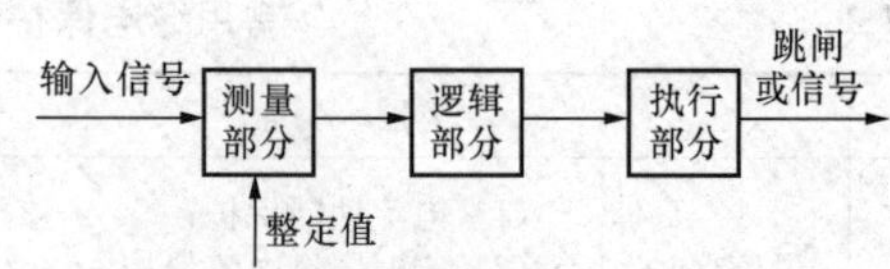

图 1-3 继电保护装置的基本组成方框图

第四节 继电保护的技术实现

继电保护技术实现时，根据构成保护装置的元件或模块不同，通常有机电型保护装置、静态型保护装置和微机型保护装置等。

一、机电型继电保护装置

机电型继电保护装置的测量部分、逻辑部分及执行部分主要由若干个不同性能的机电型继电器组成。机电型继电器基于电磁力或电磁感应作用产生机械动作原理而制成。只要给继电器加入某种物理量或加入的物理量达到某个规定数值时，它就会动作。其动合（常开）触点闭合，动断（常闭）触点断开，输出信号。常用的机电型继电器有电流继电器、电压继电器、功率方向继电器、阻抗继电器、中间继电器、时间继电器和信号继电器等，其原理分析见附录 A。图 1-4 所示为几种机电型继电器。

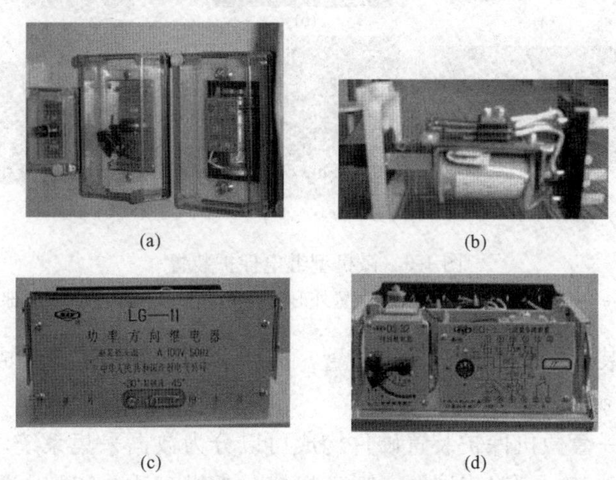

(a)　(b)

(c)　(d)

图 1-4　机电型继电器

(a) 自左向右为机电型信号继电器、时间继电器、中间继电器的面板图；(b) 机电型信号继电器内部结构图；(c) 机电型功率方向继电器正面图；(d) 机电型自动重合闸继电器正面图

由于机电型继电保护装置是经过电—磁—力—机械运动的多次转换而构成的。其转换环节多，加之机械构件的准确度、维护和调试经验对误差影响大，因而造成保护装置的准确度低、动作速度慢等，近年来逐步被微机型继电保护装置替代。

二、静态型继电保护装置

静态型继电保护装置各个部分所用的元器件主要是晶体管或集成电路型电子元件。通常将这些电子元件焊接在电路板上，利用电路板组成继电保护装置。静态型继电保护装置与机电型继电保护装置相比，具有体积小、质量小、灵敏性高、动作快等优点。但由于该保护装置的元件参数分散性大，动作特性易改变，随着微机型保护装置的出现，静态型继电保护装置已逐渐被微机型继电保护装置替代。图 1-5 所示为静态型继电保护装置。

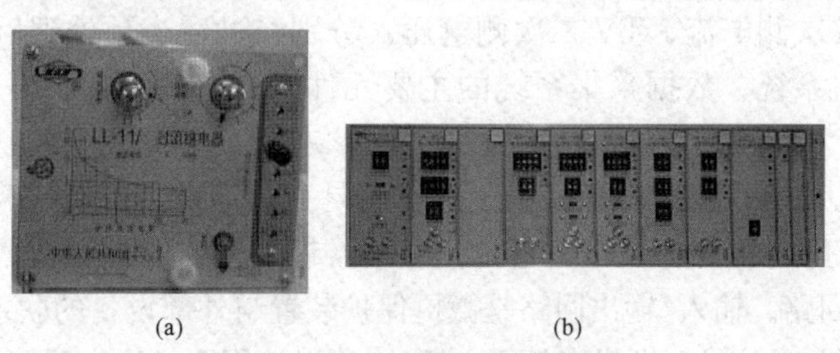

(a)　(b)

图 1-5　静态型继电保护装置

(a) 晶体管型过电流继电器面板图；(b) 集成电路型线路保护装置

三、微机型继电保护装置

微机型继电保护装置是利用微型计算机或单片机来实现继电保护功能的一种自动装置，与机电型、静态型继电保护装置相比具有准确度高、灵活性大、可靠性高、调试和维护方便、易获取附加功能、易于实现综合自动化等特点。目前微机型继电保护装置已广泛应用于电力系统。图 1-6 所示为微机型继电保护装置。

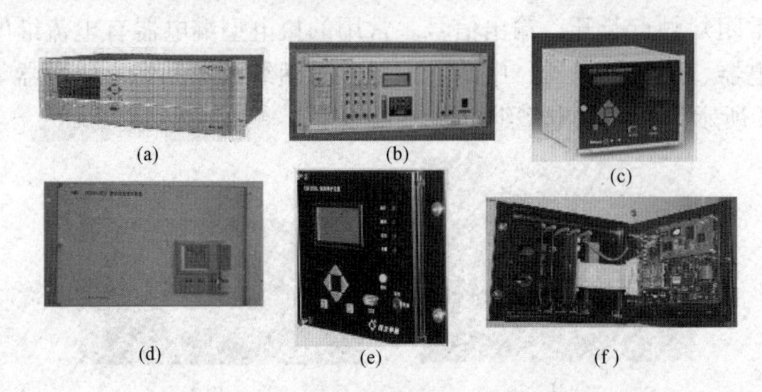

图 1-6　微机型继电保护装置

(a)～(e) 不同型号的微机型保护装置外形图；(f) 某微机型保护装置内部结构

微机型继电保护装置（简称微机保护装置）由硬件和软件两部分组成。

1. 微机保护装置硬件电路的基本组成

从功能上划分，一套微机保护装置硬件构成可以分为数据采集系统（或称模拟量输入系统）、微型计算机系统、输入/输出回路、通信接口、人机对话系统和电源部分。微机保护装置硬件电路基本组成框图如图 1-7 所示。

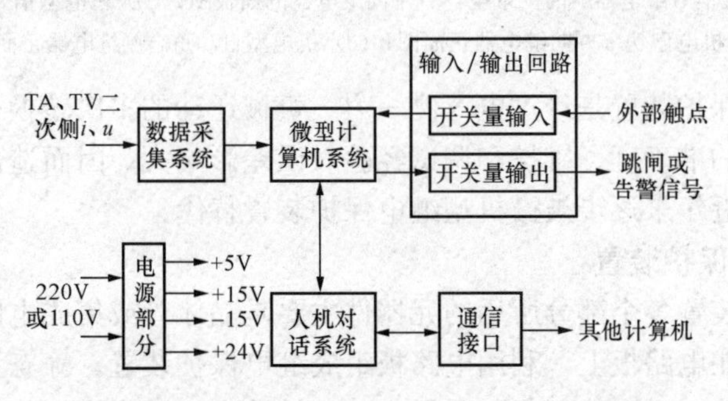

图 1-7　微机保护装置硬件电路基本组成框图

（1）数据采集系统。微机保护装置的数据采集系统又称为模拟量输入系统。其作用是将被保护设备的 TA 二次侧电流、TV 二次侧电压，分别经过适当预处理后转换为所需的数字量，送至微型计算机系统。数据采集系统的主要元件通常有变换器、模/数转换（A/D）芯片、电阻、电容等。

（2）微型计算机系统。微型计算机系统的作用是完成算术及逻辑运算，实现继电保护功能。该系统的主要元件是微处理器 CPU 芯片、存储器芯片、定时器/计数器芯片及接口芯片等。

（3）输入/输出回路。输入/输出回路是微机保护装置与外部设备的联系电路，因为输入信号、输出信号都是开关量信号（即触点的通、断），所以该回路又称为开关量输入/输出回路。

开关量输入回路的作用是将各种开关量（如保护装置连接片的通断、屏上切换开关的位置等）通过光电耦合电路、接口电路输入到微型计算机系统。开关量输出回路的作用是将微型计算机系统的分析处理结果输出，以完成各种保护的出口跳闸或信号告警等，开关量输出回路的主要元器件通常是光电耦合芯片和小型中间继电器等。

(4) 人机对话系统。人机对话系统的作用是建立起微机保护装置与使用者之间的信息联系，以便对装置进行人工操作、调试和得到反馈信息。人机对话系统又称人机接口部分，主要包括显示器、键盘、打印机等。

(5) 通信接口。通信接口的作用是提供计算机局域通信网络以及远程通信网络的信息通道。微机保护装置的通信接口是实现变电站综合自动化的必要条件，特别是面向被保护设备的分散型变电站监控系统，通信接口电路更是不可缺少的。微机保护装置的通信接口通常都采用带有相对标准的接口电路。

(6) 电源回路。电源回路的主要作用是给整个微机保护装置提供所需的工作电源，保证整个装置的可靠供电。微机保护装置的电源回路通常采用输入直流 220V 或 110V，输出直流 +5、±12（或±15）、+24V 等。其中，+5V 主要用于微型计算机系统；±12V（或±15V）主要用于数据采集系统；+24V 主要用于开关量输出回路等。

2. 微机保护装置软件模块的基本结构

不同型号的微机保护装置的软件模块构成不完全相同。微机保护装置的软件模块通常可分为人机对话系统软件（称为接口软件）和保护系统软件两大部分。微机保护装置软件模块基本结构示意图如图 1-8 所示。

(1) 人机对话系统软件模块。人机对话系统软件，又称为接口软件。该软件大致分为监控程序和运行程序，保护装置在调试方式下执行监控程序，运行方式下执行运行程序。CPU 执行哪一部分程序由装置的工作方式开关或显示器上显示的菜单选择来决定。人机对话系统软件的监控程序主要是实现键盘命令和处理功能；运行程序由主程序和定时中断服务程序构成。主程序主要完成巡检（各 CPU 保护插件）、键盘扫描和故障信息的处理和打印等。定时中断服务程序主要包括：①用于硬件时钟控制并同步各 CPU 模块的软件时钟程序；②用于检测各保护 CPU 启动元件是否动作的检测启动程序。

(2) 保护系统软件的基本结构。微机保护装置型号及功能不同，其保护系统软件的结构不完全相同，但原理相似。图 1-8 所示某微机保护装置保护系统软件主要包含主程序、采样中断程序、正常运行程序及故障计算处理程序等模块。其结构示意框图如图 1-9 所示。

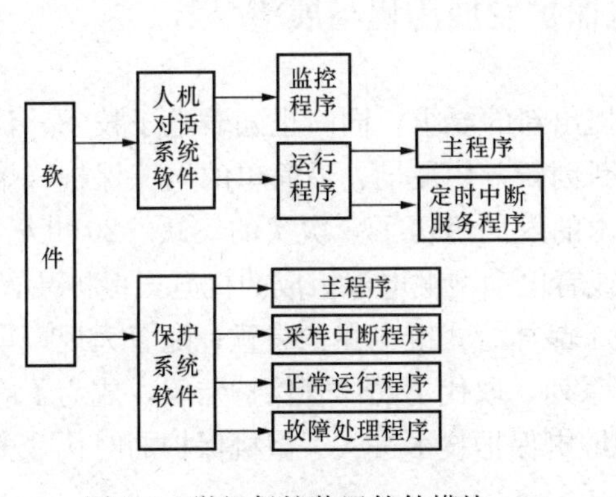

图 1-8　微机保护装置软件模块基本结构示意图

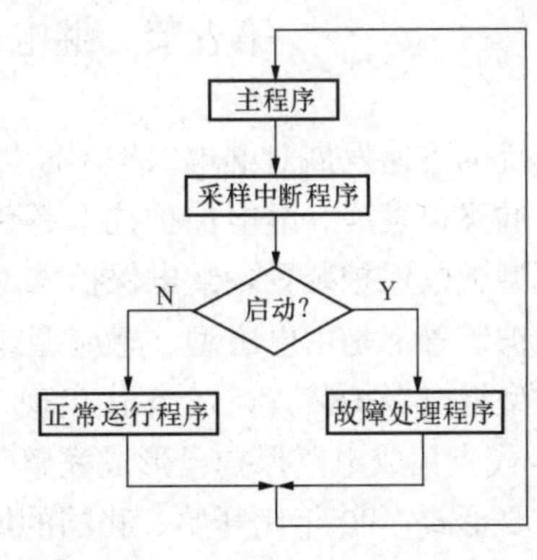

图 1-9　保护系统软件结构示意框图

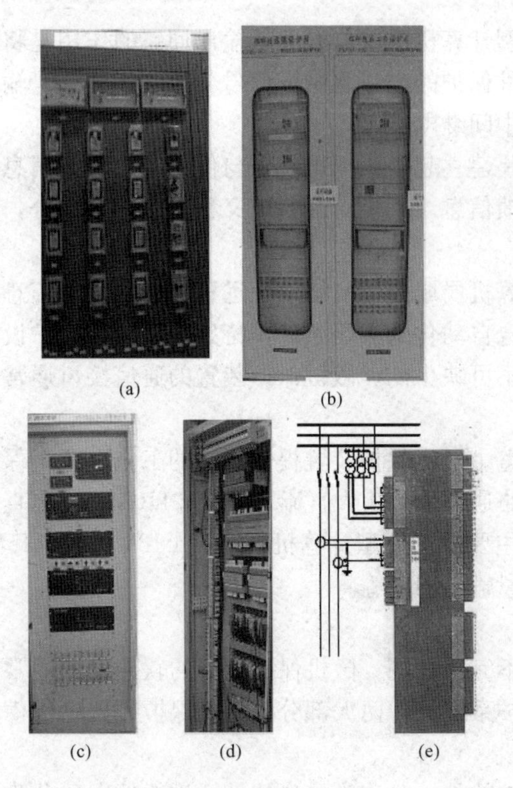

图 1-10 继电保护屏

（a）机电型继电保护屏局部正面图；（b）静态型继电保护屏正面图；（c）微机型继电保护屏正面图；（d）微机型继电保护屏背面图；（e）某线路保护屏交流部分接线示意图

1）主程序主要用于初始化和自检，并按固定的采样周期执行采样中断程序。

2）采样中断程序主要进行模拟量采集与滤波、开关量采集、装置硬件自检、交流电流断线和装置启动判据的计算，根据是否满足启动条件而进入正常运行程序或故障计算处理程序。

3）正常运行程序主要进行采样值自动零漂调整、硬件和交流回路异常检查。当装置自检发现硬件和交流回路异常时，将发出告警信号。告警信号通常分为两种：一种为交流回路异常告警，这时不闭锁保护装置，提醒运行人员进行相应处理；另一种为闭锁告警信号，告警的同时将保护装置闭锁，使保护退出工作。

4）故障计算处理程序主要进行各种保护的参数计算、区段判别、跳闸逻辑判断、事件报告、故障报告的存储等。

四、继电保护的实现

根据被保护设备的需要，选择保护装置型号；将这些保护装置按照国家规定的标准，安装在标准的继电保护屏上，并依照图纸完成屏内各单元之间的连线；对组装完毕的继电保护屏（见图 1-10）进行出厂调试，并将其运输至被保护设备所在的变电站（或集控站）进行安装；最后完成被保护设备对应回路的电流互感器二次侧、电压互感器二次侧与相应继电保护屏之间的连线，进行整组调试。经过上述主要环节，就组成了某一被保护设备的继电保护系统，该系统按照要求完成其继电保护的任务。

第五节 继电保护发展历程与展望

电力系统的飞速发展对继电保护不断提出新的要求，同时也随着电子技术、计算机技术与通信技术的飞速发展，继电保护技术不断创新，从最早、最简单的电流保护（熔断器）到目前的微机型继电保护装置，继电保护技术的发展经历了一次次的飞跃。20 世纪 50 年代以前的继电保护装置都是由电磁型、感应型或者电动型继电器组成的机电式保护装置；60 年代出现了整流型继电保护装置；70 年代出现了晶体管式继电保护装置；随着大规模集成电路的发展，80 年代末集成电路保护已形成完整系列，取代了晶体管保护装置，成为了静态继电保护装置的主要形式；90 年代开始，我国的继电保护技术进入了微机保护的时代，微机保护装置成为继电保护装置的主要形式。

近年来，微机保护的推广应用、计算机网络和光纤通信的普及使继电保护技术发生了革命性的变化。继电保护技术正在沿着微机化，网络化，保护、控制、信号、测量和数据通信一体化，后备保护和安全自动装置的广域集中化和电流、电压变换的光学化的方向前进。尤其是随着智能变电站技术的不断发展，数字式继电保护装置应运而生，其与电子式互感器、合并单元、智能终端、交换机等新型装置共同构成了智能变电站继电保护系统。数字式继电保护装置位于智能变电站的间隔层，按照IEC 61850定义的GOOSE服务与间隔层其他装置进行信息交换，完成逻辑配合；采用双以太网或三以太网用IEC 61850标准与变电站层的监控、远动、故障信息子站等设备通信，与过程层的合并单元、智能单元等设备进行通信，实现对一次设备的信息收集和控制功能，同时取消了电缆硬连接，简化二次回路。智能变电站的继电保护系统采用光纤代替电缆，使设计安装调试都变得简单；模拟量输入回路和开关量输入输出回路采用通信网络，继电保护等二次设备硬件系统大为简化；统一的信息模型，避免了规约转换，使信息可以充分共享；可观测性和可控性增强，产生多项新型应用，如状态监测、站域保护控制等。

继电保护技术未来趋势是向计算机化、网络化、智能化以及保护、控制、测量和数据通信一体化发展。

1. 计算机化

随着电力工业的不断发展，继电保护装置除了具有继电保护的基本功能外，还应具有大容量故障信息和数据的长期存放空间，快速的数据处理功能，强大的通信能力，与其他保护、控制装置和调度联网以共享全系统数据、信息和网络资源的能力，高级语言编程等。继电保护装置的微机化、计算机化是不可逆转的发展趋势。

2. 网络化

计算机网络作为信息和数据通信工具已成为信息时代的技术支柱，使人类生产和社会生活的面貌发生了根本变化。多年来，继电保护的作用也只限于切除故障元件、缩小事故影响范围，这主要是由于缺乏强有力的数据通信手段。随着电力系统发展的要求及通信技术在继电保护领域应用的深入，继电保护的作用不只限于切除故障元件和限制事故影响范围（这是首要任务），还要保证全系统的安全稳定运行。这就要求每个保护单元都能共享全系统运行状态和故障信息的数据，各个保护单元与重合闸装置在分析这些信息和数据的基础上协调动作，确保系统的安全稳定运行。显然，实现这种系统保护的基本条件是将全系统各主要设备的保护装置用计算机网络连接起来，亦即实现微机保护装置的网络化。实现保护装置的计算机联网将使保护装置能够得到更多的系统故障信息，提高对电力系统故障性质、故障位置判断和故障测距的准确性。总之，微机保护装置网络化可大大提高继电保护的性能及可靠性，是微机保护发展的必然趋势。

3. 智能化

近年来，人工智能技术如神经网络、模糊逻辑等在电力系统各个领域都得到了应用，在继电保护领域应用的研究也已开始。神经网络是一种非线性映射方法，很多难以列出方程式或难以求解的复杂非线性问题，应用神经网络可迎刃而解。例如，在输电线两侧系统电动势角度摆开情况下发生经过渡电阻的短路就是一个非线性问题，距离保护很难正确作出故障位置的判别，从而造成误动或拒动。如果用神经网络方法，经过大量故障样本的训练，只要样本集中充分考虑了各种情况，则在发生任何故障时都可正确判别。显然，智能化也是微机保护发展的必然趋势。

4. 保护、控制、测量、数据通信一体化

在实现继电保护的计算机化和网络化的条件下，继电保护装置实际上就是高性能、多功能的计算机，是整个电力系统计算机网络上的一个智能终端。它可从网上获取电力系统运行和故障的任何信息，也可将自身所获得的被保护元件的任何信息传送给网络控制中心或任一终端。因此，每个微机保护装置不但可以完成继电保护功能，而且在正常运行情况下还可完成测量、控制、数据通信等功能，亦即实现保护、控制、测量、数据通信一体化。

为了测量、保护和控制的需要，室外变电站的所有设备，如变压器、线路等的二次电压、电流都必须用控制电缆引到主控室。所敷设的大量控制电缆不但要大量投资，而且使二次回路非常复杂。但是如果将上述保护、控制、测量、数据通信一体化的计算机装置，就地安装在变电站的被保护设备旁边，将被保护设备的电压、电流量在此装置内转换成数字量后，通过计算机网络送到主控室，则可免除大量的控制电缆；若用光纤作为网络的传输介质，还可免除电磁干扰。现在光学电流互感器（OTA）和光学电压互感器（OTV）已在研究试验阶段，将来必然在电力系统中得到应用。在采用 OTA 和 OTV 的情况下，保护装置应放在距 OTA 和 OTV 最近的地方，亦即应放在被保护设备附近。OTA 和 OTV 的光信号输入到保护、控制、测量、数据通信一体化装置中并转换成电信号后，一方面用作保护的计算判断，另一方面用作测量，通过网络送到主控室。主控室通过网络可将对被保护设备的操作控制命令送到此一体化装置，由一体化装置执行断路器的操作。可见，保护、控制、测量、数据通信一体化是微机保护发展的必然趋势。

复　习　题

一、选择题

1. 从故障切除时间考虑，原则上继电保护动作时间应（　　）。

A. 越短越好　　B. 越长越好　　C. 无要求，动作就行

2. 电力系统出现过负荷属于（　　）。

A. 故障状态　　B. 异常运行状态　　C. 正常运行状态

3. 电力系统出现频率降低属于（　　）。

A. 故障状态　　B. 异常运行状态　　C. 正常运行状态

4. 电力系统出现振荡属于（　　）。

A. 故障状态　　B. 正常运行状态　　C. 异常运行状态

5. 电力系统短路中（　　）为对称短路。

A. 三相短路　　B. 两相短路　　C. 单相接地短路　　D. 两相接地短路

6. 电力系统短路中发生（　　）的概率最小。

A. 三相短路　　B. 两相短路　　C. 单相接地短路

7. 电力系统继电保护由测量部分、逻辑部分和（　　）构成。

A. 显示部分　　B. 判断部分　　C. 执行部分

8. 线路继电保护装置在该线路发生故障时，能迅速将故障部分切除并（　　）。

A. 自动重合闸一次　　B. 发出信号

C. 将完好部分继续运行　　D. 以上三点均正确

9. 系统发生不正常运行状态时，继电保护装置的基本任务是（　　）。

A. 切除所有元件　B. 切电源　C. 切负荷　D. 给出信号

10. 对继电保护的基本要求是：（　　）四性。

A. 快速性、选择性、灵敏性、预防性　B. 安全性、选择性、灵敏性、可靠性

C. 可靠性、选择性、灵敏性、快速性

11. 对于反应故障参数降低而动作的欠量继电保护装置，灵敏度计算为（　　）。

A. 保护范围未发生金属性短路时故障参数最小计算值除以保护装置的动作参数

B. 保护范围未发生金属性短路时故障参数最大计算值除以保护装置的动作参数

C. 保护装置的动作参数除以保护范围未发生金属性短路时故障参数最大计算值

12. 对于反应故障参数上升而动作的过量继电保护装置，灵敏度计算为（　　）。

A. 保护范围未发生金属性短路时故障参数最小计算值除以保护装置的动作参数

B. 保护范围未发生金属性短路时故障参数最大计算值除以保护装置的动作参数

C. 保护装置的动作参数除以保护范围未发生金属性短路时故障参数最小值

13. 继电保护的（　　）是指在设计要求它动作的异常或故障状态下，能够准确地完成动作。

A. 安全性　B. 可靠性　C. 选择性　D. 快速性

14. 继电保护动作时仅将故障部分切除，使非故障部分继续运行，停电范围尽可能小，这是指保护具有较好的（　　）。

A. 选择性　B. 快速性　C. 灵敏性

15. 继电保护反应电力系统元件和电气设备的（　　），根据运行维护条件和设备的承受能力，自动发出信号、减负荷或延时跳闸。

A. 故障　B. 完好状态　C. 异常运行状态

16. 继电保护反应电力系统元件和电气设备的（　　），将自动地、有选择性地、迅速地将故障元件或设备切除，保证非故障部分继续运行，将故障影响限制在最小范围。

A. 故障　B. 完好状态　C. 异常运行状态

17. 继电保护根据所承担的任务分为主保护和（　　）。

A. 电流保护　B. 微机保护　C. 后备保护

18. 当系统发生故障时，正确地切断离故障点最近的断路器，是继电保护（　　）的体现。

A. 快速性　B. 选择性　C. 可靠性　D. 灵敏性

19. 继电保护装置以尽可能快的速度切除故障元件或设备是指保护具有较好的（　　）。

A. 选择性　B. 快速性　C. 灵敏性　D. 可靠性

20. 为了限制故障的扩大，减轻设备的损坏，提高系统的稳定性，要求继电保护装置具有（　　）。

A. 选择性　B. 速动性　C. 灵敏性　D. 可靠性

二、判断题

1. 故障切除的总时间等于保护装置的动作时间和断路器动作时间之和。（　　）

2. 当继电保护或断路器拒动，后备保护切除故障时保证停电范围尽可能小是指保护具有较好的选择性。（　　）

3. 当继电保护或断路器拒动，由后备保护动作切除故障是指保护具有较好的灵敏性。（ ）

4. 电力系统发生故障时，根据运行维护的要求发出告警信号。（ ）

5. 继电保护的基本原理是利用电力系统正常运行与发生故障或不正常运行状态时，各种物理量的差别来判断故障或异常，并通过断路器将故障切除或者发出告警信号。（ ）

三、问答题

1. 电力系统继电保护的任务是什么？

2. 对继电保护装置的基本要求有哪些？

3. 继电保护装置通常由哪些部分组成？

第二章　输配电线路相间短路的电流保护

第一节　电流保护及电流元件的基本概念

一、电流保护

电力系统正常运行时，发电机、变压器、输配电线路（简称线路）等一次电气设备中流过的是负荷电流；电力系统中发生短路故障时，流过故障设备的电流会增大为短路电流；即使电气设备没有发生短路故障，但如果设备在运行过程中所带的负荷过重，电流也会增大。利用这个特点，可以通过测量电流的大小来反映一次电气设备的故障或异常运行情况。这种通过反应电流增大动作，从而将故障设备从电力系统中切除或发出告警信息的保护称为电流保护。在发电机、变压器、线路、电动机、电容器等电气设备上，一般都配置有电流保护。

由于被保护电气设备的不同、故障类型的不同、对保护的要求不同等原因，电流保护又有不同的分类方法。例如，根据被保护电气设备的不同，可分为发电机的电流保护、变压器的电流保护、线路的电流保护等；根据所反应故障类型的不同，可分为反应相间短路故障的电流保护、反应接地故障的零序电流保护、反应不对称故障的负序电流保护、反应电气设备过负荷的过负荷电流保护等；根据对保护的要求不同，可分为要求保护能快速动作的电流速断保护、要求保护的动作时限不随电流大小变化的定时限过电流保护、要求保护的动作时限随电流增大而缩短的反时限过电流保护等。

二、电流元件

1. 电流元件的作用

在各种电流保护中，一般均采用电流元件来反应电流的大小，当流过保护装置的电流大到一定程度时，电流元件就会驱动电流保护动作，这时也称电流元件动作了。在由各种继电器构成的机电型电流保护装置中，采用电流继电器作为电流元件。在微机型电流保护装置中，电流元件是将输入的电流量，经过保护装置的电平转换、模/数转换、运算处理后，按照设定的规则进行判断的一段计算程序。电流元件的硬件与其他保护功能元件兼容，没有明显独立的结构。电流元件不仅在电流保护中被作为测量元件，还可以在其他保护中作为启动保护装置的启动元件。

2. 动作电流、返回电流及返回系数

一般把能使电流元件动作的最小电流称为该电流元件的动作电流。也就是说，只有当流过保护装置的电流大于等于电流元件的动作电流时，该电流元件才可以动作。电流元件动作以后，如果流过该保护装置的电流减小了，那么当电流减小到一定程度后，电流元件会自动返回。一般把能使电流元件返回的最大电流称为该电流元件的返回电流。当电流保护的电流元件返回后，该电流保护也将复归。电流元件的返回电流应小于动作电流，一般把电流元件返回电流与动作电流的比值，称为电流元件的返回系数，即

$$K_{re} = \frac{I_{re,r}}{I_{op,r}} \tag{2-1}$$

式中 K_{re}——返回系数，在电流保护中返回系数一般取0.85～0.95；

$I_{re,r}$——电流元件的返回电流；

$I_{op,r}$——电流元件的动作电流。

三、电流互感器的极性和电流保护的接线方式

（一）电流互感器的极性

由于继电保护装置中不允许通过较大的电流，所以在电力系统中，都是利用电流互感器将流过一次电气设备中的电流按比例减小后，再送入保护装置。为了便于正确接线，电流互感器一、二次绕组的引出线端子都标有极性符号。如图2-1（a）所示，一次绕组L1为首端、L2为尾端，二次绕组K1为首端、K2为尾端。通常将L1、K1称为极性端，一般用“·”或“*”符号标记；L2、K2称为非极性端。

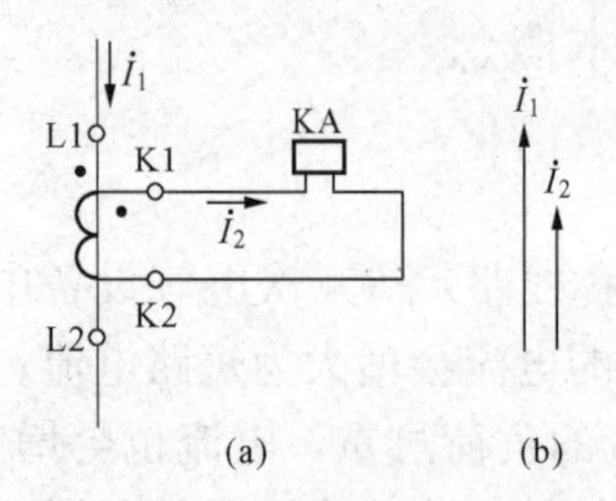

图2-1　电流互感器的极性标示及相量图

（a）电流互感器的减极性标示方式；（b）一、二次电流的相量图

设一次电流 $\dot{I}_1$ 由极性端L1流入，从非极性端L2流出，则二次电流 $\dot{I}_2$ 由非极性端K2流入，极性端K1流出。当忽略了电流互感器的励磁电流后，其铁芯中合成磁通势为一次绕组和二次绕组安匝数之差，即

$$\dot{I}_1W_1 - \dot{I}_2W_2 = 0$$

$$\dot{I}_2 = \frac{W_1}{W_2}\dot{I}_1 = \frac{\dot{I}_1}{K_{TA}} \tag{2-2}$$

式中 W_1——电流互感器一次绕组的匝数；

W_2——电流互感器二次绕组的匝数；

K_{TA}——电流互感器的变比。

由式（2-2）可见，$\dot{I}_1$ 和 $\dot{I}_2$ 两个相量同相位，如图2-1（b）所示。在分析保护装置的动作特性和接线方式时，一般采用这种减极性标示方式。

（二）电流保护的接线方式

电流保护的接线方式是指电流继电器的线圈（或微机型保护装置中电流变换器的一次线圈）与电流互感器二次绕组的连接方式。对于反应相间短路故障的电流保护，其基本接线方式有三相完全星形接线方式、两相不完全星形接线方式、两相电流差接线方式等。

1. 三相完全星形接线方式

图2-2为三相完全星形接线方式示意图。在被保护线路的每一相上都装设有电流互感器和电流继电器（或电流变换器），分别反映每一相电流的变化情况。电流互感器的二次绕组和电流继电器的线圈均接成星形；电流互感器的二次绕组和电流继电器线圈按相连接。在三相完全星形接线方式中，通过各相电流元件的电流 I_r 为电流互感器的二次相电流 I_2；流过中性线的电流为电流互感器二次侧三相电流之和，即 $\dot{I}_n = \dot{I}_u + \dot{I}_v + \dot{I}_w$。

正常情况下，流过各相电流元件的电流为负荷电流，电流元件不动作；因三相对称，流过中性线的电流 $\dot{I}_n$ 接近于零。当线路上发生三相或两相相间短路故障时，故障相的电流元件反应电流增大而动作；流过中性线的电流 $\dot{I}_n$ 仍接近于零。当线路上发生接地短路故障时，

故障相的电流元件不仅可以反应电流增大而动作，此时流过中性线的电流为零序电流，即 $\dot{I}_n=3\dot{I}_0$，利用中性线中流过的零序电流，而且可以反应接地故障。因此，一般保护装置在中性线中装设电流继电器（或电流变换器），用于专门反应接地故障的零序电流保护等。由此可见，这种接线方式可以反应各种类型的相间短路及接地故障。该接线方式主要用于大电流接地电流系统中输电线路的保护以及发电机、变压器保护等。

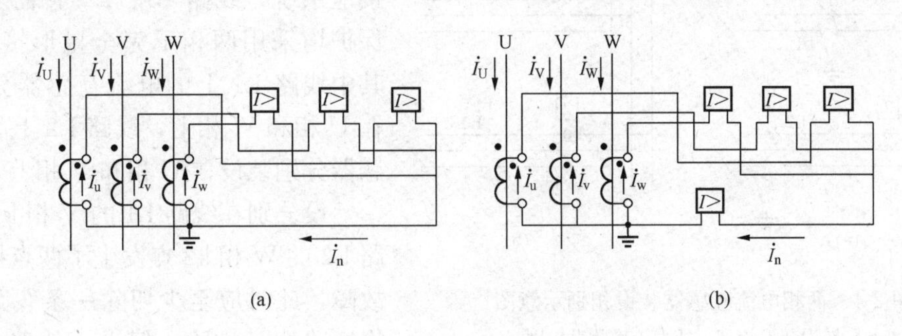

图 2-2　三相完全星形接线方式示意图

（a）三相完全星形接线；（b）在中性线中装设电流继电器

2. 两相不完全星形接线方式

图 2-3 为两相不完全星形接线方式示意图。在被保护线路的 U、W 两相上装设电流互感器和电流继电器（或电流变换器），分别反映 U 相和 W 相电流的变化情况。电流互感器的二次绕组和电流继电器线圈仍按相连接，通过电流继电器的电流 I_r 仍为电流互感器的二次相电流 I_2；流过中性线的电流为 U、W 两相电流之和，正常运行时该电流等于负的 V 相电流，即 $\dot{I}_n=\dot{I}_u+\dot{I}_w=-\dot{I}_v$。

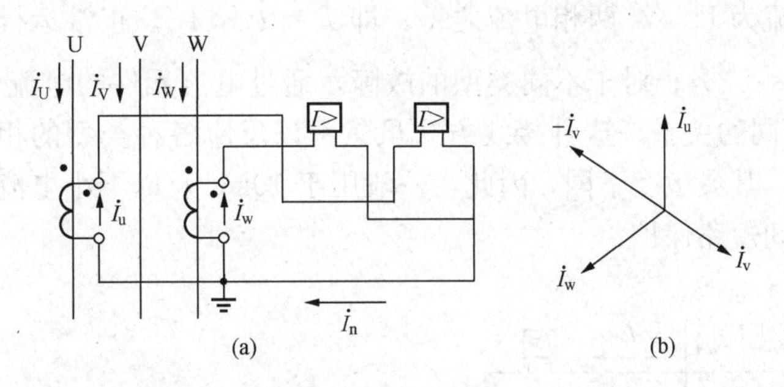

图 2-3　两相不完全星形接线方式示意图

（a）接线图；（b）相量图

见表 2-1，当线路上发生三相短路故障时，U、W 两相的电流元件均可以动作；当线路上发生两相短路故障时，U、W 两相的电流元件至少有一个可以动作；当线路上发生单相接地故障时，若故障发生在 U 相或 W 相上，故障相的电流元件可以动作；但在没有装设电流互感器的 V 相上发生单相接地故障时，保护不会动作。

由此可见，这种接线方式可以反应各种类型的相间短路故障，但不能完全反应接地故障。因此，该接线方式多用于小电流接地系统的相间短路保护。

表 2-1　电流元件动作情况

故障类别	UVW	UV	VW	WU	U	V	W
U 相电流元件	动作	动作		动作	动作		
W 相电流元件	动作		动作	动作			动作

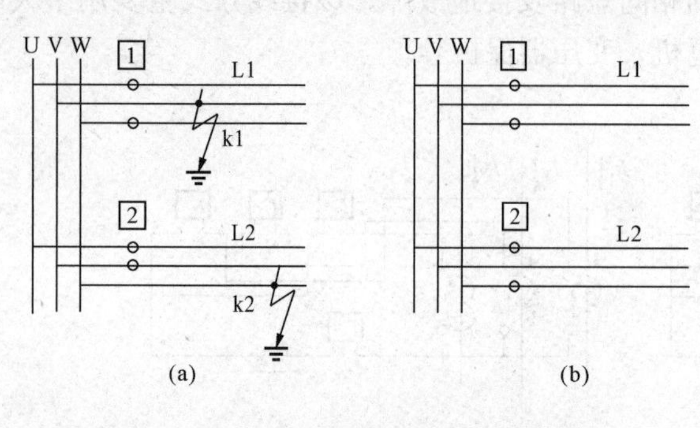

图 2-4　两相电流互感器装设相别示意图

(a) 错误装设相别；(b) 正确装设相别

设图 2-4（a）所示的电网为小电流接地系统，线路 L1、L2 上装设的电流保护均采用两相不完全星形接线方式，其中线路 L1 上的电流互感器分别装设在 U 相和 W 相上，线路 L2 上的电流互感器分别装设在 U 相和 V 相上。

设分别在线路 L1 的 V 相 k1 点和线路 L2 的 W 相 k2 点发生了两点接地短路故障，此时应至少切除一条线路，才能将短路故障排除。但由于线路 L1 的 V 相没有装设电流互感器，保护 1 的电流元件不能反应该故障；线路 L2 的 W 相没有装设电流互感器，保护 2 的电流元件也不能反应该故障。保护 1 与保护 2 均不能将故障切除，这是不允许的。

为了避免这种情况的出现，要求在小电流接地系统中，只装设两相电流互感器时，电流互感器必须装设在同名相上。为了统一，电力系统中规定：电流互感器必须装设在 U 相和 W 相上，如图 2-4（b）所示。

3. 两相电流差接线方式

图 2-5 为两相电流差接线方式示意图。在被保护线路的 U、W 两相上装设电流互感器，流入电流元件的电流为 U、W 两相电流之差，即 $\dot{I}_r=\dot{I}_u-\dot{I}_w$。正常运行时流入电流元件的电流 $I_r=|\dot{I}_u-\dot{I}_w|=\sqrt{3}I_2$；对于不同类型的故障，通过电流元件的电流 I_r 与电流互感器的二次相电流 I_2 有不同的关系。这种接线方式虽然可以反应各种类型的相间短路故障，但对于不同类型的故障，其灵敏度不同，因此，一般用于 10kV 及以下小电流接地系统的配电线路、电动机等的相间短路保护。

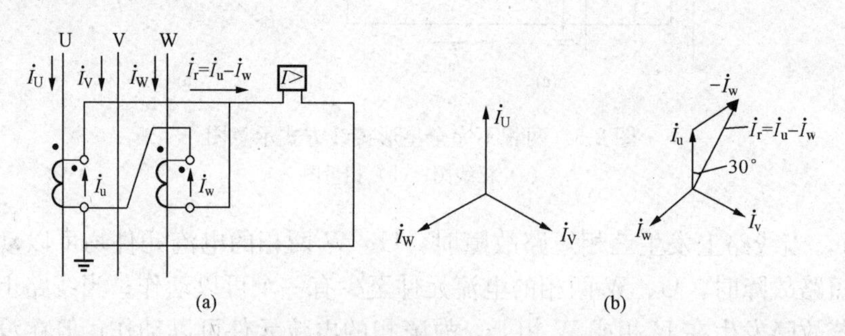

图 2-5　两相电流差接线方式示意图

(a) 两相电流差接线方式；(b) 正常运行时流入电流元件的电流

4. 接线系数

在不同的接线方式中，流入电流元件的电流 I_r 与电流互感器二次电流 I_2 并不都相等。

为了表明在不同接线方式下，I_r 与 I_2 之间的关系，引入了接线系数的概念。接线系数定义为：流过电流元件的电流 I_r 与电流互感器二次电流 I_2 之比，即

$$K_{con}=\frac{I_r}{I_2} \tag{2-3}$$

接线系数的取值与保护装置和电流互感器的连接方式有关。对于三相完全星形接线方式、两相不完全星形接线方式，因 $I_r=I_2$，所以其接线系数的取值为1，即 $K_{con}=1$。对于两相电流差接线方式，按正常运行时流入电流元件的电流计算其接线系数，因为正常运行时 $I_r=\sqrt{3}I_2$，所以其接线系数的取值为$\sqrt{3}$，即 $K_{con}=\sqrt{3}$。

四、电流保护的整定

由于在电力系统中，都是利用电流互感器将流过一次电气设备中的电流按比例减小后，再送入保护装置。因此，电流保护的动作电流又分为一次动作电流与二次动作电流。一次动作电流是根据被保护设备中实际电流的大小，按一定条件计算出来的。二次动作电流是根据一次动作电流、电流互感器的变比、保护装置与电流互感器的连接方式折算出来的。二次动作电流计算式为

$$I_{op,r}=\frac{I_{op}}{K_{TA}}K_{con} \tag{2-4}$$

式中　$I_{op,r}$——电流保护的二次动作电流；

　　　I_{op}——电流保护的一次动作电流。

例如，设某条线路中的最大负荷电流为250A，该线路上装设的电流互感器的变比为300/5，流过电流元件的电流与电流互感器的二次相电流相等，即 $K_{con}=1$。为了保证线路正常运行时电流保护不动作，其一次动作电流应大于线路的最大负荷电流，设取 $I_{op}=300$A，则其二次动作电流 $I_{op,r}=\frac{300}{300/5}\times1=5$（A）。

一般将对保护装置动作值和检验灵敏度的计算，称为对保护装置进行整定计算；将计算动作值和灵敏度检验的条件，称为保护的整定原则；将计算出的动作值告知保护装置，称为对保护装置进行整定；输入给保护装置的动作值称为保护装置的整定值。对于机电型的电流保护装置，可以通过改变电流继电器线圈的匝数、调整整定把手的位置，对其动作电流进行整定；通过调整时间继电器静触头与动触头之间的距离，对其动作时限进行整定（见附录A）。对于微机型的电流保护装置，则是通过键盘将电流元件的动作电流、时间元件的动作时限以及电流保护的其他相关整定值输入到保护装置中，这些整定值一般以定值清单的形式被存放在保护装置的只读存储器中。

第二节　反应线路相间短路的电流保护

一、瞬时电流速断保护

（一）瞬时电流速断保护的原理及整定原则

1. 瞬时电流速断保护的原理

根据电力系统对继电保护装置的要求，在保证选择性的前提下，力求装设快速动作的保护。瞬时电流速断保护就是这样一种保护，它反应电流增大而瞬时动作。线路瞬时电流速断

保护的原理可以用图 2-6 说明。对于单侧电源辐射形电网，电流保护装设在电源侧。当线路上任一点发生三相短路时，流过保护 1 的短路电流为

$$I_k^{(3)}=\frac{E_{ph}}{X_s+X_k} \tag{2-5}$$

式中 E_{ph}——系统等效电源相电动势；

X_s——系统等效电源到保护 1 安装处之间的电抗（一般称为系统电抗）；

X_k——保护 1 安装处至短路点之间的短路电抗。

假设短路点从电网的末端（负荷侧）逐渐向电源端移动，由于短路电抗 X_k 逐渐减小，短路电流 I_k 将逐渐增大。根据式（2-5）可以作出不同地点短路时，流过保护 1 的短路电流变化曲线。当电力系统的运行方式变化时，系统电抗 X_s 将随之变化，短路电流也将发生变化。一般将通过保护安装处短路电流最大时的运行方式，称为系统最大运行方式，此时系统电抗 X_s 为最小；通过保护安装处短路电流最小时的运行方式，称为系统最小运行方式，此时系统电抗 X_s 为最大。对于输电线路的相间短路故障，一般三相短路电流大于两相短路电流。图 2-6 中，曲线 1 表示系统在最大运行方式下，流过保护 1 的三相短路电流 $I_k^{(3)}$ 变化曲线；曲线 2 表示系统在最小运行方式下，流过保护 1 的两相短路电流 $I_k^{(2)}$ 变化曲线。

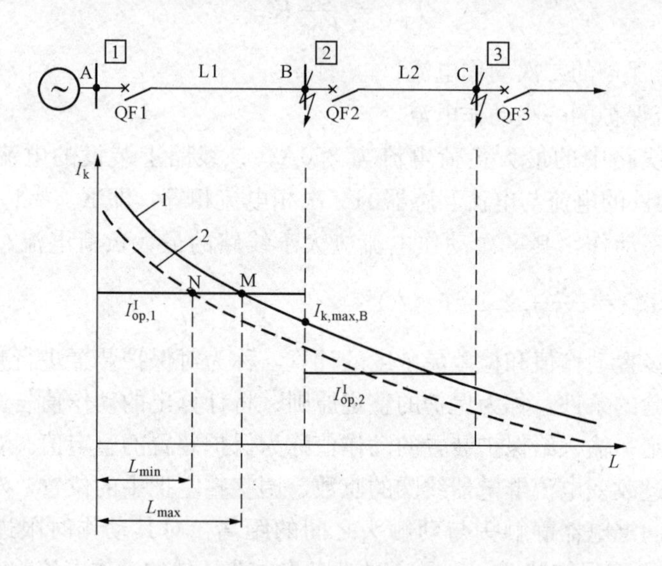

图 2-6　瞬时电流速断保护原理及整定说明示意图

为了保证选择性，保护 1 应该只反应线路 L1 上的短路故障。对于线路 L1 以外的短路故障，保护 1 均不应该动作；即使故障发生在线路 L2 的首端，保护 1 也不应该动作。为此，保护 1 的动作电流，应该比线路 L2 的首端，也就是线路 L1 末端 B 母线上短路时的最大短路电流 $I_{k,max,B}^{(3)}$ 还要大。这样，当线路 L1 末端 B 母线之后的线路短路时，因短路电流小于保护 1 的动作电流，保护 1 不会误动作。

2. 动作电流的整定原则

瞬时电流速断保护的动作电流，按躲过本线路末端可能出现的最大短路电流整定。对于线路 L1 上所装设的瞬时电流速断保护，其动作电流为

$$I_{op,1}^{I}=K_{rel}^{I}I_{k,max,B}^{(3)} \tag{2-6}$$

式中　$I_{op,1}^{I}$——保护 1 中瞬时电流速断保护的动作电流；

K_{rel}^{I}——瞬时电流速断保护的可靠系数，考虑到短路电流的计算误差、电流互感器的误差以及短路电流中非周期分量等因素对保护的影响，一般取 $K_{rel}^{I}=1.2\sim1.3$；

$I_{k,max,B}^{(3)}$——系统在最大运行方式下，线路 1 末端 B 母线上发生三相短路时，流过保护 1 的最大短路电流。

同理，各条线路上所装设的瞬时电流速断保护，其动作电流 I_{op}^{I} 均是按大于被保护线路末端短路时，流过该保护的最大短路电流整定的。如图 2-6 所示，瞬时电流速断保护的选择性可以用动作电流来保证。被保护线路外部故障时，因动作电流大于短路电流，保护不会误动作。在保护范围内部故障时，保护可以瞬时动作，快速将故障线路切除。

3. 保护范围及灵敏度校验

保护 1 的动作电流 $I_{op,1}^{I}$ 与曲线 1 相交于 M 点，显然从 M 点到保护 1 安装处的线路长度 L_{max} 为保护 1 的最大保护范围；$I_{op,1}^{I}$ 与曲线 2 相交于 N 点，从 N 点到保护 1 安装处的线路长度 L_{min} 为保护 1 的最小保护范围。这说明瞬时电流速断保护不能保护线路的全长，并且保护范围长度受电力系统运行方式及故障类型的影响。

瞬时电流速断保护的灵敏度，可以用保护范围的长度占被保护线路全长的百分比表示。要求最大保护范围 L_{max} 应不小于线路全长的 50%，最小保护范围 L_{min} 应不小于线路全长的 15%～20%。由于系统在最大运行方式下，M 点发生三相短路时，短路电流等于保护 1 瞬时电流速断保护的动作电流，即 $I_{k,max,M}^{(3)}=\dfrac{E_{ph}}{X_{s,max}+x_1L_{max}}=I_{op,1}^{I}$，故瞬时电流速断保护的最大保护范围 L_{max} 可以用式（2-7）求出

$$L_{max}=\frac{1}{x_1}\left(\frac{E_{ph}}{I_{op,1}^{I}}-X_{s,max}\right) \tag{2-7}$$

式中　x_1——线路每千米正序电抗；

$X_{s,max}$——系统在最大运行方式下，系统等效电源到保护 1 安装处的系统电抗。

系统在最小运行方式下，N 点发生两相短路时，短路电流也等于保护 1 瞬时电流速断保护的动作电流；在对保护装置进行整定计算时，为了简化计算，一般将三相短路电流乘以 $\sqrt{3}/2$ 折算为两相短路电流，即 $I_{k,min,N}^{(2)}=\dfrac{\sqrt{3}}{2}I_{k,min,N}^{(3)}=\dfrac{\sqrt{3}}{2}\times\dfrac{E_{ph}}{X_{s,min}+x_1L_{min}}=I_{op,1}^{I}$。因此，瞬时电流速断保护的最小保护范围 L_{min} 为

$$L_{min}=\frac{1}{x_1}\left(\frac{\sqrt{3}}{2}\times\frac{E_{ph}}{I_{op,1}^{I}}-X_{s,min}\right) \tag{2-8}$$

式中　$X_{s,min}$——系统在最小运行方式下，系统等效电源到保护 1 安装处的系统电抗。

（二）瞬时电流速断保护的构成

1. 机电型瞬时电流速断保护

采用电磁型继电器构成的瞬时电流速断保护的原理接线图如图 2-7 所示。该保护采用两相不完全星形接线方式，由电流继电器 KA1、KA2，信号继电器 KS，中间继电器 KM 组成。其中，KA1、KA2 为电流测量元件。当保护范围内发生相间短路，流过电流继电器

KA1、KA2 线圈的电流大于其动作电流的整定值时，KA1、KA2 动作，其动合触点闭合驱动中间继电器 KM；中间继电器 KM 用来作为保护装置的执行元件，其线圈带电动作后，动合触点闭合，使断路器的跳闸线圈 YR 带电，断路器 QF 跳闸，将故障线路切除；信号继电器 KS 用来发瞬时电流速断保护动作的信号，其线圈带电动作后，通过掉牌或信号灯发该保护动作信号；XB 为保护的出口连接片用来在需要投入或退出瞬时电流速断保护时，接通或断开该保护的出口回路。

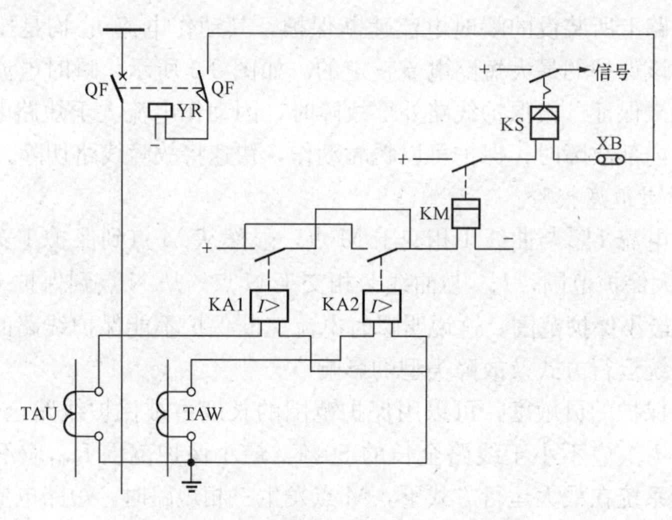

图 2-7 瞬时电流速断保护原理接线图

2. 微机型瞬时电流速断保护

对于微机型的保护装置，一般用程序流程图或逻辑框图来表示其工作原理。图 2-8 为瞬时电流速断保护的程序流程示意图。当线路发生故障时，保护装置的启动元件动作后，保护进入故障处理程序。先检查瞬时电流速断保护的连接片是否投入。各保护的出口连接片一般安装在保护屏的下方，通常称为硬连接片；此外对于微机型的保护装置，一般还可以在计算机上设置保护的投入或退出，通常称为软连接片。如果瞬时电流速断保护的软、硬连接片均在投入状态，则进行故障判别。当故障相的电流大于瞬时电流速断保护动作电流的整定值，即$I_{ph} \geqslant I_{set}^{I}$时，时间元件开始计时；延时时间一到即 $t=t_{set}^{I}$，保护立即发出跳闸指令。

当线路上装有避雷器时，为了防止因避雷器放电引起瞬时电流速断保护误动作，在微机型保护中一般要加 10～20ms 的延时；对于采用电磁型继电器构成的瞬时电流速断保护，由于电磁型继电器的动作速度较慢，利用保护装置中各继电器的固有动作时限，或利用带有延时闭合触点的中间继电器，即可以躲过避雷器放电的影响，因此不用再加时间继电器。

瞬时电流速断保护虽然可以有选择性地快速动作，但该保护不能保护线路全长，并且其保护范围受电力系统运行方式和故障类型的影响。对于距离比较短的线路，一般不采用瞬时电流速断保护。这是因为线路首端与线路末端短路时的短路电流数值差别不大，致使其保护范围很小甚至根本没有保护范围。

但在某些特殊情况下，瞬时电流速断保护的保护范围可以延伸到被保护线路范围以外，使保护可以快速切除全线路上任一点的故障。例如图 2-9 所示的线路—变压器组接线，因该线路只给一台变压器供电，不论是线路故障还是变压器内部故障，线路和变压器均将退出运行。所以对这种线路的瞬时电流速断保护，其动作电流可以按躲过变压器负荷侧 k 点短路时的最大短路电流整定，从而使线路瞬时电流速断保护的保护范围延伸，可以保护整个线路的全长。

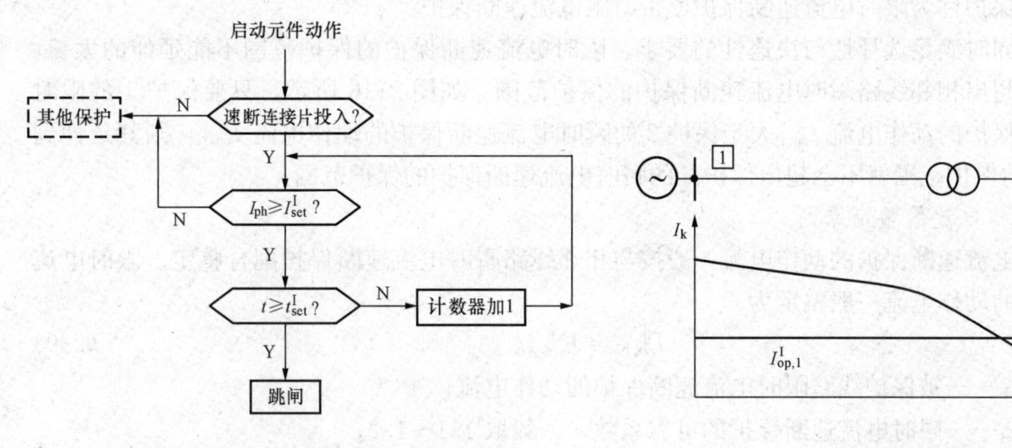

图 2-8　瞬时电流速断保护程序流程示意图

图 2-9　线路—变压器组接线的电流速断保护范围

二、限时电流速断保护

（一）限时电流速断保护的原理及整定原则

1. 限时电流速断保护的原理

大多数情况下，瞬时电流速断保护不能保护线路的全长，因此，应再增设一段新的保护，用来切除被保护线路上瞬时电流速断保护范围以外的短路故障，同时也能作为瞬时电流速断保护的后备。由于瞬时电流速断保护不能保护线路的全长，要求这个新增设的保护必须在任何情况下都能保护本线路的全长，并具有足够的灵敏度。

如图 2-10 所示，只有在保护 1 的动作电流 $I_{op,1}^{II}$ 小于线路 L1 末端短路电流的情况下，保

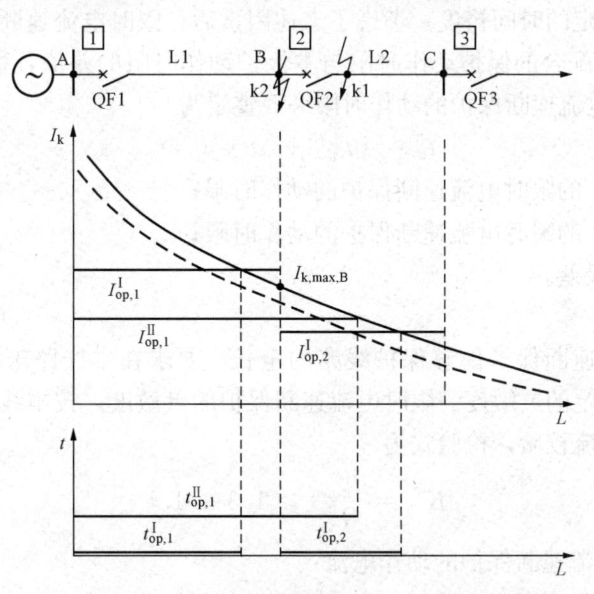

图 2-10　限时电流速断保护原理及整定说明示意图

护 1 才能保护线路 L1 的全长，但这会使保护 1 的保护范围延伸到线路 L2。为了保证选择性，必须给该保护加上一定的延时，保证在线路 L2 上发生短路故障时，由保护 2 先动作将故障切除。同时为了满足快速性的要求，应该尽可能缩短保护的动作时间。因此一般将这个新增设的保护称为限时电流速断保护或带时限电流速断保护。

为了同时满足选择性与快速性的要求，限时电流速断保护的保护范围不能延伸的太长，最好不要超出相邻线路瞬时电流速断保护的保护范围。如图 2-10 所示，只要保护 1 的限时电流速断保护的动作电流 $I_{op,1}^{II}$ 大于保护 2 的瞬时电流速断保护的动作电流 $I_{op,2}^{I}$，则其延伸到线路 L2 的保护范围就不会超出保护 2 的瞬时电流速断保护的保护范围。

2. 动作电流的整定原则

限时电流速断保护的动作电流一般按与相邻线路瞬时电流速断保护配合整定。限时电流速断保护的动作电流一般整定为

$$I_{op,1}^{II} = K_{rel}^{II} I_{op,2}^{I} \tag{2-9}$$

式中 $I_{op,1}^{II}$——被保护线路限时电流速断保护的动作电流；

K_{rel}^{II}——限时电流速断保护的可靠系数，一般取 1.1～1.2；

$I_{op,2}^{I}$——相邻线路瞬时电流速断保护的动作电流。

当图 2-10 所示 L2 首端短路时，保护 2 的瞬时电流速断保护动作，令断路器 QF2 跳闸，将故障线路 L2 切除；但如果故障点发生在保护 1 的限时电流速断保护范围之内（如 k1 点）时，该保护的电流元件也会动作。为了防止保护 1 误将断路器 QF1 跳开，应延长限时电流速断保护的动作时限。待保护 2 将故障切除后，流过保护 1 的电流由短路电流变为负荷电流，此时保护 1 的限时电流速断保护将自动返回（复归），不再动作。

3. 动作时限的整定原则

限时电流速断保护的动作时限，一般按与相邻线路瞬时电流速断保护配合整定。为了确保保护 2 能先将故障切除，保护 1 能可靠返回，限时电流速断保护的动作时限应将瞬时电流速断保护的动作时限、断路器的固有分闸时间、保护装置时间元件的误差等因素都考虑进去，并且还要留有一定的时间裕度。考虑了上述因素后，限时电流速断保护的动作时限一般取 0.5s。一般将与之配合的保护动作时限与本保护动作时限的差值，称为保护的时限级差，用 Δt 表示。故限时电流速断保护的动作时限一般整定为

$$t_{op,1}^{II} = t_{op,2}^{I} + \Delta t = 0.5\text{s} \tag{2-10}$$

式中 $t_{op,1}^{II}$——保护 1 的限时电流速断保护的动作时限；

$t_{op,2}^{I}$——保护 2 的瞬时电流速断保护的动作时限；

Δt——时限级差。

4. 灵敏度校验

为了使限时电流速断保护能够保护线路的全长，要求在本线路末端发生相间短路故障时，该保护应具有一定的灵敏度。限时电流速断保护的灵敏度，按本线路末端发生相间短路故障时的最小短路电流校验，检验式为

$$K_{s}^{II} = \frac{I_{k,min}^{(2)}}{I_{op}^{II}} \geqslant 1.3 \sim 1.5 \tag{2-11}$$

式中 I_{op}^{II}——限时电流速断保护的动作电流；

$I_{k,min}^{(2)}$——系统在最小运行方式下，本线路末端相间短路电流；

$K_s^{\text{Ⅱ}}$——限时电流速断保护的灵敏系数，$K_s^{\text{Ⅱ}} \geqslant 1.3 \sim 1.5$。

当按式（2-11）计算出的灵敏系数不满足要求时，有可能会出现线路内部故障、保护启动不了的情况，这样就达不到保护线路全长的目的了。为了解决这个问题，应减小动作电流，使保护范围延长。通常采用的办法是，将该线路限时电流速断保护的动作电流、动作时限按与相邻线路限时电流速断保护配合整定，即

$$I_{op,1}^{\text{Ⅱ}} = K_{rel}^{\text{Ⅱ}} I_{op,2}^{\text{Ⅱ}} \tag{2-12}$$

$$t_{op,1}^{\text{Ⅱ}} = t_{op,2}^{\text{Ⅱ}} + \Delta t \tag{2-13}$$

式中　$I_{op,1}^{\text{Ⅱ}}$——被保护线路限时电流速断保护的动作电流；

$I_{op,2}^{\text{Ⅱ}}$——相邻线路限时电流速断保护的动作电流；

$K_{rel}^{\text{Ⅱ}}$——可靠系数，取1.1～1.2；

$t_{op,1}^{\text{Ⅱ}}$——被保护线路限时电流速断保护的动作时限；

$t_{op,2}^{\text{Ⅱ}}$——相邻线路限时限电流速断保护的动作时限；

Δt——时限级差，一般取0.5s。

（二）限时电流速断保护的构成

1. 机电型限时电流速断保护

采用电磁型继电器构成的限时电流速断保护的原理接线图，如图2-11所示。该保护采用两相不完全星形接线方式，由电流继电器KA1、KA2，时间继电器KT，信号继电器KS组成。其中，KA1、KA2作为电流测量元件。当保护范围内发生相间短路，流过电流继电器KA1、KA2线圈的电流大于其动作电流的整定值时，KA1、KA2动作，动合触点闭合，驱动时间继电器KT；时间继电器KT动作后，其动合触点延时闭合，使断路器的跳闸线圈YR带电，断路器QF跳闸将故障线路切除。信号继电器KS用来发限时电流速断保护动作的信号，其线圈带电动作后，通过掉牌或信号灯发该保护动作信号。如果延时时间还没有到，即$t < t_{set}^{\text{Ⅱ}}$，故障已经被瞬时电流速断保护切除了，则电流继电器KA1、KA2返回；时间继电器KT在线圈断电后，也瞬时返回。XB为保护的出口连接片，用来在需要投入或退出限时电流速断保护时，接通或断开该保护的出口回路。

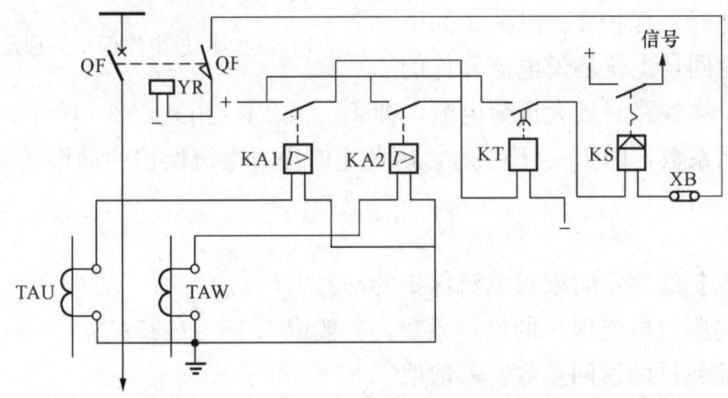

图2-11　限时电流速断保护原理接线图

2. 微机型限时电流速断保护

对于微机型的保护装置，可以用逻辑框图来表示其工作原理。图2-12为限时电流速断保护的逻辑框图。当线路故障，限时电流速断保护的连接片在投入状态，且故障相电流大于限时电流速断保护动作电流的整定值，即$I_{ph} \geqslant I_{set}^{\text{Ⅱ}}$时，时间元件开始计时；延时时间一到，

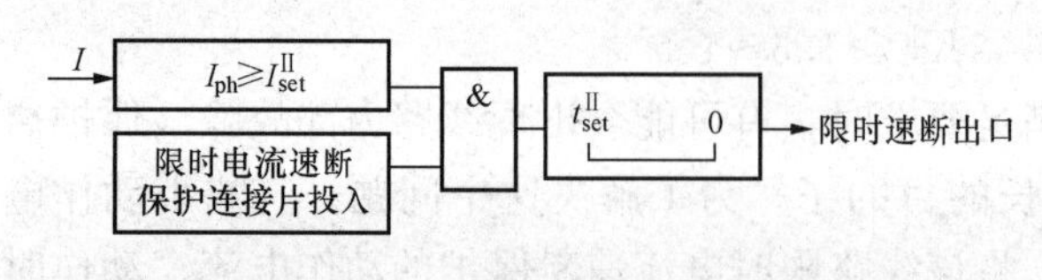

图 2-12　限时电流速断保护逻辑框图

即 $t=t_{set}^{II}$，保护立即发出跳闸指令。如果延时时间还没有到，即 $t<t_{set}^{II}$，故障已经被瞬时电流速断保护切除了，则电流元件返回，时间元件也瞬时返回，保护不再经限时电流速断保护出口发跳闸指令。

三、定时限过电流保护

（一）主保护和后备保护

一般把能以最短的动作时限、有选择性地切除被保护设备故障的保护，作为电气设备的主保护。为了确保被保护设备发生故障时，能被可靠切除，在电气设备上不仅配置有主保护，还配置有后备保护。后备保护是指在主保护或断路器拒绝动作时，用以切除故障的保护。后备保护不仅可以对本线路或设备的主保护起后备保护作用，而且对相邻电气设备也可以起后备保护作用。因此，后备保护又可分为近后备和远后备两种方式。

利用瞬时电流速断保护和限时电流速断保护相互配合，可以使全线路范围内的相间短路故障，都能在短时间内被快速切除。这两种保护一般用来作为35kV及以下电压等级线路的主保护。定时限过电流保护被广泛用来作为线路、变压器、发电机等电气设备的后备保护。

（二）定时限过电流保护的原理及整定原则

1. 定时限过电流保护的原理及动作电流

定时限过电流保护一般用来作为线路的后备保护。对于输配电线路，为了保证正常运行时保护不动作，其定时限过电流保护的动作电流 I_{op}^{III}，应大于本线路可能出现的最大负荷电流 $I_{l,max}$，即 $I_{op}^{III}>I_{l,max}$。由于动作电流整定的比较小，定时限过电流保护的保护范围一般都比较长。如图 2-13 所示，当 k 点发生短路故障时，保护 1、保护 2、保护 3 均有短路电流流过。此时，保护 1、保护 2、保护 3 的电流元件均有可能动作。按照选择性的要求，应由保护 3 先动作跳开 QF3，将故障切除。

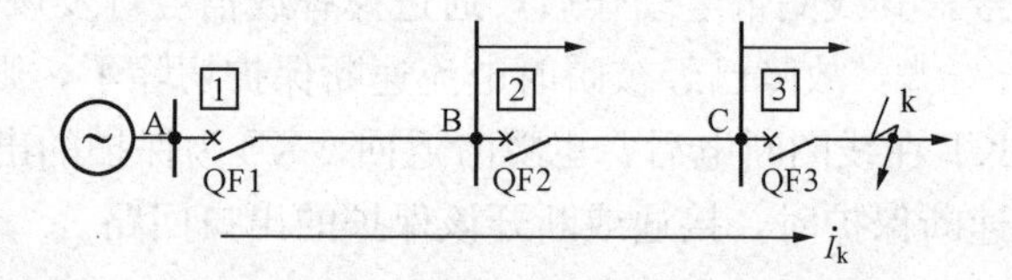

图 2-13　定时限过电流保护原理及整定说明示意图

保护 1、保护 2 在故障被切除后，仍有负荷电流流过。此时，保护 1、保护 2 的电流元件应能可靠返回，也就是说电流元件的返回电流应该大于本线路的最大负荷电流，即 $I_{re}^{III}>I_{l,max}$。由式（2-1）可知，动作电流等于返回电流除以返回系数，即 $I_{op}^{III}=I_{re}^{III}/K_{re}$。因此定时限过电流保护的动作电流一般整定为

$$I_{op}^{III}=\frac{K_{rel}^{III}I_{l,max}}{K_{re}} \tag{2-14}$$

式中　I_{op}^{III}——被保护线路定时限过电流保护的动作电流；

K_{rel}^{III}——定时限过电流保护的可靠系数，一般取 1.15～1.25；

K_{re}——电流元件的返回系数，一般取 0.85；

$I_{l,max}$——被保护线路的最大负荷电流。

当变电站 B 母线或变电站 C 母线上接有电动机时，由于短路时电压降低，将造成电动机的转速下降；故障被切除后电压恢复时，电动机的转速也将逐渐恢复正常，这称为电动机自启动。在电动机自启动的过程中，其自启动电流要大于正常工作电流。因此，对于带有电动机负荷的线路，还应考虑电动机自启动的影响，在对其定时限过电流保护进行整定计算时，

应引入自启动系数，即

$$I_{\mathrm{op}}^{\mathrm{III}}=\frac{K_{\mathrm{rel}}K_{\mathrm{ss}}I_{l,\max}}{K_{\mathrm{re}}} \tag{2-15}$$

式中　K_{ss}——电动机自启动系数，一般取1.5～3。

在确定最大负荷电流时，应考虑到被保护线路实际可能出现的最严重情况。例如，图2-14（a）所示的平行线路，应考虑其中一条线路断开时，另一条线路上可能出现的最大负荷电流。又如，图2-14（b）所示，装有备用电源自动投入装置AAT的情况下，应考虑其中一条线路断开，AAT动作使QF合闸后，另一条线路上可能出现的最大负荷电流。

2. 定时限过电流保护的动作时限

当图2-15所示k1点发生短路故障时，保护1、保护2的电流元件动作，按照选择性的要求，应由保护2先动作跳开QF2。也就是说，保护1的过电流保护动作时限，应该大于保护2的过电流保护动作时限，即$t_{\mathrm{op},1}^{\mathrm{III}}>t_{\mathrm{op},2}^{\mathrm{III}}$。同理，当k2点发生短路故障时，保护1、保护2、保护3的电流元件动作，按照选择性的要求，应由保护3先动作跳开QF3。保护1、保护2的过电流保护动作时限，应该大于保护3的过电流保护动作时限，即$t_{\mathrm{op},1}^{\mathrm{III}}>t_{\mathrm{op},2}^{\mathrm{III}}>t_{\mathrm{op},3}^{\mathrm{III}}$。依此类推，越靠近电源端，过电流保护的动作时限越长；越靠近负荷侧，过电流保护的动作时限越短。定时限过电流保护的动作时限是从系统的末端（负荷侧）向电源端逐级递增的，每一级递增一个时限级差Δt，即$t_{\mathrm{op},1}^{\mathrm{III}}=t_{\mathrm{op},2}^{\mathrm{III}}+\Delta t$，$t_{\mathrm{op},2}^{\mathrm{III}}=t_{\mathrm{op},3}^{\mathrm{III}}+\Delta t$，…一般将这个整定原则称为阶梯形原则。由此可见，定时限过电流保护的选择性，是用不同的动作时限来保证的。

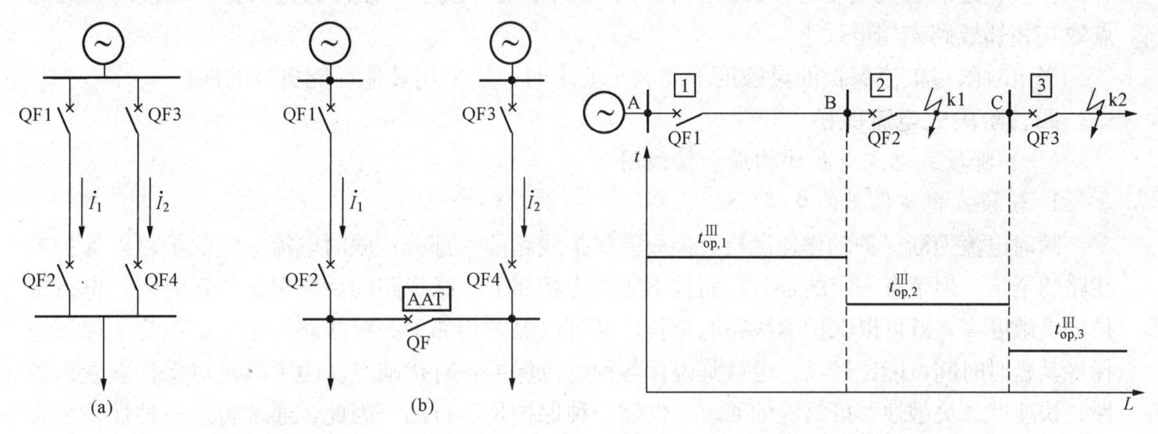

图2-14　确定最大负荷电流的说明图
（a）平行线路；（b）装有备用电源自动投入装置AAT的情况

图2-15　定时限过电流保护动作时限整定说明示意图

实际上，在对定时限过电流保护的动作时限进行整定时，保护1的动作时限，应与相邻变电站B母线上所有线路及电气设备过电流保护的动作时限电相配合；保护2的动作时限，应与相邻变电站C母线上所有线路及电气设备过电流保护的动作时限相配合。设图2-16所示保护2、保护4、保护5过电流保护的动作时限分别为

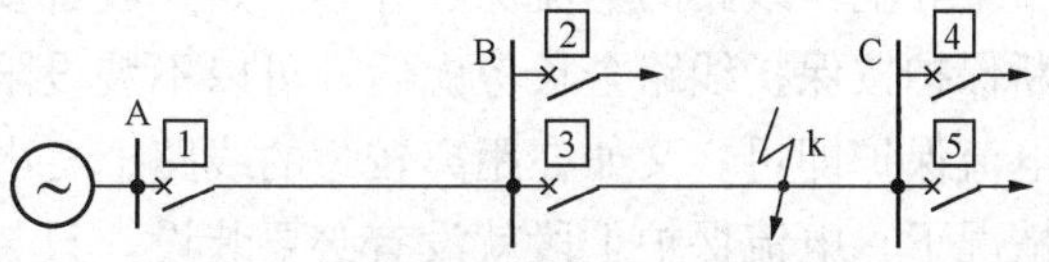

图2-16　定时限过电流保护动作时限配合说明

$$t_{\mathrm{op},2}^{\mathrm{III}}=2\mathrm{s},\quad t_{\mathrm{op},4}^{\mathrm{III}}=2.5\mathrm{s},\quad t_{\mathrm{op},5}^{\mathrm{III}}=2\mathrm{s}$$

因为$t_{\mathrm{op},4}^{\mathrm{III}}>t_{\mathrm{op},5}^{\mathrm{III}}$，所以

$$t_{op,3}^{\text{III}} = t_{op,4}^{\text{III}} + \Delta t = 2.5 + 0.5 = 3(\text{s})$$

因为 $t_{op,3}^{\text{III}} > t_{op,2}^{\text{III}}$，所以

$$t_{op,1}^{\text{III}} = t_{op,3}^{\text{III}} + \Delta t = 3 + 0.5 = 3.5(\text{s})$$

定时限过电流保护的动作时限是一定的，与短路电流的大小没有关系。如图 2-16 所示。设 k 点短路，保护 3 的电流元件动作后，启动其时间元件开始计时。不论此时的短路电流是多大，保护 3 的定时限过电流保护均经 3s 延时后，发出口跳闸指令。

3. 灵敏度校验

定时限过电流保护一般具有较高的灵敏度，不仅能够保护本线路的全长，也能保护相邻线路的全长。但故障点越靠近电源，短路电流越大，定时限过电流保护的动作时限反而越长，不能快速切除故障。因此，该保护一般只用来作为本线路和相邻元件的后备保护。定时限过电流保护灵敏度的校验式为

$$K_s = \frac{I_{k,min}^{(2)}}{I_{op}^{\text{III}}} \tag{2-16}$$

式中　I_{op}^{III}——定时限过电流保护的动作电流；

$I_{k,min}^{(2)}$——系统在最小运行方式下，线路末端两相短路电流；

K_s——灵敏系数，作近后备保护时，要求 $K_s \geqslant 1.3 \sim 1.5$，作远后备保护时，要求 $K_s \geqslant 1.2$。

在校验近后备灵敏度时，故障点取在本线路末端母线上；在校验远后备灵敏度时，故障点取在相邻线路末端母线上。

当定时限过电流保护的灵敏度不能满足要求时，应采用其他性能更好的保护。

四、阶段式电流保护

（一）阶段式电流保护的构成和接线图

1. 阶段式电流保护的构成

瞬时电流速断保护动作速度快，但只能保护线路的一部分；限时电流速断保护可以保护本线路的全长，但带有一定的延时，而且不能作为相邻下一级线路的后备保护；定时限过电流保护的灵敏度高，既可以保护本线路的全长，又可以保护相邻下一级线路的全长，但为了保证选择性其延时时间可能比较长。也就是说，各种电流保护各有优缺点。为了满足对保护装置选择性、快速性、灵敏性、可靠性的要求，仅靠一种保护是不行的。因此，通常将这三种保护组合在一起，构成一整套线路的电流保护装置，一般称为三段式电流保护或阶段式电流保护。把动作速度最快的瞬时电流速断保护作为第Ⅰ段保护，也称为电流保护Ⅰ段；限时电流速断保护作为第Ⅱ段保护，也称为电流保护Ⅱ段；定时限过电流保护作为第Ⅲ段保护，也称为电流保护Ⅲ段。

实际上，线路的电流保护并不一定三段都要装设。例如对于线路—变压器组，瞬时电流速断保护按保护线路全长考虑后，可以不装设限时电流速断保护，因此只装设第Ⅰ段、第Ⅲ段电流保护即可。又如在距离较短的线路上，电流保护Ⅰ段的保护范围很短甚至没有。在这种情况下，电流保护Ⅰ段就没有必要装设，只装设第Ⅱ段、第Ⅲ段电流保护即可。可见，对于不同的线路，应根据具体情况来选择配置三段式或两段式电流保护。

线路发生短路时，不仅电流会增大，电压也会降低。因此还可以在三段式电流保护上增设低电压元件，构成低电压闭锁的三段式电流保护。低电压元件的整定值一般按躲过正常运行时，母线的最低工作电压整定。在微机型电流保护装置中，三段式电流保护的每一段均可

以根据需要来决定是否采用低电压闭锁，低电压元件在三个线电压 U_{uv}、U_{vw}、U_{wu} 中的任意一个低于低电压元件的整定值时动作，开放被闭锁的各段电流保护。

2. 机电型三段式电流保护的接线图

对机电型继电保护装置，常用的二次接线图有三种：①归总式原理接线图，简称为原理接线图；②展开式原理接线图，简称为展开接线图或展开图；③安装接线图。

原理接线图是以二次元件（如继电器）的整体形式表示各二次元件之间的电气联系，二次元件之间的连线按实际工作顺序画出，它可以使读者对继电保护装置有一个整体的概念。原理接线图对分析保护装置的原理，了解其动作过程都很方便。因此在讲述继电保护装置的工作原理时，常采用原理接线图。图 2-17（a）为三段式电流保护的原理接线图。

展开接线图是按供电给二次回路的每个独立电源来划分的。二次回路划分为交流电流回路、交流电压回路、直流控制回路、直流信号回路等。其中交流回路按 u、v、w 相序排列，直流回路按元件动作的先后顺序排列。在各回路中，属于同一个元件的绕组和触点采用相同的文字符号。展开图在设计、安装、调试和维护等实际工作中被广泛采用。图 2-17（b）为三段式电流保护的展开接线图。

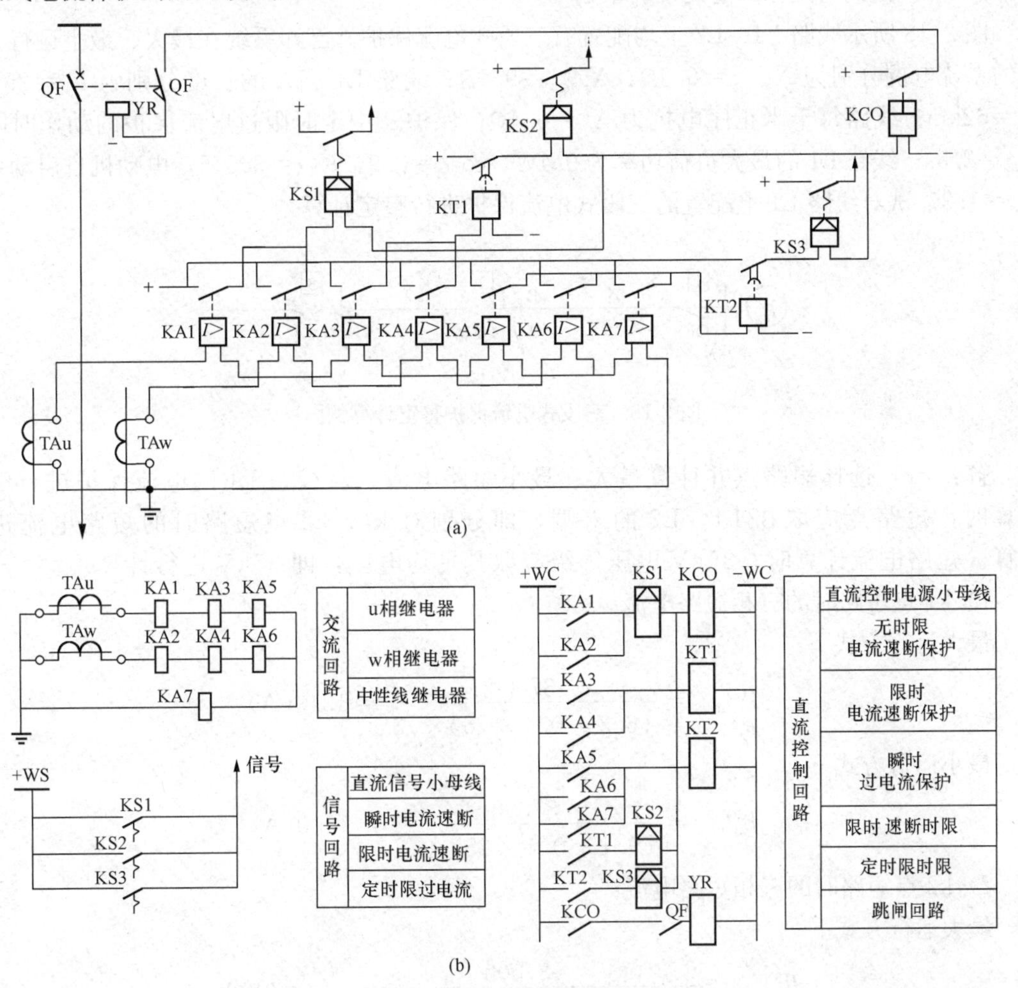

图 2-17　三段式电流保护装置的接线图

（a）原理接线图；（b）展开接线图

从图 2-17 可以看出，第Ⅰ段瞬时电流速断保护由电流继电器 KA1、KA2 和信号继电器 KS1 构成；第Ⅱ段限时电流速断保护由电流继电器 KA3、KA4，时间继电器 KT1，信号继电器 KS2 构成；第Ⅲ段定时限过电流保护由电流继电器 KA5、KA6、KA7，时间继电器 KT2，信号继电器 KS3 构成；KCO 为三段电流保护共用的出口中间继电器。

电流继电器 KA1、KA3、KA5 接 u 相电流互感器 TAu，用来反应 u 相电流的变化情况；KA2、KA4、KA6 接 w 相电流互感器 TAw，用来反应 w 相电流的变化情况。第Ⅰ段、第Ⅱ段电流保护采用了两相不完全星形接线方式。在第Ⅲ段电流保护中，多采用了一个电流继电器 KA7，接在两相不完全星形接线的中性线上。正常时，KA7 线圈中流过的电流为 $\dot{I}_r=\dot{I}_u+\dot{I}_w=-\dot{I}_v$，这种接线方式一般被称为两相三继电器接线方式。时间继电器 KT1、KT2 分别用来建立Ⅱ段、Ⅲ段电流保护的延时。信号继电器 KS1、KS2、KS3 分别用来发Ⅰ段、Ⅱ段、Ⅲ段电流保护动作的信号；另外，其三对动合触点并联，去接中央信号回路中“掉牌未复归”的光字牌。保护的出口中间继电器 KCO 用来驱动断路器的跳闸线圈 YR，使断路器跳闸。

（二）三段式电流保护整定计算举例

图 2-18 所示线路 L1、L2 上均配置有三段式电流保护。已知系统在最大、最小运行方式下的系统电抗分别为 $X_{s,max}=6.3\Omega$，$X_{s,min}=9.4\Omega$；线路 L1、L2 的长度分别为 $L_1=25$km，$L_2=62$km；线路每千米正序电抗为 $X_1=0.4\Omega$；保护 2 中定时限过电流保护的动作时限为 $t_{op,2}^{Ⅲ}=2.5$s；线路 L1 的最大负荷功率为 9MW，$\cos\varphi=0.9$，$K_{TA}=300/5$，电动机自启动系数 $K_{ss}=1.3$。试对线路 L1 上配置的三段式电流保护进行整定计算。

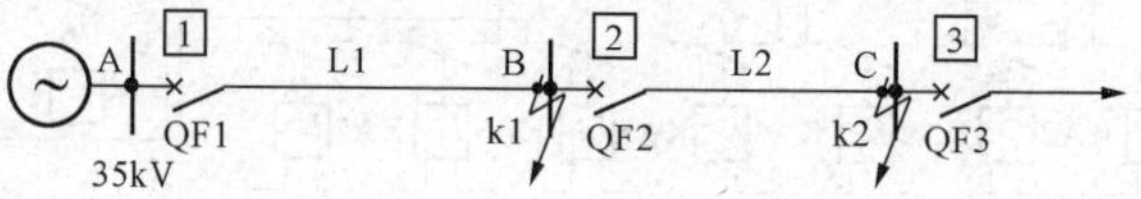

图 2-18　三段式电流保护整定计算例图

解：(1) 选择短路点并计算最大、最小短路电流。对线路 L1 的电流保护进行整定计算时，短路点应取在 L1、L2 的末端，即分别对 k1、k2 点短路时的短路电流进行计算。短路电流计算时，35kV 电压等级应取其平均电压，即 37kV 进行计算。

1）k1 点短路时的三相短路电流：

最大运行方式下

$$I_{k1,max}^{(3)}=\frac{37000}{(6.3+0.4\times25)\times\sqrt{3}}=1310(A)$$

最小运行方式下

$$I_{k1,min}^{(3)}=\frac{37000}{(9.4+0.4\times25)\times\sqrt{3}}=1100(A)$$

2）k2 点短路时的三相短路电流：

最大运行方式下

$$I_{k2,max}^{(3)}=\frac{37000}{[6.3+0.4\times(25+62)]\times\sqrt{3}}=520(A)$$

最小运行方式下

$$I_{k2,min}^{(3)} = \frac{37000}{[9.4+0.4\times(25+62)]\times\sqrt{3}} = 483(A)$$

（2）对电流保护Ⅰ段，即瞬时电流速断保护进行整定计算。

1）动作电流

$$I_{op,1}^{I} = K_{rel}^{I} I_{k1,max}^{(3)} = 1.2\times1310 = 1572(A)$$

$$I_{opr,1}^{I} = K_{con}\frac{I_{op,1}^{I}}{K_{TA}} = 1\times\frac{1572}{300/5} = 26.2(A)$$

2）计算保护范围、校验灵敏度。因为

$$I_{op}^{I} = \frac{E_{ph}}{X_{s,max}+X_1L_{max}}$$

所以

$$L_{max}=\frac{1}{X_1}\left(\frac{E_{ph}}{I_{op}^{I}}-X_{s,max}\right)=\frac{1}{0.4}\times\left(\frac{37\times10^3/\sqrt{3}}{1572}-6.3\right)=15.9\ (km)$$

$$(L_{max}/L_1)\times100\% = \frac{15.9}{25}\times100\% = 63.6\% > 50\%$$

因为

$$I_{op}^{I}=\frac{\sqrt{3}}{2}\frac{E_{ph}}{X_{s,min}+X_1L_{min}}$$

所以

$$L_{min}=\frac{1}{X_1}\left(\frac{\sqrt{3}}{2}\frac{E_{ph}}{I_{op}^{I}}-X_{s,min}\right)=\frac{1}{0.4}\times\left(\frac{\sqrt{3}}{2}\times\frac{37\times10^3/\sqrt{3}}{1572}-9.4\right)=3.89\ (km)$$

$$(L_{min}/L_1)\times100\%=\frac{3.89}{25}\times100\%=15.6\%>15\%$$

灵敏度满足要求。

（3）对电流保护Ⅱ段，即限时电流速断保护进行整定计算。

1）动作电流

$$I_{op,2}^{I} = K_{rel}^{I} I_{k2,max}^{(3)} = 1.2\times520 = 624(A)$$

$$I_{op,1}^{II} = K_{rel}^{II} I_{op,2}^{I} = 1.1\times624 = 686.4(A)$$

$$I_{opr,1}^{II} = K_{con}\frac{I_{op,1}^{II}}{K_{TA}} = 1\times\frac{686.4}{300/5} = 11.4(A)$$

2）动作时限

$$t_{op,1}^{II} = 0.5(s)$$

3）校验灵敏度

$$K_s^{II} = \frac{I_{k1,min}^{(2)}}{I_{op,1}^{II}} = \frac{(\sqrt{3}/2)\times1100}{686.4} = 1.39 > 1.3$$

灵敏度满足要求。

（4）对电流保护Ⅲ段，即定时限过电流保护进行整定计算。

1）动作电流

$$I_{l,max}= \frac{P_{max}}{\sqrt{3}U_{w,min}\cos\varphi} = \frac{9\times10^6}{\sqrt{3}\times0.95\times35\times0.9\times10^3} = 174(A)$$

$$I_{op,1}^{III}= \frac{K_{rel}K_{ss}}{K_{re}}I_{l,max} = \frac{1.2\times1.3}{0.85}\times174 = 320(A)$$

$$I_{\mathrm{opr},1}^{\mathrm{III}}=\frac{I_{\mathrm{op},1}^{\mathrm{III}}}{K_{\mathrm{TA}}}K_{\mathrm{con}}=\frac{320}{300/5}\times 1=5.3(\mathrm{A})$$

2）动作时限

$$t_{\mathrm{op},1}^{\mathrm{III}}=t_{\mathrm{op},2}^{\mathrm{III}}+\Delta t=2.5+0.5=3(\mathrm{s})$$

3）校验灵敏度。作为本线路的近后备保护时

$$K_{\mathrm{s}}=\frac{I_{\mathrm{k1,min}}^{(2)}}{I_{\mathrm{op},1}^{\mathrm{III}}}=\frac{(\sqrt{3}/2)\times 1100}{320}=2.98>1.5$$

灵敏度满足要求。

作为相邻线路远后备保护时

$$K_{\mathrm{s}}=\frac{I_{\mathrm{k2,min}}^{(2)}}{I_{\mathrm{op},1}^{\mathrm{III}}}=\frac{(\sqrt{3}/2)\times 483}{320}=1.3>1.2$$

灵敏度满足要求。

第三节　反应线路相间短路的方向电流保护

一、方向电流保护的基本原理及构成

（一）方向电流保护的基本原理

各级电网的结构是按照电力系统对运行稳定性、供电可靠性等要求构建的，电力网的结构可分为单侧电源供电的辐射形电网、双侧电源供电的辐射形电网、单电源供电的环形电网、多电源供电的环形电网、多电源供电的多环形电网等。上一节所介绍的三段式电流保护，仅在单侧供电的电源辐射形电网中可以满足选择性的要求。而在上述其他电网中，由于线路的两侧都有电源，这种简单的保护方式已经不能满足要求了。

在图 2-19 所示双侧电源供电的辐射形电网中，由于线路的两侧都有电源，为了在线路发生故障时能够将其切除，必须在线路的两侧均装设断路器和继电保护装置。下面以保护 2、保护 3 的定时限过电流保护为例，分析保护的动作行为。当 k1 点短路时，按照选择性的要求，应该由保护 3、保护 4 先动作将故障线路切除；此时希望保护 2 的过电流保护动作时限比保护 3 的过电流保护动作时限长，即 $t_{\mathrm{op},2}^{\mathrm{III}}>t_{\mathrm{op},3}^{\mathrm{III}}$。当 k2 点短路时，按照选择性的要求，应该由保护 1、保护 2 先动作将故障线路切除；此时又希望保护 2 的过电流保护动作时限比保护 3 的过电流保护动作时限短，即 $t_{\mathrm{op},2}^{\mathrm{III}}<t_{\mathrm{op},3}^{\mathrm{III}}$。显然，这两个要求相互矛盾，保护无法实现。为了解决这个问题，需进一步分析在双侧电源供电的线路上发生相间短路时，电气量变化的特点。

M 1 k2 2 3 k1 4 N
QF1 QF2 QF3 QF4
$\dot{I}_{\mathrm{kM}}$ $\dot{I}_{\mathrm{kN}}$

图 2-19　双侧电源供电的辐射形电网

一般将短路时某点电压与电流相乘所得的感性功率，称为故障时的短路功率。线路上发生相间短路时，短路功率从电源流向短路点。当 k1 点短路时，流过保护 2 的电流是由 M 侧

电源提供的短路电流 $\dot{I}_{kM}$，其短路功率方向为从线路到母线，此时保护 2 不应该动作；流过保护 3 的电流也是由 M 侧电源提供的短路电流 $\dot{I}_{kM}$，其短路功率方向为从母线到线路，此时保护 3 应该动作。当 k2 点短路时，流过保护 3 的短路功率方向为从线路到母线，此时保护 3 不应该动作；流过保护 2 的短路功率方向为从母线到线路，此时保护 2 应该动作。可见，如果在保护 2、保护 3 上各加一个用来判断短路功率方向的元件，令其只在短路功率方向为从母线到线路时，才允许保护动作。这样当 k1 点短路时，流过保护 2 的短路功率方向与规定的动作方向相反，保护 2 不会误动作；当 k2 点短路时，流过保护 3 的短路功率方向与规定的动作方向相反，保护 3 不会误动作。因此，保护 2、保护 3 的定时限过电流保护在动作时限上不用相互配合。

同理，对于线路的两侧都有电源的线路，其保护都应该考虑动作的方向问题。一般将加装了用来判断短路功率方向元件的电流保护称为方向电流保护；将用来判断短路功率方向的元件简称为功率方向元件或方向元件；将所规定的方向元件动作的方向称为正方向。如图 2-20（a）所示，对于线路的两侧都有电源的线路，其电流保护都加装了方向元件，并且对于反应相间短路的电流保护，其方向元件动作的正方向均为从母线流向线路。在机电型继电保护装置中，采用功率方向继电器作为方向元件。在微机型电流保护装置中，方向元件是对输入的电流、电压进行相位判断的一段程序。

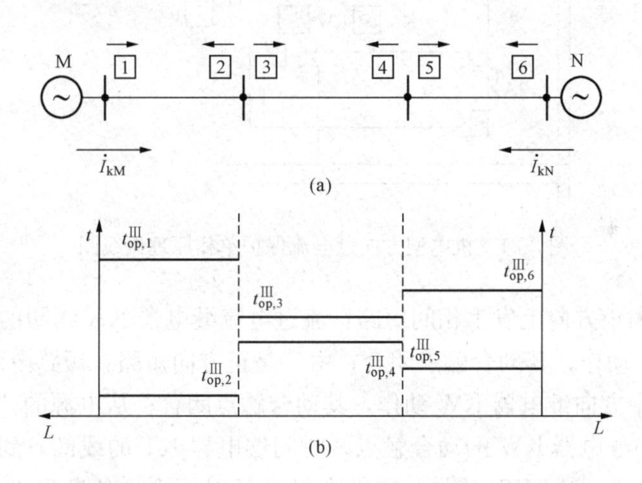

图 2-20　方向元件的正方向及方向过电流保护的时限特性
（a）方向元件动作的正方向；（b）方向过电流保护的时限特性

如图 2-20（a）所示，加装了方向元件后，线路上发生相间短路故障时，如果流过保护 1、保护 3、保护 5 的电流是由 M 侧电源提供的短路电流 $\dot{I}_{kM}$，则其短路功率的方向为正，方向元件可以动作；如果流过保护 1、保护 3、保护 5 的电流是由 N 侧电源提供的短路电流 $\dot{I}_{kN}$，则其短路功率的方向为负，方向元件不动作，保护将被闭锁。因此，在对保护 1、保护 3、保护 5 进行整定计算时，只需要考虑 M 侧电源的影响，而不必考虑 N 侧电源。也就是说，对于保护 1、保护 3、保护 5，可以看成是由 M 侧电源提供电流的单电源辐射形电网，这样就可以按上一节的整定原则对三段电流保护的每一段进行整定了。同理，保护 2、保护 4、保护 6 的动作方向相同，在对它们进行整定计算时，只需要考虑 N 侧电源的影响，而不必考虑 M 侧电源。

以定时限过电流保护的动作时限整定为例，在同一个动作方向上，过电流保护的动作时限，从距离电源最远的保护开始，向电源端逐级递增，每一级递增一个时限级差 Δt，即 $t_{op,1}^{Ⅲ}=t_{op,3}^{Ⅲ}+\Delta t$，$t_{op,3}^{Ⅲ}=t_{op,5}^{Ⅲ}+\Delta t$，…，$t_{op,6}^{Ⅲ}=t_{op,4}^{Ⅲ}+\Delta t$，$t_{op,4}^{Ⅲ}=t_{op,2}^{Ⅲ}+\Delta t$，…一般把这个整定原则称为逆向阶梯形原则。图 2-20（b）所示为方向过电流保护的时限特性。

（二）方向电流保护的构成举例

1. 机电型方向过电流保护

图 2-21 为机电型方向过电流保护的单相原理接线图。电流继电器 KA 用作电流测量元件，功率方向继电器 KW 用来判断线路短路功率的方向，KW 的电流线圈与 KA 一起串联在电流互感器的二次回路，KW 的电压线圈并联在母线电压互感器的二次侧。时间继电器 KT 用来实现过电流保护的延时。信号继电器 KS 用来发保护动作的信号。XB 为保护的出口连接片，用来在需要投入或退出方向过电流保护时，接通或断开该保护的出口回路。

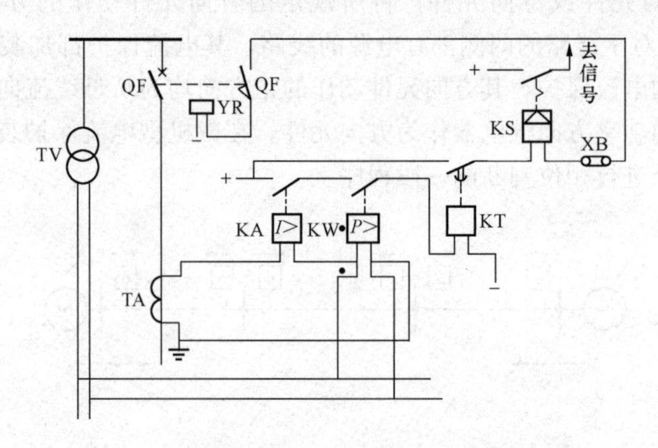

图 2-21　机电型方向过电流保护单相原理接线图

当在保护范围内正方向上发生相间短路，流过电流继电器 KA 线圈的电流大于其动作电流的整定值时，KA 动作，其动合触点闭合；由于是正方向短路，短路电流从母线流向线路，短路功率为正，功率方向继电器 KW 动作，其动合触点闭合；从电源的“+”极，经电流继电器 KA、功率方向继电器 KW 的动合触点、时间继电器 KT 的线圈，到电源“−”极，这一回路被接通；时间继电器 KT 动作，其动合触点延时闭合，使断路器的跳闸线圈 YR 带电，断路器 QF 跳闸将故障线路切除；信号继电器 KS 动作后，通过掉牌或信号灯发该保护动作信号。

由于 KA 与 KW 的动合触点串联连接，只有在保护范围内正方向上发生相间短路，KA 和 KW 都动作的情况下，KT 才会动作；如果是反方向短路，功率方向继电器 KW 不动作，其动合触点处在断开状态，KT 不会动作。

2. 微机型带低电压闭锁的方向过电流保护

图 2-22 为微机型带低电压闭锁的方向过电流保护的逻辑框图。由线路电流互感器、母线电压互感器送过来的三相交流电流、交流电压，经电流变换回路、电压变换回路送入保护装置。低电压元件在三个线电压中任一个低于低电压定值时动作，开放被闭锁的保护。低电压元件通过低电压控制字投退，当低电压控制字整定为 1 时，低电压元件投入，保护经低电

压元件闭锁；当低电压控制字整定为 0 时，低电压元件退出，保护不经低电压元件闭锁。方向元件在短路功率方向为正时动作，开放被闭锁的保护。方向元件通过方向控制字投退，当方向控制字整定为 1 时，方向元件投入，保护经方向元件闭锁；当方向控制字整定为 0 时，方向元件退出，保护不经方向元件闭锁。过电流元件在三个相电流中任一个大于过电流保护的动作电流定值时动作，在方向元件、低电压元件动作解除闭锁的情况下，驱动时间元件开始计时；当延时时间达到过电流保护的动作时限定值时，保护发出口跳闸指令。软连接片用来投入或退出过电流保护，当该软连接片设置为 1 时，过电流保护投入；当该软连接片设置为 0 时，过电流保护退出。

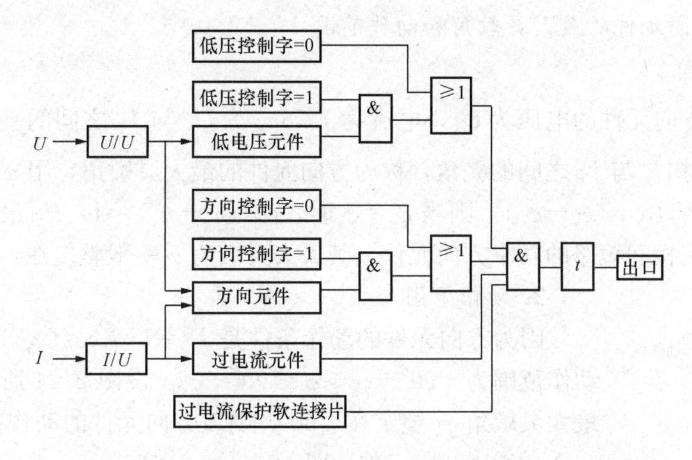

图 2-22　微机型带低电压闭锁的方向过电流保护逻辑框图

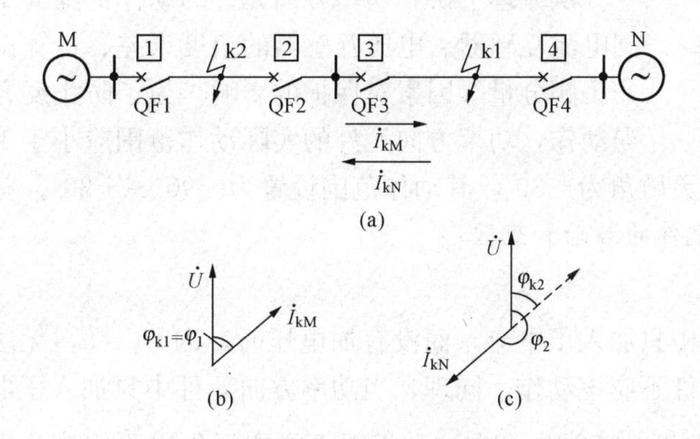

图 2-23　功率方向元件原理说明图

（a）双侧电源辐射形电网；（b）正方向短路时相量图；（c）反方向短路时相量图

二、功率方向元件

（一）功率方向元件的原理

方向电流保护要解决的关键问题是如何判别短路功率的方向。当线路发生相间短路故障时，功率方向元件动作的正方向为母线流向线路。如以保护安装处母线电压为基准，当短路电流由母线流向线路时，短路功率方向为正。如图 2-23（a）所示，对保护 3 而言，当 k1 点短路时，流过保护 3 的电流为 M 侧电源提供的短路电流 $\dot{I}_{kM}$，其方向为母线流向线路。如图 2-23（b）所示，此时 $\dot{I}_{kM}$ 滞后于保护安装处母线电压 $\dot{U}$，$\dot{I}_{kM}$ 与 $\dot{U}$ 之间的夹角 $\varphi_1=\varphi_{k1}$，

φ_{k1}为线路的短路阻抗角。因线路为感性负荷，所以 $0°<\varphi_1=\varphi_{k1}<90°$。显然，通过保护 3 的短路功率 $P_{k1}=UI_{kM}\cos\varphi_1>0$。

同样，对保护 3 而言，当 k2 点短路时，流过保护 3 的电流为 N 侧电源提供的短路电流 $\dot{I}_{kN}$，其方向为线路流向母线。如图 2-23（c）所示，此时 $\dot{I}_{kN}$滞后于保护安装处母线电压 $\dot{U}$ 的角度为 $\varphi_2=\varphi_{k2}+180°$，$\varphi_{k2}$为线路的短路阻抗角，$0°<\varphi_{k2}<90°$，$180°<\varphi_2<270°$。显然，通过保护 3 的短路功率 $P_{k2}=UI_{kN}\cos\varphi_2<0$。

由上述分析可知，通过测量、计算短路功率的正、负，短路电流与母线电压之间的相位角等方法，可以判断出短路功率的方向，从而判断出短路点的位置。

（二）功率方向元件的最大灵敏角和动作范围

1. 最大灵敏角

设加入功率方向元件的电压为 $\dot{U}_r$，电流为 $\dot{I}_r$，φ_r 为 $\dot{U}_r$ 与 $\dot{I}_r$ 之间的夹角。一般将方向元件动作最灵敏时 $\dot{U}_r$ 与 $\dot{I}_r$ 之间的夹角，称为方向元件的最大灵敏角，用 φ_s表示。在计算短路功率时令 $P_k=U_rI_r\cos(\varphi_r-\varphi_s)$，则当 $\varphi_r=\varphi_s$时，$\cos(\varphi_r-\varphi_s)=1$，$P_k$ 最大，方向元件动作最灵敏。对反应相间短路的功率方向元件，其最大灵敏角 φ_s一般整定在$-30°\sim-45°$。

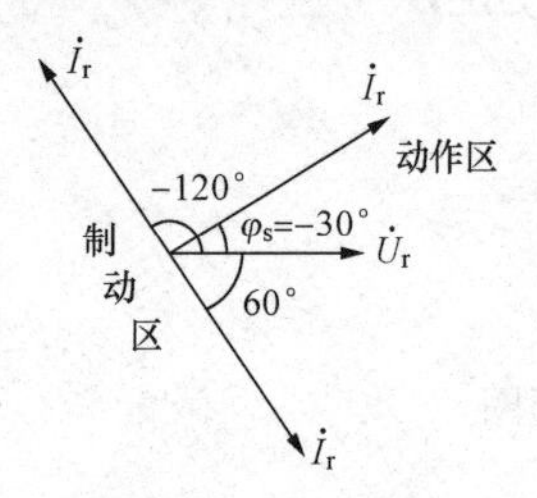

图 2-24 功率方向元件的动作范围

2. 动作范围

因为方向元件的动作条件是 $P_k=U_rI_r\cos(\varphi_r-\varphi_s)\geqslant0$，所以其动作范围为 $-90°+\varphi_s\leqslant\varphi_r\leqslant90°+\varphi_s$。设图 2-24 所示某方向元件的最大灵敏角 φ_s 整定在$-30°$，则该方向元件的动作范围为$-(90°+30°)<\varphi_r<90°-30°$，即$-120°<\varphi_r<60°$。

从原理上讲，功率方向元件的动作范围为 180°，但实际上考虑到电流互感器、电压互感器的角度误差、计算误差以及短路电流中非工频分量等因素对保护的影响，为了防止反方向故障时方向元件误动作，功率方向元件的实际动作范围应小于 180°。例如，某保护装置方向元件的最大灵敏角为$-30°$，其动作范围设置为$-90°\sim+30°$。

（三）功率方向元件的潜动和死区

1. 潜动

当功率方向元件中只加入了电流，而没有加电压时，因 $\dot{U}_r=0$，无法判断功率方向。在这种情况下，方向元件不应该动作。同理，当功率方向元件中只加入了电压，而没有加电流时，因 $\dot{I}_r=0$，无法判断功率方向，在这种情况下方向元件也不应该动作。如果在上述情况下，方向元件有误动作的现象，则称方向元件有潜动。

对于只加电流时产生的潜动，一般称为电流潜动；对于只加电压时产生的潜动，一般称为电压潜动。对于整流型功率方向继电器，通常采用调整电路元件参数的方法消除潜动；对于微机型功率方向元件，通常采用软件判定或调零漂的方法消除潜动。

2. 死区

当靠近保护安装处正方向发生相间短路故障时，由于母线电压很低，甚至近似为零，有可能造成方向元件不动作。一般将有可能造成方向元件拒动的区域，称为方向元件的死区。对于微机型功率方向元件，在判断短路功率的方向时，通常取故障前的电压与故障后的短路电流进行计算，这样就可以避免上述情况的发生。

（四）功率方向元件的接线方式

功率方向元件的接线方式是指加入方向元件的电流与电压的组合方式。在机电型保护装置中，一般设置 3 个或 2 个整流型功率方向继电器，分别用来判断 u、v、w 三相或 u、w 两相的短路功率方向。三段式电流保护的三段共用一个方向继电器，不再重复设置。对于整流型功率方向继电器，其接线方式是指加在各相方向继电器电流线圈上的电流 $\dot{I}_r$ 与电压线圈上的电压 $\dot{U}_r$ 的组合方式。对于微机型保护装置，其功率方向元件的接线方式是指保护在进行短路功率方向判别的计算时，所取的电流 $\dot{I}_r$ 与电压 $\dot{U}_r$ 的组合方式。

1. 对功率方向元件接线方式的要求

功率方向元件的接线方式，必须保证在各种短路故障情况下，能正确地判断短路功率的方向，并使加在方向元件上的电压 $\dot{U}_r$ 与电流 $\dot{I}_r$ 值尽可能大，使 φ_r 尽可能接近于最大灵敏角 φ_s，从而提高方向元件的灵敏性和动作的可靠性。

2. 90°接线方式

对于反映相间短路故障的方向元件，为了满足上述要求，通常采用 90°接线方式。90°接线方式采用的是故障相的电流与另外两相线电压的组合方式，各相方向元件所取的电压与电流见表 2-2。取故障相的电流，可以使 $\dot{I}_r$ 值最大；对于两相短路故障，电压中包含非故障相电压，可以使电压 $\dot{U}_r$ 值尽可能地大。

表 2-2　90°接线方式方向元件电流与电压的组合方式

方向元件	$\dot{I}_r$	$\dot{U}_r$
u 相方向元件	$\dot{I}_u$	$\dot{U}_{vw}$
v 相方向元件	$\dot{I}_v$	$\dot{U}_{wu}$
w 相方向元件	$\dot{I}_w$	$\dot{U}_{uv}$

在假设三相对称且同名相电流与电压同相位（相当于纯电阻电路）的情况下，加入方向元件的电流 $\dot{I}_r$ 超前电压 $\dot{U}_r$ 的相角为 90°。对于图 2-25 所示 u 相的方向元件，$\dot{I}_r=\dot{I}_u$，$\dot{U}_r=\dot{U}_{vw}$，$\dot{I}_r$ 超前 $\dot{U}_r$90°。因此，一般将这种接线方式称为 90°接线方式。

实际上电力线路并不是纯电阻电路，线路上发生短路故障时，$\dot{I}_r$ 与 $\dot{U}_r$ 之间的相位差并不等于 90°。设保护安装处正方向发生三相短路故障时，因三相对称，三个方向元件的动作行为是相同的。以图 2-26 所示 u 相的方向元件为例，$\dot{I}_r=\dot{I}_u$ 滞后于 $\dot{U}_u$ 短路阻抗角 φ_k；相间短路时，线路的短路阻抗角 φ_k 一般在 45°～60°。因为 $\dot{U}_r=\dot{U}_{vw}$滞后于 $\dot{I}_r$，所以 φ_r 为负，即 $\varphi_r=-(90°-\varphi_k)=-45°\sim-30°$。为了使方向元件动作更灵敏，应使 φ_r 尽可能接近于最大灵敏角 φ_s。因此，当 φ_k 在 60°附近时，方向元件的最大灵敏角 φ_s应整定在－30°；当 φ_k 在 45°附近时，方向元件的最大灵敏角 φ_s应整定在－45°。也就是说，方向元件的最大灵敏角 φ_s 应根据实际线路的短路阻抗角来整定。

（五）按相启动原则

如图 2-27 所示，在机电型保护装置中，要求仅同名相的电流继电器与功率方向继电器的动合触点串联连接，以防止保护安装处反方向两相短路故障时，由于非故障相负荷电流的影响，使方向元件误动作，从而造成保护误动作。同样，在微机型继电保护装置中，其电流元件、方向元件均应取故障相的电流及其对应的电压进行计算、判别，以避免保护装置不正确动作。上述原则一般被称为按相启动原则。

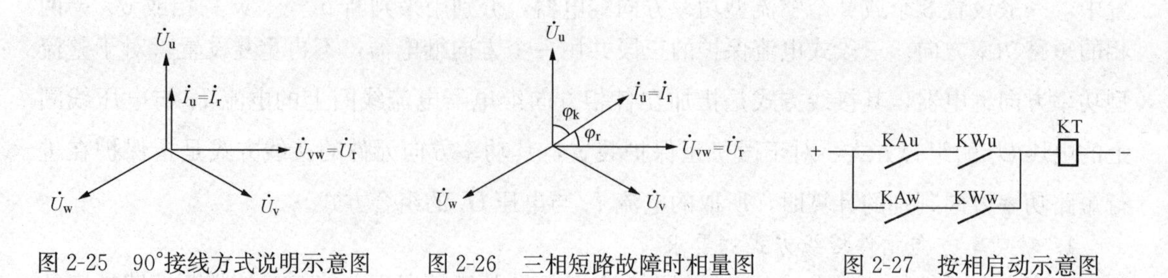

图 2-25　90°接线方式说明示意图　　图 2-26　三相短路故障时相量图　　图 2-27　按相启动示意图

复　习　题

一、选择题

1. 本线路的限时电流速断保护与本线路瞬时电流速断保护范围有重叠区，当在重叠区发生故障时由（　　）。

A. 本线路的限时电流速断保护动作跳闸

B. 本线路瞬时电流速断保护动作跳闸

C. 均动作跳闸

2. 本线路的限时电流速断保护与下级线路瞬时电流速断保护范围有重叠区，当在重叠区发生故障时由（　　）。

A. 本线路的限时电流速断保护动作跳闸

B. 下级线路瞬时电流速断保护动作跳闸

C. 均动作跳闸

3. 某电力公司管辖的辐射形电网中，有一条线路的限时电流速断保护与下级线路瞬时电流速断保护的保护范围重叠，则在重叠区发生故障时（　　）。

A. 仅本线路的限时电流速断保护启动

B. 仅下级线路瞬时电流速断保护启动

C. 保护均启动

D. 保护均不启动

4. 当限时电流速断保护灵敏度不满足要求时，通常解决的方法是将限时电流速断保护的动作电流及动作时间与（　　）配合。

A. 下级线路瞬时电流速断保护　　B. 本线路瞬时电流速断保护

C. 下级线路限时电流速断保护

5. 电流保护的动作时间一经整定，则不随通入保护的电流变化，保护启动后按照预先整定值延时动作，称为（　　）。

A. 定时限过电流保护　B. 反时限电流保护　C. 零序电流保护

6. 电流保护的动作时间与通入保护的电流有关，保护启动后，如电流大时动作时间短，电流小时动作时间长称为（　　）。

A. 定时限过电流保护　B. 反时限电流保护　C. 零序电流保护

7. 电流继电器的（　　）之比称为电流继电器的返回系数。
A. 返回电流与动作电流　　B. 动作电流与返回电流
C. 返回电压与动作电压
8. 利用电力系统发生相间短路的主要特征可以构成反应（　　）的阶段式电流保护。
A. 电流增大　　B. 电流减小　　C. 电压升高
9. 电流继电器动作后，使继电器返回到原始状态的最大电流称为电流继电器的（　　）。
A. 动作电流　　B. 返回系数　　C. 感应电流　　D. 返回电流
10. 电流继电器在继电保护装置中作为测量和启动元件，反应（　　）而动作。
A. 电压增大超过定值　　B. 电流减小超过定值
C. 电流增大超过定值
11. 能够使电流继电器开始动作的最小电流称为电流继电器的（　　）。
A. 动作电流　　B. 返回电流　　C. 感应电流
12. 定时限过电流保护的保护范围为（　　）。
A. 本线路全长　　B. 本线路及下级线路全长
C. 本线路一部分　　D. 本线路全长及下级线路一部分
13. 定时限过电流保护的动作电流较小，但必须保证系统在（　　）时不动作。
A. 发生单相短路　　B. 发生两相短路
C. 发生三相短路　　D. 正常运行最大负荷
14. 定时限过电流保护远后备灵敏系数为（　　）。
A. 最小运行方式本线路末端两相短路电流与动作电流之比
B. 最大运行方式本线路末端三相短路电流与动作电流之比
C. 最小运行方式下级线路末端两相短路电流与动作电流之比
15. 对单侧有电源的辐射形电网，当短路点距离系统电源越近，短路电流（　　）。
A. 越小　　B. 越大　　C. 无论远近均相等
16. 对单侧有电源的辐射形电网，电流保护装设在线路的（　　）。
A. 始端　　B. 末端　　C. 中间
17. 对单侧有电源的辐射形电网，瞬时电流速断保护对下级线路故障应（　　）。
A. 正确动作　　B. 不动作　　C. 不确定
18. 对上、下级保护之间进行动作时限配合时，下级保护动作时限应比上级保护动作时限（　　）。
A. 长　　B. 短　　C. 相等
19. 对上、下级保护之间进行灵敏度配合时，下级保护灵敏度应比上级保护灵敏度（　　）。
A. 低　　B. 高　　C. 相等
20. 对线路装设的三段电流保护，定时限过电流保护为（　　）的近后备保护。
A. 本线路　　B. 相邻线路　　C. 本线路及相邻线路
21. 反应故障时电流增大动作的过电流保护，要使保护动作，灵敏系数必须（　　）。
A. 大于 1　　B. 小于 1　　C. 等于 1
22. 考虑上、下级定时限过电流保护灵敏度配合时，动作电流应为（　　）。
A. 本线路定时限过电流保护整定值较大　　B. 下条线路定时限过电流保护整定值较大

C. 上、下级整定值相等

23. 靠近线路电源端与靠近线路负荷端的定时限过电流保护，动作时间相比（　　）。

A. 靠近线路电源端整定值小　　B. 靠近线路负荷端整定值小

C. 整定值相等

24. 某变电站的一条线路采用电流三段式保护，其中限时电流速断的整定值为10A，在线路末端发生相间故障时，最大短路电流（最大运行方式下三相短路）为30A，最小短路电流（最小运行方式下两相短路）为15A，则限时电流速断保护的灵敏系数为（　　）。

A. 1.5　　B. 2　　C. 3　　D. 4

25. 某电力公司管辖的单侧有电源的辐射形电网，如同一地点发生最大运行方式下三相短路或最小运行方式两相短路，则（　　）。

A. 最大运行方式下三相短路电流大于最小运行方式两相短路

B. 最大运行方式下三相短路电流等于最小运行方式两相短路

C. 最大运行方式下三相短路电流小于最小运行方式两相短路

二、判断题

1. 本线路的限时电流速断保护动作电流的整定原则为与本线路瞬时电流速断保护配合。（　　）

2. 瞬时电流速断保护的选择性可以用动作电流来保证。（　　）

3. 利用电力系统发生相间短路的主要特征可以构成反应电流增大的阶段式电流保护。（　　）

4. 对单侧有电源的辐射形电网，当短路点距离系统电源越远，短路电流越小。（　　）

5. 对线路装设的三段电流保护，定时限过电流保护为相邻线路的近后备保护。（　　）

6. 当本线路限时电流速断保护与下级线路限时电流速断保护配合整定时，具有动作电流降低、灵敏度提高、保护范围增长及动作时间延长的特点。（　　）

7. 三段式电流保护中的定时限过电流保护动作最灵敏。（　　）

8. 靠近线路电源端与靠近线路负荷端的定时限过电流保护，靠近线路电源端动作时间整定值大。（　　）

9. 继电保护中相间短路通常仅考虑单相接地短路、两相短路、三相短路几种情况。（　　）

10. 电流保护中电流继电器的返回系数一般不小于0.85。（　　）

11. 定时限过电流保护的选择性，是用不同的动作时限来保证的。（　　）

12. 电流继电器的动作电流与返回电流之比称为电流继电器的返回系数。（　　）

13. 电流继电器的返回电流与动作电流之比称为电流继电器的可靠系数。（　　）

14. 对单侧有电源的辐射形电网，电流保护装设在线路的末端。（　　）

15. 方向过电流保护的动作时限按逆向阶梯形原则整定。（　　）

16. 对线路装设的三段电流保护，定时限过电流保护为本线路及相邻线路的远后备保护。（　　）

17. 方向过电流保护的灵敏度主要是由方向元件的灵敏度决定的。（　　）

18. 能使电流元件动作的最大电流称为电流元件的动作电流。（　　）

19. 能使电流元件返回的最小电流称为电流元件的返回电流。（　　）

20. 当功率方向元件中不加电流只加电压时，如方向元件动作，则称为电压潜动。（　　）

三、问答题

1. 何谓电力系统最大、最小运行方式?
2. 三段式电流保护各段的整定原则是什么?
3. 何谓主保护和后备保护? 何谓远后备保护和近后备保护?
4. 反应相间短路故障的电流保护有哪些接线方式? 各接线方式可以反应哪些故障类型?

第三章　输配电线路的接地保护

我国的电力系统根据中性点接地方式的不同，可分为大电流接地系统和小电流接地系统。

中性点直接接地系统即大电流接地系统（一般是110kV及以上的电网），在这种系统中如果发生了接地故障，设备中会产生很大的短路电流，如不及时切除故障设备，后果不堪设想。所以这种系统中保护的任务是尽早的跳闸。

中性点不接地或经消弧线圈接地系统即小电流接地系统（一般是66kV及以下的电网），在这种系统中如果发生了接地故障，流过设备的电流为电容电流，其值很小，系统可以继续运行一段时间。所以这种系统中保护的任务只是发出信号。

这两种系统中的接地保护是如何构成的呢？原理又是怎样的？要想弄清这些问题，先要搞清当发生接地故障时，系统中的电量会有什么变化，抓住了这些电量的变化特征，就不难设计出灵敏而有效的接地保护。

当系统发生接地故障时，最明显的电量变化就是产生了零序分量。因此，反应零序分量的保护是接地保护的主要形式。

第一节　中性点直接接地系统的故障分析

统计表明，接地故障的概率占电力系统总故障的90%左右，是继电保护重点防范的故障，所以尽管有些保护（如前面学到的电流保护）也能保护到这种故障类型，但还是要设置专用的接地保护，这就是零序保护。因为零序保护对接地故障而言，更灵敏。

零序保护是反应零序电流、零序电压而动作的，在电力系统发生接地故障前后，零序分量会产生非常大的变化，这是接地故障有别于相间故障的一个最突出的地方。那么这个特殊的分量在故障前后是怎样变化的呢？现在用一个具体的例子来说明。

在图3-1（a）所示的中型点直接接地系统中，正常运行时，由于三相的电流和电压是对称的，所以此时的零序电流和零序电压都为零，即

$$\dot{I}_0 = \frac{1}{3}(\dot{I}_U + \dot{I}_V + \dot{I}_W) = 0$$

$$\dot{U}_0 = \frac{1}{3}(\dot{U}_U + \dot{U}_V + \dot{U}_W) = 0$$

当线路MN发生接地短路时，其零序等效网络如图3-1（b）所示，零序电流可以看成是故障点出现的零序电压$\dot{U}_{k0}$产生的，它经变压器接地的中性点形成回路。零序电流的方向，仍采用母线指向故障点为正，而零序电压的方向，仍以线路电压高于大地电压为正。图中的Z'_{T0}、Z''_{T0}为两侧变压器的零序阻抗，Z'_{L0}、Z''_{L0}分别为故障点两侧的线路的零序阻抗。

根据零序网络可写出故障点处、母线M和母线N的零序电压为

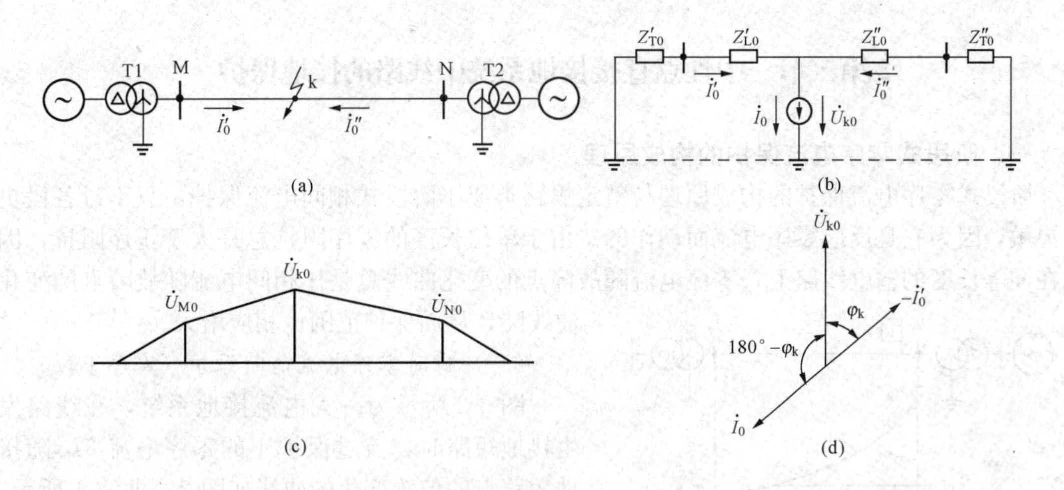

图 3-1　单相接地短路时零序分量特点

(a) 系统图；(b) 零序网络；(c) 零序电压沿线的分布；(d) 相量图

$$\left.\begin{aligned}\dot{U}_{k0}&=-\dot{I}'_0(Z'_{T0}+Z'_{L0})\\ \dot{U}_{M0}&=-\dot{I}'_0Z'_{T0}\\ \dot{U}_{N0}&=-\dot{I}'_0Z''_{T0}\end{aligned}\right\}\tag{3-1}$$

当 k 点发生单相接地故障时，故障点处的零序电流为

$$\dot{I}_0=\frac{\dot{E}_\Sigma}{Z_{1\Sigma}+Z_{2\Sigma}+Z_{0\Sigma}}\tag{3-2}$$

式中　$Z_{1\Sigma}$，$Z_{2\Sigma}$，$Z_{0\Sigma}$——分别为正序网络、负序网络和零序网络的综合阻抗；

$\dot{E}_\Sigma$——电源等效电动势。

当 U 相发生接地时，电流、电压相量如图 3-1（d）所示。分析后可得结论，故障后的零序电流和零序电压很大，且变化规律如下：

(1) 由图 3-1（b）零序网络和式（3-1）可知，故障点的零序电压 $\dot{U}_{k0}$ 最高，变压器中性点的零序电压最低且为零。从故障点到变压器中性点零序电压的分布，如图 3-1（c）所示。

(2) 零序电流由故障处 U_{k0} 产生，其大小与中性点接地变压器的数目和分布有关，而与系统的运行方式无直接关系。

(3) 零序电流仅在故障点与接地中性点之间形成回路，它是由故障点的零序电压产生的，其实际的流动方向是由故障点流向变压器的中性点，$-\dot{I}'_0$ 与 $\dot{U}_0$ 的夹角取决于保护背后的零序阻抗角 φ_k（约为 70°）。所以零序功率的方向为线路指向母线。

(4) 零序电流和零序电压的大小与故障点位置的关系为：故障点离保护安装处越近，数值就越大；故障点离保护安装处越远，数值就越小。其变化类似于相间电流随故障点变化的规律。所以零序方向元件动作无死区。

可根据零序电流和零序电压的这些规律，构成线路的接地保护。

第二节 中性点直接接地系统中线路的接地保护

一、阶段式零序电流保护的构成原理

阶段式零序电流保护的构成原理与整定思路类似于阶段式相间电流保护，只不过各段更加灵敏，因为它是反应零序电流而动作的。由于单位长度的零序阻抗总是大于正序阻抗，因此在同等长度的输电线路上，零序电流随故障点的变化曲线总是比相间电流随故障点的变化曲线陡，从而保护范围也相应增大。

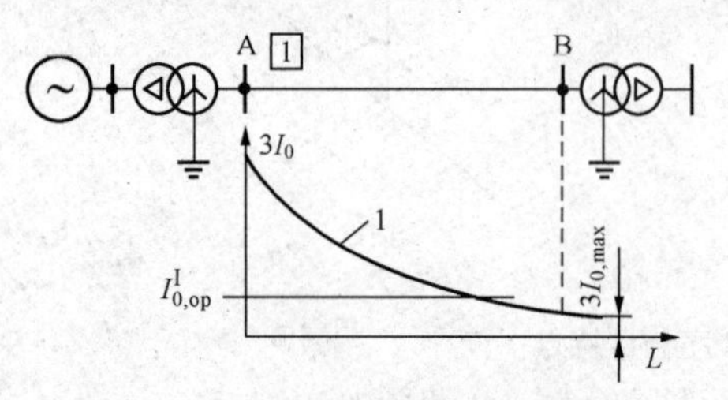

图 3-2 零序Ⅰ段动作电流计算说明图

（一）瞬时零序电流速断保护（零序Ⅰ段）

图 3-2 所示为一大电流接地系统，在线路发生接地短路时，流过保护 1 的零序电流 $3I_0$ 随接地短路点的位置变化的曲线如图 3-2 曲线 1 所示。与相间保护的分析相似，为了保证选择性，保护 1 的零序Ⅰ段的保护范围不应超过本线路的末端，因此其动作电流应按以下原则整定。

1. 按躲过被保护线路末端接地短路时的最大零序电流整定

整定式为
$$I_{0,op}^{I}=K_{rel}\times 3I_{0,max} \tag{3-3}$$

式中 K_{rel}——可靠系数，一般取 1.2～1.3；

$I_{0,max}$——线路末端发生接地短路时流过保护装置的最大零序电流。

$I_{0,max}$按使零序电流最大的运行方式和故障类型考虑，即按照被保护线路首端（保护安装处）母线所接变压器中性点接地数目最多，被保护线路末端变压器不接地时，计算出的单相接地 $k^{(1)}$或两相接地 $k^{(1.1)}$时的零序电流，取大者作为最终整定值。

2. 按躲过断路器三相触头不同期合闸时的最大零序电流整定

整定式为
$$I_{0,op}^{I}=K_{rel}\times 3I_{0,bt} \tag{3-4}$$

式中 K_{rel}——可靠系数，取 1.1～1.2；

$I_{0,bt}$——断路器三相触头不同期合闸时的最大零序电流。

$I_{0,bt}$只在不同时合闸期间存在，持续时间很短。若保护的动作时间大于断路器三相不同期时间，则不按此整定。

3. 当被保护线路采用单相重合闸时，躲过单相重合闸过程中出现非全相振荡时的零序电流整定

整定式为
$$I_{0,op}^{I}=K_{rel}\times 3I_{0,unc} \tag{3-5}$$

式中 K_{rel}——可靠系数，取 1.1～1.2；

$I_{0,unc}$——非全相振荡时的零序电流。

在装有综合重合闸的线路上，常采用两个零序电流Ⅰ段保护。一个是灵敏Ⅰ段，动作电流按 1、2 两个原则整定。按此原则整定的灵敏Ⅰ段不能躲过非全相振荡的影响，因此在单相重合闸启动时，自动将灵敏Ⅰ段闭锁，待到恢复全相运行时才重新投入。另一个是不灵敏Ⅰ段，动作电流按原则 3 整定，用于非全相运行时快速切除故障。

零序电流Ⅰ段保护和相间电流Ⅰ段保护比较，有以下优点：

(1) 零序Ⅰ段虽然也不能保护本线路的全长，但保护范围比相间Ⅰ段长。这是因为每千米长度的零序阻抗大于正序阻抗，所以零序电流随故障点位置不同的变化曲线较陡，因此保护范围较长。

(2) 因为零序电流受系统运行方式变化的影响较小，所以保护范围较稳定。

（二）限时零序电流速断保护（零序Ⅱ段）

限时零序电流速断保护的工作原理及整定原则，与相间短路的限时电流速断保护相似。其作用也与相间限时电流速断保护相同。现以图 3-3 所示网络为例，说明一下整定原则。

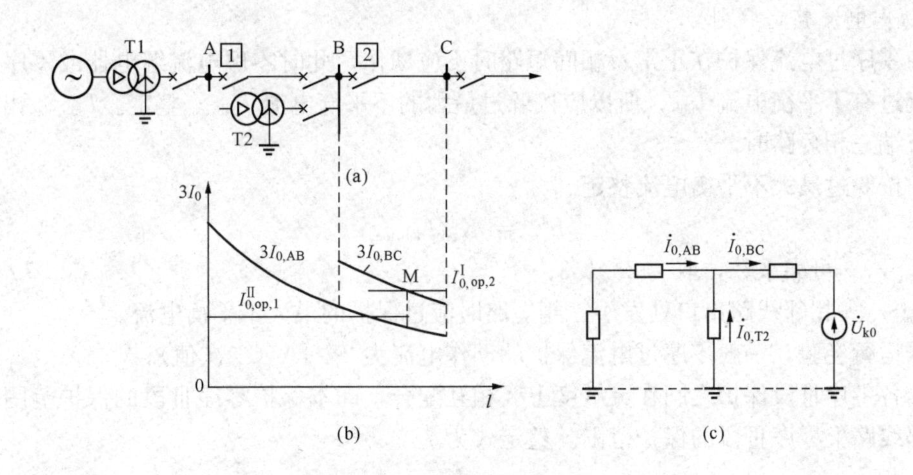

图 3-3　零序Ⅱ段动作电流计算说明图

(a) 零序Ⅱ段动作电流计算网络；(b) 零序电流分布及动作电流整定示意；(c) 图 (a) 的零序网络

1. 动作电流整定原则

零序Ⅱ段的动作电流应与相邻线路的零序Ⅰ段相配合，即躲过相邻线路（即 BC 线路）的零序Ⅰ段保护范围末端接地短路时，流过本保护的最大零序电流的计算值整定。其整定式为

$$I^{II}_{0,op,1}=\frac{K_{rel}}{K_{b,min}}I^{I}_{0,op,2} \tag{3-6}$$

$$K_{b,min}=\left(\frac{I_{0,BC}}{I_{0,AB}}\right)_{min} \tag{3-7}$$

式中　K_{rel}——可靠系数，取 1.1～1.2；

$K_{b,min}$——最小分支系数，等于相邻线路Ⅰ段保护范围末端 M 点接地短路时，流经故障线路与被保护线路的零序电流之比的最小值。

2. 动作时限的整定原则

整定原则为比下一线路Ⅰ段多出一个时间级差 $\Delta t=0.5\text{s}$，即

$$t^{II}_{0,1}=t^{I}_{0,2}+\Delta t \tag{3-8}$$

3. 校验灵敏度

按本线路末端接地短路时，流过保护的最小零序电流 $3I_{0,min}$ 校验，即

$$K_s=\frac{3I_{0,min}}{I^{II}_{0,op}} \tag{3-9}$$

$K_s \geqslant 1.5$ 为合格。

当灵敏度不满足要求时，可采取下列措施：

（1）动作电流和动作时限与下一段线路零序Ⅱ段相配合，即

$$I_{0,op,1}^{\mathrm{II}} = K_{rel} I_{0,op,2}^{\mathrm{II}} \tag{3-10}$$

$$t_{0,1}^{\mathrm{II}} = t_{0,2}^{\mathrm{II}} + \Delta t = 1 \sim 1.2\mathrm{s} \tag{3-11}$$

（2）保留 $t^{\mathrm{II}}=0.5\mathrm{s}$ 的零序Ⅱ段，再增加一个按（1）整定的灵敏Ⅱ段。

（3）改用接地距离保护。

（三）零序过电流保护（零序Ⅲ段）

零序过电流保护的工作原理与反应相间短路的过电流保护相似。

1. 动作电流整定原则

因为零序过电流保护在正常及相间短路时不应动作，此时零序电流继电器或零序电流变换器中流过有不平衡电流 I_{unb}，所以应按躲过最大的不平衡电流 $I_{unb,max}$ 整定。$I_{unb,max}$ 出现在下级线路首端三相短路时。

（1）按躲过最大不平衡电流整定

$$I_{0,op}^{\mathrm{III}} = K_{rel} I_{unb,max} \tag{3-12}$$

式中　K_{rel}——可靠系数，取 1.2～1.3；

$I_{unb,max}$——相邻线路出口处发生三相短路时流过保护的最大不平衡电流。

根据运行经验，一般零序过电流保护的动作电流为 2～4A（二次值）。

（2）各零序Ⅲ段保护之间在灵敏度上要相互配合，即本保护零序Ⅲ段的保护范围，不能超出相邻线路上零序Ⅲ段的保护范围。整定式为

$$I_{0,op,1}^{\mathrm{III}} = \frac{K_{rel}}{K_{b,min}} I_{0,op,2}^{\mathrm{III}}$$

式中　K_{rel}^{III}——可靠系数（即配合系数），取 1.1～1.2；

$K_{b,min}$——分支系数；

$I_{0,op,2}^{\mathrm{III}}$——相邻线路零序Ⅲ段保护的动作电流。

2. 动作时限的整定原则

按上述原则整定的零序过电流保护，其动作电流都很小，故在电力系统发生接地短路时，同一电压等级内的零序过电流保护都可能启动。为保证动作的选择性，各零序过电流保护的动作时限应按阶梯原则整定。但因为零序电流只在故障点与变压器接地中性点之间流动，所以只需在同一接地系统中按阶梯形原则整定。图 3-4 所示电路中，应有

$$t_{01}^{\mathrm{III}} = t_{02}^{\mathrm{III}} + \Delta t, t_{02}^{\mathrm{III}} = t_{03}^{\mathrm{III}} + \Delta t$$

可见，零序过电流保护的动作时限总小于相间过电流保护的动作时限。

3. 校验灵敏度

近后备：按本线路末端接地短路时，流过保护的最小零序电流 $3I_{0,min}$ 校验。其检验式为

$$K_s = \frac{3\,I_{0,min}}{I_{op}^{\mathrm{III}}} \tag{3-13}$$

$K_s \geqslant 1.5$ 为合格。

远后备：按下一线路末端接地短路时，流过保护的 $I_{0,min}$ 校验。其检验式为

$$K_s = \frac{3\,I_{0,min}}{I_{op}^{\mathrm{III}}} \tag{3-14}$$

$K_s \geqslant 1.2$ 为合格。

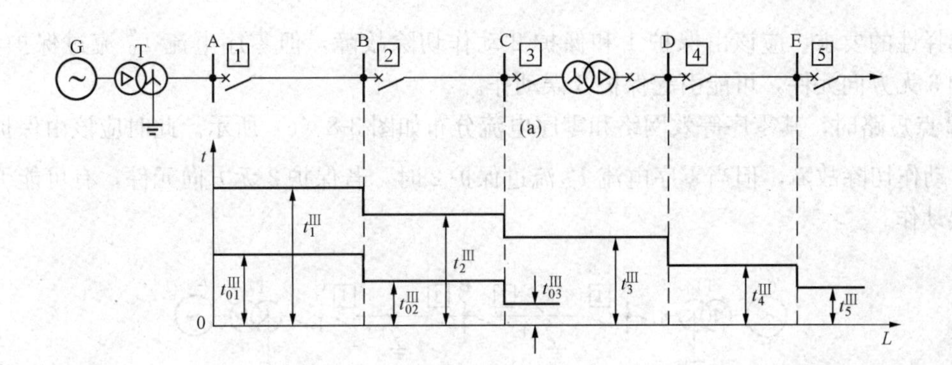

图 3-4 零序过电流时限特性

（四）三段式零序电流保护的接线

图 3-5 为三段式零序电流保护的原理接线图。图中采用零序电流滤过器取得零序电流，零序Ⅰ段由电流继电器 KA1、中间继电器 KM 和信号继电器 KS1 组成。零序Ⅱ段由电流继电器 KA2、时间继电器 KT1，信号继电器 KS2 组成。零序Ⅲ段由电流继电器 KA3、时间继电器 KT2 和信号继电器 KS3 组成。如果用逻辑框图表示，如图 3-6 所示。如果用程序框图表示，如图 3-7 所示。

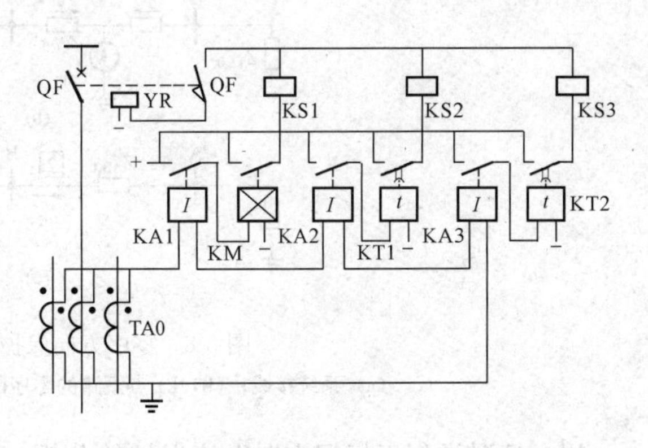

图 3-5 三段式零序电流保护原理接线

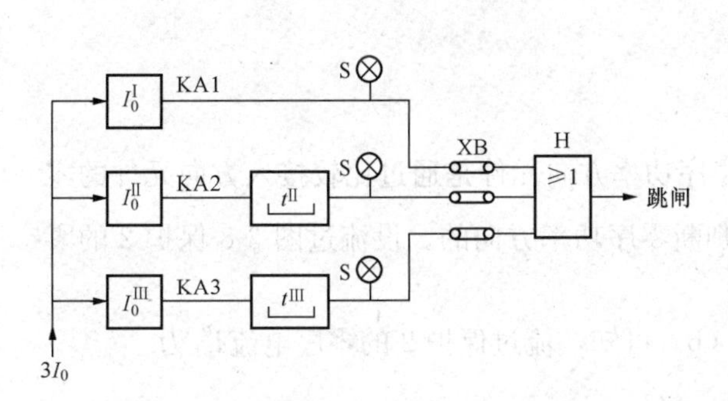

图 3-6 三段式零序电流保护的逻辑框图

KA1、KA2、KA3—Ⅰ、Ⅱ、Ⅲ段零序电流保护的测量元件；

S—对应各段的信号元件

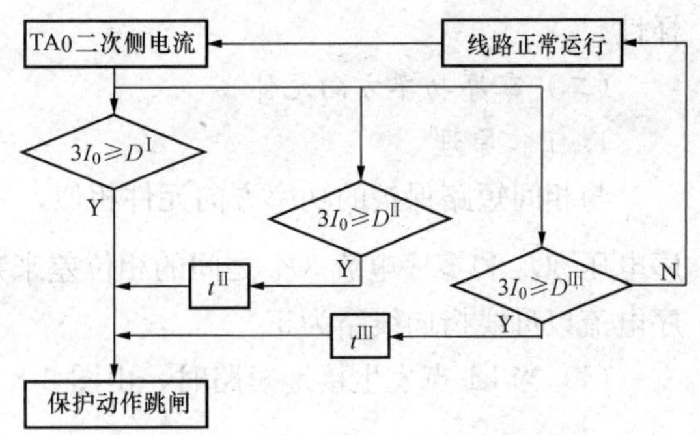

图 3-7 三段式零序电流保护的程序框图

二、零序方向电流保护

（一）零序方向电流保护的工作原理

在多电源的网络中，要求电源处的变压器中性点至少有一台接地。图 3-8（a）所示的双电源系统中变压器 T1 和 T2 的中性点均直接接地。由于零序电流的实际方向是由故障点流向各个中性点接地的变压器，而当接地故障发生在不同的线路上时，如图中的 k1 和 k2 点，要求由不同的保护动作。k1 点短路时，其零序等效网络和零序电流分布如图 3-8（b）所示，按照选择性的要求，应该由保护 1 和保护 2 动作切除故障，但零序电流 $\dot{I}''_{01}$ 流过保护 3 时，若保护 3 无方向元件，可能引起保护 3 误动作。

k2 点短路时，其零序等效网络和零序电流分布如图 3-8（c）所示。此时应该由保护 3 和保护 4 动作切除故障，但当零序电流 $\dot{I}'_{02}$ 流过保护 2 时，若保护 2 无方向元件，有可能引起保护 2 误动作。

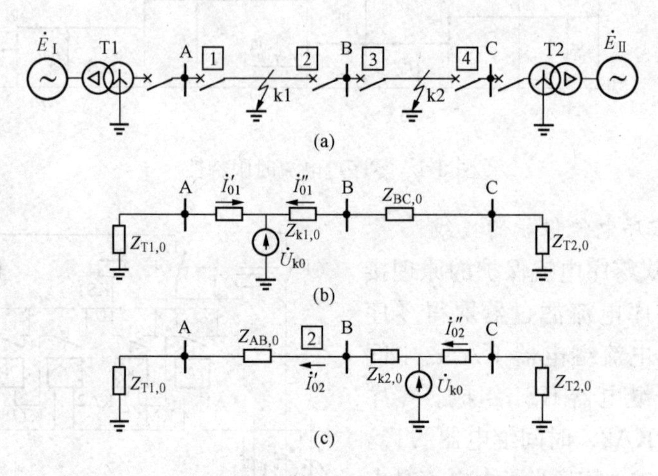

图 3-8　零序方向保护工作原理的分析

(a) 系统接线；(b) k1 点短路的零序网络；(c) k2 点短路的零序网络

以上情况类似于相间方向电流保护的分析，必须在零序电流保护上增加功率方向元件，利用正方向和反方向故障时零序功率方向的差别，闭锁可能误动作的保护，以保证动作的选择性。

（二）零序功率方向元件

1. 工作原理

与相间短路保护的功率方向元件相似，零序功率方向元件是通过比较接入方向元件的零序电压 $3\dot{U}_0$ 和零序电流 $3\dot{I}_0$ 之间的相位差来判断零序功率方向的。设流过图 3-8 保护 2 的零序电流以母线指向线路为正。

(1) 当 k1 点发生接地短路时，由图 3-8（b）可知，流过保护 2 的零序电流 I''_{01} 为

$$\dot{I}''_{01}=-\frac{\dot{U}_{\rm k0}}{Z_{\rm T2,0}+Z_{\rm BC,0}+Z_{\rm k1,0}} \tag{3-15}$$

式中　$Z_{\rm T2,0}$——变压器 T2 的零序阻抗；

$Z_{\rm BC,0}$——线路 BC 的零序阻抗；

$Z_{\rm k1,0}$——k1 点至 B 母线的线路零序阻抗。

式（3-15）中，负号表示实际电流方向与假定的正方向相反。

保护安装 B 点处的零序电压为

$$\dot{U}_{02}=-\dot{I}''_{01}(Z_{\rm T2,0}+Z_{\rm BC,0}) \tag{3-16}$$

式（3-16）表明，接入保护 2 零序功率方向继电器的零序电压和零序电流之间的相位差取决于保护安装处背后的变压器 T2 和线路 BC 的零序阻抗角。由相量图 3-9 可见，零序电流超前

零序电压的相角为 $\varphi_r=180°-\varphi_0$。其中 φ_0（$Z_{T2,0}$ 与 $Z_{BC,0}$ 的综合阻抗角）为 70°～85°，所以，零序电流超前零序电压的相角为 95°～110°。

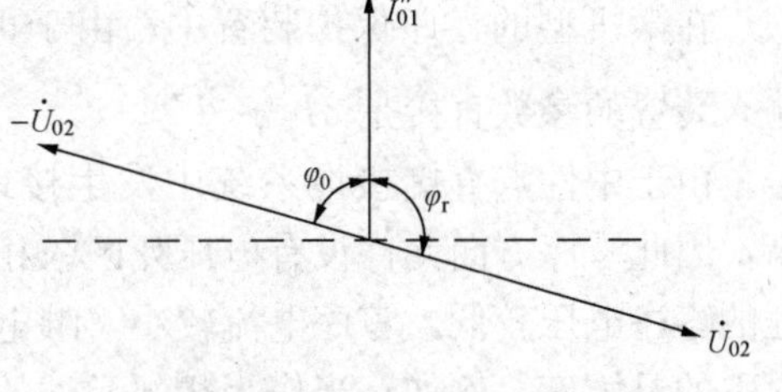

图 3-9　零序电流、电压相量图

（2）k2 点发生接地短路时，由图 3-8（c）可知，流过保护 2 的零序电流 $\dot{I}'_{02}$ 为

$$\dot{I}'_{02}=\frac{\dot{U}_{k0}}{Z_{T1,0}+Z_{AB,0}+Z_{k2,0}} \tag{3-17}$$

式中　$Z_{T1,0}$——变压器 T1 的零序阻抗；

$Z_{AB,0}$——线路 AB 的零序阻抗；

$Z_{k2,0}$——k2 点至 B 母线的线路零序阻抗。

保护安装处母线 B 点的零序电压为

$$\dot{U}_{02}=\dot{I}'_{02}(Z_{T1,0}+Z_{AB,0}) \tag{3-18}$$

由式（3-18）可见，当 $Z_{T1,0}$ 和 $Z_{AB,0}$ 的综合阻抗角为 70°～85°时，接入继电器的零序电压的超前零序电流的相角为 70°～85°。

通过上述分析可得，在保护的正方向（k1 点）和反方向（k2 点）发生接地短路时，零序电压和零序电流的相角差是不同的，零序功率方向继电器可依此判断零序功率的方向。

2. 接线方式

根据零序分量的特点，零序功率方向继电器的最大灵敏角应为

$$\varphi_s=-(95°\sim 110°)$$

目前电力系统中使用的整流型或晶体管型功率方向继电器的最大灵敏角均为 70°～85°，因此零序功率方向继电器应按图 3-10（a）接线，将电流线圈与电流互感器之间同极性相连，而将电压线圈与电压互感器之间不同极性相连，即

$$\dot{I}_r=3\dot{I}_0, \dot{U}_r=-3\dot{U}_0$$

其相量关系如图 3-10（b）所示，此时 $\varphi_r=70°\sim85°$，恰好符合最灵敏的条件。

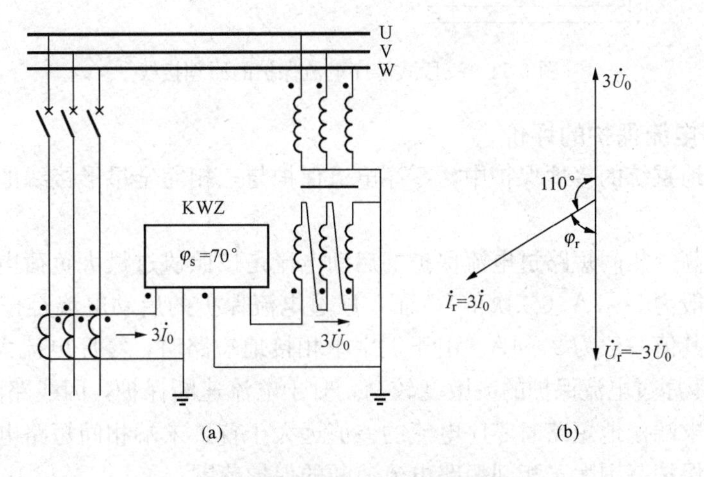

图 3-10　零序功率方向继电器的接线方式

（a）$\varphi_s=70°$的接线；（b）接线的相量图

在微机型的零序保护装置中，由于可以用软件实现 $\dot{I}_r=3\dot{I}_0$、$\dot{U}_r=-3\dot{U}_0$ 的取值，因此输入装置的参数直接是 $3\dot{I}_0$、$3\dot{U}_0$。

由于中性点直接接地系统中发生接地故障时，故障点离母线越近，母线的零序电压越高，因此零序方向元件没有电压死区。相反，当故障点离保护安装点较远时，由于保护安装处的零序电压较低，零序电流较小，继电器可能不启动。因此，必须校验方向元件在这种情况下的灵敏度。例如，当作为相邻元件的后备保护时，应采用相邻元件末端短路时，在本保护安装处的最小零序电流、电压或功率（经电流、电压互感器转换到二次侧的数值）与功率方向继电器的最小启动电流、电压或启动功率之比来计算灵敏系数，并要求$K_s \geqslant 1.5$。

（三）三段式零序方向电流保护

三段式零序方向电流保护的原理接线如图 3-11 所示。图中方向元件 KW 接入 $3\dot{I}_0$ 和 $(-3\dot{U}_0)$，它的触点与三段电流继电器的触点分别构成三个“与”门回路输出，只有当功率方向继电器和相应段的电流继电器同时动作时，才能启动中间继电器 KM 或时间继电器 KT1、KT2。为便于分析保护装置的动作，在每段保护的跳闸出口回路分别串接有信号继电器 KS1、KS2 和 KS3。同时为了在运行中可临时停用某一段保护，在每一段保护的跳闸出口回路中串联有连接片 XB。

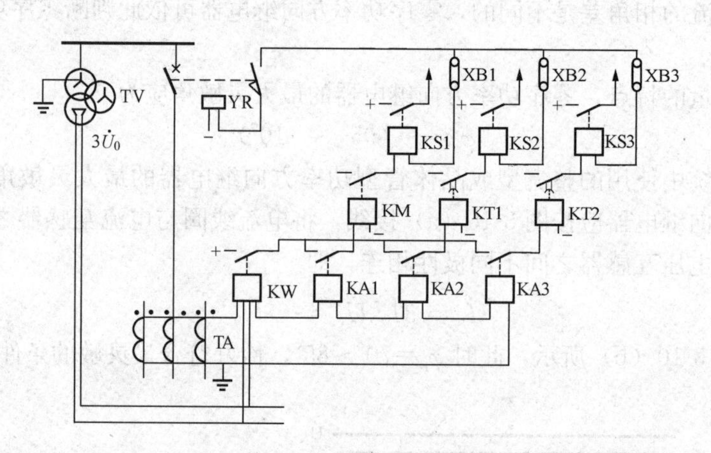

图 3-11　三段式零序电流保护的原理接线

三、对零序电流保护的评价

在大电流接地系统的接地保护中，零序电流保护与三相完全星形接线的相间电流保护相比，有如下优点：

（1）灵敏度高。相间短路过电流保护的启动电流是按照躲过最大负荷电流整定的，继电器的动作电流一般为 5～7A（二次值）；而零序过电流保护的启动电流是按照躲开最大不平衡电流整定的，其值一般为 2～4A。由于发生单相接地短路时，零序电流大小等同于故障相全电流，因此，零序过电流保护的灵敏度较高。对于电流速断保护，因线路阻抗 $X_0 \approx 3.5X_1$，所以在线路首、末端接地短路时零序电流的差值远大于首、末端相间短路电流的差值，因此零序电流速断的保护范围大于相间短路电流速断的保护范围。

（2）延时小。对于同一线路而言，零序过电流保护的动作时限不必考虑与 Yd 接线变压器后的保护配合，所以零序过电流保护的动作时限要比相间短路过电流保护的时限短。

（3）当系统发生如振荡、过负荷等不正常运行状态时，三相是对称的，相间短路的电流保护均受它们的影响而可能误动作，因此必须采取必要的措施予以防止；而零序保护则不受影响。

（4）相间短路电流速断和限时电流速断保护的保护范围受系统运行方式变化的影响，而零序电流保护受系统运行方式变化的影响较小。

（5）在 110kV 及以上高压和超高压系统中，单相接地故障占全部故障的 70%～90%，而其他故障也往往是由单相接地故障发展而来的。因此，采用专门的接地保护更具有显著的优越性。

零序电流保护存在如下一些缺点：

（1）对于短线路或运行方式变化很大的网络，保护往往不能满足系统运行所提出的要求。

（2）随着单相重合闸的广泛应用，在重合闸动作的过程中将出现非全相运行状态，若此时系统两侧的电机发生摇摆，则可能出现较大的零序电流，影响零序电流保护的正确工作。所以，在零序电流保护的整定计算上应予以考虑此情况，或在单相重合闸动作过程中使保护退出运行。

（3）当采用自耦变压器联系两个不同电压等级的系统时（如 110kV 和 220kV 系统），任一系统的接地短路都将在另一系统中产生零序电流，将使零序保护的整定配合复杂化，并将增大零序Ⅲ段保护的动作时限。

第三节　中性点非直接接地系统的故障分析

中性点不接地系统、中性点经消弧线圈接地系统、中性点经电阻接地系统，统称为中性点非直接接地系统，又称小电流接地系统。

中性点非直接接地系统中发生单相接地短路时，由于故障点电流很小，而且三相之间的线电压仍然保持对称，对负荷的供电没有影响，因此，保护不必立即动作于断路器跳闸，可以继续运行 1～2h。但是，在单相接地以后，其他两相的对地电压要升高$\sqrt{3}$倍，为了防止故障进一步扩大成两点或多点接地短路，此时保护应及时发出信号，以便运行人员采取措施予以消除。

一、中性点不接地系统发生单相接地故障的特点

正常运行情况下，中性点不接地系统三相对地电压对称，中性点对地电压为零。由于三相对地的等效电容相同，故在相电压的作用下，各相对地电容电流相等，并超前于相应的相电压 90°。这时电源中性点与等效电容的中性点（地）等电位，母线的零序电压和线路的零序电流均为零。

如图 3-12（a）所示的系统中，当 U 相发生接地故障时，U 相对地电压变为零，其对地电容被短接，而其他两相的对地电压升高$\sqrt{3}$倍，对地电容电流也相应地增大$\sqrt{3}$倍，相量关系如图 3-12（b）所示。在单相接地时，由于三相中的负荷电流仍然对称，因此在零序电流互感器二次侧不产生零序电流，所以下面的分析中不予考虑，而只分析系统中不对称电量关系的变化。

分析中忽略了零序电容电流在系统各元件上产生的压降，这是因为该系统的零序电流太小，其产生的零序压降不足为虑。所以可近似认为系统各处的零序电压相同。

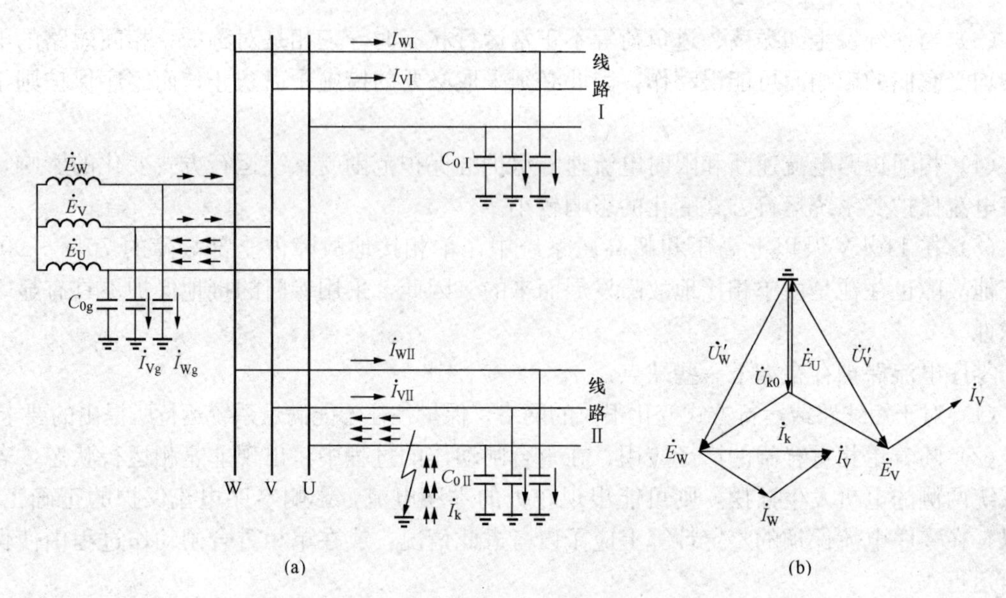

图 3-12　单相接地时的电流、电压分析图

（a）U 相接地时电容电流分布图；（b）U 相接地时的相量图

设 U 相单相接地时，各项对地电压为 U'_U、U'_V、U'_W，则

$$\left.\begin{aligned}\dot{U}'_U&=0\\\dot{U}'_V&=\dot{E}_V-\dot{E}_U=\sqrt{3}\dot{E}_U e^{-j150^\circ}\\\dot{U}'_W&=\dot{E}_V-\dot{E}_U=\sqrt{3}\dot{E}_U e^{j150^\circ}\end{aligned}\right\}\tag{3-19}$$

故障点的零序电压为

$$\dot{U}_{k0}=\frac{1}{3}(\dot{U}'_U+\dot{U}'_V+\dot{U}'_W)=-\dot{E}_U\tag{3-20}$$

在非故障相中流向故障点的电容电流为

$$\left.\begin{aligned}\dot{I}_V&=\dot{U}'_V\times j\omega C_0\\\dot{I}_W&=\dot{U}'_W\times j\omega C_0\end{aligned}\right\}\tag{3-21}$$

因此，从接地点流回的电流为

$$\dot{I}_k=\dot{I}_V+\dot{I}_W=j\omega C_0(\dot{U}'_V+\dot{U}'_W)=-j3\dot{E}_U\omega C_0\tag{3-22}$$

设发电机、线路Ⅰ及线路Ⅱ对地电容以 C_{0g}、$C_{0\text{I}}$、$C_{0\text{II}}$ 等集中电容表示。当线路Ⅱ的 U 相接地后，如果忽略负荷电流和电容电流在线路阻抗上的电压降，则全系统 U 相对地电压均为零，因而各元件的 U 相对地电容电流也等于零，同时，V 相和 W 相的对地电压和电容电流升高$\sqrt{3}$倍。这种情况下电容电流的分布，如图 3-12（a）中“箭头”所示。

由图 3-12 可见，在非故障线路Ⅰ上，U 相对地电容电流为零，V 相和 W 相中流有本身的电容电流，因此，在线路始端所反应的零序电流为

$$3\dot{I}_{0\text{I}}=\dot{I}_{V\text{I}}+\dot{I}_{W\text{I}}=-j3\dot{E}_U\omega C_{0\text{I}}$$

其有效值为

$$3I_{0\text{I}}=3U_{ph}\omega C_{0\text{I}}\tag{3-23}$$

式中　U_{ph}——相电压的有效值；

　　$C_{0Ⅰ}$——线路Ⅰ的电容值。

即零序电流为线路Ⅰ本身的电容电流，电容性无功功率的方向由母线指向线路。

同理，该结论可适用于每一条非故障的线路。

在发电机G上，首先有它本身V相和W相的对地电容电流$\dot{I}_{Vg}$和$\dot{I}_{Wg}$，同时，由于它还是产生其他电容电流的电源，因此，从U相中要流回全部电容电流，而在V相和W相中又要分别流出各线路上同名相的对地电容电流，如图3-12（a）所示。此时，从发电机出线端所反应的零序电流仍应为三相电流之和。由图3-12可见，各线路的电容电流由于从U相流入后又分别从V相和W相流出，因此，相加后相互抵消，只剩下发电机本身的电容电流，故

$$3\dot{I}_{0g}=\dot{I}_{Vg}+\dot{I}_{Wg}=-j3\dot{E}_{U}\omega C_{0g}$$

有效值为$3I_{0g}=3U_{ph}\omega C_{0g}$，即零序电流为发电机本身的电容电流，其电容性无功功率的方向是由母线指向发电机。这个特点与非故障线路是相同的。

故障线路Ⅱ的V相和W相与非故障线路Ⅰ相同，流有其本身的电容电流$\dot{I}_{VⅡ}$和$\dot{I}_{WⅡ}$，而在接地点要流回全系统V相和W相的对地电容电流，其值为

$$\dot{I}_{k}=(\dot{I}_{VⅠ}+\dot{I}_{WⅠ})+(\dot{I}_{VⅡ}+\dot{I}_{WⅡ})+(\dot{I}_{Vg}+\dot{I}_{Wg})$$

其有效值为

$$I_{k}=3U_{ph}\omega(C_{0Ⅰ}+C_{0Ⅱ}+C_{0g})=3U_{ph}\omega C_{0\Sigma} \tag{3-24}$$

式中　$C_{0\Sigma}$——全系统每相对地电容的总和。

$\dot{I}_{k}$要从U相流回去，因此从U相流出的电流可表示为$\dot{I}_{UⅡ}=-\dot{I}_{k}$，这样在线路Ⅱ始端所流过的零序电流为

$$3\dot{I}_{0Ⅱ}=\dot{I}_{UⅡ}+\dot{I}_{VⅡ}+\dot{I}_{WⅡ}=-(\dot{I}_{VⅠ}+\dot{I}_{WⅠ}+\dot{I}_{Vg}+\dot{I}_{Wg})=j3\dot{U}_{U}\omega(C_{0\Sigma}-C_{0Ⅱ})$$

其有效值为

$$3I_{0Ⅱ}=3U_{ph}\omega(C_{0\Sigma}-C_{0Ⅱ}) \tag{3-25}$$

由此可见，故障线路的零序电流，是全系统非故障元件对地电容电流的总和；其电容性无功功率的方向由线路指向母线，与非故障线路相反。

根据上述分析，可以做出中性点不接地系统单相接地时的零序等效网络，如图3-13（a）所示，接地点有零序电压$\dot{U}_{k0}$，零序电流通过各元件的对地电容构成回路。由于输电线路的零序阻抗远小于电容的阻抗，可以忽略不计，因此在中性点不接地系统中发生单相接地故障的零序电流就是各元件的对地电容电流，其相量关系如图3-13（b）所示。图中$\dot{I}_{0Ⅱ}$表示线路Ⅱ本身的对地电容电流。

总结上述分析的结果，对中性点不接地系统的单相接地故障，可以得出如下结论：

（1）发生单相接地时，系统各处故障相对地电压为零，非故障相对地电压升高至系统的线电压；零序电压大小等于系统正常运行时的相电压。

（2）非故障线路上零序电流的大小等于其本身的对地电容电流，方向由母线指向线路。

（3）故障线路上零序电流的大小等于全系统非故障元件对地电容电流的总和，方向为由线路指向母线。

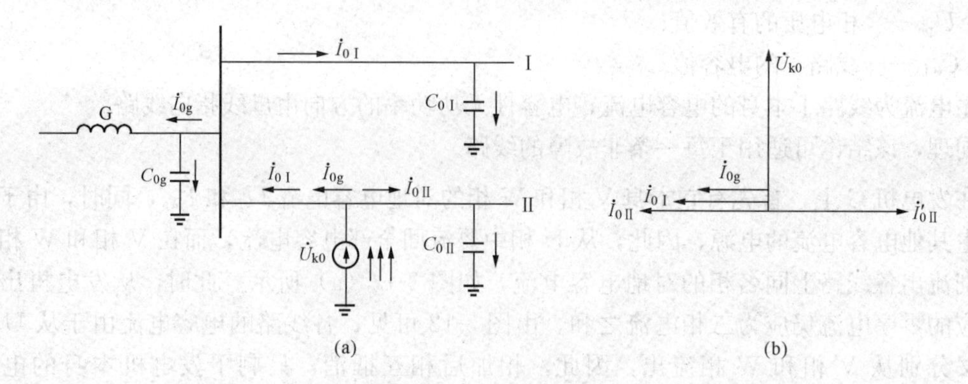

图 3-13　中性点不接地系统单相接地时的零序等效网络及相量图

（a）图 3-12（a）的等效网络；（b）相量图

二、中性点经消弧线圈接地系统单相接地故障的特点

根据以上分析，在中性点不接地系统发生单相接地故障时，接地点要流过全系统的对地电容电流，如果此电流值很大，就会在接地点燃起电弧，引起弧光过电压，从而使非故障相的对地电压进一步升高，损坏绝缘，发展为两点或多点接地短路，造成停电事故。为解决此问题，通常在中性点接入一个电感线圈，如图 3-14 所示。这样，当发生单相接地故障时，在接地点就有一个电感分量的电流通过，此电流与原系统中的电容电流相抵消一部分，使流经故障点的电流减小，因此称此电感线圈为消弧线圈。

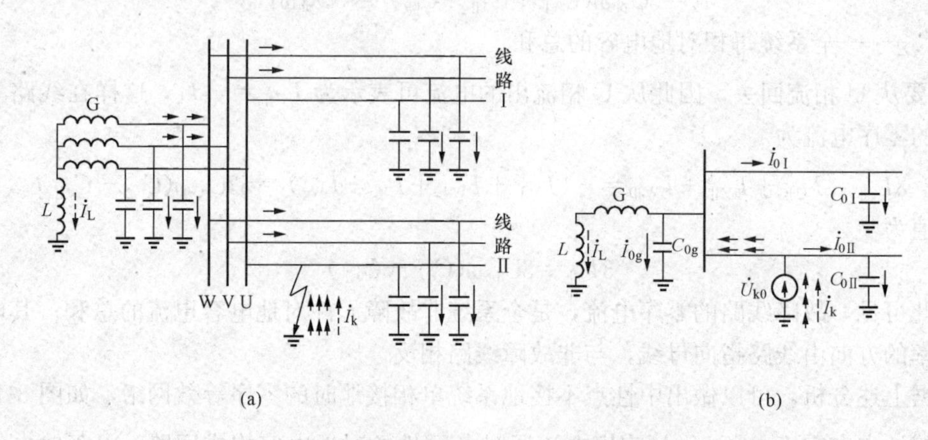

图 3-14　中性点径消弧线圈接地系统单相接地时的电流分布

（a）用三相系统表示；（b）零序等效网络

相关规程规定 22～66kV 电网单相接地，若故障点的电容电流总和大于 10A 时，10kV 电网电容电流总和大于 20A，3～6kV 电网电容电流总和大于 30A 时，中性点应采取经消弧线圈接地的运行方式。

图 3-14（a）所示中性点接入消弧线圈后，电网发生单相接地故障时，设线路Ⅱ的 U 相接地，电容电流的大小和分布与不接消弧线圈时是一样的，不同之处是在接地点又增加了一个电感分量的电流 $\dot{I}_{L}$。因此，从接地点流回的总电流为

$$\dot{I}_{k}=\dot{I}_{L}+\dot{I}_{C\Sigma} \tag{3-26}$$

式中　$\dot{I}_L$——消弧线圈的电流，若用 L 表示它的电感，则 $\dot{I}_L=\frac{-\dot{E}_U}{j\omega L}$；

$\dot{I}_{C\Sigma}$——全系统的对地电容电流。

由于 $\dot{I}_{C\Sigma}$ 和 $\dot{I}_L$ 的相位大约相差 180°，因此 $\dot{I}_k$ 将因消弧线圈的补偿而减小。中性点径消弧线圈接地系统的零序等效网络如图 3-14（b）所示。

根据对电容电流补偿程度的不同，消弧线圈的补偿方式可分为三种。

1. 完全补偿

完全补偿就是使 $I_L=I_{C\Sigma}$，接地点的电流近似为零。从消除故障点的电弧、避免出现弧光过电压的角度看，这种补偿方式最好。但完全补偿又存在着严重的缺点，因为完全补偿时，$\omega L=\frac{1}{\omega C_\Sigma}$，即 L、C 要产生串联谐振，当系统正常运行情况下线路三相对地电容不完全相等时，电源中性点对地之间将产生一个电压偏移；此外，当断路器三相触头不同时合闸时，也会出现一个数值很大的零序电压分量，此电压作用于串联谐振回路，回路中将产生很大的电流，如图 3-15 所示。该电流在消弧线圈上产生很大的电压降，造成电源中性点对地电压严重升高，设备的绝缘遭到破坏。因此完全补偿方式不可取。

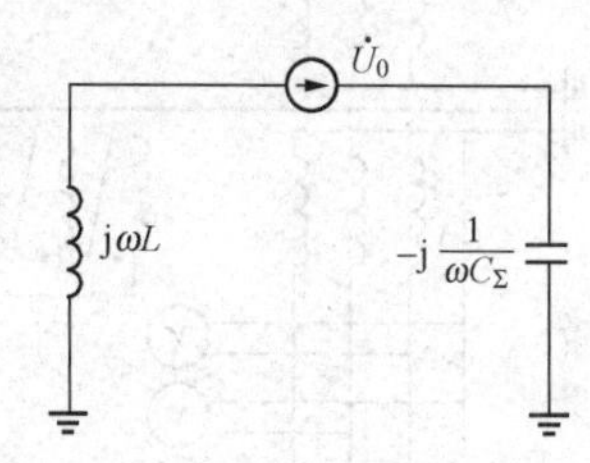

图 3-15　产生串联谐振的零序等效网络

2. 欠补偿

欠补偿就是使 $I_L<I_{C\Sigma}$。采用这种补偿方式后，接地点的电流仍是电容性的，当系统运行方式变化时，如某些线路因检修被切除或因短路跳闸，系统电容电流就会减小，有可能出现完全补偿的情况，又引起电源中性点对地电压升高。所以欠补偿方式也不可取。

3. 过补偿

过补偿就是使 $I_L>I_{C\Sigma}$。采用这种补偿方式后，接地点的残余电流是电感性的，这时即使系统运行方式变化，也不会出现串联谐振的现象。因此，过补偿方式得到广泛的应用。习惯用补偿度 P 来表示补偿的程度，其关系式为

$$P=\frac{I_L-I_{C\Sigma}}{I_{C\Sigma}}\times 100\% \tag{3-27}$$

一般选择 $P=5\%\sim10\%$。

根据以上分析，可得出如下结论：

（1）系统发生单相接地短路时，故障相对地电压为零，非故障相对地电压升至线电压；系统出现零序电压，其大小等于系统正常运行时的相电压。这一特点与中性点不接地系统相同。

（2）消弧线圈两端的电压为零序电压，$\dot{I}_L$ 只经过接地故障点和故障线路的故障相，不经过非故障线路。

（3）若系统采用完全补偿方式，则流经故障线路和非故障线路的零序电流都是本身的对地电容电流，电容电流的方向都是由母线指向线路，因而无法利用稳态电流的大小和方向来判断故障线路。

（4）当系统采用过补偿方式时，流经故障线路的零序电流等于本线路的对地电容电流和

接地点残余电流之和，其方向与非故障线路零序电流相同，由母线指向线路，且相位一致，因此，无法利用方向的不同来判别故障线路。此外，由于补偿度不大，残余电流较小，因而也很难利用电流的大小来判别故障线路和非故障线路。

第四节 中性点非直接接地系统中线路的接地保护

根据本章第三节的分析，针对中性点非直接接地系统单相接地时的特点，可以采用如下几种保护方式。

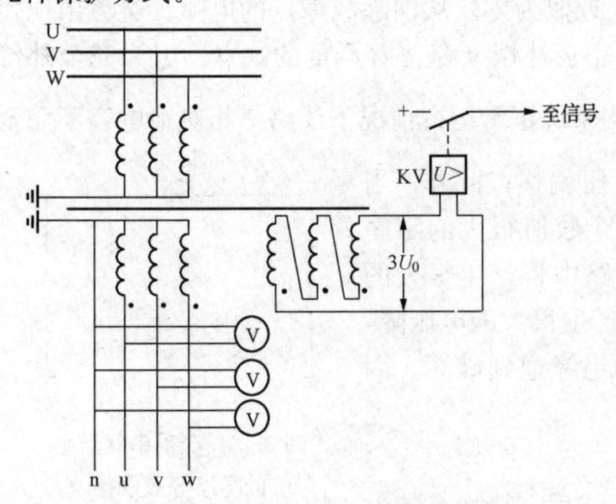

图 3-16 零序电压保护原理接线

一、零序电压保护

在中性点非直接接地系统中，任一点发生接地短路时，都会出现零序电压。根据这一特点构成的无选择性零序电压保护，又称为绝缘监视装置。其原理接线如图 3-16 所示。电压互感器的二次侧有两组绕组。其中一组接成星形，接三只电压表用以测量各相对地电压；另一组接成开口三角形，以取得零序电压，过电压继电器接在开口三角形的开口处用来反应系统的零序电压，并接通信号回路。

正常运行时，系统三相电压对称，无零序电压，过电压继电器不动作，三块电压表读数相等，分别指示各自的相电压。当发生单相接地时，系统各处都会出现零序电压，因此开口三角形侧有零序电压输出，使继电器动作并启动信号继电器发信号。为了知道是哪一相发生了接地故障，可以通过电压表读数来判别。此时接地相对地电压降低，非故障相电压升高。由于零序电压保护判断不出故障线路，所以，必须由运行人员依次短时断开每条线路，再由自动重合闸将断开线路合上。当断开某条线路时，零序电压的信号随之消失，则该线路即为故障线路。

二、零序电流保护

在中性点非直接接地系统中发生单相接地短路时，故障线路的零序电流大于非故障线路的零序电流，利用这一特点可构成零序电流保护。尤其在出线较多的系统中，故障线路的零序电流比非故障线路的零序电流大得多，保护动作更灵敏。

零序电流保护一般使用在有条件安装零序电流互感器的线路上，如电缆线路或经电缆引出的架空线路。对于单相接地电流较大的架空线路，如果通过故障线路的零序电流足以克服零序电流过滤器中不平衡电流的影响，保护装置也可以接于由三个电流互感器构成的零序回路中。

由于系统发生单相接地时，非故障线路上的零序电流为其本身的电容电流，为了保证动作的选择性，零序电流保护的动作电流应大于本线路的电容电流，即

$$I_{op} = K_{rel} \times 3U_{ph}\omega C_0 \tag{3-28}$$

式中 C_0——被保护线路每相的对地电容；

K_{rel}——可靠系数，对瞬时动作的零序电流保护，取 4～5，对延时动作的零序电流保护，取 1.5～2。

保护装置的灵敏度按在被保护线路上发生单相接地短路时，流过保护的最小零序电流来校验，即

$$K_s=\frac{3U_{ph}\omega\ (C_\Sigma-C_0)}{K_{rel}3U_{ph}\omega C_0}=\frac{C_\Sigma-C_0}{K_{rel}C_0} \tag{3-29}$$

式中　C_Σ——同一电压等级电网中，各元件每相对地电容之和。

校验时应采用系统最小运行方式时的电容电流。

三、零序功率方向保护

在出线较少的中性点不直接接地系统中，发生单相接地故障时，故障线路的零序电流与非故障线路的零序电流相差不大，因而采用零序电流保护往往不能满足灵敏度的要求。这时根据前面的分析可知，中性点不接地系统发生单相接地故障时，故障线路的零序电流和非故障线路的零序电流方向相反，即故障线路的零序电流滞后零序电压90°；而非故障线路的零序电流超前零序电压90°。因此，采用零序功率方向保护可明显地区分故障线路和非故障线路，达到有选择性地动作。

四、反应高次谐波分量的接地保护

在电力系统的谐波电流中，数值最大的是5次谐波分量，它因电源电动势中存在高次谐波分量和负荷的非线性而产生，并随系统运行方式而变化。在中性点经消弧线圈接地系统中，消弧线圈只对基波电容电流有补偿作用，而对5次谐波分量来说，消弧线圈所呈现的感抗增加5倍，线路对地电容的容抗减小5倍。所以消弧线圈的5次谐波电感电流相对于5次谐波电容电流来说是很小的，起不了补偿5次谐波电容电流的作用，故在5次谐波分量中可以不考虑消弧线圈的影响。这样，5次谐波电容电流在消弧线圈接地系统中的分配规律，就与基波在中性点不接地系统中的分配规律相同了。这样，根据5次谐波零序电流的大小和方向就可以判别故障线路与非故障线路。

在中性点非直接接地系统中，除了以上四种反应单相接地故障的保护方式外，还有反应有功电流的接地保护方式、暂时破坏补偿的保护方式以及利用故障时暂态分量构成的保护方式等。

第五节　中性点非直接接地系统的接地选线装置

小电流接地选线装置的作用是当中性点非直接接地系统发生接地故障时，正确地选择出故障线路，为工作人员的检修提供方便。

一、工作原理

小电流接地选线装置应用的选线判据一般有：

（1）接地故障时出现大的零序电压和零序电流；

（2）故障线路的零序电流大于非故障线路的零序电流；

（3）故障线路的零序电流滞后零序电压90°，非故障线路的零序电流超前零序电压90°。

选线装置先从零序电压是否大于门槛值入手，判断系统出现接地与否。一般取门槛电压为20～30V。然后，装置采集故障母线上的所有出线的零序电流，依次排比大小，选出数值靠前的3～4条线路，此谓幅值法。故障线路的零序电流原则上应该是最大的，可是由于TA误差、采样误差、信号干扰等因素，选择结果往往会出现偏差，但故障线路一般不会排到3

位以后。最后，装置再对选出的线路进行零序功率计算，利用判据（3）进一步确认出故障线路。若所有的零序电流同相，则可判断是母线发生了故障，此谓比相法。当系统中性点不接地时，采样值为基波零序量；当系统中性点经消弧线圈接地时，采样值为5次谐波分量。

除了上面介绍的幅值法和比相法以外，还有利用接地故障时产生的暂态电流和谐波电流作为选线判断的依据方法。由于中性点非直接接地系统接地的故障等效电路是一个容性电路，故障时会产生很大的暂态电流，特别是发生弧光接地短路或间歇性接地故障时，暂态电流含量更丰富，持续时间更长。该法就是提取某一频率段的谐波分量进行分析判断（因为该分量的分布规律类同基波零序量）。该方法的优点是：①适用于所有中性点非直接接地系统；②能克服消弧线圈和电流互感器不平衡的影响。

二、硬件组成

小电流接地选线装置的硬件主要由零序电流和零序电压变送器、滤波和抗干扰电路、多路开关、A/D转换器、CPU系统、信号装置、人机对话接口等部分组成，各部分的关系如图3-17所示。

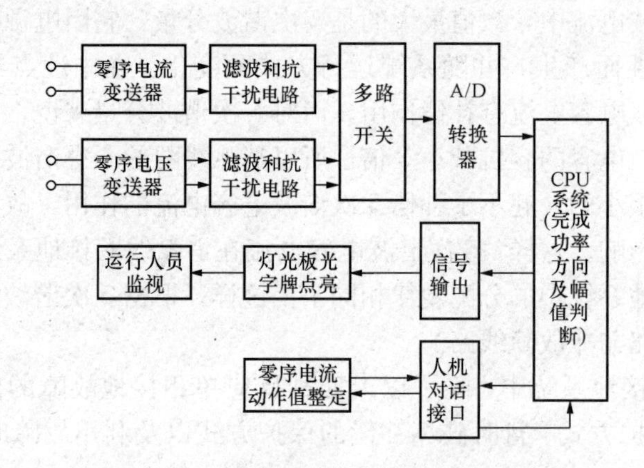

图3-17 小电流接地选线装置的硬件组成

（1）零序电流、零序电压变送器。它把从互感器传来的电流和电压转换成适用于计算机数据采集系统的电压（通常为0～5V的弱电信号），然后送至滤波和抗干扰电路。

（2）滤波和抗干扰电路。它由阻容滤波电路、光电耦合电路组成，用来抑制杂散干扰信号进入计算机系统，以提高系统的测控精度和可靠性。

（3）多路开关。其作用是将各路信号依次地分时送入A/D转换器，以对各模拟信号进行A/D转换。

（4）A/D转换器。其作用是依次将模拟信号转换成数字信号，便于计算机使用。

（5）CPU系统。它由CPU、只读存储器EPROM、随机存储器RAM等组成，用于控制和计算，并将计算结果输出至信号部分。

（6）人机对话接口。它供监测人员与计算机进行信息交换，以便修改整定值。

（7）灯光板和光子牌。它用来显示故障线路。

三、软件组成

小电流接地选线装置的软件一般由监控软件和选线运行软件两部分组成。其中，选线运行软件通常包含有主程序、定时中断程序、电压检测程序、采样程序、选线程序五个模块分别完成不同的检测任务，如图 3-18（a）～（e）所示。

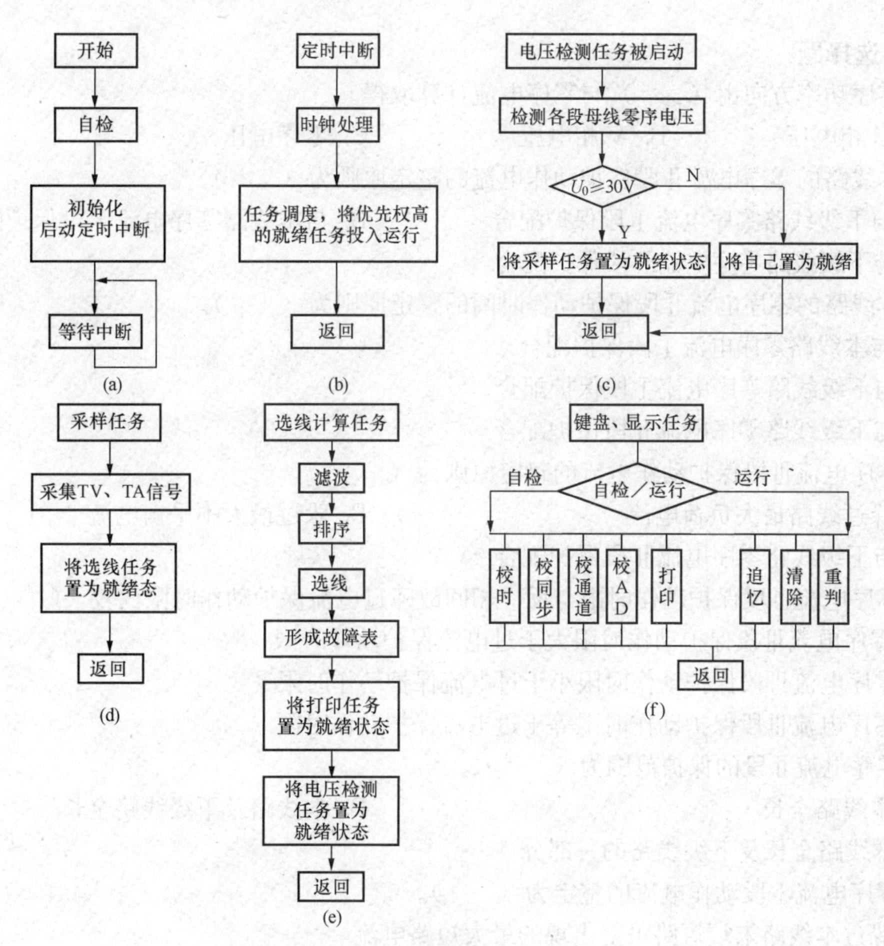

图 3-18　小电流接地系统单相接地选线装置选线运行软件框图

（a）主程序；（b）定时中断程序；（c）电压检测程序；（d）采样程序；（e）选线程序；（f）监控程序

装置投入运行后，首先运行主程序，进行自检及初始化，在初始化同时启动定时中断程序。在定时中断程序中，由一时钟处理单元触发一系列定时操作，启动电压检测程序，用于监测各段母线的零序电压。当所得电压大于 30V 时，启动采样程序，由采样程序采集 TV、TA 信号并进行处理。然后启动选线计算软件，选择出故障母线和线路，并将选择结果送监控程序处理。

监控程序用来在装置启动后或对装置进行调试、定检时，完成键盘响应、驱动显示、驱动打印等任务，如图 13-8（f）所示。

复　习　题

一、选择题

1. 零序功率方向由（　　）与零序电流计算取得。

A. U 相电压　　B. V 相电压　　C. 零序电压

2. 本线路的零序电流Ⅱ段保护动作电流的整定原则为（　　）。

A. 与下级线路零序电流Ⅰ段保护配合　　B. 与本线路零序电流Ⅰ段保护配合

C. 与下级线路零序电流Ⅱ段保护配合

3. 本线路的零序电流Ⅱ段保护动作时间的整定原则为（　　）。

A. 与本线路零序电流Ⅰ段保护配合

B. 与下级线路零序电流Ⅰ段保护配合

C. 与下级线路零序电流Ⅱ段保护配合

4. 零序电流Ⅲ段保护动作电流的整定原则为（　　）。

A. 躲过线路最大负荷电流　　B. 躲过最大不平衡电流

C. 与下级线路零序电流Ⅱ段保护配合

5. 零序电流Ⅲ段保护动作时限与反应相间故障过电流保护动作时限比较，（　　）。

A. 零序电流Ⅲ段保护动作时限大于过电流保护动作时限

B. 零序电流Ⅲ段保护动作时限小于过电流保护动作时限

C. 零序电流Ⅲ段保护动作时限等于过电流保护动作时限

6. 零序电流Ⅱ段的保护范围为（　　）。

A. 本线路全长　　B. 本线路及下级线路全长

C. 本线路全长及下级线路的一部分

7. 零序电流Ⅰ段动作电流的整定为（　　）。

A. 躲过本线路末端短路可能出现的最大短路电流

B. 躲过本线路末端接地短路流过保护的最大零序电流

C. 躲过下级线路末端接地短路流过保护的最大零序电流

8. 零序电流Ⅰ段为保证选择性，保护范围为（　　）。

A. 本线路全长　　B. 本线路及下级线路全长

C. 本线路一部分

9. 零序电流的大小不仅与中性点接地的（　　）有关，而且与系统运行方式有关。

A. 变压器的型号　　B. 变压器的数量、分布　C. 变压器的种类

10. 零序电流的大小与接地故障位置有关，接地故障点位于保护安装地点（　　）位置，零序电流数值较大。

A. 附近　　B. 中间　　C. 远离

11. 在中性点直接接地接地系统中，线路发生接地故障时，保护安装处的零序电压（　　）。

A. 距故障点越远就越高　　B. 距故障点越近就越高

C. 与故障点距离无关　　D. 距离故障点越近就越低

12. 零序电流通过变压器的（　　）和接地故障点形成短路回路。

A. U相　　B. V相　　C. 接地中性点

13. 中性点不接地系统发生单相接地故障，故障线路零序电流方向为（　　）。

A. 由母线流向线路　　B. 由线路流向母线

C. 由发电机流向故障点　　D. 不确定

14. 绝缘监视装置又称为（　　）。

A. 接地选线装置　　B. 零序电压保护

C. 负序电压保护　　D. 零序电流保护

15. 中性点不接地系统发生单相接地故障，非故障线路零序电流（　　）。

A. 等于零　　B. 等于本线路对地电容电流

C. 等于各线路对地电容电流之和　　D. 等于故障线路零序电流

16. 对中性点不接地系统，根据系统发生单相接地故障时的电流大小及方向特征，实现故障检测与选线的装置为（　　）。

A. 备用电源自投装置　　B. 自动重合闸装置

C. 绝缘监视装置　　D. 接地选线装置

17. 绝缘监视装置反应中性点不接地系统发生单相接地故障时，由（　　）动作后接通信号回路，给出接地故障信号。

A. 过电压继电器　　B. 低电压继电器

C. 过电流继电器　　D. 中间继电器

二、判断题

1. 零序电流Ⅲ段保护动作电流的整定原则为躲过线路最大负荷电流。（　　）

2. 零序电流Ⅲ段保护动作时限小于反应相间故障过电流保护动作时限，灵敏度高。（　　）

3. 零序电流Ⅲ段保护为线路接地故障的近后备保护和远后备保护。（　　）

4. 零序电流Ⅰ段保护与瞬时电流速断保护构成线路接地短路的主保护。（　　）

5. 零序电流Ⅰ段的保护范围为本线路全长。（　　）

6. 零序电流Ⅰ段动作电流的整定为躲过本线路末端接地短路流过保护的最大零序电流。（　　）

7. 零序电流的大小不仅与中性点接地的变压器的种类有关，而且与系统运行方式有关。（　　）

8. 中性点非直接接地系统中零序功率方向元件动作的正方向为母线指向线路。（　　）

9. 零序电流的大小与接地故障位置有关，接地故障点距离保护安装地点越近，零序电流数值越大。（　　）

10. 零序电流通常采用零序电流滤过器取得。（　　）

11. 零序电流通过系统的接地中性点和接地故障点形成短路回路。（　　）

12. 零序电压不能通过三相五柱式电压互感器取得。（　　）

13. 中性点非直接接地系统的相间电流保护常采用完全星形接线方式。（　　）

14. 零序电压可采用三个单相式电压互感器取得。（　　）

15. 零序功率方向由零序电压与零序电流计算取得。（　　）

三、问答题

1. 中性点不接地系统发生单相接地故障时，零序电压、零序电流有什么特点？

2. 中性点直接接地系统发生单相接地故障时，零序电压、零序电流有什么特点？

第四章　中低压线路保护测控装置举例

第二、三章分别讲述了反应输配电线路相间短路、接地故障的电流、电压保护。那么实际的线路保护装置是怎样构成的呢？对于不同的线路，因电压等级不同、在电力系统中的作用不同等，其保护功能的配置不同。例如 110kV 输电线路属于中性点直接接地系统，而 10kV 线路属于中性点非直接接地系统，它们的保护配置是不同的。即使是同一电压等级输电线路的保护装置，也会因生产厂家不同、型号不同、版本不同等，其功能和结构也会有所差别。因此，在选择或使用保护装置时，应参考其对应版本的说明书。本章通过对 CSL-216E 型线路保护测控装置的介绍，使读者对 110kV 以下电压等级的输配电线路微机型保护装置的构成有一定的了解。为了与原装置相对应，本章采用的图形、文字符号等与该装置产品说明书基本保持一致。

第一节　CSL-216E 型线路保护测控装置的功能

电压等级比较低的输配电线路保护配置比较简单，其微机型继电保护装置除了完成保护功能外，一般还兼有测量、故障录波、遥测、遥信、遥控等功能，因此也将这一类装置称为保护测控装置。CSL-216E 型线路保护测控装置具有保护、测量和监控功能，适用于 110kV 以下电压等级的输配电线路。

一、保护功能

CSL-216E 型线路保护测控装置配置有三段式电流保护、过电流加速保护、反时限过电流保护、过负荷保护，还具有分散式低频减载功能、三相一次重合闸功能、分散式小电流接地选线功能等。CSL-216E 的各种保护及功能可以用软连接片投退，其软连接片清单见表 4-1；各保护功能内部的选项用控制字选择，控制字定义清单见表 4-2、表 4-3；保护的各项定值在定值清单中整定或显示，定值清单见表 4-4、表 4-5。

表 4-1　　软连接片清单

编号	内　容
1	反时限连接片
2	过负荷连接片
3	小电流接地选线连接片
4	过电流Ⅰ段连接片
5	过电流Ⅱ段连接片
6	过电流Ⅲ段连接片
7	低频减载连接片
8	重合闸连接片
9	过电流加速连接片

表 4-2　控制字定义清单（常规定值）

控制字	置 1 含义	置 0 含义
D0	经消弧线圈接地	不经消弧线圈接地
D1	过负荷跳闸	过负荷不跳闸
D2	检同期电压选 u（a）相	检同期电压不选 u（a）相
D3	检同期电压选 v（b）相	检同期电压不选 v（b）相
D4	检同期电压选 w（c）相	检同期电压不选 w（c）相
D5	检同期电压选 uv（ab）相	检同期电压不选 uv（ab）相
D6	检同期电压选 vw（bc）相	检同期电压不选 vw（bc）相
D7	检同期电压选 wu（ca）相	检同期电压不选 wu（ca）相
D8	投入极度反时限	不投极度反时限
D9	投入甚反时限	不投甚反时限
D10	U_x=100V	U_x=57V
D11～15	备用	备用

注　U_x 为线路侧电压互感器二次侧电压。

表 4-3　控制字定义清单（配置表）

控制字	置 1 含义	置 0 含义
D0	过电流Ⅰ段方向投入	过电流Ⅰ段方向退出
D1	过电流Ⅰ段低压投入	过电流Ⅰ段低压退出
D2	过电流Ⅱ段方向投入	过电流Ⅱ段方向退出
D3	过电流Ⅱ段低压投入	过电流Ⅱ段低压退出
D4	过电流Ⅲ段方向投入	过电流Ⅲ段方向退出
D5	过电流Ⅲ段低压投入	过电流Ⅲ段低压退出
D6	过电流加速段低压投入	过电流加速段低压退出
D7	后加速投入	前加速投入
D8	检同期	非检同期
D9	检无压	非检无压
D10	模拟量自检投入	模拟量自检退出
D11	TV 断线退出方向和低压	TV 断线退出本段
D12～15	备用	备用

表 4-4　定值清单（常规定值）

序号	定值名称	整定范围
1	反时限系数	10～80
2	反时限电流	$0.05I_n$～$1.7I_n$
3	过负荷电流	$0.05I_n$～$30I_n$
4	过负荷时间	0～32000ms
5	接地有功	0.2～32000W

注　I_n 为线路保护所接电流互感器二次侧额定电流。

表 4-5 定值清单（配置表）

序号	定值名称	整定范围
1	过电流Ⅰ段电流	$0.05I_n \sim 30I_n$
2	过电流Ⅰ段时间	0～32000ms
3	过电流Ⅱ段电流	$0.05I_n \sim 30I_n$
4	过电流Ⅱ段时间	0～32000ms
5	过电流Ⅲ段电流	$0.05I_n \sim 30I_n$
6	过电流Ⅲ段时间	0～32000ms
7	过电流加速段电流	$0.05I_n \sim 30I_n$
8	过电流加速段时间	0～32000ms
9	低压闭锁电压	1～200V
10	低频频率偏差	0.5～5Hz
11	低频滑差	1～10Hz/s
12	低频闭锁电压	1～200V
13	低频时间	0～32000ms
14	重合时间	0～32000ms
15	重合同期角度	20°～50°
16	重合无压	1～120V
17	控制母线断线时间	0～32000ms
18	弹簧未储能时间	0～32000ms

注 I_n 为线路保护所接电流互感器二次侧额定电流。

1. 带方向和低压闭锁的三段式电流保护

带方向和低压闭锁的三段式电流保护（该装置说明书上称为三段式过流保护）用于反应线路的相间短路故障。该保护包括方向元件、低电压元件及各段的电流元件等。

方向元件采用90°接线方式，按相启动。其动作的最大灵敏角为－30°，动作范围为－90°～＋30°。如表 4-3 所示，三段电流保护的每一段均可以根据需要来决定是否采用方向元件，方向元件由控制字投退。当某一段方向元件的控制字整定为 1 时，表示方向元件投入，只有在正方向短路方向元件动作的情况下，该段电流保护才可以出口；控制字整定为 0 时，表示方向元件退出，该段电流保护不受方向元件控制。

低电压元件在三个线电压 U_{uv}、U_{vw}、U_{wu}（该装置产品说明书中用 U_{ab}、U_{bc}、U_{ca} 表示）中的任意一个低于低电压元件的整定值时动作，开放被闭锁的三段电流保护。如表 4-3 所示，三段电流保护的每一段均可以根据需要来决定是否采用低电压闭锁，低电压元件由控制字投退，其控制字整定为 1 时表示低电压元件投入，控制字整定为 0 时表示低电压元件退出。

如表 4-5 所示，三段式电流保护各段的动作电流、动作时间分别在定值清单中整定。当三相电流 I_u、I_v、I_w（该装置产品说明书中用 I_a、I_b、I_c 表示）中最大相电流大于某一段电流元件的整定值时，该段电流元件动作，经该段延时后发出口跳闸命令。三段式电流保护的各段均用软连接片投退，三段式电流保护各段软连接片的编号见表 4-1。

2. 带有低压闭锁的过电流加速保护

带有低压闭锁的过电流加速保护是独立的一段电流保护，用来在手动合于故障线路或重合闸动作重合于故障线路时，快速切除故障。过电流加速保护功能用软连接片投退实现，其软连接片的编号见表 4-1。该段保护不考虑方向。如表 4-3 所示，该段电流保护用控制字选择是否经低电压闭锁，其控制字整定为1时表示低电压元件投入，控制字整定为0时表示低电压元件退出；该段电流保护与重合闸配合使用时，用控制字选择采用前加速或后加速，其控制字整定为1时表示后加速投入，控制字整定为0时表示前加速投入。

3. 反时限过电流保护

反时限过电流保护的动作时限与被保护线路故障电流的大小有关，故障电流越大，动作时限越短；故障电流越小，动作时限越长。该保护装置提供了甚反时限、极度反时限两种反时限元件，其动作时间与电流之间的关系为

甚反时限
$$T=\frac{K}{\frac{I_r}{I_{ss}}-1} \tag{4-1}$$

极度反时限
$$T=\frac{K}{\left(\frac{I_r}{I_{ss}}\right)^2-1} \tag{4-2}$$

式中　T——反时限电流保护的动作时间；

K——反时限系数整定值；

I_r——流入保护装置的电流有效值；

I_{ss}——反时限电流保护的启动值。

反时限过电流保护功能用软连接片投退实现，其软连接片的编号见表4-1。如表4-2所示，反时限类型用控制字选择，其控制字整定为1时表示投入该项功能，控制字整定为0时表示该项功能不投入。

4. 过负荷保护

过负荷保护用来监视线路的负荷电流，当三相电流I_u、I_v、I_w（I_a、I_b、I_c）中最大相电流大于过负荷电流元件的整定值时，过负荷保护动作，经延时后发出告警信号或跳闸命令。过负荷保护功能用软连接片投退实现，其软连接片的编号见表4-1。由表可见，过负荷保护是否动作于跳闸用控制字选择，其控制字整定为1时表示跳闸，控制字整定为0时表示不跳闸。

5. 分散式低频减载保护

当电力系统中出现有功缺额造成系统频率下降时，需要切除一部分负荷，以保证系统频率尽快恢复正常。分散式低频减载保护用于切除本线路的负荷，当系统频率低于整定值时，低频元件启动；在判定电力系统真正出现有功缺额时，发出跳闸命令。分散式低频减载保护功能用软连接片投退实现，其软连接片的编号见表4-1。

6. 三相一次重合闸

重合闸用来将被切除的线路重新投入运行，以提高输电线路供电的可靠性。因该装置用于110kV以及下电压等级的输配电线路，所以采用三相一次重合闸工作方式。重合闸的启动条件有两个：一个是保护启动重合闸，即由三段式电流保护或分散式小电流接地选线元件的出口启动重合闸；另一个是不对应启动重合闸，通过跳闸位置继电器来反映断路器的位置状态，当断路器在分闸位置而控制回路没有接到跳闸指令时启动重合闸。

为了防止重合闸元件误动作，只要控制回路断线、弹簧未储能、闭锁重合闸端子高电位、过负荷元件动作、低频减载元件动作、手动合闸中任一个条件满足，均将重合闸的充电时间计数器清零闭锁重合闸。

该装置的重合方式有检无压重合、检同期重合、不检无压不检同期重合三种，选择重合

方式的控制字见表 4-3。当采用检同期重合方式时，抽取电压的相别用表 4-2 中的控制字选择。重合闸功能用软连接片投退实现，其软连接片的编号见表 4-1。

7. 分散式小电流接地选线

分散式小电流接地选线功能用于反应中性点不接地系统或中性点经消弧线圈接地系统的接地故障。该功能取零序电压作为启动量，通过计算被保护线路的零序有功功率、无功功率，判断接地故障是否发生在本线路上；当判定是本线路接地时，经延时后发出告警信息。小电流接地选线功能用软连接片投退实现，其软连接片的编号见表 4-1。该装置也可以通过变电站综合自动化系统的网络与后台机共同构成小电流接地选线系统，并提供有小电流接地选线试跳功能。

二、测量功能

CSL-216E 型线路保护测控装置具有测量功能，可以采集、计算并显示或上传三相线电压、三相相电压、零序电压、线路侧抽取电压、U 相和 W 相（A 相和 C 相）相电流、零序电流、各路模拟输入量的 2～7 次谐波量、三相有功功率和无功功率、频率等运行参数。

三、监控功能

CSL-216E 型线路保护测控装置可以完成自检、交流电压回路断线监测、控制回路断线监测、弹簧未储能监测、事件记录、故障录波等监测功能，远方或本地操作断路器的控制功能，遥测、遥信、遥控及遥脉等远动功能。

第二节 CSL-216E 型线路保护测控装置的硬件结构及外部接线

一、装置的基本硬件结构

CSL-216E 型线路保护测控装置采用机箱式结构，如图 4-1 所示。机箱正面有一个密封罩，密封罩里面安装了该装置的人机对话插件（MMI 板），该插件可以从机箱的前面拔插。机箱内部是带有锁紧的可以从机箱的后面插拔的电路板，它们依次是交流插件、保护测控插件（CPU 插件）、逻辑插件、跳闸插件、电源插件；各电路板之间采用母板印制电路板连接方式；机箱背面设有该装置机箱的外部接线端子排。

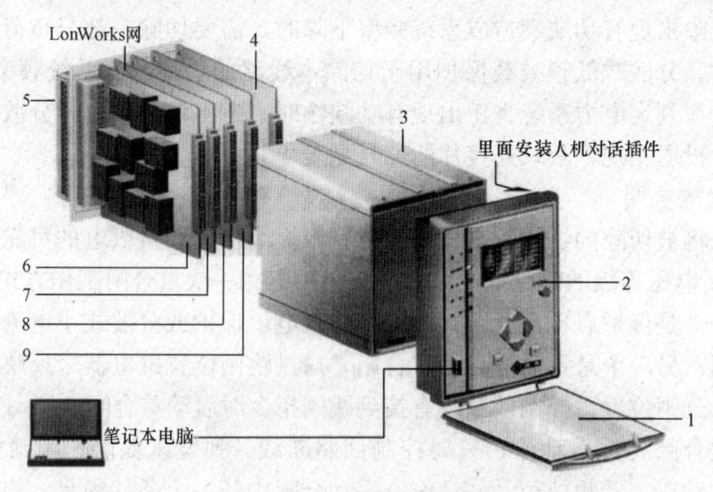

图 4-1 CSL-216E 型保护测控装置机箱结构示意图

1—密封罩；2—操作面板；3—机箱；4—电源插件；5—端子排；
6—交流插件；7—保护测控插件；8—逻辑插件；9—跳闸插件

1. 交流插件

该装置的交流插件用来引入保护、测量回路所需的各路交流电压、交流电流量，并起到电量变换和隔离作用。交流插件内一共配置了5个电压变换器、6个电流变换器。其中，5个电压变换器分别用来向保护和测量回路提供U相、V相、W相（A相、B相、C相）电压和零序电压以及线路侧抽取电压；6个电流变换器分别用来向保护回路提供U相、V相、W相（A相、B相、C相）电流，向测量回路提供U相和W相（A相和C相）电流，向保护和测量回路提供零序电流。

2. 保护测控插件（CPU插件）

保护测控插件也称为CPU插件，是该装置的核心插件。本装置的保护、测量、监控功能及其附加功能主要是靠保护测控插件实现的。该插件主要用来完成信息的采集与存储、信息处理以及信息的传输等任务。其内设置有微处理器CPU；用来保存系统配置信息、事件报文等重要数据的大容量存储器E^2PROM；用于将装置连至数据通信网的LonWorks网络通信电路；用来保证装置准确计时的硬件时钟电路；用来对送入该装置的11路交流电压、交流电流量进行模/数转换的模拟量输入电路。其开关量输入电路可输入12路开关量信号，其中第1路、第2路作为脉冲电能量输入端，第3路、第4路作为220V开关量输入端，其余8路作为24V开关量输入端。其开关量输出电路可输出12路开关量信号，其中8路用于构成保护装置启动、告警、复位及跳合闸的功能，4路作为可编程开出量，以满足装置的需求。

3. 逻辑插件

该装置的逻辑插件内设置了启动继电器、跳闸继电器、合闸继电器、告警继电器、信号继电器、复归继电器、备用继电器等小型密封继电器，用来构成跳合闸及信号等逻辑。

4. 跳闸插件

该装置的跳闸插件内设置了跳闸保持继电器、合闸保持继电器、跳闸位置继电器、合闸位置继电器、控制继电器等，用来构成跳合闸出口保持、跳合闸位置监视等功能。为了满足不同用户的要求，该装置也可以使用外部操作箱，并用与外部操作箱接口的插件替代跳闸插件。

5. 电源插件

电源插件用来给该装置的各插件提供工作电源。该插件输入电源为直流220V或110V，用户可以根据需要来选择；输出电源为+5、±12、±24V三组直流电压，三组电压均不共地。电源插件内还设置有失电告警继电器，当电源插件输出的电源中断时，失电告警继电器的动合触点闭合，向中央信号回路发装置失电告警信号。

6. 人机对话插件（MMI板）

人机对话插件是该装置与外界进行信息交互的主要部件。它采用了中文视窗界面，通过键盘、显示器、指示灯可以方便地完成所有人机交互工作；操作面板上的插座是一个RS232串行通信接口，用来外接计算机。外接的计算机可以代替该装置的人机对话插件完成人机交互工作。

二、外部接线

只有清楚地了解保护装置的外部接线端子，才能正确地安装及使用保护装置。如图4-2所示，在CSL-216E型保护测控装置机箱的背面设有外部接线端子排，从右到左依次是交流插件外部接线端子排、保护测控插件外部接线端子排、逻辑插件外部接线端子排、跳闸插件外部接线端子排、电源插件外部接线端子排。装置机箱背面的端子排主要用于装置与外部的连接，部分端子用于装置内部插件之间的连接。图 4-3 为 CSL-216E 型保护测控装置的外部端子示意图。

图 4-2　CSL-216E 型保护测控装置背面接线端子排外观

电源插件(X5)		
1	+24V	直流电源输出
2	+24V	
3	+24V	
4	+24V	
5	+24VG	
6	+24VG	
7	+24VG	
8	+24VG	
9		
10		失电告警
11		
12		
13	+220V	直流电源输入
14	+220V	
15		
16	−220V	
17	−220V	
18		
19	机壳接地	
20	机壳接地	

跳闸插件(X4)		
1	保护跳合闸电源+KM	
2		
3	保护跳合闸电源-KM	
4		
5	手动合闸入口	
6	保护合闸入口	
7	至合闸机构箱	
8	跳位至合闸机构箱	
9	合位至跳闸机构箱	
10	至跳闸机构箱	
11	保护跳闸入口	
12	手动跳闸入口	
13	KKJ	不对应
14	TWJ	
15		
16	TWJ	绿灯
17	HWJ	红灯
18	TWJ	事故音响
19		
20	HWJ TWJ	控母断线

逻辑插件(X3)		
1		
2		
3	保护跳闸出口	
4	重合闸出口	
5	遥控跳合闸正电源	
6		跳闸备用
7		
8		备用
9		
10		备用
11		
12		备用
13		
14	GJJ	中央信号
15	TXJ	
16	HXJ	
17		
18		
19		
20		

保护测控插件(X2)		
1	有功脉冲电能表	
2	无功脉冲电能表	
3	脉冲电能表公共端	
4	备用开入(正)	220V开关量输入
5	备用开入(负)	
6	弹簧未储能(正)	
7	弹簧未储能(负)	
8	远方操作闭锁	24V开关量输入
9	不对应启动重合闸	
10	闭锁重合闸	
11	备用开入一	
12	备用开入二	
13	备用开入三	
14	备用开入四	
15	备用开入五	
16	开入公共端	
17	LonWorks A线	
18	LonWorks B线	
19	机壳接地	
20	机壳接地	

交流插件(X1)	
1	测量电流 I_{mu}
2	测量电流 I'_{mu}
3	测量电流 I_{mw}
4	测量电流 I'_{mw}
5	保护电流 I_u
6	保护电流 I'_u
7	保护电流 I_v
8	保护电流 I'_v
9	保护电流 I_w
10	保护电流 I'_w
11	零序电流 $3I_0$
12	零序电流 $3I'_0$
13	母线电压 U_u
14	母线电压 U_v
15	母线电压 U_w
16	母线电压 U_n
17	零序电流 $3U_0$
18	零序电流 $3U'_0$
19	抽取电压 U_x
20	抽取电压 U'_x
	机壳接地

图 4-3　CSL-216E 型保护测控装置外部端子示意图

1. 交流插件的外部接线端子排

交流插件的外部接线端子排主要用来引入该装置保护、测量回路所需的各路交流电压、交流电流量。端子1～4外接线路测量用电流互感器，引入该装置测量回路所需的U相和W相（A相和C相）电流。端子5～10外接线路保护用电流互感器，引入保护回路所需的U相、V相和W相（A相、B相、C相）电流。端子11～12外接线路的零序电流互感器，引入保护和测量回路所需的零序电流。端子13～18外接母线侧电压互感器，用来引入保护和测量回路所需的U相、V相、W相（A相、B相、C相）电压及电压互感器开口三角形侧输出的零序电压。端子19、20外接线路侧电压互感器，用来引入保护回路中重合闸所需的线路侧电压。

2. 保护测控插件的外部接线端子排

保护测控插件的外部接线端子排主要用于引入外部开关输入量、脉冲量，连接网络数据线。端子1～3用来外接脉冲式电能表，向该装置的CPU提供电能计量数据。端子4～7作为220V开关量输入端，其中端子4、5作为备用。端子6、7外接至断路器的操动机构箱，作为弹簧未储能信息的输入端子。端子8～16作为24V开关量输入端。其中，端子8作为远方操作闭锁开入量端子；端子9接本装置跳闸插件（或操作箱）的14号端子，作为内部开入量端子用来在就地或远方操作跳闸时闭锁不对应启动重合闸回路；端子10作为闭锁重合闸开入量端子；端子11～15作为备用；端子16接本装置电源插件的5号端子，作为24V开关输入量的公共地。端子17、18作为该装置的通信接口，实现装置与LonWorks网络的通信。端子19～20作为机壳接地端子，应可靠接地。

3. 逻辑插件的外部接线端子排

逻辑插件用来构成跳合闸及信号等逻辑，其背面接线端子排主要用来作为该装置跳闸、合闸、信号、告警的出口。端子3作为保护跳闸出口，经跳闸连接片接本装置跳闸插件（操作箱）的11号端子。端子4作为重合闸出口，经合闸连接片接本装置跳闸插件（操作箱）的6号端子。端子5经远方/就地切换开关后接控制正电源，用来作为远方操作跳合闸回路的控制电源。端子6、7为备用跳闸出口。端子8～13提供了3对备用空触点。端子14～17接中央信号回路，分别用来向中央信号回路送出告警信号、跳闸信号、合闸信号。

4. 跳闸插件（操作箱）的外部接线端子排

跳闸插件用来构成跳合闸出口保持、跳合闸位置监视等功能。跳闸插件的外部接线端子排主要用来引入跳、合闸控制电源，跳、合闸位置等信号；作为驱动跳闸线圈、合闸线圈，启动事故音响等回路的出口。端子1、3分别经熔断器接控制正、负电源，用来作为保护跳合闸回路的控制电源。端子5作为手动合闸的入口，接就地跳合闸控制开关的合闸触点。端子6作为重合闸的入口，经合闸连接片（合闸连接片）接本装置逻辑插件的4号端子。端子7、8均接至断路器操动机构箱内的合闸线圈。其中，端子7为合闸回路的出口，端子8为跳位监视的入口。端子9、10均接至断路器操动机构箱内的跳闸线圈。其中，端子9为合位监视的入口，端子10为跳闸回路的出口。端子11作为保护跳闸的入口，经跳闸连接片（跳闸连接片）接本装置逻辑插件的3号端子。端子12作为手动跳闸的入口，接就地跳合闸控制开关的分闸触点。端子13、14作为内部开出量端子，用来在就地或远方操作跳闸时闭锁不对应启动重合闸回路。其中，端子13接至电源插件1号端子的24V正电源，端子14接CPU插件的9号端子。端子15～17用来点亮反映断路器跳合闸位置的红、绿灯。其中，端子15为公共端子，接信号正电源；端子16接绿灯，反映断路器的跳闸位置；端子17接红灯，反映断路器的合闸位置。端子18～20用来启动事故音响、送出控制回路断线信号。其中，端子18为公共端子，接信号正电源；端子19用来启动事故音响；端子20用来送出控制回路断线信号。

5. 电源插件的外部接线端子排

电源插件用来给该装置的各插件提供工作电源。电源插件的外部接线端子排用来输入、输出直流电源，输出失电告警信号。端子1～8为直流24V电源输出端子。其中，1～4端子为24V正，端子1接跳闸插件的13号端子；5～8端子为24V地，端子5接保护测控插件的16号端子。端子10、11用来在电源插件输出电源中断时，向中央信号回路发装置失电信号。其中，端子10接信号正电源，端子11接中央信号回路。端子13～17为该插件直流220V或110V电源的输入端子。其中，端子13、14接直流输入电源的正极，端子16、17接直流输入电源的负极。端子19～20作为机壳接地端子，应可靠接地。

第三节 CSL-216E型线路保护测控装置的出口回路

看懂保护装置出口回路原理图，有助于了解装置的工作原理、正确安装及使用保护装置。CSL-216E型线路保护测控装置出口回路的执行元件，设置在逻辑插件和跳闸插件内。逻辑插件内设置了启动继电器、跳合闸继电器等小型密封继电器，用来构成跳合闸及信号等逻辑。跳闸插件内设置了跳合闸保持继电器、跳合闸位置继电器等，用来构成跳合闸出口保持、跳合闸位置监视等功能。

一、逻辑插件原理图

图4-4为CSL-216E型保护测控装置的逻辑插件原理接线图。从图中可以看出逻辑插件内设置了远方跳闸继电器YT，保护跳闸继电器BTJ，保护跳闸信号继电器TXJ，远方合闸继电器YH，保护合闸继电器CH，保护合闸信号继电器HXJ，备用继电器BJ1～BJ4，启动继电器QDJ，复归继电器FJ，告警继电器GJ1A、GJ1B、GJ2。

图4-4中，CK1～CK12接CPU插件的12路开关输出量回路，当CPU对某一路有开出指令时，该开关量输出回路被置成24V高电平，驱动对应的执行继电器。各继电器的触点经该插件的外接端子或母线端子接通外部或装置内部对应的电路。J1为该插件的母线端子排，设置在装置机箱内部，用于逻辑插件与本装置内部其他插件之间的连接；J2为该插件设置在机箱背面的外部接线端子排，用于逻辑插件与外部或装置内部其他插件之间的连接。

二、跳闸插件原理图

图4-5为CSL-216E型保护测控装置的跳闸插件原理图。从图中可以看出跳闸插件内设置了跳闸位置继电器TWJ1、TWJ2、TWJ3，合闸位置继电器HWJ1、HWJ2，跳闸保持继电器TBJ，合闸保持继电器HBJ，反应人为进行跳合闸操作的控制继电器KKJ。

控制继电器KKJ在远方或就地操作断路器跳合闸时动作，其触点与跳闸位置继电器TWJ的触点串联，用于在手动操作跳合闸时闭锁重合闸。

跳闸保持继电器TBJ可以分别由保护跳闸继电器BTJ、远方跳闸继电器YT、就地跳合闸控制开关的分闸触点驱动，动作后其动合触点闭合自保持，保证断路器能可靠跳闸。

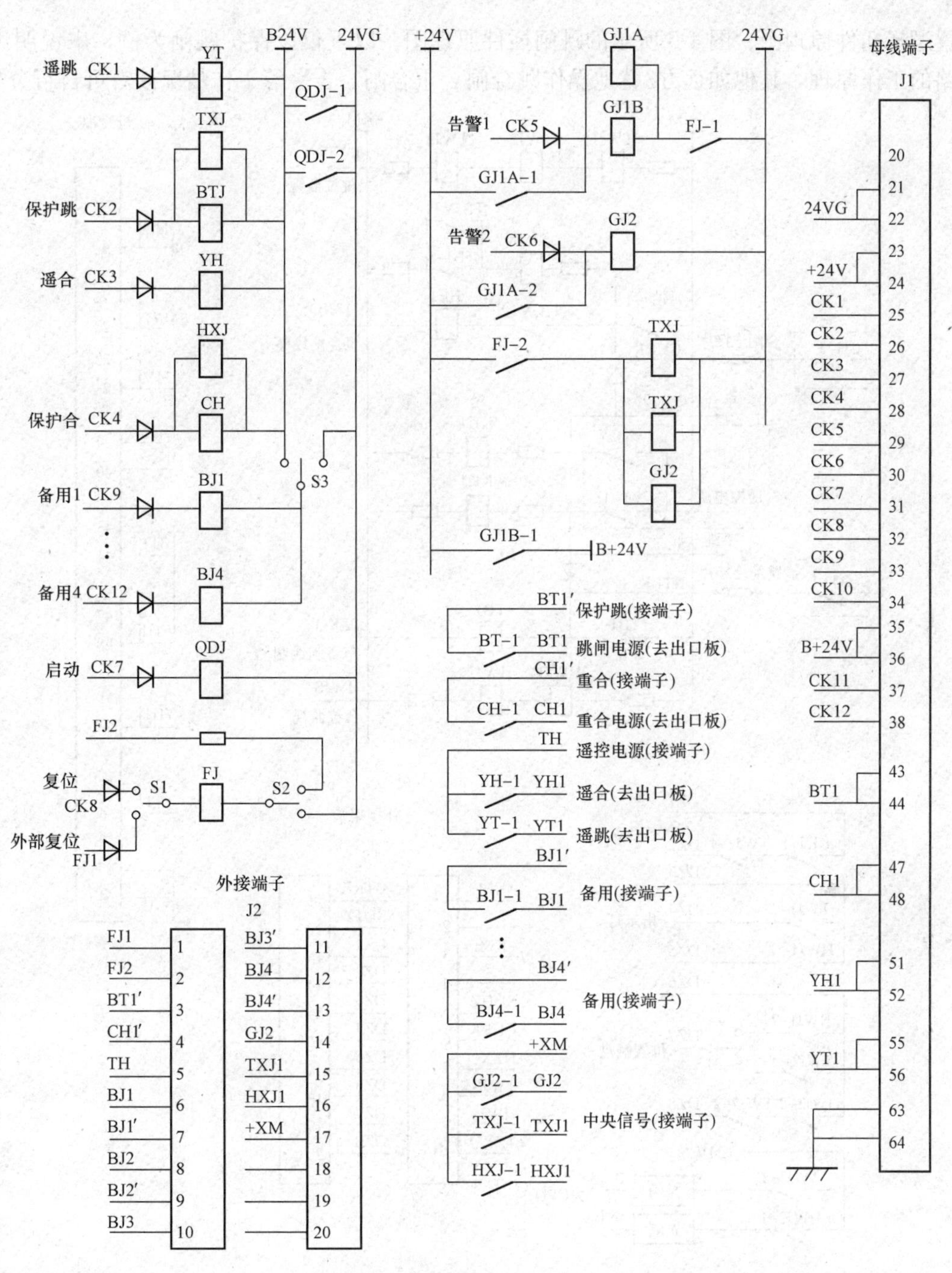

图 4-4　逻辑插件原理接线图

合闸保持继电器 HBJ 可以分别由保护合闸继电器 CH、远方合闸继电器 YH、就地跳合闸控制开关的合闸触点驱动，动作后其动合触点闭合自保持，保证断路器能可靠合闸。

跳闸位置继电器 TWJ、合闸位置继电器 HWJ 由断路器的辅助触点驱动，用于反映断路器的跳合闸位置状态。

三、出口回路工作原理

分析出口回路的工作原理时，应结合图 4-3 所示的装置外部端子示意图、图 4-4 所示的装置逻辑插件原理图、图 4-5 所示的跳闸插件原理图。以下仅以保护跳闸为例，来说明出口回路的工作原理，其他如远方/就地操作跳合闸、重合闸、告警等工作情况读者可自行分析。

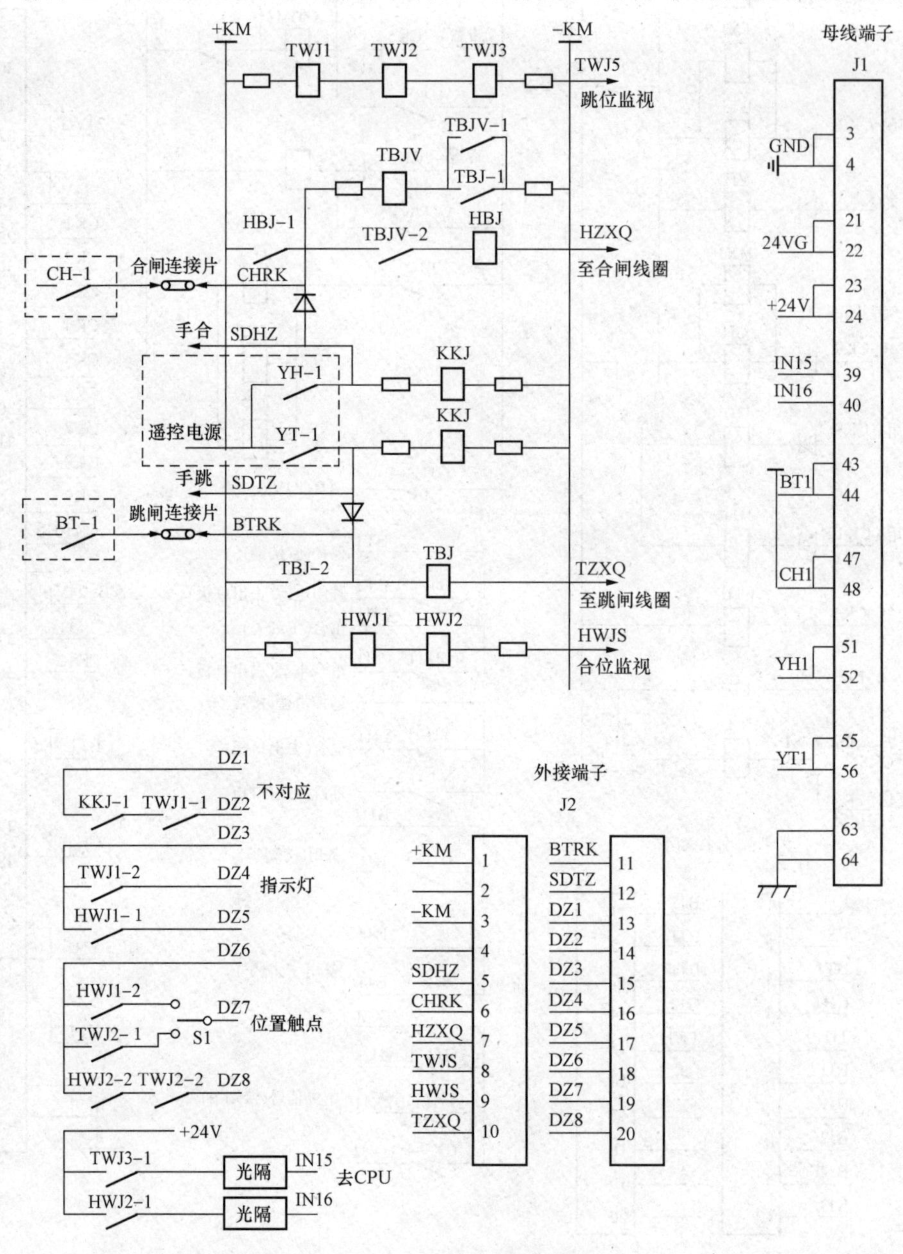

图 4-5 跳闸插件原理图

该装置的启动继电器 QDJ 设置在逻辑插件，用来闭锁装置的跳合闸出口，防止 CPU 插件上驱动跳、合闸出口的光耦击穿时，造成误动作。如图 4-4 所示，QDJ 的线圈由 CPU 插件的启动回路（CK7）驱动，QDJ 的两对动合触点 QDJ-1、QDJ-2 用来闭锁装置跳合闸出口的 24V 电源。

线路故障使保护装置启动后，CPU 插件的启动回路（CK7）输出高电平，使 QDJ 的线圈带电动作，其动合触点 QDJ-1、QDJ-2 闭合，开放装置的跳闸出口。如为保护范围内部故障，则保护装置动作发出跳闸命令，CPU插件的保护跳闸出口回路（CK2）输出高电平，驱动保护跳闸继电器BTJ、跳闸信号继电器TXJ。BTJ的动合触点BT-1闭合，经逻辑插件的端子3、跳闸连接片，将跳闸电源送至跳闸插件的端子11，再经跳闸插件内跳闸保持继电器TBJ的线圈后，经跳闸插件的端子10引出线至断路器操动机构箱内的跳闸线圈，使跳闸线圈带电，断路器跳闸。跳闸信号继电器TXJ线圈带电动作，其动合触点TXJ-1闭合，向中央信号回路送出保护跳闸信号。

跳位继电器TWJ1、TWJ2、TWJ3经跳闸插件的端子8引出线至断路器操动机构箱，串联在合闸回路中。断路器跳闸后，断路器的辅助动断触点闭合，TWJ1、TWJ2、TWJ3带电动作，其动合触点分别用于：TWJ1-1经外部接线端子14接断路器与控制回路不对应回路，TWJ1-2经端子16点亮绿灯（断路器跳闸指示灯），TWJ2-1经端子19启动事故音响；TWJ3-1经光电隔离器D1隔离后，作为反映断路器跳闸位置信号的开关输入量，由跳闸插件内部的母线端子39送给CPU插件。

第五章　输电线路的距离保护

第一节　距离保护的基本原理

电流、电压保护具有简单、经济、可靠性高等突出优点，但是它们存在着保护动作范围受系统运行方式的变化影响很大的问题，尤其在长距离重负荷的高压线路以及长、短线路的保护配合中，往往不能满足灵敏性的要求。因此，电压等级在35kV及以上、运行方式变化较大的多电源复杂系统，通常采用性能较完善的距离保护。

一、距离保护的基本原理

所谓距离保护，是指反应保护安装处到故障点之间的距离，并根据这一距离的远近确定动作时限的一种保护装置。下面以图5-1所示系统为例，分析距离保护的基本原理。图中所示系统分别在每段线路上装设距离保护装置1～3。

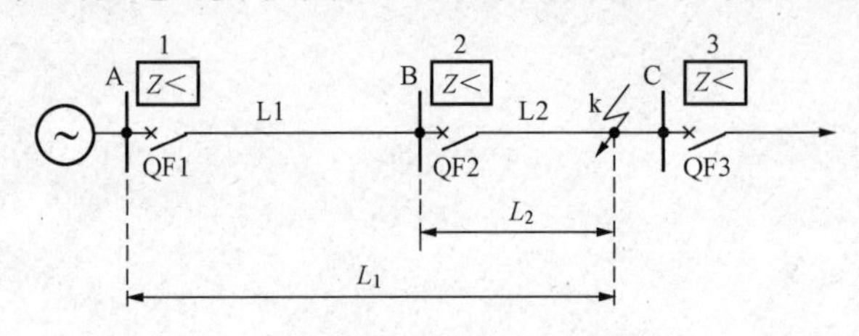

图5-1　距离保护的作用原理

（1）电网正常运行时，保护安装处的电压为母线额定电压$U_{\rm N}$，线路中通过的电流为线路负荷电流I_l，保护装置感受的阻抗（测量阻抗）为负荷阻抗$Z_l=\frac{U_{\rm N}}{I_l}$。

（2）当线路发生短路（k点短路）时，保护安装处的电压为母线残余电压$U_{\rm rem}$，且$U_{\rm rem}\ll U_{\rm N}$；线路中通过的电流为短路电流$I_{\rm k}$，且$I_{\rm k}\gg I_l$，保护装置感受的阻抗为短路阻抗$Z_{\rm k}=\frac{U_{\rm rem}}{I_{\rm k}}$。

显然，$\frac{U_{\rm rem}}{I_{\rm k}}\ll\frac{U_{\rm N}}{I_l}$，反应测量阻抗的保护比电流保护灵敏度高。同时，当k点短路时，若线路每单位长度的阻抗为z_1，则保护1、保护2的测量阻抗$Z_{\rm r1}$和$Z_{\rm r2}$分别为

$$Z_{\rm r1}=\frac{U_{\rm r1}}{I_{\rm r1}}=\frac{U_{\rm rem,N}}{I_{\rm k}}=\frac{I_{\rm k}z_1L_1}{I_{\rm k}}=z_1L_1 \tag{5-1}$$

$$Z_{\rm r2}=\frac{U_{\rm r2}}{I_{\rm r2}}=\frac{U_{\rm rem,v}}{I_{\rm k}}=\frac{I_{\rm k}z_1L_2}{I_{\rm k}}=z_1L_2 \tag{5-2}$$

可见，当线路发生故障时，保护装置的测量阻抗$Z_{\rm r}$为线路的短路阻抗$Z_{\rm k}$，该阻抗的大小与故障点到保护安装处的距离成正比。所以，距离保护实质上是反应阻抗降低而动作的阻抗保护。

二、阶段式距离保护的构成

距离保护和前面讲述的电流保护相似，采用按照动作范围划分的具有阶梯时限特性的阶段式距离保护。通常采用三段式距离保护，分别称为距离保护的Ⅰ段、Ⅱ段和Ⅲ段。距离保护Ⅰ段和Ⅱ段共同作用，构成本线路的主保护；距离保护Ⅲ段是本线路的近后备保护和相邻

线路的远后备保护。

结合图 5-2 所示系统，分析三段式距离保护的动作范围及其时限特性。设在断路器 QF1～QF3 上分别装设的距离保护装置 1、2、3 均为三段式距离保护装置。

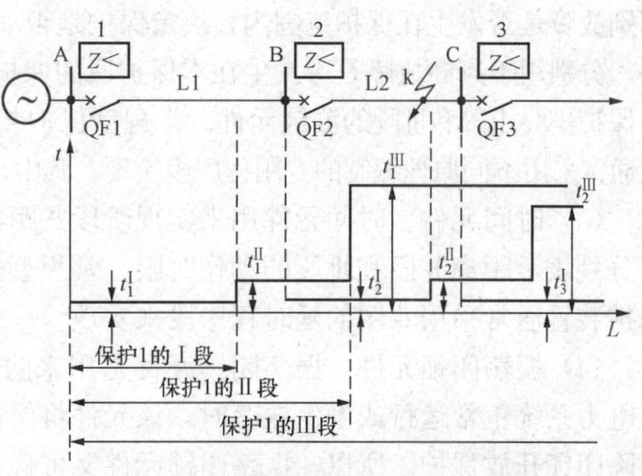

图 5-2 距离保护的保护范围及时限特性

（1）距离保护Ⅰ段。距离保护Ⅰ段和三段式电流保护的Ⅰ段相似，也不能保护本线路的全长。其保护范围为本线路全长的 80%～85%，动作时限为保护装置本身的固有动作时间。保护 1 距离Ⅰ段的保护范围和动作时限 t_1^{I}，保护 2 距离Ⅰ段的保护范围和动作时限 t_2^{I} 如图 5-2 所示。其中，t_1^{I}、t_2^{I} 均为保护装置本身的固有动作时间。

（2）距离保护Ⅱ段。为了切除本线路末端 15%～20%范围内的故障，相似于三段式电流保护的考虑，距离保护Ⅱ段的保护范围为本线路的全长，并延伸至下一相邻线路距离保护Ⅰ段保护范围的一部分，动作时限应与下一相邻线路距离保护Ⅰ段的动作时限相配合，并大一个时限级差。如图 5-2 所示，t_1^{II}、t_2^{II} 分别为保护 1、保护 2 距离Ⅱ段的动作时限。

（3）距离保护Ⅲ段。距离保护Ⅲ段是本线路和相邻线路的后备保护，它的保护范围较大，其动作时限按阶梯形原则整定，即本线路距离保护Ⅲ段应比相邻线路中保护的最大动作时限大一个时限级差。

如图 5-2 所示，保护 1 距离Ⅲ段的动作时限比保护 2 距离Ⅲ段动作时限大一个 Δt，即

$$t_1^{\mathrm{III}} = t_2^{\mathrm{III}} + \Delta t \tag{5-3}$$

三、阶段式距离保护的实现

1. 阶段式距离保护的主要元件

从硬件方面讲，阶段式距离保护功能的实现，在常规型保护装置中，通常采用多个继电器组成独立的距离保护装置；而在微机型保护装置中，通常采用一个独立的 CPU 系统或者和其他保护共用一个 CPU 系统来实现，它只是保护装置中的一个局部。从保护构成的基本原理讲，无论是常规型距离保护装置，还是微机型距离保护装置，其构成的逻辑原理相同，通常包含有启动元件、测量元件、时间元件、逻辑判断回路、振荡闭锁元件、电压互感器二次回路断线闭锁等主要元件及回路。图 5-3 所示为三段式距离保护的构成原理框图。

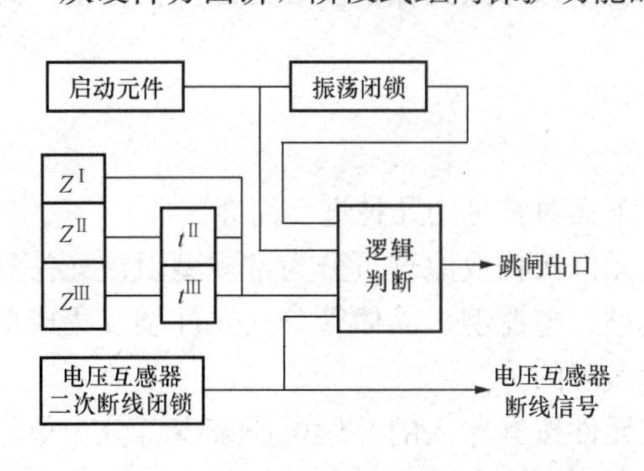

图 5-3 三段式距离保护的原理框图

（1）启动元件。启动元件的作用是判断被保护线路是否发生故障。当被保护线路发生短路时，启动元件立即动作，启动保护装置。常规型保护装置通常采用电流继电器、阻抗继电器或负序电流继电器作为启动元件；微机型保护装置采用专用程序段来实现，通常采用相电流突变量或负序电流突变量算法实现。

（2）测量元件。测量元件的作用是测量故障点到保护安装处阻抗的大小（距离的长短），

判别故障是否发生在保护范围内，决定保护是否动作。阶段式距离保护对应有各阶段的测量元件，分别用于判断故障是否发生在本保护段的保护范围内。图5-3中，Z^{I}、Z^{II}、Z^{III}分别表示距离保护Ⅰ段、Ⅱ段和Ⅲ段的测量元件。常规型保护装置通常采用阻抗继电器实现，微机型保护装置通常采用不同原理编制的专用程序段实现。其中，阻抗继电器或专用程序段常称为阻抗元件。

（3）时间元件。时间元件用来实现阶段式距离保护各保护段的动作时限。图5-3中，t^{II}、t^{III}分别表示距离Ⅱ段和Ⅲ段的动作时限。常规型保护装置通常采用时间继电器实现，微机型保护装置通常采用专用的延时程序段来实现。

（4）振荡闭锁元件。振荡闭锁元件是用来防止电力系统振荡时引起距离保护的误动作。在电力系统正常运行或发生振荡时，该元件将保护闭锁；而当电力系统发生短路时，该元件解除闭锁开放保护。所以，振荡闭锁元件又可称为故障开放元件。

（5）电压互感器二次回路断线闭锁元件。该元件用来防止电压互感器二次回路断线时距离保护误动作。当出现电压互感器二次回路断线时，该元件将保护闭锁，同时发出告警信号。

（6）逻辑判断回路。逻辑判断回路用以分析、判断保护是否动作，怎样动作发出跳闸命令。常规型保护装置的逻辑判断回路通常由门电路和时间电路构成，微机型保护装置通常由微型计算机系统来实现。

2. 三段式距离保护工作原理

如图5-3所示，阶段式距离保护工作原理为：①正常运行情况下，启动元件、振荡闭锁元件、距离保护Ⅰ～Ⅲ段的测量元件均不动作，距离保护可靠不动作；②当系统发生短路时，启动元件动作启动保护装置，振荡闭锁元件开放保护，测量元件测量到故障点与保护安装处的阻抗若在保护范围内，保护出口跳闸。

第二节 阻 抗 元 件

阻抗元件是距离保护的核心元件，它的作用是测量故障点到保护安装处之间的阻抗（距离），并与整定值进行比较，以确定保护是否动作。

一、基本概念

1. 阻抗元件的分类

根据不同的分类方法，阻抗元件通常有多种，下面对常见的几种进行简介。

（1）常规型阻抗元件和微机型阻抗元件。阻抗元件按构成原理可分为常规型阻抗元件和微机型阻抗元件。其中，常规型阻抗元件包括感应型、整流型、晶体管分立元件型及集成电路型阻抗元件；微机型阻抗元件是由专用的程序段实现的。

（2）单相式阻抗元件和多相式阻抗元件。阻抗元件按其输入的补偿电压多少可分为单相式和多相式两种。其中，只输入一个补偿电压（相电压或线电压）和电流（相电流或线电流之差）的阻抗元件，称为单相式。输入多个补偿电压和电流的阻抗元件称为多相式阻抗元件。单相式阻抗元件又可称为第一类阻抗元件；多相式阻抗元件也可称为第二类阻抗元件。

（3）工频量阻抗元件和工频变化量阻抗元件。阻抗元件按其反应的电压量和电流量不同，可分为工频量阻抗元件和工频变化量阻抗元件。电力系统发生短路故障时，根据叠加定理，可以认为在短路点突然加入与该点故障前电压大小相等、方向相反的附加电压，于是短路后的系统状态可以看作是短路前负荷状态与由附加电压产生的短路附加状态相叠加。如

图 5-4（a）所示的短路状态可分解为图 5-4（b）和图 5-4（c）所示两种状态的叠加。

反应图 5-4（b）和图 5-4（c）两种状态下叠加电流、电压的阻抗元件称为工频量阻抗元件，该种阻抗元件的测量阻抗与短路前负荷状态和短路附加状态均有关。

只反应图 5-4（c）状态下（短路附加状态下）电流、电压的阻抗元件称为工频变化量阻抗元件。该阻抗元件的测量阻抗仅于故障分量有关，不受负荷状态的影响。所以，工频变化量阻抗元件的可靠性、灵敏性均较好，在高压或超高压输电线路微机型保护中广泛应用。

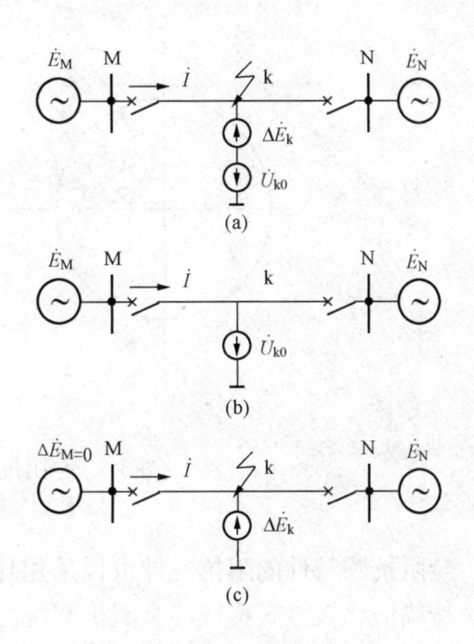

图 5-4　短路系统图

（a）短路状态；（b）短路前负荷状态；（c）短路附加状态

2. 阻抗元件的三个阻抗

在距离保护的分析与应用中，通常涉及阻抗元件的测量阻抗 Z_r、动作阻抗 Z_{op} 和整定阻抗 Z_{set}。

（1）测量阻抗 Z_r。阻抗元件的电压 $\dot{U}_r$ 和电流 $\dot{I}_r$ 之比称为阻抗元件的测量阻抗，即 $Z_r=\dfrac{\dot{U}_r}{\dot{I}_r}$。测量阻抗 Z_r 由阻抗元件直接测量而获得，根据阻抗元件感受的电压、电流值不同，它是一个变量。

（2）动作阻抗 Z_{op}。使阻抗元件刚好动作的测量阻抗称为阻抗元件的动作阻抗 Z_{op}。动作阻抗 Z_{op} 是阻抗元件动作与不动作的分界线。

（3）整定阻抗 Z_{set}。动作阻抗的整定值称为阻抗元件的整定阻抗 Z_{set}。整定阻抗 Z_{set} 是根据被保护线路所在系统的参数、被保护线路对其配置保护动作行为的要求，对保护装置预先规定的阻抗值，即整定阻抗 Z_{set} 对应着一定的保护范围。

二、阻抗元件的动作特性

阻抗元件的动作特性决定阻抗元件的动作行为。为了在被保护线路发生短路时，阻抗元件可靠动作，阻抗元件的动作范围为一个复数阻抗平面上一个区域，如圆形、椭圆形、抛球形、多边形等。目前，常用的阻抗元件动作特性有圆特性和多边形特性。

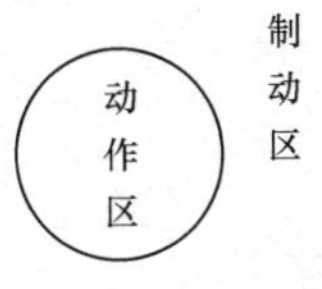

动作区

制动区

图 5-5　圆特性

1. 阻抗圆特性

圆特性的阻抗元件其动作特性为一阻抗圆，如图 5-5 所示。圆周内为阻抗元件的动作区，圆周外为阻抗元件的制动区，圆周为动作边界。圆特性又分为全阻抗圆特性、方向阻抗圆特性和偏移阻抗圆特性三种。

（1）全阻抗圆特性。如图 5-6 所示，全阻抗圆特性是以保护安装处为坐标原点，建立阻抗复平面；以坐标原点为圆心，以整定阻抗的绝对值 $|Z_{set}|$ 为半径的圆。显然，无论测量阻抗 Z_r 的阻抗角 φ_r 为何值，只要 Z_r 落在圆周内，阻抗元件就动作；Z_r 落在圆周外，阻抗元件就不动作；当 Z_r 刚好落在圆周上时，阻抗元件处于动作的边界。所以，具有全阻抗圆特性的阻抗元件的特点是保护动作没有方向性。

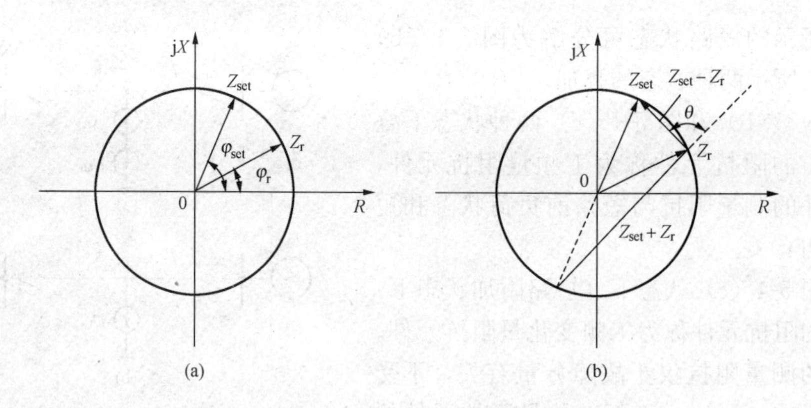

图 5-6　全阻抗圆特性阻抗元件的动作特性

(a) 幅值比较方式；(b) 相位比较方式

全阻抗圆特性的阻抗元件可以采用比较两个物理量幅值或相位的方式构成。图 5-6 (a) 所示按幅值比较方式构成的全阻抗圆特性阻抗元件。其动作条件为

$$|Z_r| \leqslant |Z_{set}| \tag{5-4}$$

图 5-6 (b) 所示按相位比较方式构成的全阻抗圆特性阻抗元件。当测量阻抗 Z_r 滞后整定阻抗 Z_{set}，且刚好落在圆周上时，向量 $Z_{set}-Z_r$ 超前 $Z_{set}+Z_r$ 的相角 $\theta=90°$；测量阻抗 Z_r 落在圆周内时，$\theta<90°$。同理分析可得，若测量阻抗 Z_r 超前于整定阻抗 Z_{set}，且 Z_r 落在圆周上或圆周内时，向量$Z_{set}-Z_r$ 和 $Z_{set}+Z_r$ 的夹角 $\theta \geqslant -90°$。因此，该阻抗元件的动作条件为

$$-90° \leqslant \arg\frac{Z_{set}-Z_r}{Z_{set}+Z_r} \leqslant 90° \tag{5-5}$$

(2) 方向阻抗圆特性。方向阻抗圆特性是以保护安装处为坐标原点，建立阻抗复平面；以整定阻抗为直径，且圆周通过坐标原点的圆。如图 5-7 所示，当测量阻抗 Z_r 落在圆周上时，随着阻抗角的不同，Z_r 的值也不同；当 φ_r 等于整定阻抗角 φ_{set} 时，Z_r 的值最大，等于 Z_{set}，此时阻抗元件的保护范围最大，工作最灵敏。所以，此时的测量阻抗角 φ_r 称为阻抗元件的最大灵敏角，常用 φ_s 表示。为使阻抗元件工作在最大灵敏角条件下，常将阻抗元件的最大灵敏角整定为线路阻抗角。

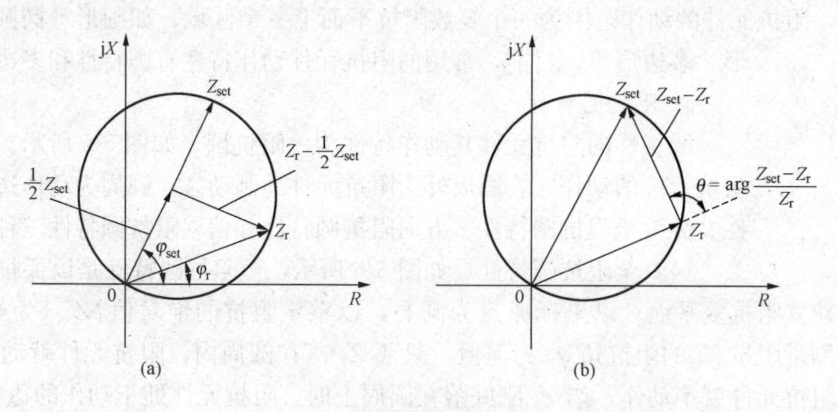

图 5-7　方向圆特性阻抗元件的动作特性

(a) 幅值比较方式；(b) 相位比较方式

当正方向短路时，测量阻抗 Z_r 在第Ⅰ象限，如故障在保护范围内，Z_r 落在圆内，阻抗元件动作。反方向短路时，测量阻抗 Z_r 在第Ⅲ象限，阻抗元件不动作。因此，这种阻抗元件具有很好的方向性。但是，当保护安装处发生短路故障时，$\dot{U}_r=0$，$Z_r=0$，阻抗元件不动作。因此，该特性的阻抗元件在保护安装处有“死区”。

按幅值比较方式构成的方向阻抗元件，动作条件由图 5-7（a）分析可得

$$\left|Z_r-\frac{1}{2}Z_{set}\right|\leqslant\left|\frac{1}{2}Z_{set}\right| \tag{5-6}$$

按相位比较方式构成的方向阻抗元件，其动作条件可按图 5-7（b）分析。以 Z_r 为参考向量分析：当测量阻抗 Z_r 滞后整定阻抗 Z_{set} 且落在第Ⅰ象限时，向量 $Z_{set}-Z_r$ 超前向量 Z_r 的相角 $\theta=90°$；测量阻抗 Z_r 落在圆周内时，$\theta<-90°$。同理分析可得，当测量阻抗 Z_r 超前整定阻抗 Z_{set}，且落在第Ⅱ象限的圆周上时，$\theta=-90°$；测量阻抗 Z_r 落在圆内时，$\theta>-90°$。因此，该阻抗元件的动作条件为

$$-90°\leqslant\arg\frac{Z_{set}-Z_r}{Z_r}\leqslant 90° \tag{5-7}$$

（3）偏移阻抗圆特性，如图 5-8 所示。偏移阻抗圆特性，仍是以保护安装处为坐标原点，建立阻抗复平面；以正向整定阻抗 Z_{set} 与反向整定阻抗 $-\alpha Z_{set}$ 的幅值之和 $|Z_{set}|+|\alpha Z_{set}|$ 为直径的圆，圆心坐标为 $Z_0=\frac{1}{2}(Z_{set}-\alpha Z_{set})$（向量），半径为 $\frac{1}{2}|Z_{set}+\alpha Z_{set}|$。式中，$\alpha$ 通常称为偏移系数，是一个小于 1 的系数，实用中取 $\alpha=0.1\sim0.2$。显然，具有偏移阻抗圆特性的阻抗元件的主要特点是保护动作在一定范围内有方向性，且消除了保护安装处的“死区”。

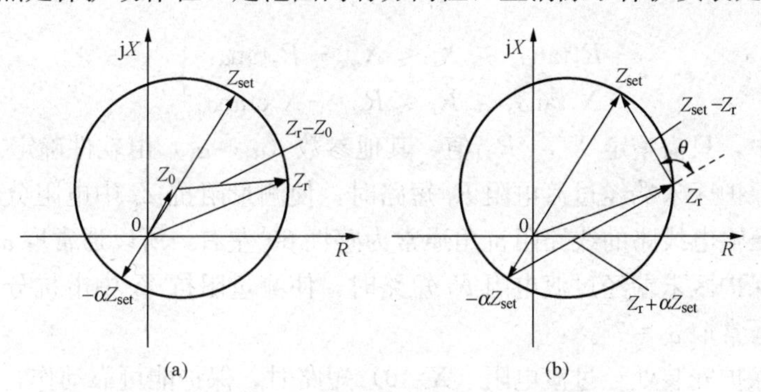

图 5-8　偏移阻抗圆特性阻抗元件的动作特性

（a）幅值比较方式；（b）相位比较方式

按幅值比较方式构成的偏移阻抗圆特性阻抗元件，动作条件由图 5-8（a）分析可得

$$|Z_r-Z_0|\leqslant|Z_{set}-Z_0|$$

$$\left|Z_r-\frac{1}{2}(1-\alpha)Z_{set}\right|\leqslant\left|\frac{1}{2}(1+\alpha)Z_{set}\right| \tag{5-8}$$

按相位比较方式构成的偏移阻抗圆特性阻抗元件，动作条件由图 5-8（b）分析可得

$$-90°\leqslant\arg\frac{Z_{set}-Z_r}{Z_r+\alpha Z_{set}}\leqslant 90° \tag{5-9}$$

2. 四边形阻抗特性

图 5-9 为简单的四边形阻抗特性。它的动作判据为

$$\left.\begin{array}{l}X_{\mathrm{set},2}\leqslant X_{\mathrm{r}}\leqslant X_{\mathrm{set},1}\\R_{\mathrm{set},2}\leqslant R_{\mathrm{r}}\leqslant R_{\mathrm{set},1}\end{array}\right\}\tag{5-10}$$

且两条件要同时满足。

3. 多边形阻抗特性

由于多边形阻抗特性的阻抗元件容许故障点过渡电阻的能力和躲过负荷阻抗的能力均较强，且在微机型保护中容易实现，所以随着微机型保护的广泛应用，多边形阻抗特性的阻抗元件应用相当广泛。

图 5-10 所示为一种典型的方向多边形阻抗特性。多边形以内为动作区，以外为非动作区，多边形的几条边为动作边界。其动作判据为

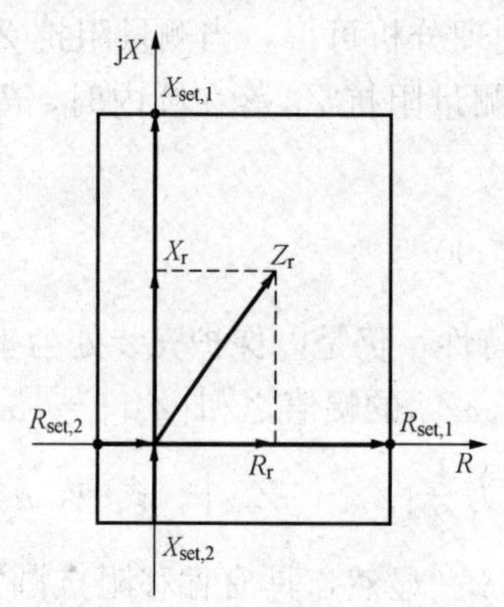

图 5-9　四边形阻抗特性

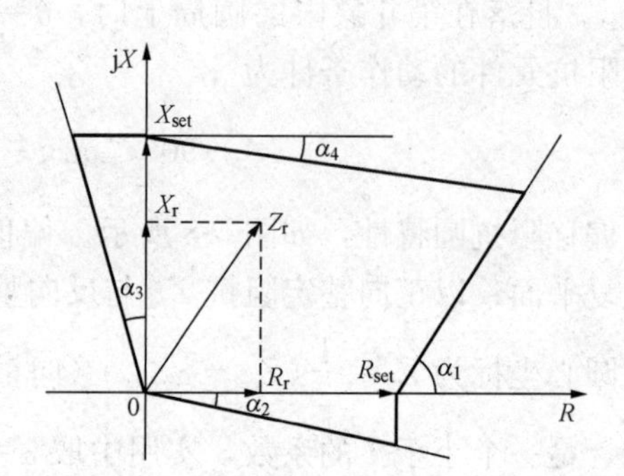

图 5-10　方向多边形阻抗特性

$$\left.\begin{array}{l}R_{\mathrm{r}}\tan\alpha_2\leqslant X_{\mathrm{r}}\leqslant X_{\mathrm{set}}-R_{\mathrm{r}}\tan\alpha_4\\X_{\mathrm{r}}\tan\alpha_3\leqslant R_{\mathrm{r}}\leqslant R_{\mathrm{set}}+X_{\mathrm{r}}\mathrm{ctan}\alpha_1\end{array}\right\}\tag{5-11}$$

在实际应用中，只需整定 X_{set}、R_{set} 值，其他参数（$\alpha_1\sim\alpha_4$）由软件确定。其中：

（1）为防止保护区末端经过渡电阻 R_{f} 短路时，使测量阻抗 Z_{r} 中电阻分量增加，造成保护拒动。考虑高压输电线路的线路阻抗角通常为感性 60°左右，所以通常取 $\alpha_1=45°\sim60°$。

（2）为防止保护区末端经过渡电阻 R_{f} 短路时，使测量阻抗 Z_{r} 中电抗分量可能减小，而造成保护误动，通常取 $\alpha_3=7°$。

（3）为保证保护安装处经过渡电阻（$X=0$）短路时，保护能可靠动作，通常取 $\alpha_2=15°$。

（4）为保证被保护线路发生金属性（$R=0$）短路时，保护能可靠动作，通常取 $\alpha_3=15°$。

三、阻抗元件的接线方式

阻抗元件的接线方式又称为距离保护的接线方式，指接入阻抗元件一定相别电压和一定相别电流的组合方式。

1. 对阻抗元件接线方式的要求

（1）阻抗元件的测量阻抗 Z_{r} 应正比于故障点到保护安装处的距离，且与系统的运行方式无关。

（2）阻抗元件的测量阻抗 Z_{r} 应与故障类型无关，即同一地点发生不同类型故障时，Z_{r} 应相同。

2. 相间短路阻抗元件的接线方式

根据对阻抗元件接线方式的要求，反应相间短路的阻抗元件通常采用 0°接线方式和±30°接

线方式两种。其电流、电压的组合方式如下：

（1）0°接线方式电流、电压的组合。所谓阻抗元件0°接线方式指接入阻抗元件的电压$\dot{U}_r$和电流$\dot{I}_r$分别为线电压和两相电流差的接线方式，见表5-1。这种接线方式，能够反应三相、两相及两相接地短路故障；同时为了反应各种相间短路，分别在uv、vw、wu相间均接入一阻抗元件。

表5-1　阻抗元件0°接线方式的电流、电压

阻抗元件相别	接入电压$\dot{U}_r$	接入电流$\dot{I}_r$
uv	$\dot{U}_{uv}$	$\dot{I}_u-\dot{I}_v$
vw	$\dot{U}_{vw}$	$\dot{I}_v-\dot{I}_w$
wu	$\dot{U}_{wu}$	$\dot{I}_w-\dot{I}_u$

（2）30°接线方式电流、电压的组合。阻抗元件采用30°接线方式指接入阻抗元件的电压和电流分别为线电压和相电流的接线方式。这种接线方式分为＋30°和－30°两种，其接入阻抗元件的电压$\dot{U}_r$和电流$\dot{I}_r$见表5-2。

表5-2　阻抗元件30°接线方式的电流、电压

阻抗元件相别	＋30°接线方式		－30°接线方式	
	接入电压$\dot{U}_r$	接入电流$\dot{I}_r$	接入电压$\dot{U}_r$	接入电流$\dot{I}_r$
uv	$\dot{U}_{uv}$	$\dot{I}_u$	$\dot{U}_{uv}$	$-\dot{I}_v$
vw	$\dot{U}_{vw}$	$\dot{I}_v$	$\dot{U}_{vw}$	$-\dot{I}_w$
wu	$\dot{U}_{wu}$	$\dot{I}_w$	$\dot{U}_{wu}$	$-\dot{I}_u$

3. 接地故障阻抗元件的接线方式

反应接地故障的阻抗元件主要用在接地距离保护中，当系统发生接地短路时，能够正确反应故障点到保护安装处的距离。接地距离保护通常配置在中性点直接接地系统中，所以根据中性点直接接地系统发生接地故障时电流、电压的特点，反应接地故障阻抗元件接线方式的电流、电压组合见表5-3。表中K为补偿系数，其值为

$$K=\frac{z_0-z_1}{3z_1}$$

式中　z_0，z_1——分别为线路每单位长度的零序阻抗和正序阻抗。

一般认为零序阻抗角等于正序阻抗角，因而K是一实数。

表5-3　接地故障阻抗元件接线方式的电流、电压

阻抗元件相别	接入电压U_r	接入电流I_r
u	$\dot{U}_u$	$\dot{I}_u+K\times3\dot{I}_0$
v	$\dot{U}_v$	$\dot{I}_v+K\times3\dot{I}_0$
w	$\dot{U}_w$	$\dot{I}_w+K\times3\dot{I}_0$

注　K为补偿系数。

第三节　影响距离保护正确工作的因素及防范措施

一、电力系统振荡对距离保护的影响及防范措施

1. 振荡的一般概念

电力系统中任意两个并列运行的电源间失去同步运行的现象称为振荡。振荡时两电源电

动势间的夹角随时间作周期性变化，从而使系统中各点电压及阻抗元件测量阻抗的幅值和相位也作周期性的变化。振荡是电力系统的一种不正常工作状况，引起振荡的原因较多，多数是由于短路切除、投入或退出重负荷引起。运行经验表明，系统振荡若干个周期后，多数情况下仍然可以自行恢复同步。所以，电力系统发生振荡后可继续运行，不必使继电保护动作，只需要根据预先的解列点判别系统是否解列运行即可。

2. 电力系统振荡时的电流和电压

当电力系统在全相运行中发生振荡时，三相处于对称状态，因此，可以按单相系统进行分析。图 5-11（a）为两侧电源系统，其中 Z_M、Z_N 分别为 M 侧和 N 侧的电源阻抗，Z_L 为线路阻抗。系统总的纵向阻抗 $Z_\Sigma=Z_M+Z_L+Z_N$；$\dot{E}_M$ 和 $\dot{E}_N$ 分别为两侧电源电动势。以 $\dot{E}_M$ 为参考相量，则 $\dot{E}_N$ 滞后 $\dot{E}_M$ 的相位角为 δ，又称为振荡角，该角在 0°～360°之间周期性变化。

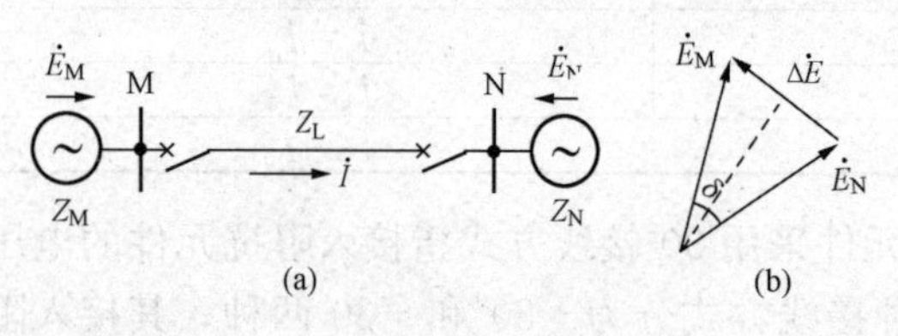

图 5-11 电力系统及其振荡的示意图

（a）系统图；（b）相量图

设两侧电源电动势的幅值相同，即 $E_M=E_N=E$，系统阻抗角和线路阻抗角相等，如图 5-11（b）所示，则：

（1）振荡时两侧的电动势差为

$$|\Delta\dot{E}|=|\dot{E}_M-\dot{E}_N|=2E\sin\frac{\delta}{2} \tag{5-12}$$

（2）振荡电流及系统各点的电压为

$$I=\frac{\Delta E}{Z_\Sigma}=\frac{2E\sin\dfrac{\delta}{2}}{Z_\Sigma} \tag{5-13}$$

$$Z_\Sigma=Z_M+Z_L+Z_N$$

$$\dot{U}_M=\dot{E}_M-\dot{I}Z_M \tag{5-14}$$

$$\dot{U}_N=\dot{E}_N+\dot{I}Z_N \tag{5-15}$$

U_M、$U_N\neq E$，且随着振荡电流的变化而变化。

显然，$\delta=0°$时，振荡电流 $I=0$，$\dot{U}_M=\dot{E}_M$，$\dot{U}_N=\dot{E}_N$；$\delta=180°$时，$\sin 90°=1$，振荡电流 I 最大，U_M、U_N 最低，甚至某点电压为 0（称该点为振荡中心）；$\delta=360°$时，振荡电流 $I=0$，$\dot{U}_M=\dot{E}_M$，$\dot{U}_N=\dot{E}_N$。

可见，振荡时振荡电流及系统各点的电压随 δ 在 0～360°作周期性变化。振荡中心的电压变化幅度最大；振荡中心不是系统的中点，而是系统总的纵向阻抗 Z_Σ 的中点，跟两侧电源阻抗 Z_M、Z_N 有关。

3. 电力系统振荡对距离保护的影响

电力系统振荡对距离保护影响的程度与保护装置安装的位置、保护的动作特性和保护装置的动作时限均有关。

（1）由于系统振荡时，系统中的电流、电压都随振荡角 δ 变化，所以距离保护阻抗元件的测量阻抗 $Z_r=\dfrac{U_r}{I_r}$ 也随振荡角 δ 改变。当 $\delta=180°$时，振荡电流最大，电压最低，阻抗降低，距离保护可能误动作。在振荡中心，由于电压为零，距离保护将误动作。显然，当保护装置安装处越靠近振荡中心，受振荡影响就越大；若系统振荡中心位于保护的反方向或在保护范围以外时，保护将不受影响。

（2）保护装置在同一安装地点，且整定值相同的条件下，系统振荡时，保护范围在阻抗平面上沿测量阻抗随振荡角δ变化方向所占面积越大，受振荡的影响就越大。显然，阻抗元件的动作特性为全阻抗圆特性时，受振荡影响最严重；阻抗元件的动作特性为方向阻抗圆特性时，受振荡的影响次之；多边形阻抗特性的阻抗元件受振荡影响最小。

（3）当保护动作时限大于振荡周期时，保护装置将不受振荡的影响。例如：距离保护的Ⅰ、Ⅱ段，由于其动作时限短，系统振荡时有可能误动；而距离保护Ⅲ段，由于其动作时限较长，大于系统振荡周期，不会因振荡而误动作。

4. 振荡闭锁

为防止距离保护在电力系统发生振荡时误动作，距离保护装置中应设置振荡闭锁功能，当系统发生振荡时将保护闭锁，系统发生短路故障时开放保护。三段式距离保护对振荡闭锁功能的基本要求是：当系统发生振荡时，将距离保护的Ⅰ、Ⅱ段闭锁（退出工作）；当被保护区内发生短路时，必须将距离保护Ⅰ、Ⅱ段开放（投入工作）。为此，通常根据系统振荡和短路故障时电气量不同的特点采用不同的方法来实现振荡闭锁功能。

（1）电力系统振荡与三相短路的区别：

1）电力系统振荡时，振荡电流和系统各点的电压随振荡角δ周期性变化，但变化速度较缓慢；而系统发生短路时，短路电流突增，电压突降，变化速度较快。

2）电力系统振荡时，三相对称，无负序、零序分量产生；而电力系统短路时，在不对称短路或三相短路瞬间，均有负序、零序分量产生。

（2）振荡闭锁实现的方法通常有：

1）利用负序、零序分量的出现与否，实现振荡时闭锁有可能误动的保护；

2）利用电流变化率$\frac{di}{dt}$或电压变化率$\frac{du}{dt}$的不同，实现振荡时闭锁有可能误动的保护；

3）选用合适阻抗特性的阻抗元件作为测量元件，以躲过系统振荡的影响，如选用工频变化量阻抗元件等。

二、电压互感器二次回路断线对距离保护的影响

在电力系统正常运行状态下，当电压互感器二次回路断线时，距离保护将会失去电压。此时，由于负荷电流的作用，将使阻抗元件的测量阻抗减小为零，从而引起保护的误动作。为此，距离保护应设置电压互感器二次回路断线闭锁功能，当电压互感器二次回路断线时，将保护闭锁，并发出告警信号。

为了区别于系统一次侧发生接地短路，电压互感器二次回路断线闭锁功能利用在电压互感器二次侧的星形绕组断线时，该绕组二次回路出现零序电压，而电压互感器二次侧开口三角形绕组端口没有零序电压的特点实现。

三、短路点过渡电阻对距离保护的影响及防范措施

1. 过渡电阻的主要特点

过渡电阻R_f是指相间短路或接地短路时，短路电流从一相到另一相或从相导线流入大地的途径中所经过的物质的电阻，包括电弧、中间物质的电阻，相导线与地之间的接触电

阻，金属杆塔的接地电阻等。实验证明，在相间短路时，过渡电阻主要由电弧电阻构成。电弧阻值的估算式通常为

$$R_{\mathrm{f}} = 1050\,\frac{l_{\mathrm{f}}}{I_{\mathrm{f}}}$$

式中 I_{f}——电弧电流的有效值，A；

l_{f}——电弧长度，m。

在一般情况下，短路初瞬间，电弧电流最大，弧长最短，弧阻 R_{f} 最小。几个周期后，在风吹、空气对流和电动力等作用下，电弧逐渐伸长，弧阻 R_{f} 急速增大。在导线对铁塔放电的接地短路时，铁塔及其接地电阻构成了过渡电阻的主要部分。铁塔的接地电阻与大地导电率有关，对于跨越山区的高压线路，铁塔的接地电阻可达数十欧。此外，当导线通过树木或其他物体对地短路时，过渡电阻更高，难以准确计算。目前，我国对 500kV 线路接地短路的最大过渡电阻按 300Ω 估算，对 220kV 线路按 100Ω 估算。

2. 过渡电阻对距离保护的影响

(1) 单侧电源线路上过渡电阻的影响，如图 5-12 所示。短路点的过渡电阻 R_{f}，总是使阻抗元件的测量阻抗增大，从而使保护范围缩短。例如，当线路 BC 上的 k 点经 R_{f} 短路时（保护 2 的 Ⅰ 段范围内），保护 2 的测量阻抗为 $Z_{\mathrm{r2}}=Z_{\mathrm{k}}+R_{\mathrm{f}}$。特别是当 R_{f} 较大时，就可能出现使保护 2 的测量阻抗 Z_{r} 增大，落在保护 2 第 Ⅰ 段的保护区外，使保护 2 的 Ⅰ 段保护拒动。

(2) 双侧电源线路上过渡电阻的影响。双侧电源线路上，短路点的过渡电阻还可能使某些保护的测量阻抗减小。如图 5-13 所示，在线路 BC 的始端 k 点经过渡电阻 R_{f} 三相短路时，$\dot{I}'_{\mathrm{k}}$ 和 $\dot{I}''_{\mathrm{k}}$ 分别为两侧电源供给的短路电流，则流经过渡电阻 R_{f} 的电流为 $\dot{I}_{\mathrm{k}}=\dot{I}'_{\mathrm{k}}+\dot{I}''_{\mathrm{k}}$。保护 1 和 2 的测量阻抗分别为

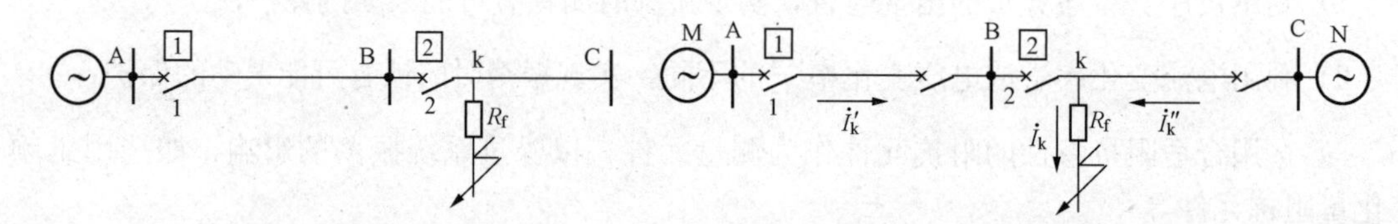

图 5-12 单侧电源线路上过渡电阻对测量阻抗的影响

图 5-13 双侧电源线路上过渡电阻对测量阻抗的影响

保护 1：
$$Z_{\mathrm{r1}}=\frac{\dot{U}_{\mathrm{A}}}{\dot{I}'_{\mathrm{k}}}=\frac{\dot{I}'_{\mathrm{k}}(Z_{\mathrm{AB}}+Z_{\mathrm{k}})+\dot{I}_{\mathrm{k}}R_{\mathrm{r}}}{\dot{I}'_{\mathrm{k}}}=Z_{\mathrm{AB}}+Z_{\mathrm{k}}+\frac{\dot{I}_{\mathrm{k}}}{\dot{I}'_{\mathrm{k}}}R_{\mathrm{f}}\mathrm{e}^{\mathrm{j}\alpha} \tag{5-16}$$

保护 2：
$$Z_{\mathrm{r2}}=\frac{\dot{U}_{\mathrm{B}}}{\dot{I}'_{\mathrm{k}}}=\frac{\dot{I}'_{\mathrm{k}}Z_{\mathrm{k}}+\dot{I}_{\mathrm{k}}R_{\mathrm{f}}}{\dot{I}'_{\mathrm{k}}}=Z_{\mathrm{k}}+\frac{\dot{I}_{\mathrm{k}}}{\dot{I}'_{\mathrm{k}}}R_{\mathrm{f}}\mathrm{e}^{\mathrm{j}\alpha} \tag{5-17}$$

式中 α——$\dot{I}_{\mathrm{k}}$ 超前 $\dot{I}'_{\mathrm{k}}$ 的角度。

当 α 为正时，将使测量阻抗 Z_{r} 的电阻、电抗部分增大，可能使保护拒动；α 为负时，使测量阻抗 Z_{r} 的电抗部分减小，可能引起某些保护的误动作。

3. 减小过渡电阻影响的方法

(1) 采用能容许较大过渡电阻 R_{f} 而不致拒动的阻抗元件。

（2）取短路瞬间的测量阻抗值。这种方法只能用于反应相间短路的阻抗元件。在接地短路情况下，电弧电阻只占过渡电阻的很小部分，这种方法不会起很大作用。

（3）通过检测故障信号行波从保护安装处到故障点再从故障点返回到保护安装处花掉的时间来判断故障点发生的具体位置，以决定是否应该动作。此法不受过渡电阻影响，只要正确识别故障波头和精确计时即可。

四、分支电流对距离保护的影响及消除方法

1. 分支电流对距离保护的影响

（1）助增电流的影响。当保护安装处与短路点之间连接有其他分支电源时，将使通过故障线路的电流大于流过保护装置的电流，这种因分支电源的影响而使故障线路电流增大的现象，称为助增。产生助增现象的分支电源，称为助增电源，其产生的电流称为助增电流。当有助增电流时，阻抗元件感受的阻抗比没有分支电源供给助增电流时要大。

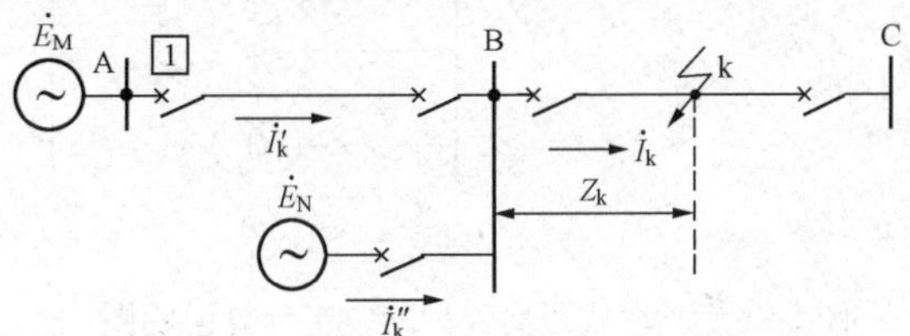

图 5-14　助增电流对阻抗元件工作的影响

如图 5-14 所示，当线路 BC 上 k 点发生短路时，故障线路电流的短路电流为 $\dot{I}_k=\dot{I}_k'+\dot{I}_k''$。此时，保护装置 1 的第Ⅱ段阻抗元件的测量阻抗为

$$Z_{r,1}=\frac{\dot{U}_A}{\dot{I}_k'}=\frac{\dot{I}_k'Z_{AB}+\dot{I}_kZ_k}{\dot{I}_k'}=Z_{AB}+\frac{\dot{I}_k}{\dot{I}_k'}Z_k=Z_{AB}+K_bZ_k \tag{5-18}$$

其中，分支系数 $K_b=\dfrac{|\dot{I}_k|}{|\dot{I}_k'|}>1\quad(I_k>I_k')$

显然，由于助增分支电流的存在，使保护 1 第Ⅱ段的测量阻抗增大。为使距离保护Ⅱ段与相邻线路的距离保护Ⅰ段正确配合，在整定计算时应考虑分支电流的影响。

（2）汲出电流的影响。如图 5-15 所示，当保护安装处与短路点之间连接的不是分支电源而是分支负荷（分支线路）时，将使通过故障线路的电流小于流过保护装置的电流，这种因分支负荷的影响而使故障线路电流减小的现象，称为汲出，非故障线路中的电流称为汲出电流。当线路 BC 上 k 点发生短路时，故障线路的短路电流为 $\dot{I}_k=\dot{I}_k'-\dot{I}_k''$。此时，保护装置 1 的第Ⅱ段阻抗元件的测量阻抗为

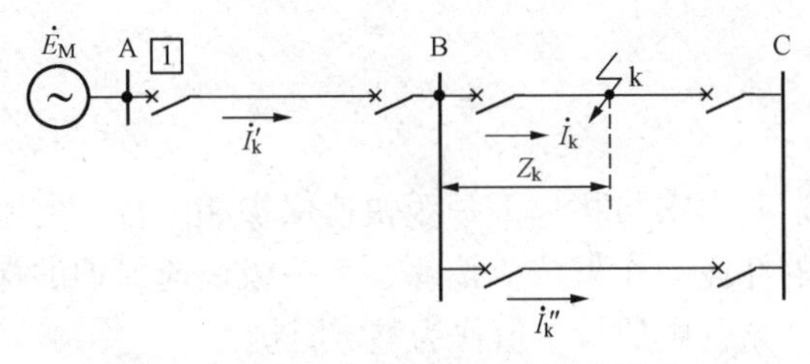

图 5-15　汲出电流对阻抗元件工作的影响

$$Z_{r.1}=\frac{\dot{U}_A}{\dot{I}_k'}=\frac{\dot{I}_k'Z_{AB}+\dot{I}_kZ_k}{\dot{I}_k'}=Z_{AB}+\frac{\dot{I}_k}{\dot{I}_k'}Z_k=Z_{AB}+K_bZ_k \tag{5-19}$$

其中，分支系数 $K_b=\dfrac{|\dot{I}_k|}{|\dot{I}_k'|}<1\quad(I_k<I_k')$

显然，汲出分支电流的存在，使保护 1 第Ⅱ段的测量阻抗减小。这说明保护的第Ⅱ段保护范围要延伸。同样，在距离保护Ⅱ段的整定计算时，应考虑汲出电流的影响。

2. 消除分支电流影响的方法

根据上述分析可知，分支系数随系统运行方式的改变而变化。当整定值一定时，分支系数越大，保护范围越小，即灵敏度越低；分支系数越小，保护范围越长。所以，为消除分支电流的影响，且又保证保护的选择性，在计算保护的整定值时，其分支系数应选择实际可能的最小值。

第四节 距离保护的整定计算

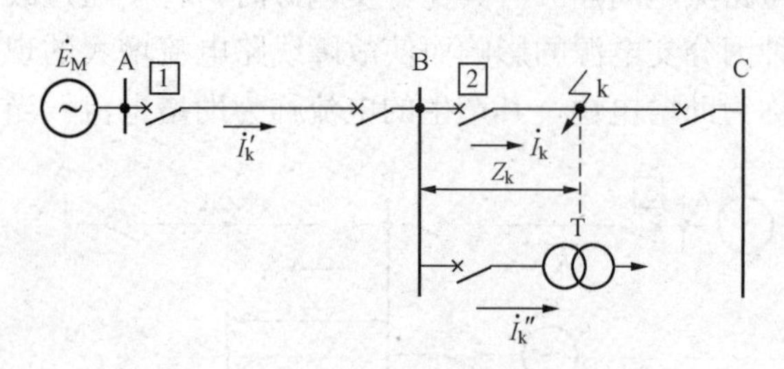

图 5-16 三段式距离保护的整定计算说明图

现以图 5-16 所示系统为例，说明三段式距离保护的整定计算原则。设线路 AB、BC 都装设有三段式距离保护，试整定计算保护 1 各段的动作阻抗和动作时限。

一、距离保护Ⅰ段整定计算

1. 动作阻抗

保护 1Ⅰ段动作阻抗按躲过下一线路出口处（本线路末端）短路时的正序阻抗来整定，即

$$Z_{op,1}^{\mathrm{I}} = K_{rel} Z_{AB} = (0.8 \sim 0.85) z_1 L_{AB} \tag{5-20}$$

式中 $Z_{op,1}^{\mathrm{I}}$——线路 AB 中保护 1 距离Ⅰ段的动作阻抗；

K_{rel}——可靠系数，取 0.8～0.85；

Z_{AB}——线路 AB 的正序阻抗，Ω；

L_{AB}——线路 AB 的长度，km；

z_1——线路 AB 每单位长度对应的正序阻抗值，Ω/km。

2. 动作时限

距离保护Ⅰ段为瞬时动作，即不附加延时。所以，一般距离保护Ⅰ段的动作时限为保护装置的固有动作时限。

二、距离保护Ⅱ段整定计算

1. 动作阻抗

距离保护Ⅱ段的保护范围是本线路的全长，并力求与相邻下一级快速保护相配合，使距离保护Ⅱ段动作时限尽可能短。所以，保护 1 的Ⅱ段动作阻抗应按躲过下一级快速保护的保护范围末端短路时的正序阻抗整定，即以下两个条件中的较小值作为整定阻抗。

（1）与下一段线路的距离Ⅰ段相配合

$$Z_{op,1}^{\mathrm{II}} = K_{rel}(Z_{AB} + K_b Z_{op,2}^{\mathrm{I}}) \tag{5-21}$$

式中 $Z_{op,1}^{\mathrm{II}}$——线路 AB 中保护 1 距离Ⅱ段的动作阻抗；

$Z_{op,2}^{\mathrm{I}}$——相邻线路距离保护Ⅰ段的动作阻抗；

K_{rel}——可靠系数，一般取 0.8；

K_b——分支系数，为使保护任何情况下都能保证选择性，应选用实际可能的最小值。

（2）与下一变电站的变压器速动保护相配合

$$Z_{op,1}^{\mathrm{II}} = K_{rel}(Z_{AB} + K_b Z_T) \tag{5-22}$$

$$Z_{\mathrm{T}}=\frac{U_{\mathrm{k}}\%U_{\mathrm{TN}}^{2}}{100S_{\mathrm{TN}}}$$

式中　Z_{T}——变压器的阻抗；

U_{TN}，S_{TN}——分别为变压器的额定电压和额定容量；

$U_{\mathrm{k}}\%$——变压器的短路电压百分数；

K_{rel}——可靠系数，一般取0.7。

2. 动作时限

距离保护Ⅱ段的动作时限 $t_{\mathrm{set},1}^{\mathrm{II}}$ 应比与之相配合的相邻保护的动作时限大一个时间级差 Δt（通常 Δt 取0.5s）。所以，距离保护Ⅱ段的动作时限一般取 $t_{\mathrm{op},1}^{\mathrm{II}}=0.5\mathrm{s}$。

3. 校验灵敏度

距离保护Ⅱ段应保证本线路末端发生金属性短路时有足够的灵敏度。所以，保护1的距离Ⅱ段的灵敏度 K_{s} 校验式为

$$K_{\mathrm{s}}=\frac{Z_{\mathrm{op},1}^{\mathrm{II}}}{Z_{\mathrm{AB}}}\geqslant 1.25 \tag{5-23}$$

若灵敏度不满足要求时，应与相邻下一线路保护的距离Ⅱ段配合整定。

三、距离Ⅲ段整定计算

1. 动作阻抗

距离保护Ⅲ段的动作阻抗 $Z_{\mathrm{op}.1}^{\mathrm{III}}$ 按躲过最小负荷阻抗整定，同时还应考虑实际采用的阻抗元件的动作特性。参照过电流保护的整定原则，考虑外部短路切除后，在电动机自启动的条件下，距离保护的第Ⅲ段必须立即返回。保护1采用全阻抗圆特性阻抗元件或方向阻抗圆特性阻抗元件时，其第Ⅲ段的动作阻抗整定式分别为

$$Z_{\mathrm{op},1}^{\mathrm{III}}=\frac{1}{K_{\mathrm{rel}}K_{\mathrm{ss}}K_{\mathrm{re}}}Z_{l,\min}=\frac{1}{K_{\mathrm{rel}}K_{\mathrm{ss}}K_{\mathrm{re}}}\frac{0.9U_{\mathrm{N}}}{I_{l,\max}} \tag{5-24}$$

$$Z_{\mathrm{op},1}^{\mathrm{III}}=\frac{1}{K_{\mathrm{rel}}K_{\mathrm{ss}}K_{\mathrm{re}}\cos(\varphi_{\mathrm{sen}}-\varphi_{\mathrm{r}})}Z_{l,\min}=\frac{1}{K_{\mathrm{rel}}K_{\mathrm{ss}}K_{\mathrm{re}}\cos(\varphi_{\mathrm{sen}}-\varphi_{\mathrm{r}})}\frac{0.9U_{\mathrm{N}}}{I_{l,\max}} \tag{5-25}$$

式中　K_{rel}——可靠系数，取1.2～1.3；

K_{re}——返回系数，取1.1～1.15；

K_{ss}——自启动系数，由负荷性质决定，一般取1.5～3；

$Z_{l,\min}$——最小负荷阻抗，$Z_{l,\min}=\dfrac{0.9U_{\mathrm{N}}}{I_{l,\max}}$；

U_{N}——系统的额定相电压；

$I_{l,\max}$——最大负荷电流。

2. 动作时限

距离保护Ⅲ段的动作时限 $t_{\mathrm{op},1}^{\mathrm{III}}$，应按本线路末端母线上所有连接元件后备保护的最大动作时限大一时间级差整定。

3. 校验灵敏度

近后备时有

$$K_{\mathrm{s}}=\frac{Z_{\mathrm{op},1}^{\mathrm{III}}}{Z_{\mathrm{AB}}}\geqslant 1.5 \tag{5-26}$$

远后备时有

$$K_s = \frac{Z_{op,1}^{\mathrm{III}}}{Z_{AB}+K_{b,max}Z_{BC}} \geqslant 1.2 \tag{5-27}$$

式中　$K_{b,max}$——相邻线路末端短路时，实际可能的最大分支系数。

分别将上述整定计算的距离保护Ⅰ、Ⅱ、Ⅲ段一次动作阻抗 $Z_{op,1}^{\mathrm{I}}$、$Z_{op,1}^{\mathrm{II}}$、$Z_{op,1}^{\mathrm{III}}$ 转换为保护的二次动作阻抗 $Z_{op,2}$，计算式为

$$Z_{op,1} = \frac{U_r}{I_r} = \frac{K_{TA}}{K_{TV}} \times \frac{U}{I} = Z_{op,2}\frac{K_{TA}}{K_{TV}} \tag{5-28}$$

式中　U_r，I_r——分别为阻抗电阻的电压、电流；

U——保护安装处 TV 的一次侧电压，即母线电压；

I——被保护线路 TA 的一次侧电流；

K_{TA}——电流互感器的变比；

K_{TV}——电压互感器的变比；

$Z_{op,1}$——保护一次动作阻抗。

第五节　微机型距离保护

随着微型计算机技术在电力系统应用的深入与普及，输电线路微机型距离保护和发电机、变压器的微机型阻抗保护已广泛应用于电力系统，对电力系统供电可靠性和系统安全运行的稳定性起到了重要的作用。高压输电线路微机型距离保护根据应用对象的不同，通常配置有可以实现全线速动的纵联（相间、接地）距离保护、反应相间故障的三段式相间距离保护和反应单相接地故障的三段式接地距离保护。构成上述距离保护软件部分的主要元件及其原理基本相同。本节将根据我国目前常用的输电线路微机型保护装置，对距离保护软件部分的主要元件进行分析与介绍。

一、启动元件

距离保护的启动元件在电力系统正常负荷状态下不启动，但在电力系统故障时则要可靠动作且有较高的灵敏度，即距离保护的启动元件是故障判别元件。微机型距离保护通常采用相电流差突变量启动元件，或者将负序电流突变量和相电流突变量组成“与”门后输出，以保证电力系统纯振荡时不会启动。

例如，相电流差突变量启动元件的计算式为

$$\Delta i_k = |i_k - i_{k-N}| - |i_{k-N} - i_{k-2N}| \tag{5-29}$$

式中　U_r，I_r——分别为阻抗电阻的电压、电流；

i_k——电流在某一时刻的采样值；

i_{k-N}——比 i_k 早1个工频周期前的电流采样值；

i_{k-2N}——比 i_k 早2个工频周期前的电流采样值；

Δi_k——k 时刻电流的突变量；

N——一个工频周期采样次数。

若 k 时刻发生故障，i_k 为故障时刻电流，i_{k-N} 及 i_{k-2N} 是故障前电流，从 k 时起 Δi_k 有输出，如连续4次大于其整定值，则启动元件动作，程序将启动标志置1，并进入故障处理程序。

二、故障类型与故障相别的判断

微机型距离保护为了减少阻抗元件的计算量，节省计算时间，增加了选相元件。利用选

相元件先进行故障类型和故障相别的判断，在识别出故障相别后，将相应的电压、电流取出，送至阻抗元件的故障阻抗测量区段。选相元件的主要工作流程如图 5-17 所示。先判断是相间或接地故障，若为相间故障，则进一步判断是哪两相或三相故障；若为接地故障，则进行判断哪相单相接地或者哪两相接地故障。

微机型距离保护构成选相元件的方法较多，下面将对相电流差突变量选相、稳态量选相的方法进行介绍。

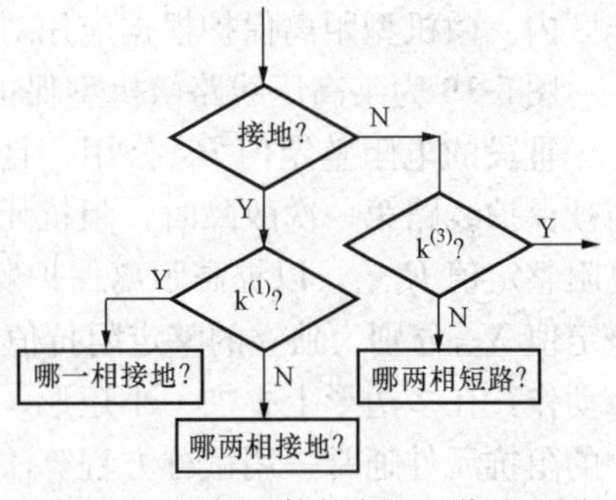

图 5-17　选相元件的主要工作流程图

1. 相电流差突变量选相

先计算出三个相电流差突变量的有效值 ΔI_{uv}、ΔI_{vw}、ΔI_{vw}，并将它们分为大、中、小后，再进行判断，判据式为

$$\Delta I_{ph,max} \gg \Delta I_{ph,min} \tag{5-30}$$

式中　$\Delta I_{ph,max}$——相电流差突变量最大者；

$\Delta I_{ph,min}$——相电流差突变量最小者。

若式（5-30）成立，则为单相接地故障，相电流差最小者是两非故障相电流之差；若式（5-30）不成立，则为相间短路故障，且相电流差最大者对应的两相是故障相。

2. 稳态量选相

稳态量选相主要根据零序电流和负序电流的相位关系，再加以相间故障排除法进行选相。根据理论分析，当发生不同类型及不同相别的故障时，u 相负序电流 $\dot{I}_{2,u}$ 和零序电流 $\dot{I}_{0,u}$ 之间的夹角位于不同的区域。例如，当发生 u 相接地或 vw 相间短路并经小弧光电阻接地时，以 $\dot{I}_{0,u}$ 为基准，$\dot{I}_{2,u}$ 位于－30°～＋30°区内，并且随着 vw 两相短路接地电阻增大，$\dot{I}_{2,u}$ 越滞后于 $\dot{I}_{0,u}$。当接地电阻增大到一定程度后，将直接落入 vw 相间短路区域。根据理论计算作出的稳态序分量选相区域如图 5-18 所示。图中以 $\dot{I}_{0,u}$ 为基准，根据 $\dot{I}_{0,u}$ 与 $\dot{I}_{2,u}$ 的角度关系，划分了六个选相区：

（1）－30°～＋30°对应的故障相为 u 或 vw；

（2）＋90°～＋30°对应的故障相为 uv；

（3）＋150°～＋90°对应的故障相为 w 或 uv；

（4）－150°～＋150°对应的故障相为 wu；

（5）－90°～－150°对应的故障相为 v 或 wu；

（6）－30°～－90°对应的故障相为 vw。

显然，在以上（2）、（4）、（6）单一故障类型的相区，可直接确认为相应的相间故障。在（1）、（3）、（5）有单相及相间两种故障类型的相区，根据两种故障类型的相别总是不相关的，可通过计算相间阻抗来区别。若相间阻抗大于相间阻抗整定值，则排除相间故障的可能性，判为相应的单相接地故障，否则判为相应的相间故障。

三、阻抗与故障距离测量

阻抗计算与故障距离测量是距离保护的核心部分，由距离保护的阻抗元件来实现。阻抗元件通过计算保护安装处到故障点的阻抗（X、R 值），再同整定值进行比较，确定是否在动作区内。微机型距离保护根据应用对象的不同，采用不同动作特性的阻抗元件。

图 5-19 为某高压线路微机型保护装置三段式距离保护阻抗元件的动作特性。其中，距离Ⅰ～Ⅲ段的电阻整定值 R_{set} 公用，且电阻整定值有大电阻整定值 $R_{l,set}$ 和小电阻整定值 $R_{s,set}$。当被保护线路第一次故障时，阻抗元件取用大电阻整定值 $R_{l,set}$；在系统振荡状态下，取用小电阻整定值 $R_{s,set}$，以提高距离保护躲过电力系统振荡影响的能力。距离保护Ⅰ～Ⅲ段的电抗整定值 X_{set} 分别为独立的整定阻抗值 $X_{set}^{Ⅰ}$、$X_{set}^{Ⅱ}$、$X_{set}^{Ⅲ}$。为保证保护安装处正向故障时保护可靠动作，在多边形上叠加一小矩形，小矩形的电阻、电抗定值分别 r_{set} 和 X_{set}。微机型距离保护的阻抗元件通常采用微分方程算法，计算出故障时的电阻和电抗值，当计算的电阻和电抗值落在动作特性范围内时，保护动作。

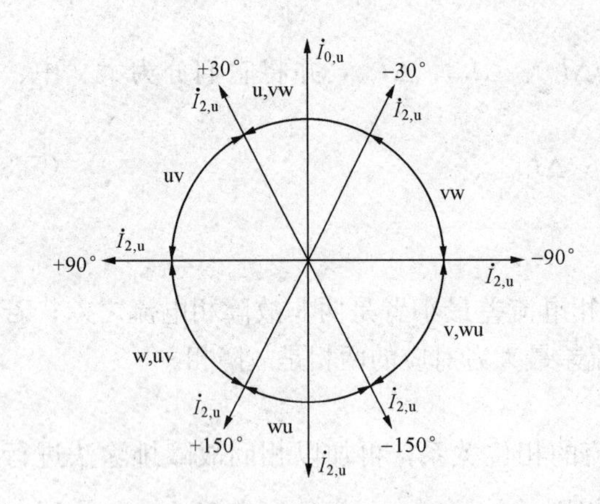

图 5-18 稳态序分量选相区域

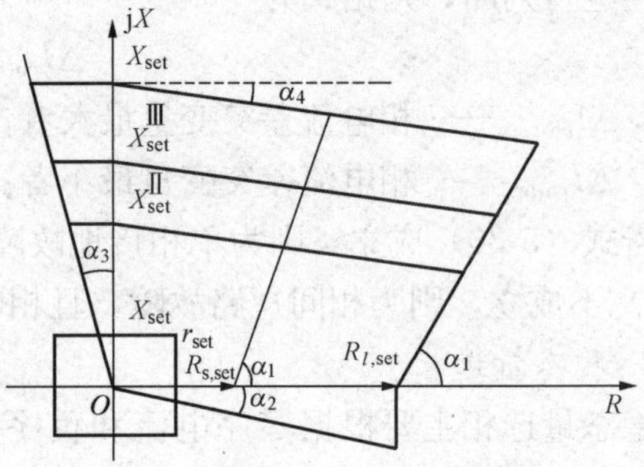

图 5-19 三段式距离保护阻抗元件动作特性

四、电压互感器、电流互感器二次断线闭锁的问题

微机型距离保护对于电压互感器 TV 和电流互感器 TA 二次回路的断线问题，通常分别采用以下的判据进行判断，当判断为 TV 二次回路或 TA 二次回路断线时，发出相应的告警信号，并闭锁保护。

1. TV 二次回路断线判据

（1）当三相电压之和不为零，即 $|\dot{U}_u+\dot{U}_v+\dot{U}_w|>7V$（有效值）。

（2）如果三相电压的有效值均低于 8V，且 u 相电流大于 $0.04I_N$（I_N 为 TA 二次侧的额定电流）时，则判为三相断线。

2. TA 二次回路断线判据

对每个采样点都检查三个电流之和，并且同零序电流回路 $3i_0$ 的采样值比较，若持续 60ms 有 $i_u+i_v+i_w-3i_0>1.4I_N$（I_N 为 TA 二次额定电流），则判为 TA 二次回路断线。

五、振荡闭锁问题

微机型距离保护对于振荡问题的处理，仍然是根据振荡与短路时电力系统电气参数变化的不同，实现电力系统振荡时闭锁保护，系统短路时开放保护可靠动作。例如，某微机型距离保护根据振荡发生的不同时刻采用以下措施。

1. 正常运行时，发生振荡的问题

设置静稳破坏（振荡）检测元件，若判为振荡，程序转之振荡闭锁模块。静稳破坏（振荡）检测元件通常采用 vw 相的Ⅲ段阻抗元件和反应 u 相电流的按躲过最大负荷电流整定的电流元件构成。为了区分振荡和过负荷，另加了一个时间判据，即构成静稳破坏（振荡）两个检测元件动作后；若30s内不返回，判为过负荷；若30s内两元件均返回，判为振荡。

2. 对于电力系统先短路后振荡的问题

采用短时开放距离Ⅰ、Ⅱ段保护切除故障，同时又躲开振荡的影响。

3. 对于电力系统先振荡后短路的问题

除了设有不经振荡闭锁的距离Ⅲ段外，根据在系统振荡和短路时，测量阻抗中电阻分量变化率不同的特点。还设置了 dR/dt 原理构成的带0.2s延时的DZI段保护。DZI段保护的动作判据如下：

（1）感受阻抗的模值有一个突变，并且大于8倍的电阻变化率整定值 DR，即 $|\Delta Z|>8DR$；

（2）以后持续0.2s内感受阻抗的电阻分量基本不变（小于整定的 DR 值）；

（3）突变后阻抗值在Ⅰ段保护范围内。

在振荡闭锁期间若上述（1）～（3）三个条件同时满足，保护直接发三相跳闸令。

复　习　题

一、选择题

1. 距离保护的Ⅰ段保护范围通常选择为被保护线路全长的（　　）。

A. 50%～55%　　B. 60%～65%　　C. 70%～75%　　D. 80%～85%

2. 电力系统发生振荡时，各点电压和电流（　　）。

A. 均做周期性变化　　B. 均会发生突变

C. 在振荡的频率高时会发生突变　　D. 不变

3. 电力系统发生振荡时，振荡中心电压的波动情况是（　　）。

A. 幅度最大　　B. 幅度最小　　C. 幅度不变　　D. 幅度不定

4. 从继电保护原理上讲，受系统振荡影响的有（　　）。

A. 零序电流保护　　B. 负序电流保护　　C. 相间距离保护　　D. 零序电压保护

5. 距离保护实质上是反应（　　）而动作的阻抗保护。

A. 电流增大　　B. 电压降低　　C. 阻抗降低　　D. 阻抗增大

6. 加入阻抗元件的电压与电流之比称为阻抗元件的（　　）。

A. 测量阻抗　　B. 动作阻抗　　C. 整定阻抗　　D. 短路阻抗

7. 使阻抗元件刚好动作的测量阻抗称为阻抗元件的（　　）。

A. 测量阻抗　　B. 动作阻抗　　C. 整定阻抗　　D. 短路阻抗

8. 动作阻抗的整定值称为阻抗元件的（　　）。

A. 测量阻抗　　B. 动作阻抗　　C. 整定阻抗　　D. 短路阻抗

9. 电网正常运行时，距离保护阻抗元件的测量阻抗为（　　）。

A. 负荷阻抗　　B. 动作阻抗　　C. 整定阻抗　　D. 短路阻抗

10. 圆形特性的阻抗元件其动作特性为一阻抗圆，其中圆周内为阻抗元件的（　　）。

A. 动作边界　　B. 动作区　　C. 制动区　　D. 振荡区

11. 圆形特性的阻抗元件其动作特性为一阻抗圆，其中圆周外为阻抗元件的（　　）。

A. 动作边界　B. 动作区　C. 制动区　D. 振荡区

12. 阻抗元件采用0°接线方式时，若接入阻抗元件的电压为u、v两相线电压，则接入的电流为（　）。

A. $\dot{I}_u-\dot{I}_v$　B. $\dot{I}_u-\dot{I}_w$　C. $\dot{I}_v-\dot{I}_w$　D. $\dot{I}_w-\dot{I}_v$

13. 电力系统振荡过程中，当振荡角为零时，振荡电流（　），电压（　）。

A. 最大，最低　B. 为零，最高　C. 最大，最高　D. 为零，为零

14. 电力系统振荡过程中，当振荡角为180°时，振荡电流（　），电压（　）。

A. 最大，最低　B. 为零，最高　C. 最大，最高　D. 为零，为零

15. 单侧电源线路上短路点过渡电阻总是使阻抗元件的测量阻抗（　），使保护范围（　）。

A. 减小，缩短　B. 增大，延伸　C. 增大，缩短　D. 减小，延伸

16. 助增电流会使距离保护阻抗元件的测量阻抗（　），从而使保护范围（　）。

A. 减小，缩短　B. 增大，延伸　C. 增大，缩短　D. 减小，延伸

17. 汲出电流会使距离保护阻抗元件的测量阻抗（　），从而使保护范围（　）。

A. 减小，缩短　B. 增大，延伸　C. 增大，缩短　D. 减小，延伸

18. 为消除分支电流的影响，又保证保护的选择性，在计算距离保护整定值时，分支系数应选择（　）。

A. 最小值　B. 最大值　C. 无穷大　D. 0

19. 距离保护Ⅲ段的动作阻抗按躲过（　）整定。

A. 最小负荷电流　B. 最大负荷阻抗　C. 最大负荷电流　D. 最小负荷阻抗

20. 距离保护在进行灵敏度校验时，分支系数应取（　）。

A. 最小值　B. 最大值　C. 无穷大　D. 0

21. 相间短路阻抗元件的接线方式通常采用（　）。

A. 90°接线　B. 0°接线　C. 45°接线　D. 60°接线

22. 阻抗元件的接线方式是指（　）。

A. 接入阻抗元件一定相别电压和一定相别电流的组合方式

B. 接入方向元件一定相别电压和一定相别电流的组合方式

C. 接入时间元件一定相别电压和一定相别电流的组合方式

D. 接入阻抗元件动作阻抗和测量阻抗的组合方式

23. 系统发生振荡时，应将（　）闭锁。

A. 仅距离Ⅱ　B. 距离Ⅰ段和Ⅱ段　C. 距离Ⅲ段　D. 距离各段

24. 距离保护装置一般由（　）组成。

A. 测量元件、启动元件

B. 测量元件、启动元件、振荡闭锁元件

C. 测量元件、启动元件、振荡闭锁元件、二次电压回路断线失压闭锁元件

D. 测量元件、启动元件、振荡闭锁元件、二次电压回路断线失压闭锁元件、逻辑判别回路

25. 接地故障阻抗元件的接线方式应采用（　）。

A. 90°接　B. 0°接线

C. 30°接线　D. 带零序补偿电流的接线方式

二、判断题

1. 反应相间短路的距离保护装置应采用0°接线方式。(　　)

2. 过渡电阻有可能使距离保护拒动或误动。(　　)

3. 距离Ⅰ段的动作阻抗应按躲过最大负荷阻抗整定。(　　)

4. 当距离保护装置处在振荡中心时，距离Ⅰ段不受振荡影响。(　　)

5. 保护装置安装处越靠近振荡中心，受振荡影响越大。(　　)

6. 距离保护Ⅲ段，由于动作时限较长，大于系统振荡周期，不会因振荡而误动作。(　　)

7. 电力系统振荡时，三相不对称，会出现负序、零序分量。(　　)

8. 电力系统正常运行时，电压互感器二次侧的星形绕组断线，开口三角形绕组端口不会出现零序电压。(　　)

9. 距离保护比电流保护性能完善，其Ⅰ段即可保护本线路的全长。(　　)

10. 电力系统振荡时，振荡电流和系统各点的电压随振荡角周期性变化，但变化速度较缓慢。(　　)

三、问答题

1. 影响距离保护正确工作的因素有哪些?

2. 阻抗元件的动作特性中圆特性分为哪几种?说明其各自的特点。

3. 电力系统振荡与三相短路有哪些区别?简述实现振荡闭锁的方法。

第六章　输电线路的差动保护

随着电力系统容量的增大、电压等级的提高、线路输电容量的增加，为保证电力系统运行的稳定性，对线路保护装置动作的快速性要求越来越高。在第二章中介绍的电流保护、第五章中介绍的距离保护，都是依靠保护的第Ⅰ段来快速反应被保护线路始端的一部分故障，对于线路末端的故障，只能靠保护的第Ⅱ段经过一定的延时才能切除。那么怎样才能快速切除被保护线路上任一点所发生的故障呢？本章将介绍能实现这一需求的输电线路的几种速动保护。

第一节　输电线路的纵联差动保护

一、纵联差动保护的基本工作原理

前面介绍的电流保护、距离保护都是只反应被保护线路一端的电气量。当故障点发生在本线路末端或下一条线路的始端时，保护装置至短路点的电气距离接近相等；另外，受互感器的误差、电力系统运行方式的变化等因素的影响，使得它们无法准确地区分故障到底发生在哪一条线路上。因此，不得不缩短保护范围或人为地增加延时，以保证保护的选择性。

既然只将被保护线路一端的电气量引入保护装置，不能做到保护的选择性与快速性同时满足要求，那么如果将被保护线路两端的电气量都引入保护装置，能不能快速切除被保护线路上任一点所发生的故障呢？下面以反应电流量的保护为例来进行分析，看它是否能够实现全线路速动。

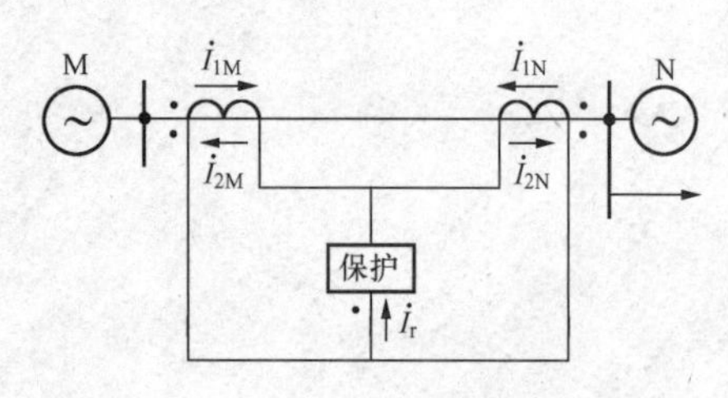

图 6-1　反应线路两端电流量的保护接线及电流正方向

假设在图 6-1 所示被保护线路的 M 端和 N 端分别安装具有相同型号和变比的电流互感器，两端电流互感器的极性端均置于靠近母线的一侧，二次回路用电缆同极性相连，将保护装置的电流元件并联接在电流互感器的二次侧。这样，就将线路两端的电流都引入了保护装置。

设线路两端一次侧电流（$\dot{I}_{1M}$、$\dot{I}_{1N}$）的正方向为从母线流向被保护的线路，则在电流互感器采用上述连接方式以后，流入保护装置的电流为两侧电流互感器二次电流的总和，即

$$\dot{I}_{r}=\dot{I}_{2M}+\dot{I}_{2N}=\frac{1}{K_{TA}}(\dot{I}_{1M}+\dot{I}_{1N}) \tag{6-1}$$

式中　$\dot{I}_{r}$——流入保护装置的电流；

$\dot{I}_{1M}$，$\dot{I}_{1N}$——流过线路两端电流互感器一次绕组的电流；

$\dot{I}_{2M}$，$\dot{I}_{2N}$——流过线路两端电流互感器二次绕组的电流；

K_{TA}——线路两端电流互感器的变比。

如图 6-2（a）所示，线路正常运行或外部故障时，流经线路两端电流互感器的一次电流大小相等、方向相反，即 $\dot{I}_{1M}=-\dot{I}_{1N}$。若不计电流互感器的误差，则两端电流互感器的二次电流也大小相等、方向相反，即 $\dot{I}_{2M}=-\dot{I}_{2N}$。流入保护装置的电流 $\dot{I}_{r}=0$，保护装置不会动作。

如图 6-2（b）所示，当被保护线路的内部发生故障时，两侧电源分别向短路点供给短路电流，此时短路点的总电流为 $\dot{I}_{k}=\dot{I}_{1M}+\dot{I}_{1N}$。因为流经线路两端电流互感器的一次电流方向相同，所以流入保护装置的电流为 $\dot{I}_{r}=\frac{1}{K_{TA}}\dot{I}_{k}$，即等于短路点总的电流归算到二次侧的数值。当 $\dot{I}_{r}$ 大于电流元件的动作电流时，保护装置动作于跳闸。该保护可以反应被保护线路两端电流互感器之间任一点的故障。

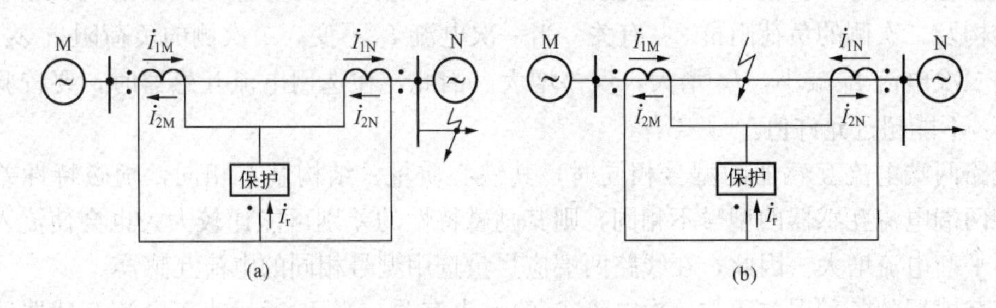

图 6-2　故障时流入保护装置的电流

（a）区外故障情况；（b）区内故障情况

由此可见，反应线路两端电气量的保护，能够准确地区分内部与外部故障，不需要与相邻线路的保护在整定值上配合，因此可以实现全线速动。这种利用二次电缆或其他通信手段，将输电线路两端的保护装置纵向联系起来，将线路两端的电流或其他有关信息传送到对端进行比较判断，以便准确地区分内部与外部故障的保护装置，称为输电线路的纵联保护。一般将只反应电流量的保护称为纵联电流差动保护，或简称为纵联差动保护、纵差保护等。纵联差动保护简单可靠，选择性与快速性能同时满足要求，因此不仅用于输电线路，还被用来作为发电机、变压器等电气设备的主保护。

二、不平衡电流

在上述分析保护原理时，没有考虑电流互感器的误差，认为在线路正常运行或外部故障的情况下，流入保护装置中的电流 $\dot{I}_{r}=0$，这是理想的情况。实际上由于电流互感器还存在励磁电流，它在将一次电流传变到二次侧时，在幅值和相位上均存在误差，使线路两侧电流互感器的二次电流不再大小相等、方向相反。在此情况下，二次电流之和不再等于零，一般将此时流入保护装置的电流称为不平衡电流。不平衡电流是由线路两端所用电流互感器的磁化特性不一致，励磁电流不等造成的。在线路正常运行即稳态负荷情况下，其值较小；而在线路外部发生短路故障时，短路电流很大，使电流互感器的铁心严重饱和，不平衡电流可能达到很大的数值。

1. 稳态情况下的不平衡电流

由于电流互感器具有励磁电流，而且每个互感器的励磁特性不完全相同，因此实际上其二次侧电流的数值应为

$$\left.\begin{aligned}\dot{I}_{2M}&=\frac{1}{K_{TA}}(\dot{I}_{1M}-\dot{I}_{m,M})\\ \dot{I}_{2N}&=\frac{1}{K_{TA}}(\dot{I}_{1N}-\dot{I}_{m,N})\end{aligned}\right\}\tag{6-2}$$

式中　$\dot{I}_{m,M}$，$\dot{I}_{m,N}$——线路两端电流互感器的励磁电流。

在正常运行以及保护范围外部故障时，$\dot{I}_{1N}=-\dot{I}_{1M}$，因此流入纵联差动保护的不平衡电流为

$$\dot{I}_{unb}=\dot{I}_{2M}+\dot{I}_{2N}=\frac{-1}{K_{TA}}(\dot{I}_{m,M}+\dot{I}_{m,N})\tag{6-3}$$

式中　$\dot{I}_{unb}$——流入保护装置的不平衡电流。

电流互感器的各种误差均与励磁电流 I_m 有关，I_m 越大，误差越大。而 I_m 的大小与铁心质量、结构及二次侧的负荷阻抗 $Z_{2,l}$有关。当一次电流 I_1 不变，二次侧的负荷阻抗 $Z_{2,l}$增大时，会使二次电流 I_2 减小，I_m 增大，误差增大。因此，在选用电流互感器时，要校验其二次负荷 $Z_{2,l}$不能超过允许值。

当线路两端电流互感器的型号相同时，其铁心质量、结构基本相同，励磁特性差别较小；如果两端电流互感器的型号不相同，则其励磁特性的差别可能比较大，也会使流入保护装置的不平衡电流增大。因此，在线路两端应尽量选用型号相同的电流互感器。

电流互感器的各种误差还与一次电流 I_1 的大小有关，当 I_1 远远小于电流互感器一次侧的额定电流 I_{1N}时，误差较大；当 $I_1\approx I_{1N}$时，误差最小；当 $I_1\gg I_{1N}$时，因为铁心饱和，误差会迅速增大。所以，应按 I_{1N}大于等于线路的最大负荷电流 $I_{l,max}$来选择电流互感器的变比 K_{TA}。

为了保证继电保护装置的正确工作，要求电流互感器在流过故障电流时，应保持一定的准确度。当电流互感器的容量满足 10%误差曲线的要求时，其二次电流的幅值误差就小于 10%，相应的角度误差不大于 7°。对纵联差动保护所用的电流互感器，只需考虑靠近保护范围末端外部故障时出现的不平衡电流。因此，在考虑一次电流最大倍数时，应采用本线路末端母线上故障时流过电流互感器的最大短路电流 $I_{k,max}$，并保证在这种最大的一次电流情况下，二次电流的误差不大于 10%。这样，在纵联差动保护中，流过保护装置的最大不平衡电流稳态值的计算式为

$$I_{unb,max}=f_{TA}K_{st}I_{k,max}/K_{TA}\tag{6-4}$$

式中　f_{TA}——电流互感器的最大允许幅值误差，取 10%；

K_{st}——电流互感器的同型系数，当两侧电流互感器的型号、容量均相同时取 0.5，不同时取 1；

$I_{k,max}$——外部故障时，流过电流互感器的最大短路电流的稳态值。

2. 暂态过程中的不平衡电流

由于差动保护是瞬时动作的，因此还需要进一步考虑在保护范围外部短路的暂态过程中，差动回路中出现的不平衡电流。图 6-3（a）为短路电流随时间的变化曲线。在外部短路开始时，由于一次侧短路电流中包含有很高的非周期分量，使得短路电流的变化曲线在短路后的暂态过程中偏于时间轴的一侧。非周期分量对时间的变化率 $\left(\frac{di}{dt}\right)$ 远小于周期分量的变化率，

因此很难变换到二次侧，而大部分成为电流互感器的励磁电流。

同时，因电流互感器励磁回路和二次回路电感中的磁通不能突变，还将在二次回路中引起非周期分量电流。所以，在暂态过程中励磁电流将大大超过其稳态值，并含有大量缓慢衰减的非周期分量。这将使不平衡电流大为增加，而且也含有大量的非周期分量，从而使不平衡电流偏向时间轴的一侧。图 6-3（b）示出了外部短路暂态过程中的不平衡电流。图中不平衡电流最大值出现的时间较迟，是由于励磁回路具有很大的电感，励磁电流不能立即上升的缘故。考虑非周期分量影响的暂态不平衡电流计算式为

$$I_{unb,max} = f_{TA} K_{st} K_{np} I_{k,max} / K_{TA} \tag{6-5}$$

式中　K_{np}——非周期分量影响系数，取 1～2，视保护装置对非周期分量抑制的方法而定。

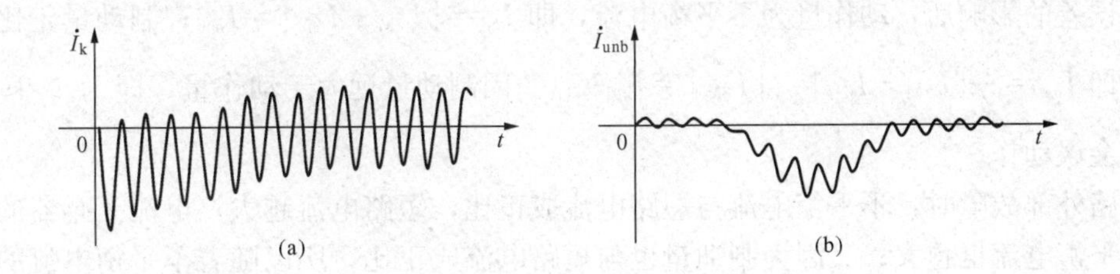

图 6-3　外部短路暂态过程中电流波形图

（a）短路电流；（b）不平衡电流

3. 减小不平衡电流影响的措施

在外部短路时差动保护中会出现较大的暂态不平衡电流，为避免在不平衡电流作用下差动保护误动作，其动作电流按躲开最大不平衡电流整定，则会使差动保护动作电流的整定值较大，灵敏度降低。因此必须采取措施减小不平衡电流及其影响，以提高保护的灵敏度。

（1）采用型号相同的电流互感器。为减小不平衡电流，对于输电线纵联差动保护以及其他纵联差动保护，应尽量采用型号相同、磁化特性一致、铁心截面积较大的高准确度的电流互感器。在必要时还可采用铁心磁路中有小气隙的电流互感器等，以降低暂态过程中电流互感器的误差。

（2）利用速饱和变流器抑制暂态不平衡电流。因为暂态不平衡电流中含有很高的非周期分量，所以在机电型差动保护装置中，一般采用由电流继电器和速饱和变流器构成的各种差动继电器。利用速饱和变流器不易传变非周期分量的特点，减小不平衡电流对差动保护的影响。

（3）采用快速保护。因为励磁电感中的电流不能突变，所以一般在短路最初 1/4 周期内，暂态不平衡电流很小，如保护能快速动作，可基本不受影响或影响较小。

（4）引入制动分量。在微机型差动保护中，一般采用引入制动分量的方法，对不平衡电流进行抑制，以提高差动保护的灵敏性。

三、比率制动式差动保护的基本原理

取线路两端二次电流的相量和作为差动保护的动作量，即 $I_{op} = |\dot{I}_{2M} + \dot{I}_{2N}|$，取线路两端二次电流的相量差作为差保护的制动量，即 $I_{res} = |\dot{I}_{2M} - \dot{I}_{2N}|$，令差动保护在动作量大于制动量的情况下动作。

当被保护线路的内部发生故障时［见图 6-2（b）］，两侧电源分别向短路点供给短路电流，线路两端的电流方向相同。动作量的幅值等于两侧电流的代数和，正比于故障点总的短路电流，即 $I_{op}=|\dot{I}_{2M}+\dot{I}_{2N}|=|\dot{I}_{2M}|+|\dot{I}_{2N}|=I_k/K_{TA}$，此时动作量最大；制动量的幅值等于两侧电流的代数差，即 $I_{res}=|\dot{I}_{2M}-\dot{I}_{2N}|=|\dot{I}_{2M}|-|\dot{I}_{2N}|$，此时制动量最小。因动作量大于制动量，即 $I_{op}>I_{res}$，保护装置能可靠动作。

另外，为了提高内部故障时差动保护的灵敏度，制动量一般取线路两端二次电流相量差的一半，即取 $I_{res}=\frac{1}{2}|\dot{I}_{2M}-\dot{I}_{2N}|$。

在线路正常运行或外部故障时［见图 6-2（a）］，线路两端的电流方向相反。考虑了电流互感器误差的影响后，动作量为不平衡电流，即 $I_{op}=|\dot{I}_{2M}+\dot{I}_{2N}|=I_{unb}$；制动量正比于短路电流，即 $I_{res}=\frac{1}{2}|\dot{I}_{2M}-\dot{I}_{2N}|=|\dot{I}_{2M}|=I_k/K_{TA}$。因制动量远大于动作量，即 $I_{res}\gg I_{op}$，保护装置不会误动作。

线路外部故障时，不平衡电流与短路电流成正比，短路电流越大，电流互感器的误差越大，不平衡电流也越大；又因为制动量也与短路电流成正比，所以随着不平衡电流的增大制动量会自动按比例加大，确保差动保护在外部故障时能可靠制动。因此，一般将这种保护称为比率制动式差动保护。

四、纵联差动保护的信号通道

输电线路的纵联差动保护需要利用通信手段，将线路两端的电流或其他有关信息由一端传送到另一端进行比较判断，以便准确地区分内部与外部故障。线路纵差保护采用的通信手段有以下几种。

1. 二次电缆通道

沿被保护线路敷设二次电缆，利用二次电缆将电流互感器的二次电流直接传输到线路的另一端。一般将利用二次电缆作为信号通道的电流纵联差动保护，简称为线路纵差保护。由于敷设二次电缆的投资较大，是二次电缆的截面积比较小，如果线路太长则易发生断线。所以在输电线路上只有当其他保护不能满足要求，且长度小于 10km 的线路上才考虑采用该保护。

由于安装在发电机、变压器、高压电动机等电气设备各侧的保护用电流互感器之间的距离很近，二次回路用电缆连接方便，所以这些设备均采用纵差保护作为主保护。

2. 电力线载波通道

在高压、超高压远距离输电线路中，利用输电线路本身作为二次回路信号的传输通道。为了将一次电流与二次回路信号区分开，并尽量减轻工频电流对二次信号产生的干扰，电力线载波通道的发信机将二次信号调制成频率为 40～500kHz 的高频信号，在输电线路传送工频电流的同时，再加载传送高频信号。因此，也将电力线载波通道称为高频通道。一般将利用高频通道作为信号传输通道的线路保护，称为线路的高频保护（详见本章第二节）。

在 40～500kHz 频率范围内，可以分成不同的频段，传送多路信号。所以电力线载波通道不仅可以传送保护信息，还可以传送电话及与电力系统调度相关的远动信息。电力线载波通道利用十分坚固的电力线路传送信号，不需要单独架设通信线路和进行线路维护，具有经济、可靠的优点，因此很长一段时间是电力系统内部普遍使用的一种通信方式。

随着电力系统的自动化水平越来越高，需要传送的信息量迅速增加，而电力线载波通道的频率范围窄，通道容量小，已经不能适应电力系统发展的要求。另外，由于电力线上的电压很高，存在着电晕、绝缘子放电等现象，这些都将对通信产生干扰。

3. 微波通道

微波是一种频率很高、波长很短的无线电波。微波通道的发信机将需要传送的信息调制成微波信号后由通道的一端发出，经连接电缆送到微波天线发射，经过空间的传播送到对端的天线接收，再由连接电缆送到收信机中。微波信号的传送距离大约在50km，如果超过这个距离就需要设微波中继站来转送。一般将利用微波通道作为信号传输通道的线路保护，称为线路的微波保护。

微波波段的频带宽度接近300GHz，因此微波通道可以传送大量的信息；与有线通信相比，微波通道在抗洪水、台风等自然灾害方面有较高的可靠性；在微波波段雷电干扰、各种工业干扰对信号的影响较小，尤其是不受电力系统运行的影响，所以被用来作为电力系统的主要通信方式之一。微波通道的主要缺点是建设投资大，中继站的维护管理比较困难。

4. 光纤通道

光纤通道是利用光在光导纤维中传送信息的一种通道。光导纤维是像头发丝那样细的导光的玻璃丝，简称为光纤。一般将几根或几十根光纤合在一起制成光缆敷设。光纤通道的优点是传送信息的容量大、中继距离长、抗干扰能力强、传输性能稳定、误码率低。这些优点使其在电力系统中的应用越来越广泛，光纤通信已成为电力系统通信的首选方式。为了减小光信号在传输过程中的衰耗，要求光纤连接处的平滑度要高，光缆的弯曲半径不能过大。一般将利用光纤通道作为信号传输通道的线路保护，称为线路的光纤保护（详见本章第三节）。光纤纵联电流差动保护已在高压、超高压线路中被广泛采用。

第二节 输电线路的高频保护

一、高频保护的基本原理及分类

1. 高频保护的基本原理

为保证电力系统运行的稳定性，在高压及超高压电网中对继电保护装置动作的快速性要求很高。将线路两端的电气量转化为高频信号，然后利用高频通道，将此信号送至对端进行比较，决定保护是否动作，从快速切除高压输电线路上任一点的短路故障，这种保护称为线路的高频保护。因为高频保护不反应被保护线路范围以外的故障，在定值选择上也无需与下一条线路或其他相邻电气设备相配合，故可以实现瞬时切除被保护线路全长任一点的短路故障。高频保护是一种比较成熟的快速纵联保护，曾广泛应用于高压和超高压输电线路。

2. 高频保护的分类

高频保护按工作原理的不同可分为方向高频保护与相差高频保护两类。

(1) 方向高频保护。内部故障时，线路两侧的功率方向均为正；而外部故障时，有一侧功率方向为负。因此，方向高频保护可以通过比较被保护线路两端的短路功率的方向来判断故障所在。电力系统中广泛采用的高频方向保护、高频距离保护、高频零序电流保护均属于方向高频保护。

（2）相差高频保护。从原理上讲，内部故障时线路两侧电流之间的相位差为0°；外部故障时，线路两侧电流之间的相位差为180°。因此，通过比较被保护线路两端电流的相位关系，也可以判断故障所在。按比较被保护线路两端工频电流相位的原理构成的高频保护，称为电流相位差动高频保护或简称为相差高频保护。

二、高频通道

1. 高频通道的构成

输电线路的主要任务是输送50Hz的工频电流。如要求输电线路在传送工频电流的同时，再加载传送高频信号，则应做到既不影响工频电流的输送，又满足传送高频信号的要求，并保证人身和设备的安全。

高频信号的传输路径有两种：一种是利用输电线路的两相作为高频信号的传输通道，称为相—相制高频通道；另一种是利用输电线路的一相和大地作为高频信号的传输通道，称为相—地制高频通道。我国广泛采用相—地制高频通道，优点是只需要在线路的一相上装设构成高频通道的设备，比较经济；缺点是高频信号的衰耗和受到的干扰都比较大。

为了使输电线路既传输工频电流同时又传输高频电流，必须对输电线路进行必要的改造，即在线路两端装设高频耦合设备和分离设备。高频通道应能区分高频与工频电流，使高压一次设备与二次回路隔离，使高频信号电流只限于在本线路流通，高频信号电流在传输中的衰耗应最小。现以图6-4所示相—地制高频通道的构成为例，说明高频通道的构成及主要设备的作用。

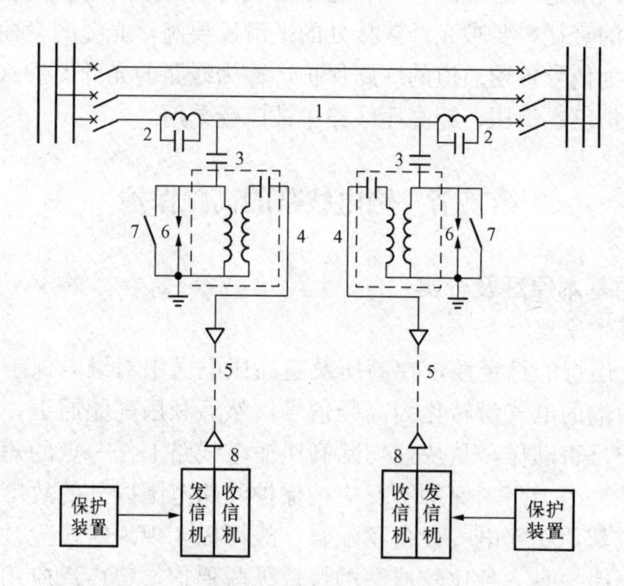

图6-4　相—地高频通道构成示意图

1—输电线路；2—高频阻波器；3—耦合电容器；4—连接滤波器；
5—高频电缆；6—放电间隙；7—接地开关；8—高频收、发信机

（1）高频阻波器。高频阻波器串联在线路两端，用于将高频信号限制在本线路内传输。高频阻波器由电感线圈与可调电容器并联组成，对高频信号工作在并联谐振状态。如图6-5所示，并联谐振时阻波器呈现的阻抗最大（1000Ω以上）。调整阻波器的谐振频率，使其等于高频信号的频率 f_0，这样它就对高频电流呈现很大的阻抗，从而将高频信号限制在输电

线路两个阻波器之间的范围内。而对于工频电流，阻波器呈现的阻抗很小（约为0.04Ω），不会影响工频电流的传输。

（2）耦合电容器。耦合电容器又称结合电容器，它与连接滤波器共同配合，将高频信号传递到输电线路上，同时使高频收、发信机与工频高压输电线路隔离。耦合电容器是高压小容量电容器，能承受线路的高电压；对工频电流呈现很大的阻抗，能阻止工频电压侵入高频收、发信机；对高频电流呈现的阻抗小，高频信号可以顺利通过。

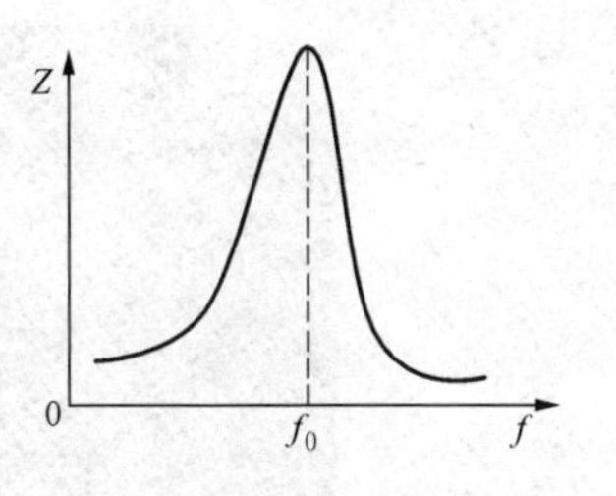

图 6-5 阻波器的阻抗与频率的关系

（3）连接滤波器。连接滤波器由一个可调节的空心变压器及连接至高频电缆一侧的电容器组成的。它与耦合电容器共同组成一个“带通滤波器”。线路侧线圈的电感与耦合电容器的电容共同组成高频串联谐振回路，高频电缆侧线圈的电感与电容也组成高频串联谐振回路，使信号频带的高频电流能够顺利通过。

从线路一侧看，带通滤波器的输入阻抗应与输电线路的波阻抗（约400Ω）相匹配；而从电缆一侧看，则应与高频电缆的波阻抗（约100Ω）相匹配，从而避免高频信号的电磁波在传送过程中发生反射而引起高频能量的附加衰耗，使收信机得到的高频信号的能量最大。

（4）高频电缆。高频电缆用来将室内继电保护屏上的高频收、发信机与安装在户外配电装置的连接滤波器连接。因为高频信号的频率很高，采用普通电缆会引起很大衰耗，所以一般采用同轴电缆，其高频损耗小、抗干扰能力强。

（5）高频收、发信机。高频收、发信机是发送和接收高频信号的装置。高频发信机将需要传输的信息调制成高频信号后，通过高频通道送到对端的收信机中，也可为自身的收信机所接收；高频收信机收到本端或对端发送的高频信号后进行解调，还原为保护装置所需要的信息。

（6）放电间隙（或避雷器）、接地开关。并联在连接滤波器两侧的放电间隙（或避雷器）和接地开关是高频通道的辅助设备。其中，放电间隙（或避雷器）起过电压保护作用，当线路上产生过电压时，通过放电间隙被击穿而接地，保护高频收、发信机不致被损坏。接地开关是在调试或检修高频收发信机、连接滤波器时，用来进行安全接地，以保证人身和设备的安全。

上述的高频阻波器、耦合电容器、连接滤波器、高频电缆、高频收、发信机也被称为输电线路的高频加工设备。通过这些加工设备就可以使输电线路在传输工频电流的同时还能传输高频信号。图6-6所示为安装在户外的高频阻波器、耦合电容器、连接滤波器、高频电缆及接地开关。

2. 高频通道的工作方式

（1）正常时无高频电流方式。正常运行时高频发信机不工作，高频通道中无高频电流通过；当电力系统故障时，发信机由保护装置的启动元件启动发信，通道中才有高频电流出现，故这种方式又称为故障时发信方式。其优点是可以减少对通道中其他信号的干扰，可延长收发信机的使用寿命。其缺点是故障时要先启动发信机发信，保护的动作需要延长一段时间，以确认高频通道正常；需要定期启动发信机来检查通道是否良好。目前实际应用中广泛采用这一方式。

(a)

(b)

图 6-6 高频通道的部分设备
(a) 连接滤波器、高频电缆、接地开关；(b) 高频阻波器、耦合电容器（电容式电压互感器）

（2）正常时有高频电流方式。正常运行时高频发信机处于工作状态，高频通道中始终有高频电流通过，故这种方式又称长期发信方式。采用这种工作方式的优点是能使高频通道处于经常的监视状态，发现问题可以及时处理，可靠性较高；故障时省去了检查高频通道的时间，可加快保护装置的动作速度。其缺点是收发信机的使用年限减少，通道间的干扰增加。

（3）移频方式。正常运行时，发信机发出高频电流的频率为 f_1，用以监视高频通道及闭锁高频保护。当线路发生故障时，高频保护装置控制发信机移频，即改变发出信号的频率，使发出高频电流的频率为 f_2，该信号用来传送与高频保护有关的信息。移频方式能经常监视高频通道情况，提高通道工作的可靠性，加强了保护的抗干扰能力。

3. 高频信号

由高频保护装置控制发出的高频信号，用来传送与被保护线路两端高频保护装置有关的信息。高频信号按其作用可分为导频信号、闭锁信号、允许信号、解除闭锁信号和跳闸信号等。

（1）导频信号。导频信号是用来确认高频通道是否正常的信号，以防止在高频通道故障的情况下，保护装置误动作或拒动作。

（2）闭锁信号。闭锁信号是制止保护动作、将高频保护闭锁的信号，没有收到闭锁信号是保护动作于跳闸的必要条件。如高频保护采用闭锁式工作方式，则当线路外部短路故障时，在高频通道中传送高频闭锁信号，将线路两端的保护闭锁；当线路内部故障时，通道中无闭锁信号，保护可以作用于跳闸。

另外，不论高频保护采用什么样的工作方式，为了防止保护误动作，一般在短路瞬间保护装置的启动元件动作后，先发出闭锁信号将保护闭锁，再进行故障相别及故障点位置的判定。

（3）允许信号。允许信号是允许保护动作于跳闸的高频信号，收到允许信号是高频保护动作于跳闸的必要条件。如高频保护采用允许式工作方式，则只有在本侧保护装置确定为正方向短路，同时又收到对端保护装置发来的允许信号时，保护才能动作于跳闸。

（4）解除闭锁信号。当高频保护采用允许式工作方式时，为了防止因本线路故障引起高频通道阻塞等原因造成保护拒动，在本侧保护装置确定为正方向短路，但既收不到对端的允许信号又收不到对端的导频信号，则由本侧保护经延时后发解除闭锁信号，保护在收到本侧的解除闭锁信号后动作于跳闸。

（5）跳闸信号。跳闸信号是线路对端保护发来的，直接使保护动作于跳闸的信号。保护装置只要收到对端保护装置发来的跳闸信号，不管本侧保护是否启动均动作于跳闸。

按采用高频信号的不同，常用的方向高频保护装置有闭锁式（采用闭锁信号）和允许式（采用允许信号）两种工作方式。微机型方向高频保护装置，一般可以通过控制字来选择其工作方式。

三、方向高频保护

方向高频保护是由方向元件和高频通道两部分组成。根据方向元件反应的电气量不同，方向高频保护通常可分为高频方向保护、高频距离保护、高频零序电流保护。

1. 高频方向保护

高频方向保护通过比较被保护线路两端的短路功率方向来判断故障点的位置。对于线路的相间短路保护，在保护装置中规定，从母线流向线路的短路功率为正方向，从线路流向母线的短路功率为负方向。图 6-7 所示线路 AB 和 BC 两端分别安装了高频方向保护 1、2 和 3、4。设在线路 BC 上发生了短路故障，则 M 侧与 N 侧电源分别向短路点提供短路电流 $\dot{I}_{kM}$ 与 $\dot{I}_{kN}$，其短路电流的方向如图 6-7 所示。此时，流过故障线路 BC 两端保护 3 和 4 的功率方向均为正；对于非故障线路 AB，流过靠近故障点一端保护 2 的功率方向为负，流过远离故障点一端保护 1 的功率方向为正。

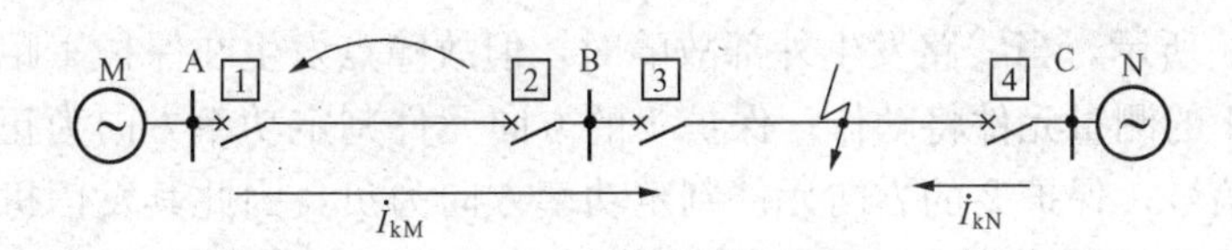

图 6-7　高频方向保护基本原理示意图

如果高频方向保护采用闭锁式工作方式，则当线路发生故障时，利用非故障线路短路功率方向为负的一侧发高频闭锁信号，将非故障线路的保护闭锁防止其误动，故也称为高频闭锁方向保护。

对于非故障线路 AB，保护 1 在判定功率方向为正的情况下，停止发高频闭锁信号；保护 2 因判定功率方向为负而继续发高频闭锁信号。此闭锁信号一方面被保护 2 自己的收信机接收，同时经过高频通道将信号送到对端的保护 1，使得保护 1 和 2 都被高频信号闭锁，保护不动作。对于故障线路 BC，保护 3 和 4 在判定功率方向为正的情况下，均停止发高频闭锁信号，当保护 3 和 4 收不到闭锁信号时发出跳闸命令，瞬时跳开线路两端的断路器将故障线路切除。此种工作方式可以保证在内部故障并伴随有通道的破坏时，故障线路的保护装置仍然能够正确动作。

如高频方向保护采用允许式工作方式，则只有在本侧保护装置确定为正方向短路，同时又收到对端保护装置发来的允许信号时，保护才能动作于跳闸。

对于故障线路 BC，保护 3 和 4 在判定功率方向为正的情况下，均发出高频允许信号，并在分别收到对侧保护装置发来的允许信号后动作于跳闸。对于非故障线路 AB，保护 2 因判定功率方向为负，所以即不向对侧发高频允许信号，也不能向自己的出口回路发出跳闸命令。保护 1 虽然判定功率方向为正，但因收不到保护 2 的高频允许信号也不动作。

2. 高频距离保护

在距离保护上加装高频设备，即可构成高频距离保护。高频距离保护通过距离保护的方向元件、阻抗元件测量故障点的位置，并利用高频通道传送相关的保护信息。下面以采用闭锁式工作方式的高频距离保护为例，简要说明高频距离保护的基本原理。图 6-8 所示保护 1、2 分别为安装在线路 AB 两端的高频距离保护，该保护利用方向元件判断短路功率的方向并控制高频发信机的工作，利用距离Ⅱ段的阻抗元件作为测量元件。

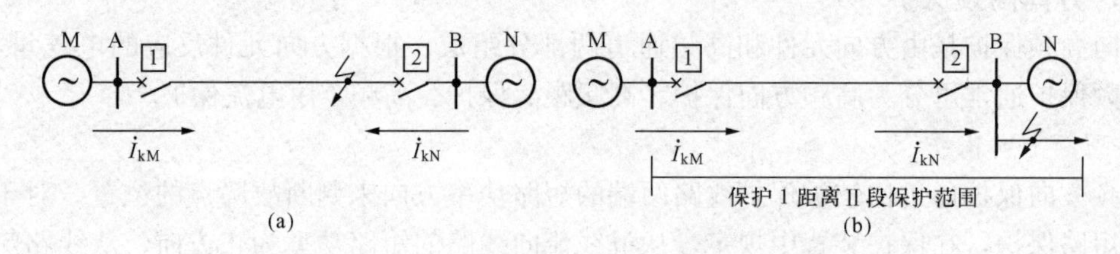

图 6-8 高频距离保护基本原理示意图

(a) 内部故障；(b) 外部故障

如图 6-8（a）所示，当线路内部发生故障时，保护 1 和 2 的方向元件均判定功率方向为正，因此两侧发信机均停止发高频闭锁信号；因故障点即在保护 1 距离Ⅱ段的保护范围之内，也在保护 2 距离Ⅱ段的保护范围之内，保护 1 和 2 的测量元件均动作；当保护 1 和 2 收不到闭锁信号时发出跳闸命令。

如图 6-8（b）所示，当线路发生外部故障时，但故障点发生在保护 1 距离Ⅱ段的保护范围之内时，保护 1 的测量元件将动作；保护 1 的方向元件判定功率方向为正，因此其发信机停止发高频闭锁信号；保护 2 的方向元件判定功率方向为负，因此其发信机继续发高频闭锁信号，该闭锁信号被保护 1 和 2 的收信机收到，保护 1 和 2 均被闭锁不会误动作。

因采用距离Ⅱ段的阻抗元件作为测量元件，所以内部故障时，即使故障点发生在线路某一侧母线的附近，保护仍可以正确动作。线路外部故障时，因保护一直被高频信号闭锁不会误动作，所以线路两端的距离保护均不必加延时。因此，高频距离保护可以实现全线速动。

3. 高频零序电流保护

高频零序电流保护是在零序电流保护上加装高频设备构成的，专门用来快速切除高压、超高压线路的接地故障。高频零序电流保护与高频距离保护的工作原理基本相同，它利用零序方向元件判断短路功率的方向并控制高频发信机的工作，利用零序电流元件作为测量元件。同一条线路同一侧的高频零序电流保护和高频距离保护一般共用一套高频收、发信机。

第三节 输电线路的光纤纵差保护

输电线路的光纤纵差保护是用光导纤维作为通信信道的纵联差动保护。随着光纤通信技术的发展，光纤产量的增加、价格的下降，光纤通信已经成为电力系统的主要通信方式。随着光纤通信网络在电力系统中的快速普及，光纤纵差保护作为高压输电线路的主保护，将逐步取代高频保护。

一、光纤通信的特点

1. 通信容量大

信号的载波频率越高，可用的频带就越宽、通信容量越大。光纤通信中所用激光的频率为 10^{13}～10^{15} Hz，比微波频率还要高 10^4～10^5 倍，因此一根光纤可同时传送 150 万路电话或几千路彩色电视信号。如果将几十根光纤合在一起制成光缆，虽然直径不过 1～2cm，但其通信容量将十分巨大，这是任何其他通信方式无可比拟的。

2. 抗干扰能力强

制造光导纤维的玻璃材料是绝缘介质，因此其抗电磁干扰的能力特别强，强电场、雷电等对光纤通信几乎没有影响，甚至在核辐射的条件下也能正常工作。由于光纤信道不受强电场和雷电的干扰，即使将光缆和电力线路同杆架设也互不影响。因此，光纤通信技术已经广泛应用在电力系统的远动、通信、保护、测量等各种弱电信号的传输方面。

3. 原料资源丰富

光纤的主要原材料是二氧化硅 SiO_2，而土层中 SiO_2 的含量约占 50%，因此制造光导纤维的材料在地球上非常丰富。

4. 线路架设方便

光纤的质量轻、体积小，在外面套上塑料就可以制成柔软、坚韧的光缆。光缆可以在各种地形条件下铺设，架设十分方便。特别是利用电力系统特有的输电线路、电力杆塔等，将光纤通信线路与电力线路结合在一起建设，更加方便、快捷。

二、光纤通道

（一）光纤通道的构成

光纤通道一般由调制器、光源、光纤（光缆）、中继器、光检测器、解调器构成，如图 6-9 所示。

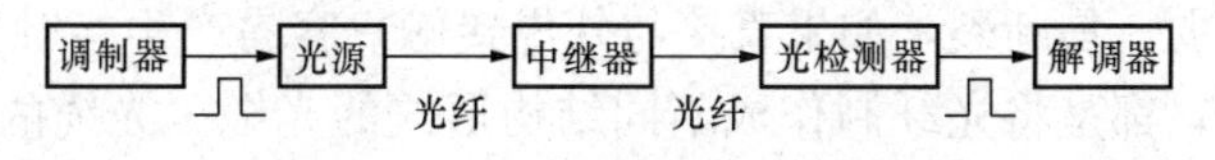

图 6-9　光纤通道的构成框图

1. 调制器

调制器用来将需传输的各路信息调制成适合在光纤信道中传输的脉冲信号。调制器由时序电路、信号编码电路、并/串转换及汇合电路组成。时序电路用来产生对调制器各工作环节进行时序控制的时钟信号。信号编码电路对将要传输的信息，按约定的规则进行信号编码并插入同步码。并/串转换及汇合电路用来将并行的信号编码、同步码转换成串行码，并按照不同的路时隙依次传输。

2. 光源

光源用来将调制器输出的脉冲电信号调制成光信号。光在大气中传输时，受气候、环境条件的影响很大，大气对光的吸收作用很强。采用简单的可见光进行通信时，通信距离短、传送的信息少而且也不稳定。由激光器产生的激光与普通光相比具有单色性好、方向性强、亮度高等特点，因此在光纤通信中广泛采用激光。激光的频率为 10^{13}～10^{15} Hz，波长为 0.8～2.0μm。

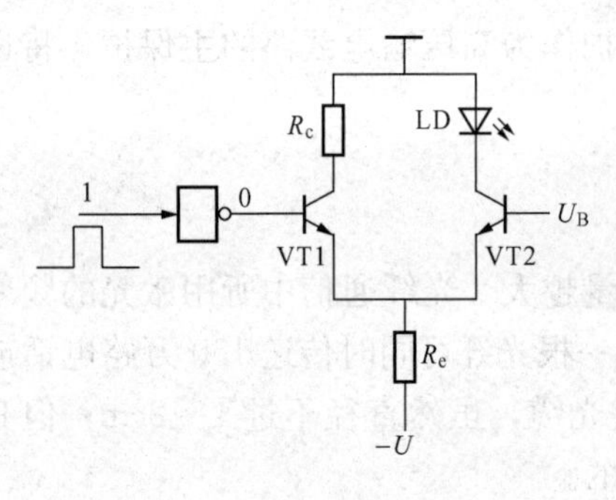

图 6-10 激光器驱动电路原理图

激光器由激光器驱动电路和激光二极管组成。图6-10所示为激光器驱动电路原理图。在晶体管VT2的基极上加固定参考电压U_B，VT2的集电极电压取决于激光二极管LD的正向电压。在晶体管VT1的基极上，加输入脉冲信号。当输入信号为“0”时，VT1的基极电位比U_B高，VT1抢先导通，电流仅流过VT1，激光二极管LD上没有电流流过，不发光。当输入信号为“1”时，VT1的基极电位比U_B低，VT2抢先导通，电流流过激光二极管LD，使其导通发光。用柱面透镜将LD发射的光信号聚集成光束，并入射到光纤中，便可以使光信号在光纤中传输。

3. 光纤（光缆）

光纤，即光导纤维，是像头发丝那样细的导光的玻璃丝。光纤用来传送光信号，完成信息传输的任务。要实现长距离光纤通信，最重要的是研制对光传播损失很小的光导纤维。为了减少光在传输中的损失，要尽量降低玻璃中的杂质含量，在制造光导纤维的玻璃材料中，杂质不得超过十亿分之一，相当于在1000t物质中仅有1g的杂质，此外纤维的粗细要均匀。

光纤的形状通常呈圆柱形，其剖面结构如图6-11所示。它由玻璃纤芯、玻璃包层和护套组成。纤芯的作用是传导光波，其直径在50～75μm之间。包层的作用是将光波封闭在光纤中传播，其直径在100～200μm之间。护套也称为涂覆层，由树脂、尼龙、塑料等材料构成，对光纤起保护作用，同时还增强了光纤的机械强度。外加护套后的光纤直径约为1mm。

光纤的光折射率n_2略大于包层的光折射率n_1，以保证光波在纤芯与包层之间的界面上发生反射；纤芯和包层之间有良好的光学接触，以减少光波的散射损耗。根据光的折射和反射定律，当$n_2>n_1$且光束的入射角度θ大于入射临界角时，光波在芯线和包层交界面上将会发生全反射，这样光束在光纤线中沿Z字形的路线曲折前进，不会穿出包层而受到损失。

因为光纤本身脆弱、易断裂，如果直接与外界接触，容易产生接触伤痕，甚至折断。因此在实际通信线路中，都是将光纤制作成不同结构形式的光缆。光缆的结构形式多种多样，但不管其具体结构形式如何，光缆大体上都是由缆芯、加强部件、护套、填充物等部分组成，如图6-12所示。

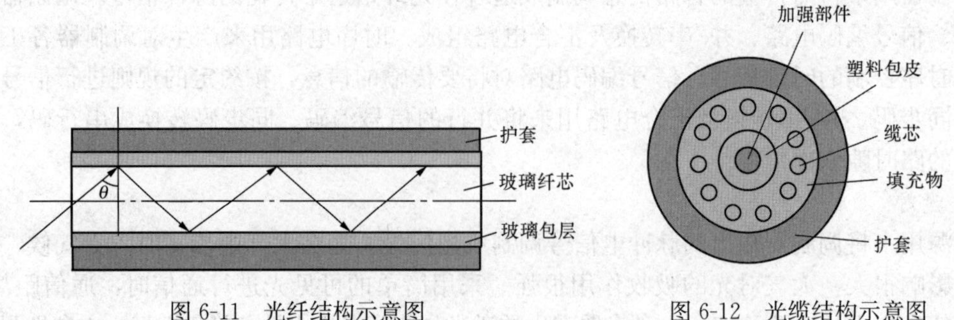

图 6-11 光纤结构示意图　　图 6-12 光缆结构示意图

缆芯是光缆的主体，是光纤芯线的组合。在光缆中，光纤芯线的结构分为单芯型和多芯型。多芯型又分为带状结构和单元式结构。光缆内的加强部件用来加强光缆的机械强度，一般加强部件的材料采用钢丝或增强塑料。根据光缆的用途与使用场合的不同，加强部件可以安放在光缆的中心或四周，其数量可以是一根或多根。在光缆的所有空隙中注满了凝胶状的填充物，它具有缓冲作用，并可以提高光纤的防潮性能。光缆的护套主要是对已形成缆的光纤芯线起保护作用，避免其受到外部机械力或环境接触的损坏。一般要求护套层具有耐压力、防潮、温度特性好、耐化学侵蚀、阻燃抗火烧等特点。光缆护套层又分为内护层和外护层，其材料一般采用聚乙烯和铝带。

4. 光检测器

光检测器用来接收光信号，并将其转换成脉冲电信号。光检测器的主要元件为光电二极管，图 6-13 为其原理示意图。光电二极管由 P 型区、N 型区、本征区三部分构成。P 型区是将镓原子（三族）掺入本征晶体硅原子（四族）中，在形成晶格时因缺少电子而产生空穴。N 型区是将砷原子（五族）掺入本征晶体硅原子（四族）中，在形成晶格时因多出电子而成为自由电子。本征区是未掺入杂质的硅原子区，相邻硅原子之间形成晶体，其外层电子不能自由运动。

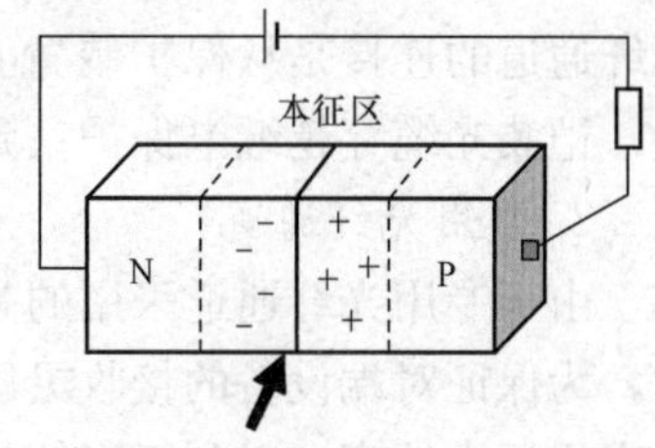

图 6-13　光电二极管原理示意图

当有光入射到光电二极管的本征区时，光子被硅原子吸收，使其获得能量。当光子的能量超过某临界值时，硅原子将释放电子，产生电子、空穴对。外加电场将产生的电子扫向 N 型区，将空穴扫向 P 型区，则在外电路中就会产生电流。

5. 解调器

解调器将接收到的串行脉冲电信号转换成并行码，并对并行码中的各种信息进行识别，从中提取出各路有效信息，即对接收信号进行解码和分路处理。解调器中的同步电路通过检测对侧发送的同步码，使发送与接收侧的信号时钟保持同步。

6. 光中继器

光波在光纤中传输时会产生一定的损耗，使光波信号的幅度衰减、波形出现失真，这限制了光波信号在光纤中的远距离传输。所以在长途光纤通信中，每隔一定距离需要设置一个光中继器，对衰减了的光波信号进行放大，并对失真的信号波形进行矫正，使光波信号得到再生。

（二）光纤通道的分类及应用

输电线路光纤纵差保护采用的光纤通道按照其传输信息的不同，通常分为专用光纤通道和复用光纤通道。

1. 专用光纤通道

专用光纤通道又称为点对点通道，通道提供给继电保护装置使用的是专用纤芯，实质上相当于两变电站之间的继电保护设备由两根专用的光纤连接在一起，一根发送，另一根接收，数据流全是继电保护报文。由于继电保护设备普遍采用半导体光源，其发光功率一般只有−5dbm，通信不能实现长距离，若要长距离通信，需加装光放大器或转接到通信大功率光端机。也就是说专用光纤通道是利用继电保护装置自带的光源直接发送给对端，或者说继电保护装置接收的信号是对端装置自带光源发送而来，信号的功率较小，不宜远距离传输，仅能适用于短距离线路。

专用光纤通道与继电保护装置的连接可简述为：继电保护光纤一般采用单模光纤，光纤结构不论是非金属加强芯或金属加强芯，在进入变电站或发电厂的控制楼前必须采用非金属加强芯光纤。以光纤复合架空地线（OPGW）光缆为例，OPGW 光缆进入变电站或发电厂的控制楼后，在避雷针的转接盒经过光纤分配接线盒分开，分别进入继电保护室和通信机房，其中给继电保护专用的纤芯经过铠装光缆后直接进入继电保护室，而其余光纤经过铠装光缆进入通信机房到光配线架。若无光纤分配接线盒，则 OPGW 光缆进入通信机房后，再接入光纤分线盒（或光配架），从光纤分线盒（或光配架）到继电保护装置。也就是，专用光纤通道的连接是从保护装置自带的光源板出来的两个尾纤通过尾纤接线盒与铠装光缆连接，铠装光缆穿越继电保护室到一次设备开关场，通过接线盒再与 OPGW 光缆连接。

2. 复用光纤通道

由于专用光纤通道采用的是继电保护装置自带光发送和光接收板，当输电线路距离较长时，为保证对端设备的接收灵敏度，必须另外加装光放大器或利用电力通信专用设备的光端机来保证光功率，以利于光信号的远距离传输。

继电保护装置信号在接入电力通信中的光端机（SDH）时，必须解决规约统一及传输速率匹配两大问题。在微机保护装置中，多数光纤分相差动保护设备出口几乎都是光口，速率有 64kbit/s、256kbit/s、2Mbit/s 等速率，而纵联距离或纵联方向保护设备的出口为电口，速率大部分为 64kbit/s。因此，复用光纤通道通常采用复用光端机（SDH）和复用电端机（PCM）两种方式。无论是复用电端机（PCM）方式还是复用光端机（SDH）方式，最终继电保护信号将与其他通信信息一起在通信干线的光纤上传输，而不是专用光纤，所以称为复用光纤通道。

三、电力系统常用特种光缆

电力特种光缆是在电力系统通信线路中采用，并且可以满足电力系统通信特殊要求的特种光缆。电力特种光缆通常泛指全介质自承光缆（ADSS）、光纤复合架空地线（OPGW）、光纤复合架空相线（OPPC）和光纤复合低压电缆（OPLC）等。当前在我国电力系统应用较多的电力特种光缆主要有 ADSS 光缆和 OPGW 光缆。以下分别介绍几种电力特种光缆的结构及其特点。

(1) ADSS 光缆，又称全介质自承光缆。ADSS 光缆为非金属结构，主要是以纺纶材料起抗拉作用。其缆芯结构可分为中心束管式和层绞式两种。中心束管式结构是将光纤以一定的余长置于填充阻水油膏的聚对苯二甲酸二醇酯（PBT）或其他合适材料管中，根据所需要的抗拉强度绕包合适的纺纶纱，再挤制聚乙烯护套或其他绝缘材料护套。中心束管结构易于获得小直径，冰风负荷较小，质量相对较轻，但光纤余长有限。层绞式结构是采用光纤松套管以一定的节距绕制在中心加强件上后挤制内护套（在小张力和小跨距时可省略），然后根据所需要的抗拉强度绕包合适的纺纶纱，再挤制聚乙烯护套或其他绝缘材料护套。层绞结构易获得安全的光纤余长，直径和质量相对稍大，在中大跨距输电线路应用时较有优势。

ADSS 光缆由于无金属（全介质），具有以下优点：抗电磁干扰，防雷电，耐强电磁场，质量轻，施工方便，可直接悬挂于电力杆塔上，一般不需停电施工等。ADSS 光缆在 110kV 以下电压等级配电线路上广泛应用。

(2) OPGW 光缆，又称光纤复合架空地线光缆。OPGW 光缆放置在架空高压输电线的地线中，构成输电线路上的光纤通信网，因此兼具地线与通信双重功能其一方面通过架空地线作为输电线路的避雷线；另一方面通过复合在地线中的光纤来传输信息，实现通信功能。

OPGW 光缆主要由光纤单元的缆芯和绞合的金属单线组成，根据采用的光纤单元不同，通常分为铝管型、铝骨架型和钢管型三种结构。铝管型结构 OPGW 光缆的光纤单元是利用普通光缆的缆芯，在外层增加铝管而形成的光纤单元。该结构属于早期的 OPGW 光缆，目前已被性能更优的其他结构 OPGW 光缆所取代。骨架型结构的 OPGW 光缆光纤单元是将经涂敷耐温材料的光纤直接绞合在铝骨架槽内，外加铝管而制成的。该结构的光纤单元基本由铝材组成，其不足是在短路电流冲击下产生高温，易使内部纤芯始终存在安全隐患。钢管型结构的 OPGW 光缆是将光纤套入由不锈钢制成的套管中，套管周围绕铝包钢线，外层包裹铝合金线层绞制而成。该结构充分运用了不锈钢具有不良导体性和抗腐蚀性的特点，当前已成为 OPGW 光缆的主流产品而被广泛应用。

OPGW 光缆采用金属导线包裹结构，具有较高的可靠性、优越的机械性能；由于架空地线和光缆复合为一体，与其他光缆相比，既缩短施工工期又节省施工费用；OPGW 光缆被安装在电力架空线杆塔顶部，与 ADSS 光缆相比，无需考虑最佳架挂位置、电磁腐蚀及人为破坏等不利因素。目前，OPGW 光缆已广泛用于 110kV 及以上电压等级的新建输电线路上。

(3) OPPC 光缆，全称为光纤复合相线光缆，是将光纤单元复合在相线中的光缆，具有相线和通信的双重功能，由于其结构特点，主要用于 110kV 以下电压等级城郊配电网及农村电网。

(4) OPLC 光缆，全称光纤复合低压电缆，通常又称为光复电缆、光电复合缆、光电混合缆等。OPLC 光缆是一种将光单元复合在低压电力电缆内，具有电力传输和光通信传输能力的电缆，适用于 0.6/1kV 及以下电压等级线路。

四、光纤纵联电流差动保护的原理

图 6-14 为光纤纵联电流差动保护的构成示意图。将线路两侧电流互感器的二次电流分别送入 M 侧、N 侧保护装置，各侧保护装置对本侧的输入电流进行采样、滤波后转换为数字量，通过光纤通道将数据传送至对侧保护装置。各侧保护对本侧和对侧电流数据进行计算，并根据电流差动保护的判据进行判别。当判定为保护范围内部故障时，保护装置动作发出跳闸指令；如判为外部故障，则保护不动作。

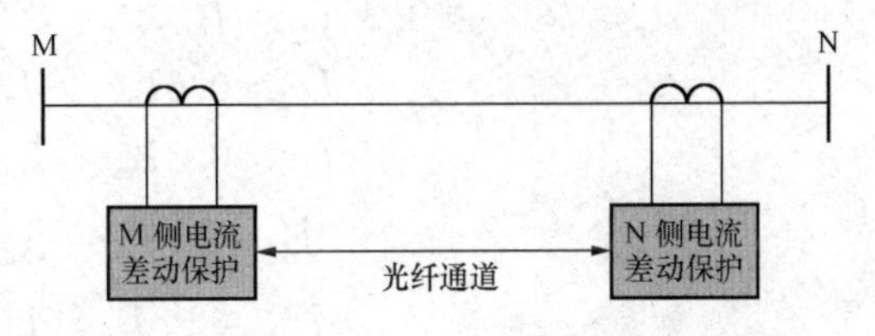

图 6-14　光纤纵联电流差动保护构成示意图

根据电流差动保护判据的不同，光纤纵联差动保护又分为突变量差动保护、高定值分相电流差动保护、低定值分相电流差动保护、零序电流差动保护等。不同型号的光纤纵联电流差动保护的配置不完全相同，各种保护的动作判据也不完全相同。下面仅以某一型号的线路保护为例，说明光纤纵联电流差动的动作判据及其整定原则。

1. 突变量差动保护

设 $\Delta\dot{I}_M$、$\Delta\dot{I}_N$ 分别为线路两侧的相电流突变量，取 $\Delta\dot{I}_d=|\Delta\dot{I}_M+\Delta\dot{I}_N|$ 作为突变量差动保护的分相差动电流，取 $\Delta\dot{I}_{res}=|\dot{I}_M-\dot{I}_N|$ 作为突变量差动保护的分相制动电流。突变量差动保护的动作判据为

$$\left.\begin{array}{l}\Delta I_d > I_{H,res} \\ \Delta I_d > 0.6\Delta I_{res},\quad \Delta I_d < 3I_{H,res} \\ \Delta I_d > 0.8I_{res} - I_{H,res},\quad \Delta I_d \geqslant 3I_{H,res}\end{array}\right\} \tag{6-6}$$

$$I_{H,res}=\max(I_{H,set},2I_C)$$

式中 $I_{H,set}$——分相差动高定值，按大于 2.5 倍电容电流整定；

I_C——线路正常运行时的实测电容电流。

2. 高定值分相电流差动保护

设 $\dot{I}_M$、$\dot{I}_N$ 分别为线路两侧的相电流，高定值分相电流差动保护的动作判据为

$$\left.\begin{array}{l}I_d>I_{H,res}\\ I_d>0.6I_{res},\quad I_d<3I_{H,res}\\ I_d>0.8I_{res}-I_{H,res},\quad I_d\geqslant 3I_{H,res}\end{array}\right\}\tag{6-7}$$

$$\dot{I}_d=|(\dot{I}_M-\dot{I}_{MC})+(\dot{I}_N-\dot{I}_{NC})|$$

$$\dot{I}_{res}=|(\dot{I}_M-\dot{I}_{MC})-(\dot{I}_N-\dot{I}_{NC})|$$

$$I_{H,res}=\max(I_{H,set},2I_C)$$

式中 $\dot{I}_d$——经电容补偿后的分相差动电流；

$\dot{I}_{res}$——经电容补偿后的分相制动电流；

$\dot{I}_{H,set}$——分相差动高定值，按大于 2.5 倍电容电流整定；

I_C——线路正常运行时的实测电容电流。

3. 低定值分相电流差动保护

低定值分相电流差动保护的动作判据为

$$\left.\begin{array}{l}I_d>I_{L,res}\\ I_d>0.6I_{res},\quad I_d<3I_{L,res}\\ I_d>0.8I_{res}-I_{L,res},\quad I_d\geqslant 3I_{L,res}\end{array}\right\}\tag{6-8}$$

$$\dot{I}_d=|(\dot{I}_M-\dot{I}_{MC})+(\dot{I}_N-\dot{I}_{NC})|$$

$$\dot{I}_{res}=|(\dot{I}_M-\dot{I}_{MC})-(\dot{I}_N-\dot{I}_{NC})|$$

$$I_{L,res}=\max(I_{L.set},1.5I_C)$$

式中 $\dot{I}_d$——经电容补偿后的分相差动电流；

$\dot{I}_{res}$——经电容补偿后的分相制动电流；

$\dot{I}_{L,set}$——分相差动低定值，按大于 1.5 倍电容电流整定；

$\dot{I}_C$——线路正常运行时的实测电容电流。

低定值分相电流差动保护带有 40ms 的延时。

4. 零序电流差动保护

零序电流差动保护的动作判据为

$$\begin{array}{l}I_{0,d}>I_{0,set}\\ I_{0,d}>0.75I_{0,res}\end{array}\tag{6-9}$$

$$\dot{I}_{0,d}=|[(\dot{I}_{Mu}-\dot{I}_{MuC})+(\dot{I}_{Mv}-\dot{I}_{MvC})+(\dot{I}_{Mw}-\dot{I}_{MwC})]$$
$$+[(\dot{I}_{Nu}-\dot{I}_{NuC})+(\dot{I}_{Nv}-\dot{I}_{NvC})+(\dot{I}_{Nw}-\dot{I}_{NwC})]|$$

$$\dot{I}_{0,res}=|[(\dot{I}_{Mu}-\dot{I}_{MuC})+(\dot{I}_{Mv}-\dot{I}_{MvC})+(\dot{I}_{Mw}-\dot{I}_{MwC})]$$

$$-[(\dot{I}_{Nu}-\dot{I}_{NuC})+(\dot{I}_{Nv}-\dot{I}_{NvC})+(\dot{I}_{Nw}-\dot{I}_{NwC})]|$$

式中　$\dot{I}_{0,d}$——经电容补偿后的零序差动电流；

$\dot{I}_{0,res}$——经电容补偿后的零序制动电流。

零序差动定值 $I_{0,set}$ 按线路内部经高阻接地故障有灵敏度整定。零序电流差动保护带有不少于 100ms 的延时。

四、纵联电流差动保护的动作逻辑

纵联电流差动保护的动作逻辑框图如图 6-15 所示。

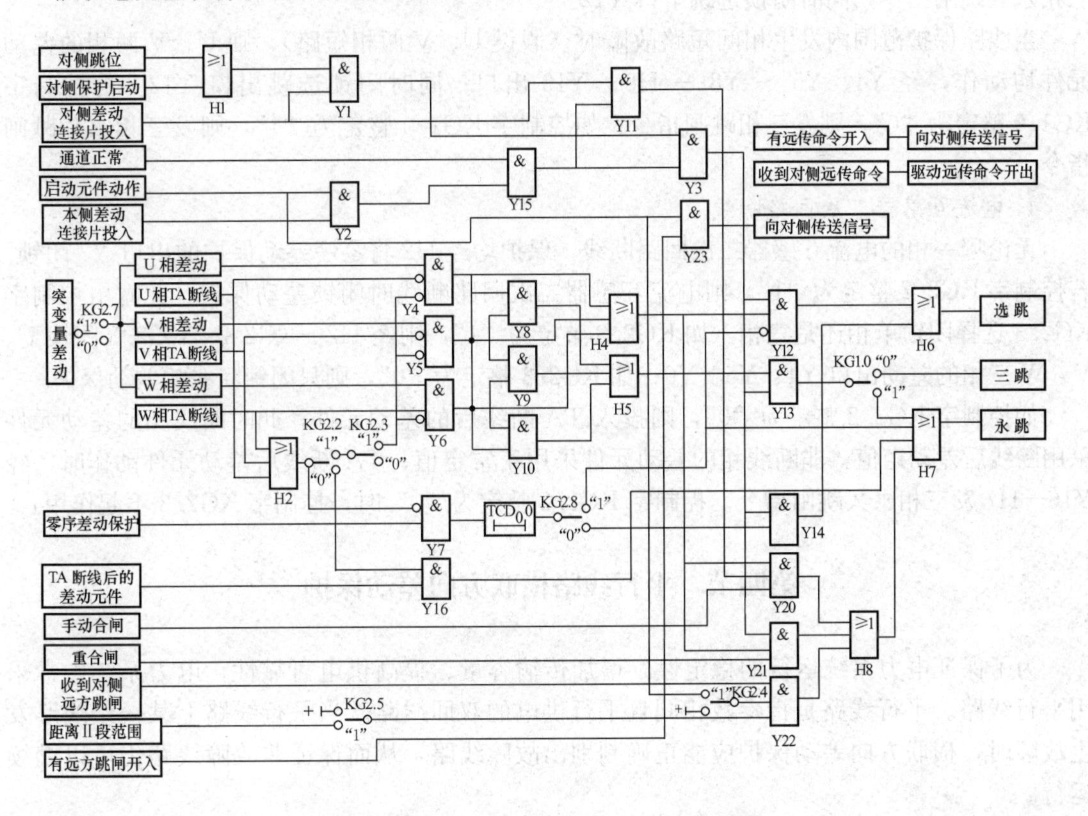

图 6-15　纵联电流差动保护动作逻辑框图

KG1. 0—相间故障永跳/三跳控制；KG2. 8—零序差动保护永跳/选跳控制；KG2. 2—TA 断线闭锁差动保护投/退控制；KG2. 3—TA 断线闭锁三相/断线相控制；KG2. 7—突变量差动保护投/退控制；KG2. 4—远方跳闸受启动元件控制投/退；KG2. 5—远方跳闸受方向元件控制投/退

1. 差动保护正常投入

线路运行时，只有线路两侧差动保护的连接片均在投入状态、光纤通道正常，差动保护才算是处于正常投入状态。当对侧差动保护的连接片投入时，与门 Y1 开放；本侧差动保护的连接片投入时，与门 Y2 开放；通道处在正常工作状态时，与门 Y15 开放。差动保护正常投入时与门 Y1、Y2、Y15 均处在准备开启状态。

2. 差动保护启动

当对侧差动保护的启动元件动作后或对侧断路器处在跳闸位置，经或门 H1、与门 Y1 开放与门 Y3；本侧差动保护的启动元件动作后，经与门 Y2、Y15、Y3 开放差动保护的出口与门 Y12、Y13、Y14、Y21。

3. 差动保护动作

当线路保护范围内发生单相接地故障时（假设 U 相接地），则故障相（U 相）的差动元件动作，经 Y4－H4－Y12－H6 选跳出口，发 U 相跳闸指令。

如果保护范围内 U 相经高阻接地，U 相差动元件拒动，则由零序差动保护动作，经延时后将故障切除。若控制字 KG2.8 整定为“0”，则零序差动保护经 Y7－Y14－H6 选跳出口，发 U 相跳闸指令；如控制字 KG2.8 整定为“1”，则零序差动保护经 H7 永跳出口，发三相永久跳闸指令，同时闭锁选跳出口 Y12。

当线路保护范围内发生相间短路故障时（假设 U、V 两相短路），则 U、V 两相的差动元件均动作，经 Y4、Y5 － Y8 － H5－Y13 出口；同时闭锁选跳出口 Y12。若控制字 KG1.0 整定为“0”，则发三相跳闸指令；如控制字 KG1.0 整定为“1”，则发三相永久跳闸指令。

4. 电流互感器二次回路断线

无论哪一相的电流互感器二次回路断线，保护均经 H2 将零序差动保护的出口 Y7 闭锁。若控制字 KG2.2 整定为“1”，则电流互感器二次回路断线时闭锁差动保护，此时由控制字 KG2.3 选择闭锁单相还是三相。如 KG2.3 整定为“1”，则经 H2－KG2.2－KG2.3 闭锁 U、V、W 三相的差动出口 Y4、Y5、Y6；如 KG2.3 整定为“0”，则只闭锁断线相差动保护。

如控制字 KG2.2 整定为“0”，则投入 TA 断线后的差动元件，此时断线相的差动元件采用断线后差动定值，非断线相的差动元件采用正常定值；TA 断线后差动元件动作时，经 Y16－H7 发三相永久跳闸指令。控制字 KG2.2 整定为“0”时，控制字 KG2.3 不起作用。

第四节　平行线路横联方向差动保护

为了保证电力系统运行的稳定性、增加传输容量、提高供电可靠性，电力系统中常采用平行线路。平行线路是指参数相同且平行供电的双回线路。当平行线路上某一条线路发生故障时，横联方向差动保护应能正确判别出故障线路，从而保证非故障线路仍可以继续运行。

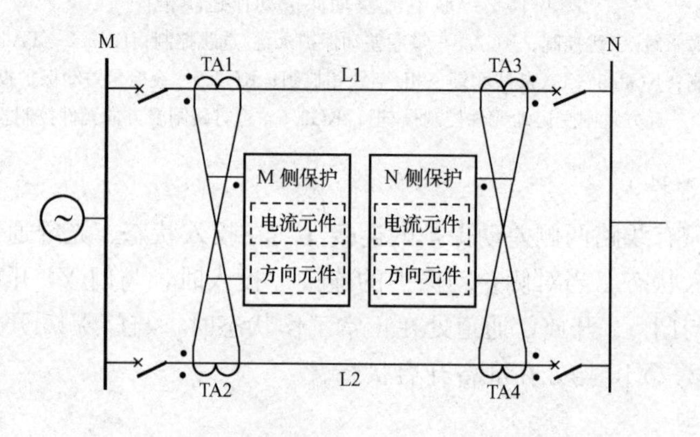

图 6-16　平行线路横联方向差动保护构成示意图

一、横联方向差动保护构成和工作原理

1. 横联方向差动保护的构成

横联方向差动保护用于同杆架设的双回线路。图 6-16 为平行线路横联方向差动保护构成示意图，两条线路上所装设的电流互感器变比相同、型号相同，M 端 TA1 与 TA2（N 端 TA3 与 TA4）二次绕组异极性端相连，线路两侧的保护装置分别并联接入差动回路。

横联方向差动保护主要由电流元件和功率方向元件构成，两元件的电流均取自两回线路电流互感器的二次侧，功率方向元件的电压取自各侧母线电压互感器的二次侧。平行线路横联方向差动保护通过比较两回线中电流的大小和方向，判断故障和故障点的位置。

2. 横联方向差动保护的工作原理

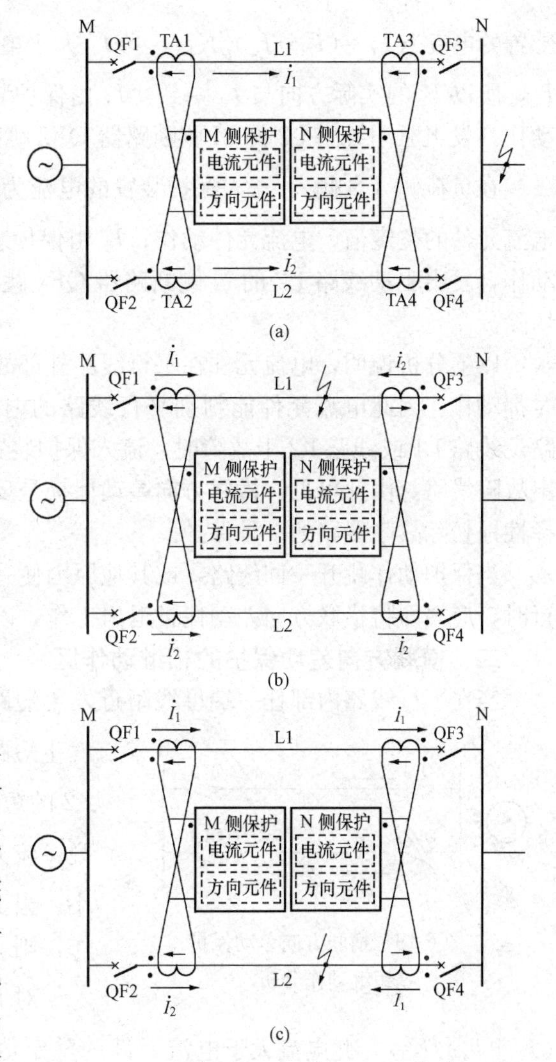

图 6-17 平行线路横联方向差动保护原理示意图

（a）外部短路时；（b）线路 L1 故障时；（c）线路 L2 故障时

下面以图 6-17（a）所示单侧（M 端）电源线路为例，来说明横联方向差动保护的工作原理。线路正常运行或外部故障时，线路 L1 中流过的电流 $\dot{I}_1$ 与线路 L2 中流过的电流 $\dot{I}_2$ 近似相等，$\dot{I}_1 \approx \dot{I}_2$；由于两回线路阻抗不完全相等，两个电流互感器的特性也不完全一致，此时流入 M 侧保护装置的电流为不平衡电流，$\dot{I}_r = (\dot{I}_1 - \dot{I}_2)/K_{TA} = \dot{I}_{unb}$。使电流元件的动作电流大于不平衡电流，则 M 侧的保护不会误动作。同理，N 侧的保护也不会动作。

当任一线路内部故障时，通过线路 L1 的短路电流 $\dot{I}_1$ 和通过 L2 的短路电流 $\dot{I}_2$ 的大小与它们由母线 M 到故障点经过的阻抗值成反比。若故障发生在线路 L1 上［见图 6-17（b）］，显然 $\dot{I}_1 > \dot{I}_2$。

在电源侧（M 侧），流入保护装置的电流为 $\dot{I}_r = (\dot{I}_1 - \dot{I}_2)/K_{TA}$，当 $\dot{I}_r$ 大于电流元件的整定值时，电流元件动作；因 $\dot{I}_1 > \dot{I}_2$，所以 $\dot{I}_r$ 的方向与 $\dot{I}_1$ 一致，$\dot{I}_r$ 由保护装置的极性端流入，此时保护的正方向元件动作，发出驱动线路 L1 的 M 侧断路器 QF1 跳闸的指令。

在负荷侧（N 侧），流入保护装置的电流为 $\dot{I}_r = (\dot{I}_2 + \dot{I}_2)/K_{TA} = 2\dot{I}_2/K_{TA}$，此电流大于电流元件的整定值，电流元件动作；$\dot{I}_r$ 由保护装置的极性端流入，此时保护的正方向元件动作，发出驱动线路 L1 的 N 侧断路器 QF3 跳闸的指令。QF1、QF3 跳闸后，将故障线路 L1 切除。

若故障发生在线路 L2 上［见图 6-17（c）］，显然 $\dot{I}_2 > \dot{I}_1$。在电源侧（M 侧），流入保护

装置的电流为$\dot{I}_r=(\dot{I}_1-\dot{I}_2)/K_{TA}$，当$\dot{I}_r$大于电流元件的整定值时，电流元件动作；因$\dot{I}_2>\dot{I}_1$，所以$\dot{I}_r$的实际方向与$\dot{I}_2$一致，$\dot{I}_r$由保护装置的非极性端流入，此时保护的反方向元件动作，发出驱动线路 L2 的 M 侧断路器 QF2 跳闸的指令。

在负荷侧（N 侧），流入保护装置的电流为$\dot{I}_r=(\dot{I}_1+\dot{I}_1)/K_{TA}=2\dot{I}_1/K_{TA}$，此电流大于电流元件的整定值，电流元件动作；$\dot{I}_r$由保护装置的非极性端流入，此时保护的反方向元件动作，发出驱动线路 L2 的 N 侧断路器 QF4 跳闸指令。QF2、QF4 跳闸后，将故障线路 L2 切除。

以上分析说明，电流元件在平行线路外部故障时不动作，而在线路 L1 或线路 L2 上故障时都动作。因此电流元件能判别平行线路的内、外部故障，但不能选择出哪一条是故障线路。线路 L1 或线路 L2 上故障时，流入保护装置的电流方向不同，因此可以用方向元件选择出故障线路。由此可见，横联方向差动保护是反应平行线路短路电流差的大小与方向，有选择性地切除故障线路的一种保护。

当保护动作跳开一回线路，或其他原因使一回线路断开后，平行线路只剩下单回线路运行时，应立即将横联方向差动保护退出工作，以防其误动作。

二、横联方向差动保护的相继动作区

当在平行线路内部任一端母线附近发生短路时，如在图 6-18 所示线路中 N 端母线附近发生短路故障时，流过 L1 的短路电流$\dot{I}_1$与流过线路 L2 的短路电流$\dot{I}_2$近似相等。此时，对 M 侧保护来说，流入保护装置的电流$\dot{I}_r=(\dot{I}_1-\dot{I}_2)/K_{TA}$比较小。当$\dot{I}_r$小于电流元件的整定值时，电流元件不动作，则 M 侧保护不动作。

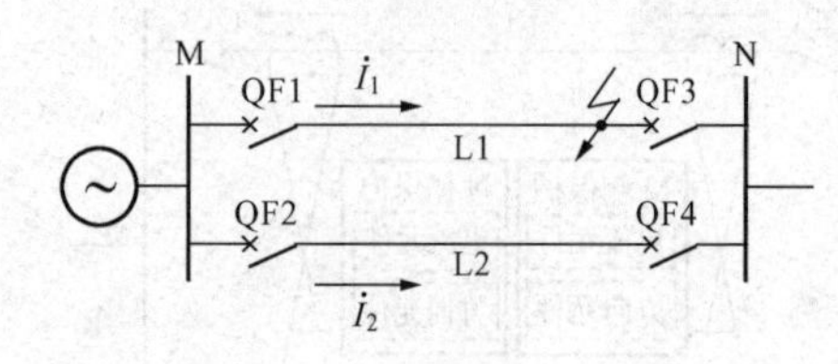

图 6-18　横联方向差动保护相继动作分析

对 N 侧保护来说，流入保护装置的电流为$\dot{I}_r=(\dot{I}_2+\dot{I}_2)/K_{TA}$，此电流大于电流元件的整定值，电流元件动作，N 侧保护动作使 QF3 跳闸。这时，故障并未切除。QF3 断闸后，短路电流重新分布，短路电流全部经 QF1 流至故障点，M 侧保护装置流过的电流$\dot{I}_r=\dot{I}_1/K_{TA}$，该电流大于电流元件的整定值，使 M 侧保护动作跳开 QF1。

这种等对侧保护动作后，短路电流重新分布，本侧保护再动作的现象称为相继动作；可能发生相继动作的区域称为相继动作区。相继动作，可以有选择性地切除故障，但切除故障的时间延长了，因此应尽量减小相继动作区。通常要求在正常运行方式下，两侧母线附近的相继动作区总长度不能超过线路全长的 50%。

横差保护在平行线路运行时能保证有选择性动作，且动作迅速、接线简单；缺点是有一回线路停止运行时，保护要退出工作，且有相继动作现象。为了对平行线路上的横联方向差动保护及相邻线路保护起后备保护作用，以及作为单回线路运行时的主保护，通常在平行线路上还需要装设一套接于双回线路电流之和的三段式电流保护或三段式距离保护。对于高压输电线路，每一回线路均应装设能全线速动的纵差保护。

复　习　题

一、选择题

1. 差动保护只能在被保护元件的内部故障时动作，而不反应外部故障，具有绝对（　　）。

A. 选择性　B. 速动性　C. 灵敏性　D. 可靠性

2. 高频保护基本原理是：将线路两端的电气量（电流方向或功率方向）转化为高频信号，以（　　）为载波传送通道实现高频信号的传送，完成对两端电气量的比较。

A. 微波通道　B. 光纤通道　C. 输电线路　D. 导引线

3. 快速切除线路任意一点故障的主保护是（　　）。

A. 距离保护　B. 零序电流保护　C. 纵联保护　D. 相间过电流保护

4. 线路两侧的保护装置在发生短路时，其中的一侧保护装置先动作，待该侧断路器动作跳闸后，另一侧保护装置才动作，这种情况称之为（　　）。

A. 保护有死区　B. 保护相继动作

C. 保护不正确动作　D. 保护既存在相继动作又存在死区

5. 输电线路纵联保护的信号有闭锁信号、允许信号和（　　）。

A. 跳闸信号　B. 预告信号　C. 延时信号　D. 瞬时信号

6. 输电线路光纤纵差保护的保护范围（　　）。

A. 本线路全长　B. 相邻一部分　C. 相邻线路

D. 本线路全长及下一段线路的一部分

7. 输电线路光纤纵差动保护是（　　）线路的主保护。

A. 220kV 及以上　B. 110kV 及以上　C. 35kV 及以上　D. 35kV 及以下

8. 平行线路横差方向保护的相继动作区在（　　）。

A. 保护安装处　B. 下一线路首端　C. 对侧母线附近　D. 本侧母线附近

9. 线路纵差保护中应选用型号变比相同的 TA，以减小（　　）的影响。

A. 负荷电流　B. 短路电流　C. 差动电流　D. 不平衡电流

10. 被保护的线路上任一点发生故障时，光纤纵差保护可瞬时自线路（　　）故障。

A. 两侧同时切除　B. 靠近故障点近端切除

C. 两侧先后切除　D. 靠近故障点远端切除

11. 输电线路纵差保护中，外部故障时，流经被保护线路两端电流互感器的一次电流（　　）。

A. 大小相等，方向相反　B. 大小相等，方向相同

C. 大小不相等，方向相反　D. 大小不相等，方向相同

12. 高频保护采用相—地制高频通道主要是因为（　　）。

A. 所需的加工设备少，比较经济　B. 相—地制通道衰耗小

C. 减少对通信的干扰　D. 相—地制通道衰耗大

13. 220kV 线路光纤纵差保护的保护范围为（　　）。

A. 两侧光端机之间　B. 两侧光纤之间

C. 两侧保护所用电流互感器之间　　D. 两侧保护装置之间

14. 光纤纵差保护采用专用光纤通道（点对点通道）的传输方式适合于（　　）输电线路。

A. 短　　B. 长　　C. 中长　　D. 所有

15. 输电线路的光纤纵差保护采用的光纤通道按照其传输信息的不同通常分为（　　）。

A. 专用光纤通道　　B. 双通道　　C. 复用光纤通道　　D. 电力电缆通道

16. 光纤通信具有（　　）特点。

A. 通信容量大　　B. 抗干扰能力强　　C. 原料资源丰富　　D. 线路架设方便

17. 光纤通道一般由（　　）构成。

A. 调制器　　B. 光源、光纤与光缆

C. 中继器、光检测器　　D. 解调器

18. 继电保护装置信号在接入电力通信中的光端机（SDH）时，必须解决（　　）问题。

A. 规约统一　　B. 传输速率匹配　　C. 信号一致　　D. 接线统一

19. 电力特种光缆通常泛指（　　）。

A. ADSS　　B. OPGW　　C. OPPC　　D. OPLC

20. 当前在我国电力系统应用较多的电力特种光缆主要有（　　）。

A. ADSS　　B. OPGW　　C. OPPC　　D. OPLC

二、判断题

1. 相差高频保护通过比较被保护线路两端电流的相位关系来判断故障所在。（　　）

2. 方向高频保护通过比较线路两端电流的相位差来判断故障所在。（　　）

3. 纵联电流差动保护简单可靠，选择性与快速性能同时满足要求。（　　）

4. 线路外部故障时，比率制动式差动保护的制动量与短路电流成正比，随着不平衡电流的增大制动量会自动按比例加大。（　　）

5. 光纤纵差保护作为高压输电线路的主保护。（　　）

6. 输电线路的光纤纵差保护是用光导纤维作为通信信道的纵联差动保护。（　　）

7. 专用光纤通道又称为点对点通道，通道提供给继电保护装置使用的是专用纤芯。（　　）

8. 两变电站之间的继电保护设备由两根专用的光纤连接在一起，一根发送，另一根接收，数据流全是继电保护报文，上述信息传输方式称为复用光纤通道。（　　）

9. 光纤纵差保护的使用光缆，在进入变电站或发电厂的控制楼前必须采用非金属加强芯光纤。（　　）

10. 无论是复用电端机（PCM）方式还是复用光端机（SDH）方式，最终继电保护信号将与其他通信信息一起在通信干线的光纤上传输。（　　）

11. ADSS 光缆可直接悬挂于电力杆塔上，一般需停电施工。（　　）

12. ADSS 光缆广泛应用于 10kV 以下电压等级配电线路。（　　）

13. OPGW 光缆被安装在电力架空线杆塔顶部，广泛用于 110kV 及以上电压等级的新建输电线路上。（　　）

14. OPGW 光缆又称光纤复合架空地线光缆，兼具地线与通信双重功能。（　　）

15. OPPC 光缆主要用于 110kV 以下电压等级城郊配电网及农村电网。(　　)

16. OPLC 光缆是将光单元复合在低压电力电缆内，适用于 0.6/1kV 及以下电压等级电网。(　　)

17. OPPC 光缆具有电力传输和光通信传输能力的电缆。(　　)

18. 在相继动作区，平行线路横联方向差动保护不能有选择性地切除故障。(　　)

19. 当平行线路横联方向差动保护动作跳开一回线路后，应立即将该保护退出工作。(　　)

20. 平行线路横联方向差动保护用电流元件判断故障，用方向元件判断故障点的位置。(　　)

三、问答题

1. 试分析输电线路纵联差动保护的基本原理。

2. 试分析比率制动式纵差保护的基本原理。

第七章　高压线路保护装置举例

前六章已经介绍了电力系统输电线路上常用的各种继电保护的基本原理。在这一章，通过对 CSC－103A 型高压线路保护装置的构成、功能配置、整定值等的介绍，使读者对高压线路保护装置有进一步的了解。为了与原装置相对应，本章中采用的图形、文字符号等与该装置产品说明书基本保持一致。

第一节　CSC-103A 型高压线路保护装置的适用范围和特点

一、CSC-103A 型保护装置的适用范围

CSC-103A 型高压线路保护装置的型号说明如图 7-1 所示。该保护装置是适用于 220kV 及以上电压等级的数字式成套高压线路保护装置，可用于包括双母线和一个半断路器接线在内的各种接线形式。其主保护为纵联电流差动保护，后备保护为三段式距离保护、四段式零序电流保护。

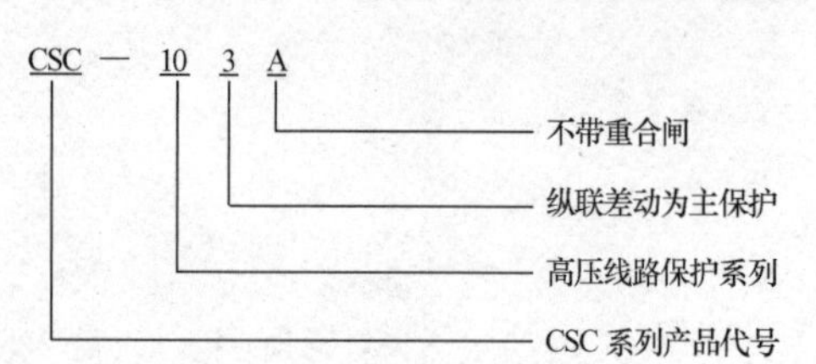

图 7-1　CSC-103A 型高压线路保护装置型号说明

目前我国继电保护装置产品的型号并不统一，各生产厂家均有自己的产品代号、产品序号，即使是同一生产厂家、同一系列的产品，如果型号有所不同或版本号不同，其功能配置就有可能不同。例如，CSC-103A 型保护装置不包括综合重合闸功能；而 CSC-103B 型保护装置则包括综合重合闸功能。因此，在选择或使用保护装置时，一定要参考保护装置的说明书。

二、CSC-103A 型保护装置的主要特点

1. 高性能的硬件配置

该装置采用了 32 位单片机，高性能的硬件配置保证了装置对所有功能元件进行并行实时计算，并有总线不出芯片的优点，有利于保护装置的高可靠性。装置采用全新的前插拔组合结构，具有前插拔维护方便，兼有后插拔强弱电分离、强电回路直接从插件上出线的优点。

该装置具有大容量的故障录波功能，其储存容量达 4M，可以保存不少于 24 次事故录波。完整的事件记录和动作报告，可保存不少于 2000 条动作报告和 2000 次操作记录，停电不丢失。

2. 硬件自检智能化

该装置内部各模块采用智能化设计，可以实现对装置各模块的全面实时自检。例如，模拟量采集回路采用双 A/D 冗余设计，实现了模拟量采集回路的实时自检；继电器检测采用新方法，可以检测到继电器线圈的完好性，实现了继电器状态的检测与异常告警；开关量输入回路采用注入检测信号的新方法，开入状态经两路光隔同时采集后，才予确认和判断；对机箱内温度进行实时检测等。

3. 用户界面人性化

该装置采用了大液晶显示器，可实时显示电流、电压、功率、连接片状态、定值区等信息；其汉字化操作菜单简单易用；面板上提供的四个快捷键，可以实现“一键化”操作，方便了现场运行人员的操作。

4. 动作过程透明化

该装置可以记录保护内部各元件的动作过程、逻辑过程和各种计算值；可以通过分析软件，分析保护动作的全过程。

5. 通信接口多样化

该装置可以提供高速的以太网接口（光或电）、LonWorks 网络接口和 RS-485 接口，可采用 IEC60870-5-103 规约或四方公司 CSC2000 规约，实现与变电站自动化系统和保护信息管理系统的接口。装置的前面板提供了一个用于调试分析的 RS-232 接口。

6. 各种原理的综合应用

各种保护元件并行处理，充分利用各种突变量、稳态量保护原理；采用了完善的振荡闭锁算法，可实现在任何时候、任何故障情况下的全线快速保护。

该装置充分利用电流突变量选相、阻抗选相、电压选相、零序负序稳态量选相原理，可以实现在振荡闭锁、弱电源、复杂故障等情况下都能正确选相跳闸；将“按相补偿”方法应用于阻抗测量中，使接地阻抗元件具备较好的选相功能；结合按相补偿和快速滤波、快速计算等方法，构成了快速距离Ⅰ段。

采用零序和负序电流比较、$\Delta R/\Delta T$ 等判据，综合判断振荡闭锁期间可能出现的各种故障，并可根据不同系统情况、不同振荡周期等运行工况，自适应调整其动作门槛，保证了系统振荡时不失去快速保护功能。

7. 光纤差动保护的通信接口

该装置配置两个光纤通信接口，可实现一主一备两个通道的通信方式，满足常规接线双通道冗余的要求；也可实现三端差动保护，以满足“T”接线路对保护通道的要求。

第二节　CSC-103A 型高压线路保护装置的功能

一、保护装置的功能元件

为了确保保护装置能正确动作，CSC-103A 型高压线路保护装置中设置了启动元件、距离测量元件、选相元件、零序方向元件、负序方向元件、振荡闭锁开放元件等各种功能元件。

1. 启动元件

该保护装置的启动元件主要用于启动保护及开放出口继电器的正电源，启动元件在保护整组复归时返还。该保护装置的启动元件包括电流突变量启动元件、零序电流辅助启动元件、静稳失稳启动元件。其中零序电流辅助启动元件主要用于解决线路经大过渡电阻接地时，电流突变量启动元件灵敏度不够的问题；静稳失稳启动元件是为了保证在电力系统失去静态稳定的情况下，保护仍能够正确动作。

2. 距离测量元件

距离测量元件用于正确测量故障点到保护安装处的阻抗。该测量元件采用基于 R-L 模型的解微分方程算法，计算保护安装处至故障点的测量电阻和测量电抗。其距离保护的动作特性采用多边形特性。

3. 选相元件

选相元件用以判别故障的相别。CSC-103A 型保护装置针对不同情况综合利用了各种选相原理，以保证在不同故障情况下，保护装置均可以正确选相。在故障初期，装置采用电流突变量选相元件；在振荡闭锁模块中，退出电流突变量选相元件，采用稳态序分量选相元件；在弱电源、终端变电站等故障电流小或无故障电流的情况下，采用低电压选相元件。

4. 方向元件

为了在各种故障情况下正确判断短路方向，该装置中设置了相电流方向元件、零序方向元件、负序方向元件、距离方向元件。

5. 振荡闭锁开放元件

振荡闭锁开放元件用于在电力系统振荡过程中，保护范围内部故障时开放距离保护。在电流突变量启动元件启动 150ms 时间内，保护装置不考虑振荡闭锁；在电流突变量启动元件启动 150ms 之后，或经零序电流辅助启动元件，之后，或经静稳失稳启动元件启动后，为了防止电力系统振荡过程中距离保护误动作，距离测量元件需要经振荡闭锁开放元件开放。

二、保护功能配置

1. 纵联电流差动保护功能配置

纵联电流差动保护为该装置的主保护，配置有分相式突变量电流差动保护、分相式电流差动保护和零序电流差动保护，用于快速切除各种类型的故障。该保护具有电容电流补偿功能，利用线路两侧电压对电容电流进行精确补偿，可以提高差动保护的灵敏度；具有电流互感器变比补偿功能，线路两侧保护可以使用变比不同的电流互感器。

2. 距离保护功能配置

距离保护为该装置的后备保护，设置了三段相间距离保护、三段接地距离保护和快速距离Ⅰ段保护，用于切除相间故障和单相接地故障。

3. 零序电流保护功能配置

零序电流保护为该装置的后备保护。在线路全相运行时，配置了四段零序电流保护和一段零序反时限电流保护；在线路非全相运行时，配置了瞬时动作的不灵敏零序Ⅰ段和零序Ⅳ段电流保护。每一段零序电流保护都可以由控制字选择是否经方向元件闭锁。

三、保护装置自检功能

1. 电压互感器断线检测

电压互感器（TV）断线检测用于对保护装置的交流电压输入回路进行监视。该自检功能仅在线路正常运行，启动元件不启动的情况下投入。启动元件启动后，TV 断线检测立即停止，等到保护装置整组复归后该检测功能才恢复。线路正常运行时如检测到电压回路断线，保护装置将发出告警信息，同时距离保护、零序电流保护带方向段将退出工作；此时装置仍继续对电压进行监视，待电压恢复正常 500ms 后，退出工作的保护将重新投入运行。

2. 电流互感器断线检测

电流互感器（TA）断线检测用于对保护装置的交流电流输入回路进行监视。对于纵联电流差动保护，当某一相电流互感器二次回路发生断线时，断线相差动元件采用断线后的差动定值，非断线相差动元件采用正常的差动定值；TA 断线后是否闭锁差动保护，可以通过差动保护的控制字整定。TA 断线时零序电流将长时间存在，该保护装置在零序电流持续 12s 大于零序Ⅳ段的整定值时发告警信息，并闭锁各段零序电流保护。

3. 双 A/D 冗余检测

为了有效地防止在装置硬件损坏情况下保护误动作，该装置采用了双 A/D 冗余设计。通过对两个 A/D（数/模）转换回路的对比监视，可以对模拟量采集回路进行实时检测，以便在该回路硬件损坏时能及时发现并闭锁保护。

4. 电压、电流相序自检

电压、电流相序自检功能是在电力系统正常运行时，通过比较三相电流、电压的相位，判别加入保护装置的交流电压、交流电流的相序是否接错。

5. $3\dot{I}_0$ 极性自检

$3\dot{I}_0$ 极性自检功能是通过比较自产 $3\dot{I}_0$ 与外接 $3\dot{I}_0$ 的幅值和相位，判别外接 $3\dot{I}_0$ 的极性是否接反。

6. 电压 3 次谐波自检

当交流电压回路串入 3 次谐波时，TV 断线检测元件不能正确工作。因此当 3 次谐波电压超过 20V 时，保护装置经 30s 延时后告警，但不闭锁保护。

7. 跳闸位置自检

跳闸位置自检功能用于对断路器跳闸位置信息的正确性进行检查。如果有跳闸位置开入量，但对应相有电流，则经 2s 延时确认后，保护装置发出“跳位开入错”告警信息。

8. 过负荷告警

保护装置对线路的潮流情况进行实时监测，如果三相电流持续 30s 大于静稳失稳电流定值，则保护装置发出“过负荷”告警信息。

9. 保护装置自检

在电力系统正常运行时，保护装置对自身的硬件进行自检，包括对 A/D 转换回路、RAM、E^2PROM、ROM 存储器、定值、开关量输入回路、开关量输出回路、模拟量输入回路等全部硬件回路及相关电源电压的在线检测。一旦发现异常，装置将发出相应的告警信息；如果问题比较严重，有可能引起保护误动作，则在发出告警信息的同时还要将保护闭锁。

第三节　CSC-103A 型高压线路保护装置的结构

一、保护装置的硬件结构

CSC-103A 型高压线路保护装置采用机箱式结构，如图 7-2 所示。该装置机箱内共配置了 9 个插件，分别是交流插件、保护 CPU 插件、启动 CPU 插件、管理插件、开入插件、3 个开出插件、电源插件，如图 7-3 所示。

图 7-2　CSC-103A 型高压线路保护装置机箱

CSC-103A 型数字式高压线路保护装置插件布置图																		
	1		2	3		4	5		6	7	8						9	
	AC1		CPU1	CPU2		MASTER	I1		O1	O2	O3						POWER	
	交流					管理	开入		开出 1	开出 2	开出 3						电源	
	X1		X2			X3	X4		X6、X7	X8	X9						X10	
2TE	9TE	3TE	5TE	5TE	2TE	8TE	4TE	4TE	8TE	4TE	4TE	4TE	4TE	4TE	4TE	4TE	5TE	2TE

图 7-3 CSC-103A 型高压线路保护装置插件布置图

1. 交流插件

交流插件的作用是将电压互感器、电流互感器二次侧输出的各路交流电压、交流电流变换成保护装置所需的弱电信号，同时起到隔离作用。交流插件内一共配置了 4 个电压变换器，分别用来向保护装置提供 U 相（A 相）、V 相（B 相）、W 相（C 相）电压和零序电压；4 个电流变换器，分别用来向保护装置提供 U 相（A 相）、V 相（B 相）、W 相（C 相）电流和零序电流。

2. CPU 插件

该装置的 CPU 插件有两块，其硬件配置相同，均由 32 位单片机组成，内存 Flash 为 1M 字节，RAM 为 64KB。CPU1 是保护 CPU 插件，是该装置的核心插件，主要完成采样、模数/转换、上送模拟量及开关输入量信息、保护动作原理判断、故障录波、软硬件自检等功能。CPU2 是启动 CPU 插件，用来完成保护的启动、闭锁等功能。

3. 管理插件

管理插件也称为通信板。该插件是负责保护装置与外界通信及交换信息的管理插件，如与面板、监控后台机、工程师站、远动等的联系，根据保护的配置组织上送遥测、遥信、事件报文和录波信息等。管理插件通信接口的设置可以满足不同监控和远动系统的需求。该管理插件上还设置有 GPS 对时功能。

4. 开入插件

开入插件用来接入跳闸位置、各保护连接片等开关量输入信号和告警信号。开入插件上设有自检回路，能对各开关量输入回路进行实时自检。

5. 开出插件

该装置设置了 3 个开出插件。各开出插件内分别设置了跳闸继电器、装置告警继电器、通道告警继电器、信号继电器、复归继电器、备用继电器等。

6. 电源插件

电源插件用来给该装置的各插件提供工作电源。该插件输入电源为直流 220V 或 110V，用户可以根据需要来选择；输出电源为+5、±12、±24V 三组直流电压，三组电压均不共地。

二、保护的程序结构

CSC-103A 型保护装置的软件主要包括主程序、采样中断程序、故障处理中断程序三部分。

1. 主程序

装置在正常工作时运行主程序，主程序负责完成装置的硬件自检、投切连接片、固化定值、上送报告等功能。

2. 采样中断程序

装置在运行主程序的过程中，每隔一个采样间隔执行一次采样中断程序，完成电气量的采集、录波、突变量启动判别、采样同步调整、收发数据、通道监视、误码检测等功能。

3. 故障处理中断程序

故障处理中断程序也是每隔固定时间执行一次，完成保护逻辑、TV异常判别、TA异常判别等功能。如果发现有异常，则发出相应的告警信号和报文；如果问题比较严重，有可能引起保护误动作，则在发出告警信息的同时还要闭锁保护的出口回路。线路发生故障时，在故障处理中断程序中完成故障判别、出口跳闸等功能。

第四节　CSC-103A型高压线路保护装置的整定值及整定说明

一、定值清单及整定说明

1. 定值清单

微机型保护装置的定值清单保存在定值存储器中，运行、技术人员可以根据需要查看、打印、修改保护装置的整定值。装置断电时，定值不会丢失。定值清单一般由序号、代号、定值三部分组成。序号代表该项定值的序列号；代号表示该项定值的名称及含义。CSC-103A型线路保护装置的定值清单见表7-1。

表7-1　CSC-103A型线路保护装置的定值清单

序号	代号	定值名称	单位
1	IQD	突变量电流定值	A
2	IJW	静稳失稳电流定值	A
3	KX	零序电抗补偿系数	
4	KR	零序电阻补偿系数	
5	X1	全线路正序电抗值	Ω
6	R1	全线路正序电阻值	Ω
7	L	线路长度定值	km
8	U	电压一次额定值	kV
9	I	电流一次额定值	kA
10	I2	电流二次额定值	A
11	IDZH	分相差动高定值	A
12	IDZL	分相差动低定值	A
13	ID0	零序差动定值	A
14	ID_{TA}	TA断线后分相差动定值	A
15	TD0	零序差动时间定值	s
16	K_{TA}	TA变比补偿系数	
17	XC1	线路正序容抗定值	Ω

续表

序 号	代 号	定 值 名 称	单 位
18	XC0	线路零序容抗定值	Ω
19	XDK1	并联电抗器正序电抗	Ω
20	XDK0	并联电抗器零序电抗	Ω
21	RD1	接地电阻定值	Ω
22	XD1	接地Ⅰ段电抗定值	Ω
23	XD2	接地Ⅱ段电抗定值	Ω
24	XD3	接地Ⅲ段电抗定值	Ω
25	TD2	接地Ⅱ段时间定值	s
26	TD3	接地Ⅲ段时间定值	s
27	RX1	相间电阻定值	Ω
28	XX1	相间Ⅰ段电抗定值	Ω
29	XX2	相间Ⅱ段电抗定值	Ω
30	XX3	相间Ⅲ段电抗定值	Ω
31	TX2	相间Ⅱ段时间定值	s
32	TX3	相间Ⅲ段时间定值	s
33	IL	TV 断线后过电流定值	A
34	IL0	TV 断线后零序过电流定值	A
35	T_{DX}	TV 断线后延时定值	s
36	I01	零序Ⅰ段电流定值	A
37	I02	零序Ⅱ段电流定值	A
38	I03	零序Ⅲ段电流定值	A
39	I04	零序Ⅳ段电流定值	A
40	IN1	不灵敏Ⅰ段电流定值	A
41	T02	零序Ⅱ段时间定值	s
42	T03	零序Ⅲ段时间定值	s
43	T04	零序Ⅳ段时间定值	s
44	Iset	零序反时限电流定值	A
45	K	零序反时限时间系数	
46	R	零序反时限指数定值	
47	Ts	零序反时限延时定值	s

2. 定值整定说明

（1）突变量电流定值。相电流差突变量启动元件的整定值，一般建议电流互感器的二次额定电流为 1A 时取 0.2A，为 5A 时取 1A。

（2）静稳失稳电流定值。静稳破坏检测元件的电流定值，按躲过最大负荷电流整定。

（3）零序电抗补偿系数。该系数应按线路实测参数计算，使用值宜小于或接近计算值，计算式为

$$\mathrm{KX}=(X_0-X_1)/3X_1$$

（4）零序电阻补偿系数。该系数应按线路实测参数计算，使用值宜小于或接近计算值，计算式为

$$\mathrm{KR}=(R_0-R_1)/3R_1$$

(5) 全线路正序电抗、电阻值。全线路正序电抗、电阻值应按线路实测参数整定。

(6) 线路长度定值。该定值应按线路实际长度整定。

(7) 电压一次额定值。该定值按电压互感器实际一次线电压额定值整定。需注意单位为 kV，如 500kV/100V 的 TV，电压一次额定值整定为 500kV。线电压二次额定值不用整定，保护按 100V 处理。

(8) 电流一次额定值。该定值按电流互感器一次相电流额定值整定。需注意单位为 kA，如 600A/5A 的 TA，则电流一次额定值为 0.6kA。

(9) 电流二次额定值。其有两种规格，1A 或 5A。例如 600/5A 的 TA，则电流二次额定值为 5A。

(10) 分相差动高定值。对于长线路，如果投入电容电流补偿功能，则分相差动高定值按照大于 2 倍电容电流整定；如果不投电容电流补偿功能，则分相差动高定值按照大于 2.5 倍电容电流整定。对于短线路，由于线路电容电流很小，差动保护有较高的灵敏度，此时可适当抬高分相差动保护定值。分相差动高定值一般不低于 $0.3I_n$。线路两侧保护装置应按照一次电流相同折算到二次侧整定。

(11) 分相差动低定值。一般分相差动低定值按照大于 1.5 倍电容电流整定；对于短线路，差动保护有较高的灵敏度，应按照“分相差动高定值”整定（即退出低定值分相差动保护）。分相差动低定值一般不低于 $0.2I_n$。线路两侧保护装置应按照一次电流相同折算到二次侧整定。

(12) 零序差动定值。零序差动定值按躲过区外三相故障时的最大零序不平衡电流、内部经高阻接地故障有足够的灵敏度整定。零序差动定值一般不低于 $0.1I_n$。线路两侧保护装置应按照一次电流相同折算到二次侧整定。

(13) TA 断线后分相差动定值。该定值按躲过正常运行时的最大负荷电流整定。线路两侧保护装置应按照一次电流相同折算到二次侧整定。注意：如果选择“TA 断线不闭锁差动保护”，TA 断线后如果发生区外故障，差动保护将失去选择性。如果选择“TA 断线闭锁差动保护”，该项定值不起作用。

(14) 零序差动时间定值。该定值应大于 100ms。

(15) TA 变比补偿系数。对于电流互感器一次额定电流最大的那一侧，其保护装置的补偿系数整定为 1；其他保护装置的补偿系数整定为本侧 TA 一次额定电流除以一次额定电流的最大值。例如，M 侧的 TA 变比为 1200/5，N 侧的 TA 变比为 800/5，则 M 侧的补偿系数整定为 1，N 侧的补偿系数整定为 800/1200=0.6667。

(16) 线路正序容抗和零序容抗。该两项定值按线路全长的正序容抗和零序容抗整定，均为二次值。其计算式为

$$\mathrm{XC1} = (K_{\mathrm{TA}}/K_{\mathrm{TV}})(1/2\pi f C_1)$$

$$\mathrm{XC0} = (K_{\mathrm{TA}}/K_{\mathrm{TV}})(1/2\pi f C_0)$$

(17) 并联电抗器正序电抗和并联电抗器零序电抗。该两项定值按本侧线路安装的并联电抗器容量折算，为二次值。其计算式为

$$\mathrm{XDK1} = (K_{\mathrm{TA}}/K_{\mathrm{TV}})(U^2/S)$$

$$\mathrm{XDK0} = (K_{\mathrm{TA}}/K_{\mathrm{TV}})[(U^2/S) + 3X_{\mathrm{N}}]$$

式中　X_{N}——并联电抗器中性点的接地电抗。

例如，某并联电抗器额定电压 $U=800\text{kV}$，容量 $S=3\times100\text{MVA}$，中性点的接地电抗 $X_N=500\Omega$，TA 变比 $K_{TA}=2000/1$，TV 变比 $K_{TV}=750/0.1$，则

$$XDK1=(2000/7500)\times(800000^2/3\times100\times10^6)=568.8(\Omega)$$

$$XDK0=(2000/7500)\times[(800000^2/3\times100\times10^6)+3\times500]=968.8(\Omega)$$

如果线路某侧没有安装并联电抗器，则该侧保护装置按该项定值整定范围的上限整定（二次值）

$$XDK1=9000\Omega$$

$$XDK0=9000\Omega$$

（18）接地电阻定值。该定值为接地距离Ⅰ、Ⅱ、Ⅲ段共用的电阻定值，按躲过负荷阻抗整定。由于按躲过负荷阻抗整定时接地电阻分量通常整定范围较大，接地距离Ⅰ段所使用的电阻定值在整定定值基础上适当有所减小，其基本原则是按短线路保护出口处经 15Ω 过渡电阻故障，长线路不大于相间Ⅰ段定值一半，具体计算公式为

$$Rd=\min[RD1,\max(XD1/2,15/LZ+R1),8XD1]$$

式中　Rd——实际使用的接地Ⅰ段电阻定值；

RD1——整定的接地电阻定值；

XD1——整定的接地Ⅰ段电抗定值；

LZ——阻抗一、二次的换算系数，即阻抗一次值/阻抗二次值之比；

15——一次侧经过渡电阻 15Ω 接地；

R1——线路正序阻抗电阻分量。

（19）接地Ⅰ段电抗定值。该定值按全线路正序电抗的 0.8～0.85 倍整定，对于有互感的线路应适当减小定值。

（20）接地Ⅱ段电抗定值和接地Ⅱ段时间定值。该两项定值按满足本线路末端有灵敏度和配合的需要整定。

（21）接地Ⅲ段电抗定值和接地Ⅲ段时间定值。该两项定值按满足本线路末端有灵敏度和配合的需要整定。

（22）相间电阻定值。该定值为相间距离Ⅰ、Ⅱ、Ⅲ段共用的电阻定值，按躲过负荷阻抗整定。由于按躲过负荷阻抗整定时相间电阻分量通常整定范围较大，相间距离Ⅰ段实际使用的电阻定值会在该项整定值的基础上自动有所减小。

（23）相间Ⅰ段电抗定值。该定值按全线路正序电抗的 0.8～0.85 倍整定，对于有互感的线路，应适当减小定值。

（24）相间Ⅱ、Ⅲ段的电抗和时间定值。该两项定值均按满足本线路末端有灵敏度和配合的需要整定。

（25）TV 断线后过电流定值。该定值仅在电压回路断线后投入，按相电流整定，且按躲过负荷电流且末端故障有灵敏度整定。

（26）TV 断线后零序过电流定值。该定值仅在电压回路断线后投入，按末端故障有灵敏度整定。

（27）TV 断线后延时定值。该定值为电压回路断线后过电流和零序过电流元件的延时定值。

（28）零序Ⅰ段电流定值。该定值按躲开本线路末端接地短路的最大零序电流整定。

（29）零序Ⅱ、Ⅲ、Ⅳ段电流和时间定值。该两项定值按配合需要整定。非全相中零序

Ⅳ段不退出，但延时为在零序Ⅳ段延时定值基础上减少 0.5s。

（30）零序反时限电流定值。零序反时限特性曲线的计算公式为

$$T=\frac{K}{\left(\frac{I_k}{I_{set}}\right)^R-1}+T_s \tag{7-1}$$

式中　I_{set}——零序反时限电流定值；

I_k——短路电流值。

（31）零序反时限时间系数，此定值是指式（7-1）中的 K。

（32）零序反时限指数定值，此定值是指式（7-1）中的 R。

（33）零序反时限延时定值，此定值是指式（7-1）中的 T_s。

（34）零序辅助启动元件的启动电流不单独整定，根据零序反时限电流、零序Ⅳ段电流和零序差动电流定值考虑灵敏系数后自动生成。

二、控制字说明

微机型保护装置的控制字和定值清单一起保存在定值存储器中。运行、技术人员可以通过控制字对保护装置的各项功能进行选择。CSC-103A 型保护装置的控制字可以按十六进制控制字显示，也可以按控制位显示。按十六进制显示时，每个控制字由 16 个二进制数组成，D15 为最高位，D0 为最低位，每 4 位组成一个十六进制数，即每个控制字按 4 个十六进制数显示，其整定范围为 0000～FFFF。备用控制字均置“0”。

微机保护装置的控制字根据其控制的内容不同，通常可分为公用控制字和专用控制字。其中，公用控制字用于控制保护装置各项保护功能公用部分的投入或退出；专用控制字用于控制保护装置某项保护功能的投入或退出。CSC-103A 型微机保护装置的专用控制字可分为纵联电流差动保护的控制字、距离保护的控制字及零序保护的控制字。

1. 公用控制字

公用控制字见表 7-2，其含义如下：

表 7-2　公用控制字表

位	置“1”含义	置“0”含义
D4～D15	备用	备用
D3	电压接线路侧 TV	电压接母线侧 TV
D2	备用	备用
D1	三相永跳投入	三相永跳退出
D0	相间永跳投入	相间永跳退出

D0 位控制字用来选择相间永跳是否投入。此控制字置“1”时，相间永跳投入，则对于各种相间短路故障，保护装置动作于跳闸时，均发永久跳闸命令（闭锁重合闸）；此控制字置“0”时，相间永跳退出，则相间故障时保护发三相跳闸命令。

D1 位控制字用来选择三相永跳是否投入。此控制字置“1”时，三相永跳投入，则对于三相短路故障，保护装置动作于跳闸时，发永久跳闸命令（闭锁重合闸）；此控制字置“0”时，三相永跳退出，则三相故障时保护发三相跳闸命令。

D3 位控制字用来告诉 CPU 引入保护装置的交流电压来自哪一侧的电压互感器。如果保护用电压取自线路侧电压互感器（如一个半断路器接线时），则此位置“1”；如果电压取自母线电压互感器，则该项控制字置“0”。

D2、D4～D15 为备用控制字，这几项控制字均置“0”。

2. 纵联电流差动保护的控制字

纵联电流差动保护的控制字见表7-3，其含义如下：

表7-3　　纵联电流差动保护的控制字表

位	置“1”含义	置“0”含义
D14、D15	备用	备用
D13	通道环回试验投入	通道环回试验退出
D12	通道B选择2Mbps速率	通道B选择64kbps速率
D11	通道B选择外时钟	通道B选择内时钟
D10	通道A选择2Mbps速率	通道A选择64kbps速率
D9	通道A选择外时钟	通道A选择内时钟
D8	零序差动动作永跳	零序差动动作选跳
D7	突变量差动保护投入	突变量差动保护退出
D6	双通道	单通道
D5	远方跳闸受方向元件控制	远方跳闸不受方向元件控制
D4	远方跳闸受启动元件控制	远方跳闸不受启动元件控制
D3	TA断线闭锁三相	TA断线闭锁断线相
D2	TA断线闭锁差动保护	TA断线不闭锁差动保护
D1	补偿电容电流	不补偿电容电流
D0	主机工作方式	从机工作方式

线路两侧保护装置必须一侧整定为主机工作方式，另一侧整定为从机工作方式。当某一侧的保护装置采用主机工作方式时，其D0项控制字应整定为“1”；另一侧的保护装置应采用从机工作方式，其D0项控制字应整定为“0”。

D1位控制字用来选择补偿电容电流功能是否投入。该项控制字置“1”时补偿电容电流功能投入；置“0”时此项功能退出。

D2位控制字用来选择电流回路断线时，是否闭锁差动保护。该项控制字置“1”时，TA断线时将闭锁差动保护，在这种情况下可进一步选择TA断线闭锁三相差动保护或TA断线只闭锁断线相差动保护。该项控制字置“0”时，TA断线时不闭锁差动保护，当断线相差动电流大于“TA断线后差动定值”时，差动保护动作并发永久跳闸命令。

D3位控制字用来选择电流回路断线时，是闭锁三相差动保护还是只闭锁断线相差动保护。此功能在“TA断线闭锁差动保护”控制字置“1”时有效。该项控制字置“1”时，任一相电流回路断线，均闭锁三相差动保护；该项控制字置“0”时，电流回路断线只闭锁断线相差动保护。在“TA断线闭锁差动保护”功能退出的情况下，该控制字不起作用。

D4位控制字用来选择远方跳闸是否受启动元件控制。该项控制字置“1”时，远方跳闸受启动元件控制；该项控制字置“0”时，远方跳闸不受启动元件控制。如果不使用远方跳闸功能，建议将该项控制字置“1”。

D5位控制字用来选择远方跳闸是否受方向元件、阻抗元件控制。该项控制字置“1”时，远方跳闸必须在保护启动的情况下，任一相别测量阻抗在正方向距离Ⅱ段保护范围之内，才能发出口跳闸命令；使用阻抗Ⅱ段闭锁时，需要考虑灵敏度是否满足要求。该项控制字置“0”时，远方跳闸不受距离Ⅱ段的控制。如果不使用远方跳闸功能，建议将该项控制字置“1”。

D6位控制字的设置决定了通道的告警方式。如果该项控制字置“1”，则在通道A、通道B任一通道故障时，报相应通道告警（只闭锁故障通道，不闭锁差动保护）；如果该项控制字置“0”，则在通道A和通道B全故障时，才报通道告警。因此，当保护装置采用双通道时，应将该项控制字置“1”；当保护装置采用单通道时，应将该项控制字置“0”。

D7位控制字用来选择突变量差动保护是否投入。该项控制字置“1”时，突变量差动保护投入；该项控制字置“0”时，突变量差动保护退出。

D8位控制字用来选择零序差动保护的出口方式。该项控制字置“1”时，零序差动保护动作后发永久跳闸命令；该项控制字置“0”时，零序差动保护选相跳闸。

D9位控制字用来选择通道A的时钟。该项控制字置“1”时，通道A选择外时钟；该项控制字置“0”时，通道A选择内时钟。采用专用通道时，该项控制字置“0”，复用64kbps通道时，该项控制字置“1”。

D10位控制字用来选择通道A的速率。该项控制字置“1”时，通道A选择2Mbps速率；该项控制字置“0”时，通道A选择64kbps速率。在采用专用通道时，建议将该项控制字置“1”。

D11位控制字用来选择通道B的时钟。该项控制字置“1”时，通道B选择外时钟；该项控制字置“0”时，通道B选择内时钟。采用专用通道时，该项控制字置“0”，复用64kbps通道时，该项控制字置“1”。

D12位控制字用来选择通道B的速率。该项控制字置“1”时，通道B选择2Mbps速率；该项控制字置“0”时，通道B选择64kbps速率。在采用专用通道时，建议将该项控制字置“1”。

D13位控制字用来选择通道环回试验功能是否投入。在做通道自环实验或通道远方环回实验时，将该项控制字置“1”；正常运行时，通道环回试验功能不允许投入，必须将该项控制字置“0”。

D14、D15为备用控制字，这两项控制字均置“0”。

3. 距离保护的控制字

距离保护的控制字见表7-4，其含义如下：

D0、D1位控制字分别用来选择距离Ⅰ段、距离Ⅱ段是否经振荡闭锁。D0项控制字置“0”，表示距离Ⅰ段经振荡闭锁。在电流突变量启动元件启动150ms或静稳失稳启动元件启动后，保护再投入距离Ⅰ段时须经振荡闭锁元件开放。如果D1项控制字置“0”，则表示距离Ⅱ段经振荡闭锁。D0项控制字置“1”，表示距离Ⅰ段不经振荡闭锁，从保护启动到整组复归，距离Ⅰ段一直开放。如果D1项控制字置“1”，则表示距离Ⅱ段不经振荡闭锁。

D2位控制字用来选择快速距离Ⅰ段是否投入。该项控制字置“1”时，快速距离Ⅰ段投入；该项控制字置“0”时，快速距离Ⅰ段退出。当线路长度小于20km时，快速距离Ⅰ段不允许投入，应将该项控制字置“0”。

D3、D4位控制字分别用来选择瞬时加速距离Ⅱ段、瞬时加速距离Ⅲ段功能是否投入。如果D3项控制字置“1”，表示线路重合于故障后瞬时加速距离Ⅱ段功能投入；如果D4项控制字置“1”，表示线路重合于故障后瞬时加速距离Ⅲ段功能投入。D3项控制字置“0”，表示瞬时加速距离Ⅱ段功能退出；D4 项控制字置“0”，表示瞬时加速距离Ⅲ段功能退出。

D5、D6 位控制字分别用来选择距离Ⅱ段、距离Ⅲ段是否动作于永久跳闸。D5 项控制字置“1”，表示距离Ⅱ段永跳投入，距离Ⅱ段保护动作后发永久跳闸命令；D6 项控制字置“1”，表示距离Ⅲ段永跳投入。D5 项控制字置“0”，表示距离Ⅱ段永跳退出，距离Ⅱ段保护动作后发选相跳闸或三相跳闸命令；D6 项控制字置“0”，表示距离Ⅲ段永跳退出。

D7 位控制字用来选择电压回路断线后，是否投入 TV 断线后过电流和零序过电流保护功能。如果 D7 项控制字置“1”，表示 TV 断线后过电流和零序过电流保护功能投入；如果 D7 项控制字置“0”，则表示该功能退出。

D8～D15 为备用控制字，这几项控制字均置“0”。

表 7-4 距离保护的控制字表

位	置“1”含义	置“0”含义
D8～D15	备用	备用
D7	TV 断线后过电流投入	TV 断线后过电流退出
D6	距离Ⅲ段永跳投入	距离Ⅲ段永跳退出
D5	距离Ⅱ段永跳投入	距离Ⅱ段永跳退出
D4	瞬时加速距离Ⅲ段投入	瞬时加速距离Ⅲ段退出
D3	瞬时加速距离Ⅱ段投入	瞬时加速距离Ⅱ段退出
D2	快速Ⅰ段投入	快速Ⅰ段退出
D1	距离Ⅱ段不经振荡闭锁	距离Ⅱ段经振荡闭锁
D0	距离Ⅰ段不经振荡闭锁	距离Ⅰ段经振荡闭锁

4. 零序保护的控制字

零序保护的控制字见表 7-5，其含义如下：

D0、D1 位控制字分别用来选择零序电流Ⅱ段保护、零序电流Ⅲ段保护功能是否投入。D0 项控制字置“1”，表示零序Ⅱ段保护投入；D1 项控制字置“1”，表示零序Ⅲ段保护投入。D0 项控制字置“0”，表示零序Ⅱ段保护退出；D1 项控制字置“0”，表示零序Ⅲ段保护退出。另外，CSC-103A 型保护装置的零序Ⅰ段保护、零序反时限保护均分别经连接片投退；零序Ⅱ、Ⅲ、Ⅳ段保护共用一个连接片，因此还需要经控制字分别选择各段的投退。

D2、D3、D4 位控制字分别用来选择零序电流Ⅱ、Ⅲ、Ⅳ段保护是否带零序方向元件。D2 项控制字置“1”，表示零序电流Ⅱ段保护带零序方向元件，此时必须在零序方向元件判为正方向故障时，零序电流Ⅱ段保护才能动作；D2 项控制字置“0”，表示零序电流Ⅱ段保护不带方向元件。D3 项控制字置“1”，表示零序电流Ⅲ段保护带方向元件；D3 项控制字置“0”，表示该段保护不带方向元件。D4 项控制字置“1”，表示零序电流Ⅳ段保护带方向元件；D4 项控制字置“0”，表示该段保护不带方向元件。另外，CSC-103A 型保护装置的零序Ⅰ段和零序不灵敏Ⅰ段都自动带方向元件。

D5、D6、D7 位控制字分别用来选择加速零序电流Ⅱ、Ⅲ、Ⅳ段功能是否投入。如果 D5 项控制字置“1”，表示线路重合于故障后加速零序电流Ⅱ段功能投入；如果 D6 项控制字置“1”，表示线路重合于故障后加速零序Ⅲ段功能投入；如果 D7 项控制字置“1”，表示线路重合于故障后加速零序Ⅳ段功能投入。当投入某一段加速功能时，相应段在线路重合于接地故障后，带 100ms 延时跳闸。D5 项控制字置“0”，表示加速零序Ⅱ段功能退出；D6 项控制字置“0”，表示加速零序Ⅲ段功能退出；D7 项控制字置“0”，表示加速零序Ⅳ段功能退出。另外，CSC-103A 型保护装置的加速零序Ⅰ段功能固定投入，带 100ms 延时；加速不灵敏Ⅰ段功能自动投入，瞬时动作。

D8 位控制字用来选择是否投入 $3U_0$ 突变量闭锁功能。该项控制字置“1”时，零序电流Ⅰ、Ⅱ、Ⅲ、Ⅳ段保护都受 $3U_0$ 突变量元件闭锁；该项控制字置“0”时，$3U_0$ 突变量闭锁功能退出。

D9 位控制字用来选择零序电流Ⅱ段、Ⅲ段保护是否动作于永久跳闸。D9 项控制字置“1”，表示零序电流Ⅱ段、Ⅲ段保护永跳投入，零序电流Ⅱ段或Ⅲ段保护动作后发永久跳闸命令；D9 项控制字置“0”，表示零序电流Ⅱ段、Ⅲ段保护永跳退出，零序电流Ⅱ段或Ⅲ段保护动作后发选相跳闸命令。

D10 位控制字用来选择零序电流Ⅳ段保护是否动作于永久跳闸。D10 项控制字置“1”，表示零序电流Ⅳ段保护永跳投入，零序电流Ⅳ段保护动作后发永久跳闸命令；D10 项控制字置“0”，表示零序电流Ⅳ段保护永跳退出，零序电流Ⅳ段保护动作后发三相跳闸命令。

D11 位控制字用来选择零序反时限电流保护是否带方向元件。D11 项控制字置“1”，表示零序反时限电流保护带方向元件，此时必须在零序方向元件判为正方向故障时，零序反时限电流保护才能动作；D11 项控制字置“0”，表示零序反时限电流保护不带方向元件。

D12 位控制字用来选择零序反时限电流保护是否动作于永久跳闸。D12 项控制字置“1”，表示零序反时限电流保护永跳投入，零序反时限电流保护动作后发永久跳闸命令；D12 项控制字置“0”，表示零序反时限电流保护永跳退出，零序反时限电流保护动作后发三相跳闸命令。

D13～D15 为备用控制字，这三项控制字均置“0”。

表 7-5　零序保护的控制字表

位	置“1”含义	置“0”含义
D13～D15	备用	备用
D12	零序反时限永跳投入	零序反时限永跳退出
D11	零序反时限带方向投入	零序反时限带方向退出
D10	零序Ⅳ段永跳投入	零序Ⅳ段永跳退出
D9	零序Ⅱ、Ⅲ段永跳投入	零序Ⅱ、Ⅲ段永跳退出
D8	$3U_0$ 突变量闭锁投入	$3U_0$ 突变量闭锁退出
D7	加速零序Ⅳ段投入	加速零序Ⅳ段退出
D6	加速零序Ⅲ段投入	加速零序Ⅲ段退出
D5	加速零序Ⅱ段投入	加速零序Ⅱ段退出
D4	零序Ⅳ段带方向投入	零序Ⅳ段带方向退出
D3	零序Ⅲ段带方向投入	零序Ⅲ段带方向退出
D2	零序Ⅱ段带方向投入	零序Ⅱ段带方向退出
D1	零序Ⅲ段投入	零序Ⅲ段退出
D0	零序Ⅱ段投入	零序Ⅱ段退出

当选择按控制位显示时，该保护装置的定值清单中没有控制字（见表 7-1），而是另设了一个控制字清单，将表 7-2～表 7-5 中列出的所有功能选项均放在控制字清单中。

第八章 电力变压器保护

第一节 概 述

电力变压器（以下简称变压器）是电力系统中十分重要的元件，它的故障将对供电可靠性和系统的正常运行带来严重的影响。为了防止变压器发生各类故障和不正常运行对电力系统安全运行造成损失，根据有关技术规程的规定，应针对电力变压器的故障和不正常运行状态设置相应的继电保护。

一、变压器的故障和不正常运行方式

变压器的故障可以分为油箱内故障和油箱外故障。油箱内故障包括绕组的相间短路、接地短路、匝间短路以及铁心的烧损等。油箱外的故障主要是套管和引出线上发生的相间短路和接地短路。

变压器的不正常运行状态主要有由于变压器外部相间短路引起的过电流，外部接地短路引起的过电流和中性点过电压，由于所带负荷超过变压器的额定容量引起的过负荷，以及由于漏油等原因引起的油面降低。此外，对大容量变压器，由于其额定工作条件下的磁通密度接近于铁心的饱和磁通密度，在过电压或低频率等不正常运行方式下，还会发生变压器的过励磁故障。

二、变压器保护的配置原则

针对电力变压器的故障和不正常运行方式，根据有关技术规程的规定，电力变压器应装设以下主保护和后备保护。

1. 电力变压器的主保护

电力变压器的主保护主要包括瓦斯保护、纵联差动保护及电流速断保护等。

（1）瓦斯保护。变压器的瓦斯保护是针对变压器油箱内的各种故障以及油面降低而设置的保护。

容量在800kVA及以上的油浸式变压器和400kVA及以上的车间内油浸式变压器，应装设瓦斯保护。

（2）纵联差动保护或电流速断保护。为防止变压器绕组、套管及引出线上的故障，根据变压器容量的不同，应装设纵联差动保护或电流速断保护。

电流速断保护用于10000kVA以下的变压器，且其过电流保护的动作时限大于0.5s。纵联差动保护用于以下变压器：容量为10000kVA以上单独运行的变压器；容量为6300kVA以上、并列运行的变压器或发电厂厂用变压器，以及企业中的重要变压器；容量在2000kVA以上的变压器，当其电流速断保护的灵敏性不能满足要求时。变压器纵联差动保护或电流速断保护动作后，均跳开变压器各电源侧的断路器。

2. 变压器的后备保护

变压器的后备保护主要用来防止变压器的外部短路并作为主保护的后备保护。

(1) 对于外部相间短路引起的变压器过电流，应采用下列保护：

1) 过电流保护。一般用于降压变压器，保护装置的整定值应考虑事故状态下可能出现的过负荷电流。

2) 复合电压启动的过电流保护。一般用于升压变压器及过电流保护灵敏性不满足要求的降压变压器上。

3) 负序电流及单相式低电压启动的过电流保护。一般用于大容量升压变压器或系统联络变压器。

4) 阻抗保护。对于升压变压器或系统联络变压器，当采用上述第2)、3) 的保护不能满足灵敏性和选择性要求时，可采用阻抗保护。

(2) 对于外部接地短路引起的变压器过电流应采用下列保护：

1) 对于中性点直接接地系统，为防止外部接地短路引起变压器过电流，应装设零序电流保护。

2) 自耦变压器和高、中压侧中性点都直接接地的三绕组变压器，当有选择性要求时，应装设零序方向元件。

3) 当电力系统中部分变压器中性点接地运行，为防止发生接地短路时，中性点接地的变压器跳开后，中性点不接地的变压器（低压侧有电源）仍带接地故障继续运行，应根据具体情况，装设专用的保护装置，如零序过电压保护、中性点装设放电间隙、零序电流保护等。

(3) 过负荷保护。对400kVA以上的变压器，当数台并列运行或单独运行，并作为其他负荷的备用电源时，应根据可能过负荷的情况，装设过负荷保护。过负荷保护接于一相电流上，并延时作用于信号。对于无经常值班人员的变电站，必要时过负荷保护可动作于自动减负荷或跳闸。

(4) 过励磁保护。高压侧电压为500kV及以上的变压器，为防止频率降低和电压升高而引起的变压器励磁电流升高，应装设过励磁保护。过励磁保护反应于实际工作磁密和额定工作磁密之比（称为过励磁倍数）而动作。在变压器允许的过励磁范围内，保护作用于信号，当过励磁超过允许值时，可动作于跳闸。

(5) 其他保护。对于变压器温度及油箱内压力升高和冷却系统的故障，应按现行变压器标准的要求，装设可作用于信号或动作于跳闸的保护装置。

第二节　变压器的瓦斯保护

一、变压器瓦斯保护的作用及原理

变压器的瓦斯保护可用来反应油浸式变压器油箱内的各种故障。当变压器油箱内故障时，瓦斯保护有着独特的、其他保护所不具备的优点。例如，当变压器发生严重漏油、绕组断线故障或绕组匝间短路产生的短路电流值不足以使其他保护动作时，只有瓦斯保护能够灵敏动作发出信号或跳闸。所以变压器的瓦斯保护是大型变压器内部故障的重要保护。

当变压器油箱内发生故障时，在故障点电流和电弧的作用下，变压器油及其他绝缘材料因局部受热而分解产生气体，这些气体将从油箱流向油枕的上部。当故障严重时，变压器油会迅速膨胀并产生大量的气体，此时将有剧烈的气体夹杂着油流冲向油枕的上部。根据油箱内部故障的这一特点，构成了变压器的瓦斯保护。由于变压器的瓦斯保护是反应上述气流、油流而动作的，所以它是变压器的非电量保护。

变压器的瓦斯保护分为重瓦斯保护和轻瓦斯保护两部分。当变压器油箱内轻微故障或严重漏油时，轻瓦斯保护动作，延时作用于信号；当变压器内部发生严重故障时，重瓦斯保护动作，瞬时动作跳开变压器的各侧断路器。

二、气体继电器

气体继电器是变压器瓦斯保护的主要元件。它安装在变压器油箱与油枕之间的连接管道上，如图 8-1 所示。为使气体能够顺利进入气体继电器和油枕，变压器安装时，应使顶盖与水平面之间有 1%～1.5%的坡度，连接管有 2%～4%的升高坡度。

我国电力系统中应用的气体继电器大多是开口杯挡板式，其结构如图 8-2 所示。上部有一个附带永久磁铁 4 的开口杯 5，下部有一附带永久磁铁 11 的挡板 10，干簧触点 15 为轻瓦斯触点，干簧触点 13 为重瓦斯触点。

在正常运行时，继电器内充满油，开口杯 5 在油的浮力和重锤 6 作用下，处于上翘位置，永久磁铁 4 处于干簧触点 15 的上方，干簧触点 15 可靠断开；挡板 10 在弹簧 9 作用下，处于正常位置，其附带的永久磁铁 11 远离干簧触点 13，干簧触点 13 可靠断开。

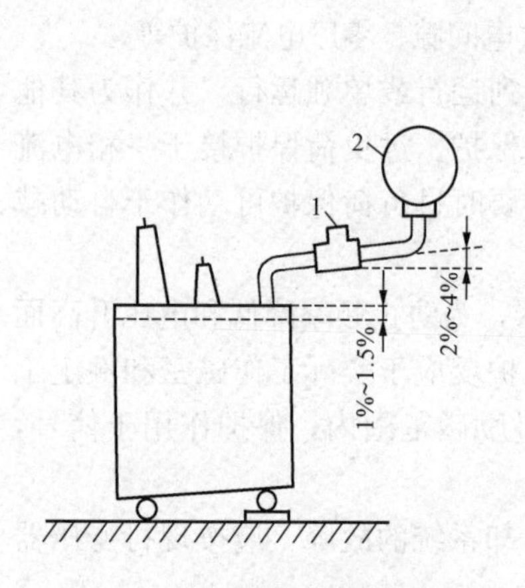

图 8-1 气体继电器安装示意图

1—气体继电器；2—油枕

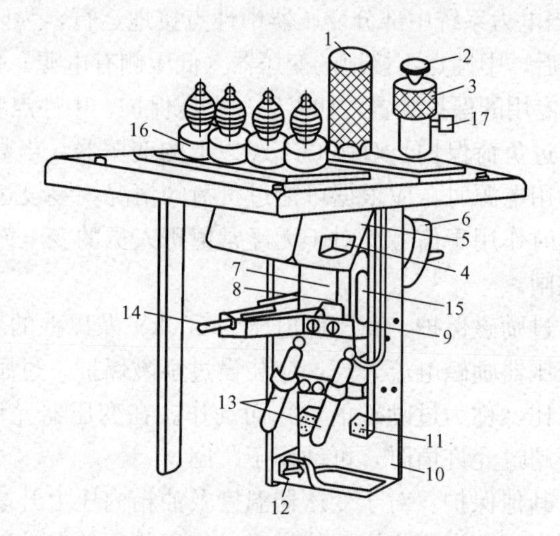

图 8-2 开口杯挡板式气体继电器结构图

1—罩；2—顶针；3—气塞；4，11—永久磁铁；5—开口杯；6—重锤；7—探针；8—开口销；9—弹簧；10—挡板；12—螺杆；13—干簧触点（重瓦斯）；14—调节杆；15—干簧触点（轻瓦斯）；16—套管；17—排气孔

当变压器内部发生轻微故障时，变压器油分解产生的气体汇集在气体继电器上部，迫使继电器内的油面下降，开口杯 5 露出油面，因其受到的浮力减小失去平衡而下沉，带动永久磁铁 4 下降，当永久磁铁 4 靠近干簧触点 15 时，干簧触点 15 接通，发出轻瓦斯动作信号。当变压器漏油严重时，同样由于油面下降而发出轻瓦斯信号。

当变压器内部发生严重故障时，油箱内产生大量气体，强大的气流伴随着油流冲击挡板 10，当油流的速度达到整定值时，挡板 10 克服弹簧的反作用力向前移动，带动永久磁铁 11 靠近干簧触点 13，使干簧触点 13 闭合，发出重瓦斯跳闸脉冲，断开变压器各侧的断路器。

气体继电器使用时，通过移动重锤 6 的位置，可调整轻瓦斯保护的动作值。其动作值采用气体容积的大小表示，整定范围通常为 250～300cm³。通过调整调节螺杆 14，改变弹簧 9 的松紧程度，调整重瓦斯的动作值，其动作值采用油流速度的大小表示，整定范围通常为 0.6～1.5m/s。气体继电器安装完毕，从排气口 17 打进空气，检查轻瓦斯保护动作的可靠性；通过探针 7 检查重瓦斯保护动作的可靠性。

三、瓦斯保护的接线

对于机电型变压器保护装置，当气体继电器的轻瓦斯触点（上触点）闭合时，通过信号继电器，延时发出预告信号。重瓦斯触点（下触点）闭合后，经信号继电器、保护连接片接通变压器保护的出口跳闸继电器，作用于各侧断路器跳闸。同时，为避免重瓦斯触点受油流冲击出现抖动造成保护失灵，出口跳闸继电器应有自保持功能，以保证断路器可靠跳闸。对于微机型变压器保护装置，通常将瓦斯保护的重瓦斯触点采用开关量经光电隔离器输入的方法引入微机型保护的输入端，实现保护的出口跳闸；发信号的轻瓦斯触点仅作为遥信开关量由微机监控系统采集。

瓦斯保护接线简单、灵敏性高、动作迅速，但它只能反应油箱内部故障，因此不能单独作为变压器的主保护，需要与纵联差动保护或电流速断保护共同使用，构成变压器的主保护。

第三节　变压器的纵联差动保护

一、变压器纵联差动保护的基本原理

变压器的纵联差动保护（简称纵差保护）不但可以正确区别保护区内、区外的短路，而且能瞬时切除保护区内的故障。因此，变压器纵差保护是变压器的主保护之一。

变压器纵差保护的基本原理与线路纵差保护的工作原理相似，按比较被保护变压器各侧电流的大小和相位的原理构成。为了实现这一比较，在变压器各侧装设一组电流互感器（TA），TA 的一次电流回路的极性端接母线侧，将 TA 二次侧的同极性端子相连接，纵差保护装置并联接入 TA 的二次回路。图 8-3 为双绕组变压器纵差保护单相原理接线图。显然，变压器纵差保护的保护范围为变压器各侧电流互感器 TA 所限定的全部区域，即变压器高、低压绕组、套管、引出线等。下面以图 8-3 所示的双绕组变压器为例，分析变压器纵差保护的工作原理。

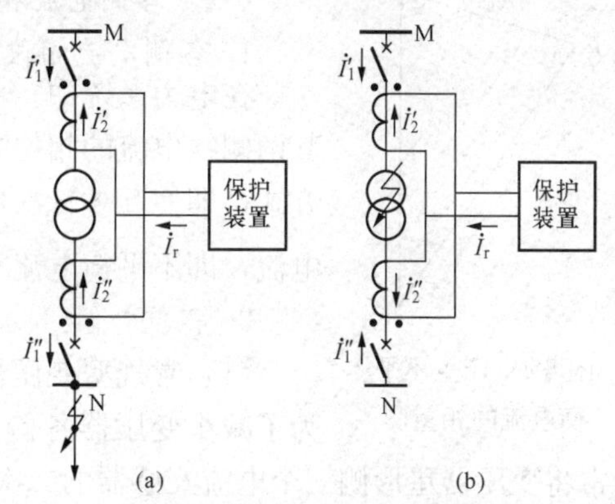

图 8-3　双绕组变压器纵差保护单相原理接线图
(a) 变压器正常运行或外部故障时电流分布；
(b) 变压器内部发生故障时电流分布

（一）正常运行和外部发生故障时

如图 8-3 (a) 所示，当正常运行和外部发生故障时，变压器两侧都有电流通过，$\dot{I}'_1$电流由母线指向变压器，$\dot{I}''_1$电流由变压器指向母线，选择两侧 TA 的变比，使两侧 TA 二次电流 $\dot{I}'_2$和 $\dot{I}''_2$大小相等。此时，流入纵差保护装置的电流为

$$\dot{I}_{r} = \dot{I}'_{2} - \dot{I}''_{2} = \frac{1}{K_{TA}}(\dot{I}'_{1} - \dot{I}''_{1}) = \dot{I}_{unb}$$

式中　$\dot{I}_{unb}$——不平衡电流；

K_{TA}——电流互感器的变比。

该不平衡电流小于保护的动作整定值，保护不动作。

（二）变压器内部发生故障时

如图 8-3（b）所示，当变压器内部发生故障时，由于变压器两侧电源均向故障点提供短路电流，两侧电流方向均由母线指向变压器，流入纵差保护装置的电流为

$$\dot{I}_{r} = \dot{I}'_{2} + \dot{I}''_{2} = \frac{1}{K_{TA}}(\dot{I}'_{1} + \dot{I}''_{1}) = \frac{\dot{I}_{k}}{K_{TA}}$$

式中　$\dot{I}_{k}$——短路电流。

该电流大于差动保护动作电流的整定值时，保护动作将故障切除。

若变压器连接为单侧电源其内部发生故障时，由于非电源侧的电流很小（近乎为零），电源侧的电流很大，所以流入纵差保护装置的电流仍为短路电流，保护仍然能可靠动作。

二、变压器纵联差动保护的特殊问题

变压器纵差保护为了获得动作的选择性，其动作电流的整定值必须大于差动回路中出现的最大不平衡电流。由于变压器各侧电压等级、绕组接线方式、电流互感器型式和变比均不同，以及变压器的励磁涌流等原因，使变压器纵差保护的不平衡电流较大，而不平衡电流越大，保护的灵敏度也就越低。因此，分析变压器纵差保护不平衡电流产生的原因和减小它对保护的影响是纵差保护的主要问题，通常将这个问题称为变压器纵差保护的特殊问题。

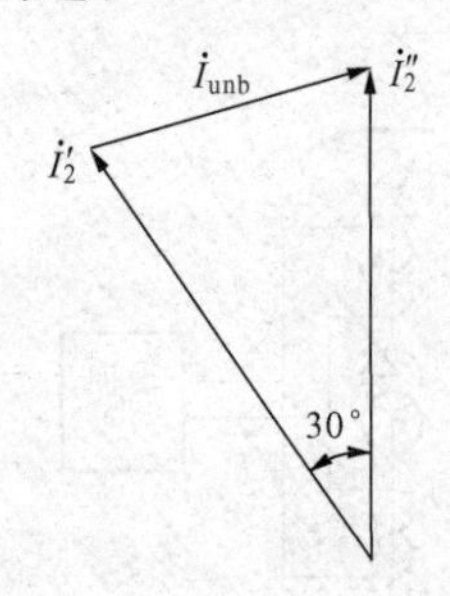

图 8-4　产生不平衡电流的相量图

（一）各侧电流相位不同产生的不平衡电流 $\dot{I}_{unb}$ 及相位补偿

1. 各侧电流相位不同产生的不平衡电流 $\dot{I}_{unb}$

在电力系统中，大、中型变压器通常采用 Yd11 接线方式，因此，其两侧线电流的相位差为 30°，若两侧电流互感器 TA 采用相同的接线方式，即使 TA 二次电流的数值相等，由于相位不同，也会有一个差电流，即不平衡电流 $\dot{I}_{unb}$（见图 8-4）流入差动保护装置。

2. 相位补偿

（1）常规型变压器纵差保护的相位补偿。常规型变压器纵差保护为了减小变压器各侧电流相位不同产生的不平衡电流对保护的影响，通常将变压器星形侧三个电流互感器的二次绕组接成三角形，变压器三角形侧三个电流互感器的二次绕组接成星形，将二次电流的相位校正过来。

图 8-5（a）为 Yd11 接线变压器的纵差保护原理接线图。其中，电流方向对应于正常的工作情况，$\dot{I}^{Y}_{U1}$、$\dot{I}^{Y}_{V1}$、$\dot{I}^{Y}_{W1}$ 为变压器星形侧的一次电流；$\dot{I}^{\triangle}_{U1}$、$\dot{I}^{\triangle}_{V1}$、$\dot{I}^{\triangle}_{W1}$ 为变压器三角形侧的一次电流，超前 30°星形侧一次电流，如图 8-5（b）所示。将变压器星形侧电流互感器的二次绕组采用三角形接线后，其二次侧输出电流为 $\dot{I}^{Y}_{u2}-\dot{I}^{Y}_{v2}$、$\dot{I}^{Y}_{v2}-\dot{I}^{Y}_{w2}$、$\dot{I}^{Y}_{w2}-\dot{I}^{Y}_{u2}$，它们刚好与 $\dot{I}^{\triangle}_{u2}$、$\dot{I}^{\triangle}_{v2}$、$\dot{I}^{\triangle}_{w2}$ 同相位，如图 8-5（c）所示。这样使差动回路两侧的电流相位相同，起到了相位补偿的作用。

采用相位补偿后，变压器星形侧流入保护装置的电流为TA二次相电流的$\sqrt{3}$倍，所以应将变压器星形侧TA的变比增大$\sqrt{3}$倍，以减小其二次电流，使正常运行和外部发生故障时差动回路两臂的电流大小相等。因此，选择TA变比时，应满足条件

$$\frac{K_{TA2}}{K_{TA1}/\sqrt{3}} = K_T \tag{8-1}$$

式中　K_{TA1}，K_{TA2}——分别为适应相位补偿而采用电流互感器的新变比；

K_T——变压器的变比。

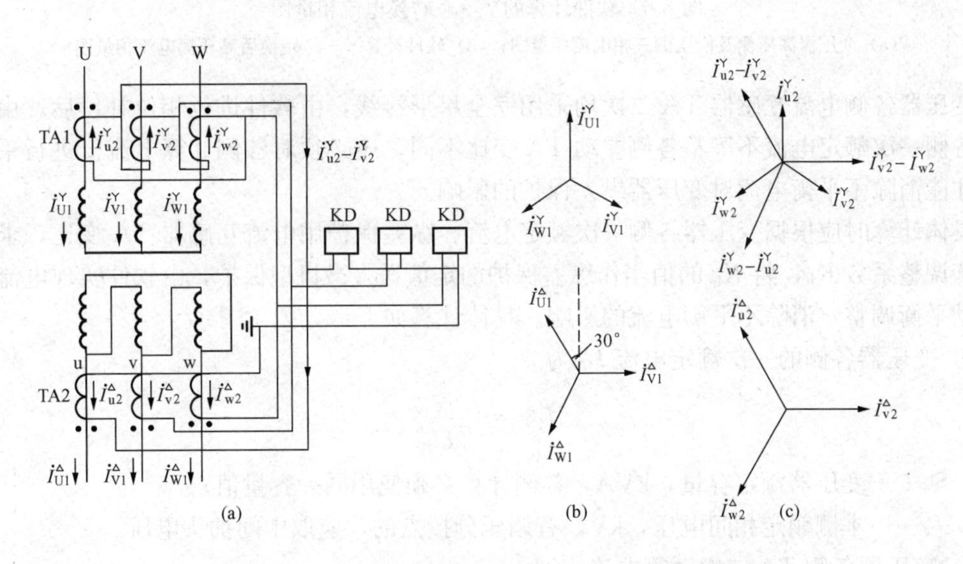

图8-5　Yd11接线变压器的纵差保护原理接线图和相量图

(a) 变压器及其纵差保护的原理接线；(b) 电流互感器一次电流相量图；(c) 纵差保护回路两侧的电流相量图

(2) 微机型变压器纵差保护的相位补偿及电流平衡调整。由于软件计算的灵活性，微机型变压器保护装置对纵差保护用的电流互感器二次接线方式的要求是：变压器各侧TA二次绕组可以均采用完全星形接线，也可以按机电型变压器保护的接线方式。当两侧都采用完全星形接线时，利用软件对变压器星形侧电流进行相位和幅值的补偿，从而减小由于变压器两侧电流相位不同产生的不平衡电流$\dot{I}_{unb}$对纵差保护的影响，同时也对电流互感器TA二次回路断线监视提供了有利的条件。

例如，对于采用YNd11接线的变压器，若星形侧三相电流采样值分别为$\dot{I}_U^Y$、$\dot{I}_V^Y$、$\dot{I}_W^Y$ [见图8-6 (a)]，则软件按式

$$\left.\begin{aligned}\dot{I}_U &= \dot{I}_U^Y - \dot{I}_V^Y \\ \dot{I}_V &= \dot{I}_V^Y - \dot{I}_W^Y \\ \dot{I}_W &= \dot{I}_W^Y - \dot{I}_U^Y\end{aligned}\right\} \tag{8-2}$$

可求得用作纵差保护计算的三相电流$\dot{I}_U$、$\dot{I}_V$、$\dot{I}_W$，其相量图如图8-6 (b) 所示。可见，用软件实现Y—△转换后的$\dot{I}_U$、$\dot{I}_V$、$\dot{I}_W$与变压器三角形侧TA二次电流$\dot{I}_u^{\triangle}$、$\dot{I}_v^{\triangle}$、$\dot{I}_w^{\triangle}$ [见图8-6 (a)] 同相位，实现了相位补偿的目的。

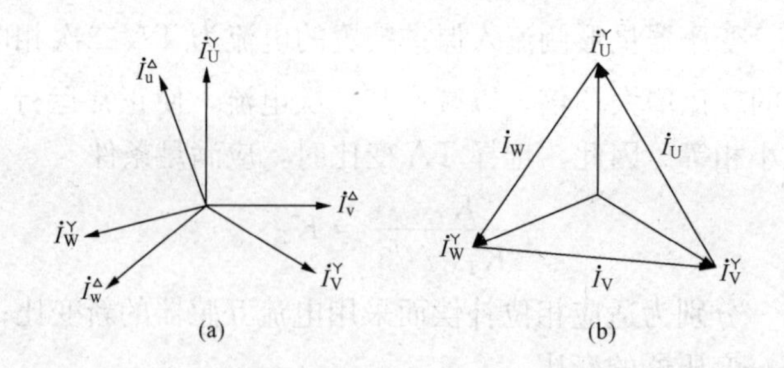

图 8-6　软件计算的Y—△转换电流相量图

（a）变压器高压侧及低压侧三相电流相量图；（b）软件计算Y—△转换后高压侧电流相量图

变压器各侧电流互感器 TA 二次均采用完全星形接线，由软件进行相位补偿后，由于变压器各侧一次额定电流不等及各侧差动 TA 变比不同，还必须对各侧计算电流值进行平衡调整，才能消除不平衡电流对变压器纵差保护的影响。

具体计算时应根据变压器各侧一次额定电流、纵差保护用电流互感器 TA 变比，求出电流平衡调整系数 K_b，将 K_b 的值当作纵差保护的定值送入微机型保护，由软件实现电流幅值的自动平衡调整，消除不平衡电流的影响。具体计算如下：

1）变压器各侧的一次额定电流 I_{1N} 为

$$I_{1N}=\frac{S_N}{\sqrt{3}U_N} \tag{8-3}$$

式中　S_N——变压器额定容量，kVA，各侧计算必须使用同一容量值；

U_N——本侧额定相间电压，kV，有调压分接点的，应取中间抽头电压。

2）变压器各侧 TA 二次计算电流 I_{2c} 为

$$I_{2c}=\frac{I_{1N}}{K_{TA}}K_{con} \tag{8-4}$$

式中　K_{TA}——本侧 TA 的变比；

K_{con}——TA 二次接线系数，变压器Y接线侧 $K_{con}=\sqrt{3}$，△接线侧 $K_{con}=1$。

3）计算电流平衡系数 K_b。差动保护平衡系数计算时，可选任一侧的电流为基准值。若以高压侧二次额定电流 $I_{2N,H}$ 为基准，则

高压侧平衡系数　　$K_{bH}=1$

中压侧平衡系数　　$$K_{bM}=\frac{I_{N,M}}{I_{2N,H}}=\frac{U_{N,M}K_{TA,M}K_{con,H}}{U_{N,H}K_{TA,H}K_{con,M}} \tag{8-5}$$

低压侧平衡系数　　$$K_{bL}=\frac{I_{2N,L}}{I_{2N,H}}=\frac{U_{N,L}K_{TA,L}K_{con,H}}{U_{N,H}K_{TA,H}K_{con,L}} \tag{8-6}$$

式中　下标 H，M，L——分别表示高、中、低三侧；

$I_{2N,M}$，$I_{2N,L}$——分别为变压器中、低压侧二次额定电流；

$U_{N,H}$，$U_{N,M}$，$U_{N,L}$——分别为变压器高、中、低三侧的二次额定电压；

$K_{TA,H}$，$K_{TA,M}$，$K_{TA,L}$——分别为变压器高、中、低三侧 TA 的变比；

$K_{con,H}$，$K_{con,M}$，$K_{con,L}$——分别为变压器高、中、低压侧 TA 二次接线系数。

由于微机型保护是按二进制方式取值，调整系数取值不是连续的而是分级的。因此按级差取值的调整系数 K_b 不可能使纵差保护完全达到平衡。

(二) 变压器励磁涌流的影响及减小影响的措施

变压器的励磁涌流 i_{exs} 是指在变压器空载合闸或者外部故障切除后电压恢复时，可能出现的励磁电流 i_m。由于该励磁电流 i_m 很大，其值可达额定电流的 6～8 倍，所以称为励磁涌流 i_{exs}。变压器的励磁电流只在变压器接入电源的一侧流过，因此，通过电流互感器反映到差动回路中不能被平衡。在正常运行情况下，此电流很小，一般不超过额定电流的 3%～5%。在外部故障时，由于电压降低，励磁电流减小，它对纵差保护的影响就更小，可以不予考虑。但在电压突然上升的情况下，如变压器空载或外部短路切除后恢复供电时，可能产生很大的励磁电流（励磁涌流 i_{exs}），将导致纵差保护误动。为此，必须分析励磁涌流 i_{exs} 产生的原因，并在变压器运行中出现励磁涌流 i_{exs} 时，将变压器纵差保护闭锁。

1. 励磁涌流 i_{exs} 产生的原因

因为在稳态工作情况下，变压器铁心中的磁通滞后于外加电压 90°。如图 8-7（a）所示，如果变压器空载合闸，正好在电压瞬时值 $u=0$ 时接通电路，则铁心中应该具有稳态磁通 $-\Phi_m$；但是由于铁心中的磁通不能突变，要维持总磁通仍等于铁心中的剩余磁通 Φ_s 不变，铁心中将出现一个暂态磁通，其幅值为 $+\Phi_m$。在合闸半个周期以后，若不考虑暂态磁通的衰减，铁心中的磁通将达到最大值 $2\Phi_m+\Phi_s$，此时变压器的铁心严重饱和，励磁电流 i_m 将剧烈增大，即产生了励磁涌流 i_{exs}。励磁涌流 i_{exs} 中包含有大量的非周期分量和高次谐波，其变化曲线如图 8-7（b）所示。

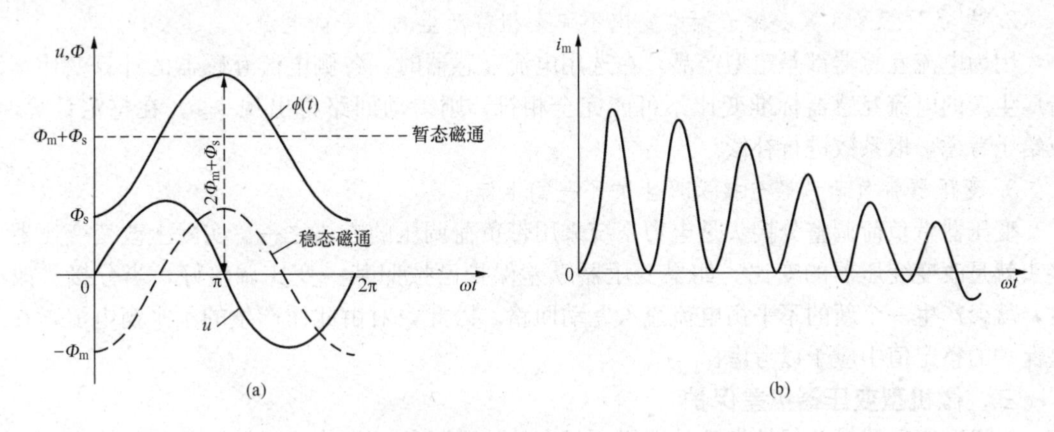

图 8-7　变压器励磁涌流的产生及励磁电流的变化曲线

（a）稳态与 $u=0$ 瞬间合闸时，磁通与电压的关系；（b）励磁电流的变化曲线

根据分析和测试，励磁涌流的大小和衰减时间与外加电压的相位、铁心中剩磁的大小和方向、电源容量的大小、回路的阻抗、变压器容量的大小和铁心性质等都有关系。例如，正好在电压瞬时值为最大时合闸，就不会出现励磁涌流，而只有正常时的励磁电流。但是对于三相变压器而言，无论在任何瞬间合闸，至少有两相要出现大小不同的励磁涌流。

2. 减小励磁涌流 i_{exs} 影响的措施

根据理论分析和实测可知，励磁涌流 i_{exs} 有以下特点：

（1）含有很大非周期分量，最大值可达额定电流的 6～8 倍且在起始瞬间，励磁涌流衰减的速度很快；

（2）含有大量非周期分量和高次谐波分量，其中以 2 次谐波为主；

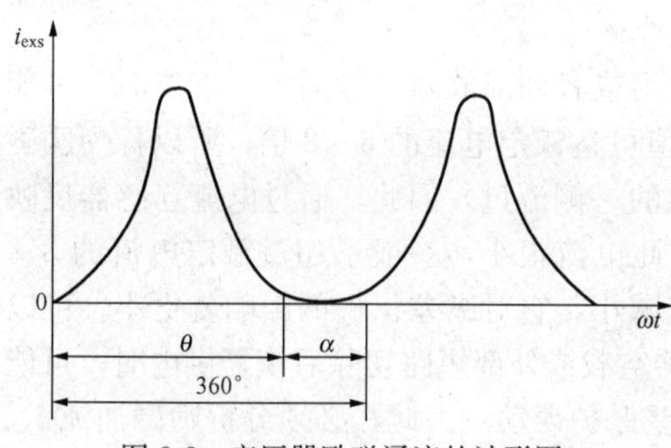

图 8-8 变压器励磁涌流的波形图

（3）波形之间有间断，在一个周期中间断角为 α，如图 8-8 所示。

所以，根据励磁涌流特点，变压器纵差保护防止励磁涌流 i_{exs} 影响的方法通常有：

（1）采用 2 次谐波制动的纵差保护；

（2）采用具有测量波宽和间断角的涌流判别元件闭锁纵差保护；

（3）采用波形对称原理识别励磁涌流的涌流判别元件闭锁纵差保护；

（4）采用具有速饱和铁心的差动继电器（对于常规型变压器保护装置）。

（三）变压器各侧电流数值不等引起的不平衡电流 I_{unb} 及减小其影响的措施

由于变压器各侧电流数值不等引起纵差保护回路产生不平衡电流 I_{unb} 的原因通常有三个方面。

1. 由于电流互感器型号不同产生的不平衡电流

由于变压器各侧的额定电压与额定电流大小不同，使得装设在变压器各侧的电流互感器型号将不同，它们的饱和特性、励磁电流（归算至同一侧）也就不同，因此，在差动回路中所产生的不平衡电流也就较大。所以，整定计算时应考虑同型系数 K_{st}，型号相同时取 $K_{st}=0.5$，型号不同时取 $K_{st}=1$。

2. 电流互感器计算变比与标准变比不完全相符产生的不平衡电流 I_{unb}

因为电流互感器都是定型产品，在选用电流互感器时，各侧电流互感器的计算变比与制造厂生产的电流互感器标准变比不可能完全相符，则差动回路将出现 I_{unb}。在整定计算时，应给予考虑，取系数进行补偿。

3. 变压器带负荷调整分接头产生的不平衡电流

变压器带负荷调整分接头是电力系统采用带负荷调压的方法之一。实际上改变变压器分接头就是改变变压器的变比。如果变压器纵差保护已按照某一变比调整好，当分接头改变时，就会产生一个新的不平衡电流流入差动回路。因此，对由此而产生的不平衡电流，在纵差保护的整定值中应予以考虑。

三、微机型变压器纵差保护

微机型变压器纵差保护借助计算机所具有的技术优势，将传统保护原理的具体实现技术进行改进和完善，同时不断探索新的保护原理，并应用于实际的保护装置，使变压器保护的性能得到了提高。目前，应用于电力系统的微机型变压器纵差保护，多采用比率制动式纵差保护、励磁涌流鉴别制动或闭锁式纵差保护、差动速断保护、TA 断线监视等，并将其结合应用，提高保护的性能。

（一）比率制动式纵差保护

1. 比率制动式纵差保护的基本概念

所谓比率制动式纵差保护，简单地说，就是纵差保护动作电流的整定值随外部故障时短路电流在差动回路产生不平衡电流的增大而按比例线性增大，既能保证外部故障时保护不误动，又能保证内部短路时保护有较高的灵敏性。由于变压器外部故障时，流经电流互感器的一次电流较正常运行时的一次电流大，此时纵差保护中的不平衡电流较大，为了减小或消除该不平衡电流的影响，在电流纵差原理的基础上引入了制动量（制动电流），以改善纵差保护的特性。制动量的选取应保证变压器外部短路时，制动作用最大，提高保护的可靠性；而内部短路时，制动作用最小，提高保护的灵敏性。这里的比率是指纵差保护的动作量（动作电流）与制动量（制动电流）之比。

2. 比率制动式纵差保护的基本原理

(1) 动作电流和制动电流的获取。如图 8-9 所示，在微机型纵差保护中，TA 二次电流不再进行并联差接，而是分别以独立的电流通道信号直接接入保护装置，保护装置的微机系统依照不同的算法，通过对各通道电流信号采样值的计算，获取动作电流和制动电流。

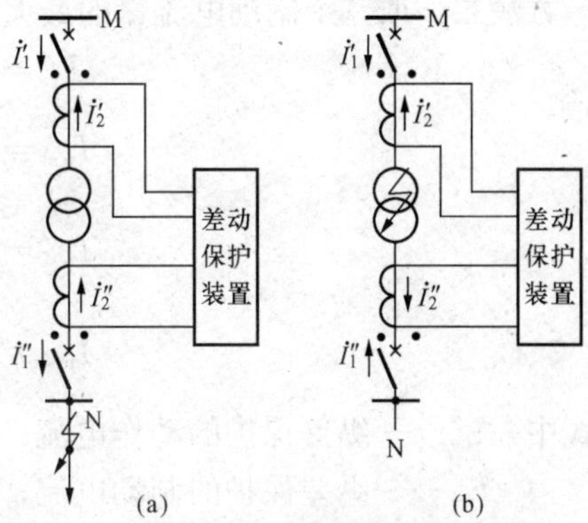

图 8-9　比率制动式变压器纵差保护单相原理接线图

(a) 变压器正常运行或外部故障时电流分布；(b) 变压器内部故障时电流分布

微机型比率制动式纵差保护通常将差动电流选作保护的动作电流，其关键在于寻找适当的制动电流，设计不同方案的制动电流算法，可以形成不同的比率制动特性，构成不同原理的比率制动式纵差保护。

(2) 和差式比率制动差动保护的基本原理。所谓和差式比率制动纵差保护是指保护的动作电流（差动电流）I_{op}取各侧 TA 二次电流之和，制动电流 I_{res}取各侧 TA 二次电流之差。规定变压器各侧 TA 均以母线侧为极性端，当 TA 二次电流由极性端流入保护装置时为正，由非极性端流入保护装置时为负。

如图 8-9 (a) 所示，正常运行或外部短路时，$\dot{I}_2'$由 TA 二次的极性端流入保护装置，所以 $\dot{I}_2'$为正；$\dot{I}_2''$由 TA 二次的非极性端流入保护装置，所以 $\dot{I}_2''$为负；且 $I_2'\approx I_2''$，则保护的动作电流为 $\dot{I}_{op}=\dot{I}_2'+(-\dot{I}_2'')=\dot{I}_2'-\dot{I}_2''\approx 0$，制动电流为 $\dot{I}_{res}=\dot{I}_2'-(-\dot{I}_2'')=\dot{I}_2'+\dot{I}_2''$。显然，此时由于动作电流最小，制动电流最大，保护不动作。

如图 8-9 (b) 所示，当变压器内部短路时，$\dot{I}_2'$为正，$\dot{I}_2''$为正，则保护的动作电流为 $\dot{I}_{op}=\dot{I}_2'+\dot{I}_2''$，制动电流为 $\dot{I}_{res}=\dot{I}_2'-\dot{I}_2''$。显然，此时动作电流最大，制动电流最小，保护动作且灵敏。

(3) 实用中动作电流 I_{op}与制动电流 I_{res}的计算。在实用中动作电流 I_{op}与制动电流 I_{res}通常按以下方法选用。

对于双绕组变压器有：

动作电流
$$I_{op}=|\dot{I}_H+\dot{I}_L| \tag{8-7}$$

制动电流
$$I_{res}=\frac{1}{2}|\dot{I}_H-\dot{I}_L| \tag{8-8}$$

对于三绕组变压器有：

动作电流
$$I_{op}=|\dot{I}_H+\dot{I}_M+\dot{I}_L| \tag{8-9}$$

制动电流按以下两种方法选用：

方法一：取变压器各侧电流中的最大电流
$$I_{res}=\max(|\dot{I}_H|,|\dot{I}_M|,|\dot{I}_L|) \tag{8-10}$$

方法二：取三个制动电流量的最大值

$$I_{res}=\max(I_{res1},I_{res2},I_{res3}) \tag{8-11}$$

$$I_{res1}=\frac{1}{2}|\dot{I}_H+\dot{I}_L-\dot{I}_M| \tag{8-12}$$

$$I_{res2}=\frac{1}{2}|\dot{I}_H+\dot{I}_M-\dot{I}_L| \tag{8-13}$$

$$I_{res3}=\frac{1}{2}|\dot{I}_M+\dot{I}_L-\dot{I}_H| \tag{8-14}$$

上式中 I_{op}——纵差保护的动作电流；

I_{res}——纵差保护的制动电流；

$\dot{I}_H$，$\dot{I}_M$，$\dot{I}_L$——经相位变换、电流补偿后，变压器高、中、低压各侧 TA 二次侧的计算电流。

3. 比率制动式纵差保护的动作特性

比率制动式纵差保护的动作特性如图 8-10 所示。其动作判据为

$$I_{op}\geqslant\begin{cases}I_{op,min}, & I_{res}<I_{res0}\\ I_{op,min}+K_1(I_{res}-I_{res0}), & I_{res0}\leqslant I_{res}\leqslant I_{res1}\\ I_{op,min}+K_1(I_{res1}-I_{res0})+K_2(I_{res}-I_{res1}), & I_{res}\geqslant I_{res1}\end{cases} \tag{8-15}$$

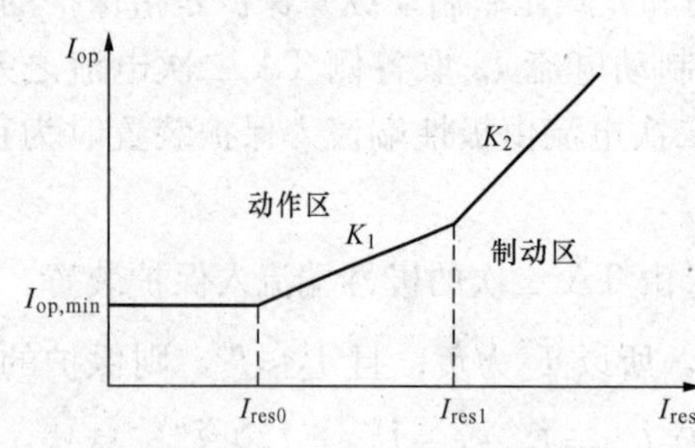

图 8-10 比率制动式纵差保护的动作特性

其中，$I_{op,min}$为保护的最小动作电流整定值，应按躲过正常额定负荷时的最大不平衡电流整定。最大不平衡电流应考虑 TA 变比误差、带负荷调压等因素的影响。工程实用整定计算中一般选取 $I_{op,min}=(0.2\sim0.5)I_N$，一般工程宜采用不小于 $0.3I_N$（I_N为变压器基准侧二次额定电流），并应实测最大负荷时差回路中的不平衡电流。I_{res0}、I_{res1}为第一、第二折点对应的制动电流整定值，通常取 $I_{res0}=(0.5\sim1.2)I_N$，$I_{res1}=(3\sim4)I_N$，其中 I_N 为变压器基准侧二次额定电流。K_1、K_2 为第一、第二段折线的斜率（制动系数），通常取 $K_1=0.3\sim0.75$，$K_2=0.75\sim2.5$。

（二）励磁涌流鉴别原理

根据前面分析，变压器空载合闸和区外故障切除电压恢复时所产生的励磁涌流特别严重，纵差保护必须采取措施防止误动，通常采用以下方法。

1. 2 次谐波闭锁原理

2 次谐波闭锁原理是根据变压器励磁涌流中含有大量 2 次谐波分量的特性，采用三相差动电流中 2 次谐波电流与基波电流的比值作为励磁涌流闭锁的判据。2 次谐波闭锁的方式为“或”门出口，即三相差动电流中任一相判为励磁涌流时，闭锁三相比率纵差保护。其闭锁判据为

$$I_{d,2}\geqslant K_{2,res}I_{op1} \tag{8-16}$$

式中 $I_{d,2}$——U、V、W 三相差动电流中各自的 2 次谐波电流值；

I_{op1}——对应的三相基波差动电流动作值；

$K_{2,res}$——2 次谐波制动系数，整定范围为 0.1～0.3，通常取 0.15。

2 次谐波电流与基波电流的比值与变压器铁心质量、饱和程度及变压器的容量均有关，

一般变压器容量越小，$K_{2,res}$ 取值偏大。在实际应用中，用户可以在 0.15～0.25 间先做 5 次空载合闸试验，或用谐波分析仪确定变压器的励磁涌流中 2 次谐波的含量比，并作为 2 次谐波制动比的整定依据。

另外，对于 500kV 超高压变压器纵差保护，还可增加 5 次谐波制动量，原理同 2 次谐波制动原理。

2. 间断角识别闭锁原理

间断角识别闭锁的原理是根据励磁涌流波形有间断角的特性，采用波形比较技术将变压器的励磁涌流和故障电流分开，实现出现励磁涌流时闭锁纵差保护的目的。根据图 8-8 所示的励磁涌流波形，波形比较闭锁原理的判据为

$$\left.\begin{array}{l}\theta < \theta_{set} \\ \alpha > \alpha_{set}\end{array}\right\} \tag{8-17}$$

式中　θ，α——分别为涌流的波宽和涌流的间断角，$\theta = 360° - \alpha$；

θ_{set}，α_{set}——分别为波宽整定值及间断角整定值，通常取 $\theta_{set} \approx 140°$、$\alpha_{set} \approx 65°$ 左右。

即满足式（8-17）时，判为有励磁涌流，闭锁比率制动式纵差保护。

3. 波形对称模糊识别闭锁原理

设差动电流的导数为 $I(k)$，每周的采样点数是 $2n$，对数列

$$X(k) = |I(k) + I(k+n)| / |I(k)| + |I(k+n)|, n = 1, 2, \cdots, n \tag{8-18}$$

可认为 $X(k)$ 越小，该点所含的故障信息越多，即故障的可信度越大；反之，$X(k)$ 越大，该点所包含的励磁涌流的信息越多，即涌流的可信度越大。取一个隶度函数，设为 $A[X(k)]$，综合半周信息，对 $k=1$，2，…，n，求得模糊贴进度 N 为

$$N = \sum_{k=1}^{n} |A[X(k)]| / n \tag{8-19}$$

取门槛值为 k，当 $n>k$ 时，认为是故障；当 $n<k$ 时，认为是励磁涌流。

模糊识别闭锁原理通常采用“三取二出口”方式，即三相中有两相比率差动保护动作出口时，保护才动作出口；如果两相判为励磁涌流，则闭锁整个比率纵差保护。

（三）差动速断保护

当变压器内部发生严重故障时，为快速切除故障，不再进行任何制动条件的判断，只要任一相差动电流大于差动速断的整定值，保护瞬时动作，跳开变压器各侧断路器。其动作判据为

$$I_d \geqslant I_{s,set} \tag{8-20}$$

式中　I_d——变压器差动电流；

$I_{s,set}$——差动电流速断保护定值。

（四）电流互感器断线监视

当任一相差动电流大于 $0.1I_N$（I_N 为 TA 二次额定电流）时，启动 TA 断线判别程序。如果本侧三相电流中一相无电流而本侧其他两相和另一侧各相电流与启动前电流相等，认为是 TA 断线，即发出告警信号，并可选择闭锁或不闭锁纵差保护。

（五）差动保护程序框图

变压器差动保护的采样中断及故障处理程序框图，如图 8-11 所示。在差动保护采样中断服务程序中，对采样数字信号进行滤波和预处理，形成保护判据所需的各量。当差动保护启动元件动作后，先转入差动速断元件测量程序。若差动速断元件满足动作判据，则进入 TA 断线闭

锁元件的瞬时判别程序，判为TA断线，则发TA断线告警信号，并闭锁保护；否则，进入跳闸逻辑。若差动速断元件不动作，再转入比率差动元件测量程序，比率差动元件动作须经励磁涌流判别（2次谐波识别）元件判断是否因励磁涌流引起比率差动元件动作，是则闭锁比率差动元件；否则进入TA断线判别后决定是否跳闸，完成跳闸逻辑判断后，即返回主程序运行。

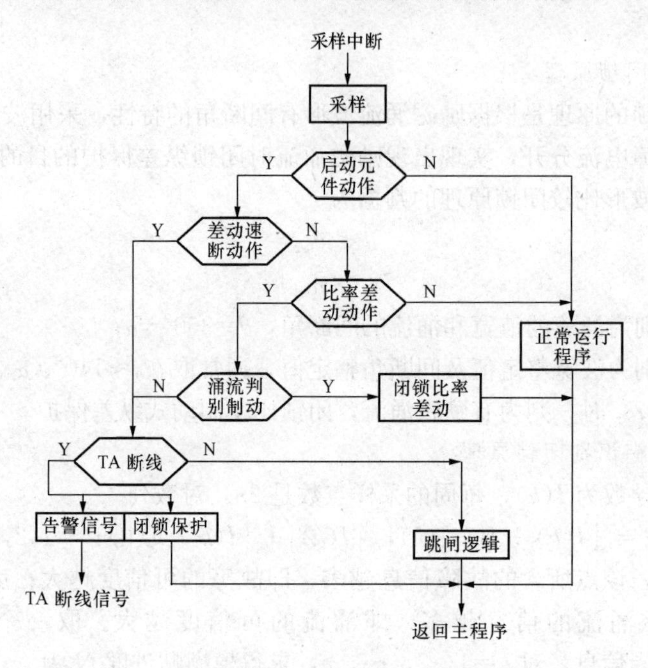

图 8-11　纵差保护的程序框图

第四节　变压器电流速断保护

单独的电流速断保护通常与瓦斯保护或过电流保护配合，实现对中、小容量变压器的保护。

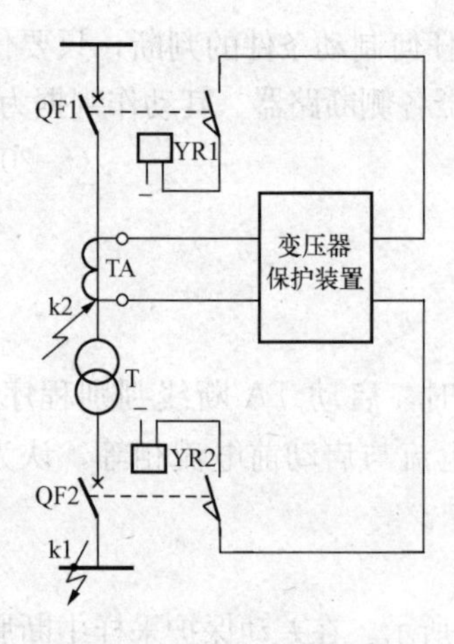

图 8-12　变压器电流速断保护单相原理接线图

一、变压器电流速断保护的装设原则

10MVA以下的小容量变压器，当过电流保护的动作时限大于0.5s且灵敏度满足要求时，在电源侧装设电流速断保护，保护动作于跳开两侧断路器。

变压器的电流速断保护单相原理接线如图8-12所示。变压器电源侧为直接接地系统时，保护采用完全星形接线；如为非直接接地系统，则采用两相不完全星形接线。

二、变压器电流速断保护的整定原则

1. 动作电流的整定值

变压器电流速断保护动作电流的整定值按以下两个条件计算，选择其中较大者。

（1）躲过变压器负荷侧母线上k1点短路时流过保护的最大短路电流计算，即

$$I_{op} = K_{rel} I_{k,max} \tag{8-21}$$

式中　K_{rel}——可靠系数，通常取1.3～1.4；

$I_{k,max}$——外部（k1）短路时流过保护的最大三相短路电流。

（2）躲过变压器空载投入时的励磁涌流，根据实践经验，一般取其动作电流I_{op}大于3～5倍的变压器二次额定电流$I_{T,N}$，即

$$I_{op} = (3 \sim 5) I_{T,N} \tag{8-22}$$

2. 灵敏度校验

变压器电流速断保护的灵敏度校验时，取保护安装处（k2点）两相短路时的最小短路电流校验，即

$$K_s = \frac{I_{k,min}^{(2)}}{I_{op}} \geqslant 2 \tag{8-23}$$

变压器电流速断保护的动作值较高，只能保护电源侧变压器引出线和变压器绕组的一部分。当电流速断保护的灵敏度不满足要求时，可与大容量变压器一样，采用纵联差动保护。

第五节　变压器相间短路的后备保护

变压器相间短路的后备保护是反应变压器外部故障而引起的变压器绕组过电流，同时也作为纵差保护和瓦斯保护的后备保护。根据变压器容量和系统短路电流水平的不同，变压器相间短路常用的后备保护主要有过电流保护、低电压启动的过电流保护、复合电压启动的方向过电流保护、负序过电流保护及阻抗保护等。对于机电型变压器保护装置，容量为中、小型的变压器通常采用过电流保护或低电压启动的过电流保护；大容量的变压器或升压变压器、系统联络及过电流保护灵敏系数达不到要求的降压变压器，通常采用复合电压启动的方向过电流保护或负序过电流保护及阻抗保护等。对于微机型变压器保护装置，由于保护的主要元件均由软件实现，所以，一般变压器（即使容量不很大）的相间短路后备保护，均配置复合电压启动的方向过电流保护。

一、过电流保护基本知识

变压器的过电流保护，一般用于容量较小的降压变压器。保护装置主要由电流元件和时间元件组成，装设在电源侧，当电流元件启动后，经过预定的延时，跳开变压器电源侧的断路器。变压器过电流保护的单相原理接线同变压器电流速断保护单相原理接线，如图8-12所示。两者的不同点仅是保护的整定原则不同。

1. 启动电流的整定

保护装置电流元件的启动电流I_{op}按躲过变压器可能出现的最大负荷电流$I_{l,max}$整定，即

$$I_{op} = \frac{K_{rel}}{K_{re}} I_{l,max} \tag{8-24}$$

式中　K_{rel}——可靠系数，通常取1.2～1.3；

K_{re}——保护的返回系数，通常取0.85。

$I_{l,max}$计算时应作以下考虑：

（1）对于并列运行的变压器，应考虑一台变压器突然切除时，所出现的过负荷$I_{l,max}$，当各台变压器容量相同时，计算式为

$$I_{l,max} = \frac{n}{n-1} I_{T,N} \tag{8-25}$$

式中 n——并列运行变压器的最少台数，$n\geqslant 2$；

$I_{T,N}$——各台变压器的一次额定电流。

（2）对于降压变压器应考虑低压侧电动机自启动的影响，即

$$I_{l,max}=K_{ss}I_{T,N} \tag{8-26}$$

式中 K_{ss}——自启动系数，对于6～10kV侧，取1.5～2.5；35kV侧，取1.5～2。

2. 动作时限的整定

动作时限按阶梯形原则整定，即动作时限应比相邻元件过电流保护中最大时限者大一个阶梯时限 Δt。

3. 灵敏度 K_s 校验

灵敏度 K_s 的校验与线路定时限过电流保护相同，校验式为

$$K_s=\frac{I_{k,min}}{I_{op}} \tag{8-27}$$

式中 $I_{k,min}$——最小运行方式下，在灵敏系数校验点发生两相短路时，流过保护装置的最小两相短路电流。

作为近后备保护时，取变压器低压侧母线（k1点）作为校验点，要求 $K_s=1.5\sim2.0$；作为远后备保护时，取相邻线路末端为校验点，要求 $K_s\geqslant1.2$。

二、低电压启动的过电流保护

低电压启动的过电流保护主要是由电流元件、低电压元件和时间元件构成。低电压启动的过电流保护单相原理接线如图8-13所示。电流元件接于电源侧电流互感器的二次回路，在变压器两侧电压互感器二次侧分别并接一套电压元件，两套电压元件的触点并联后再与电流元件的触点串联。当电流元件和任一电压元件同时动作后，经过预定的延时，保护动作跳开电源侧的断路器。

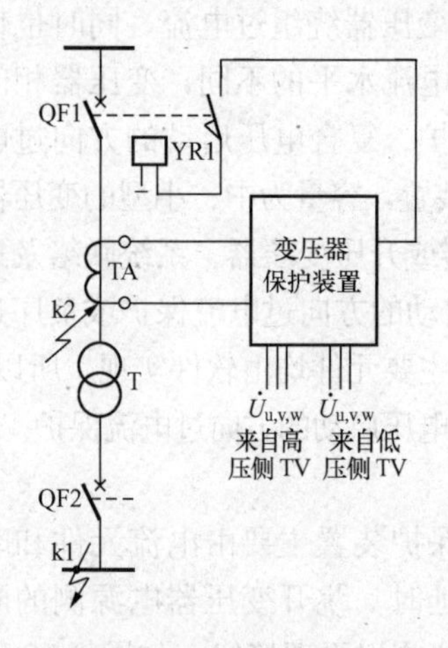

图8-13 低电压启动过电流保护的单相原理接线图

（1）电流元件的启动值 I_{op} 按躲开变压器额定电流整定，即

$$I_{op}=\frac{K_{rel}}{K_{re}}I_{T,N} \tag{8-28}$$

可见，该启动电流的整定值比过电流保护的启动电流整定值小，因此提高了保护的灵敏度。

电流元件的灵敏度校验方法同过电流保护。但通常要求，作为近后备保护时，$K_s\geqslant1.3$；作远后备保护时，$K_s\geqslant1.2$。

（2）低电压元件的动作电压整定值，应按躲开正常运行时母线上可能出现的最低工作电压，并保证外部故障切除后、电动机自启动的过程中它必须返回的条件整定。根据运行经验，通常采用 $U_{op}=0.7U_{T,N}$（$U_{T,N}$ 为变压器一次额定电压）。

电压元件的灵敏度 K_s 要求同电流元件的灵敏度。其校验式为

$$K_s=\frac{U_{op}}{U_{k,max}} \tag{8-29}$$

式中 $U_{k,max}$——在最大运行方式下，后备保护末端三相金属性短路时，保护安装处的最大线电压。

（3）时间元件的动作时限整定方法同过电流保护。

为防止低电压启动过电流保护的电压互感器二次回路断线时，低电压元件误动作，在低电压保护中通常设置电压回路断线监视功能，以便及时发出信号，由运行人员加以处理。

三、微机型复合电压启动的方向过电流保护

无论是微机型复合电压启动的方向过电流保护还是常规型复合电压启动的方向过电流保护，它们均由复合电压元件、相间功率方向元件、过电流元件和时间元件构成，保护的灵敏度比低电压启动过电流保护的灵敏度高。其动作的条件是功率方向元件、复合电压元件和过电流元件三者均动作后，经过预定的延时，保护出口跳闸。该保护的逻辑框图如图 8-14 所示。在保护中，一般设有两组电压输入，且复合电压元件和相间功率方向元件的电压取自不同的电压互感器。下面对微机型复合电压启动方向过电流保护各元件的构成及判据进行说明。

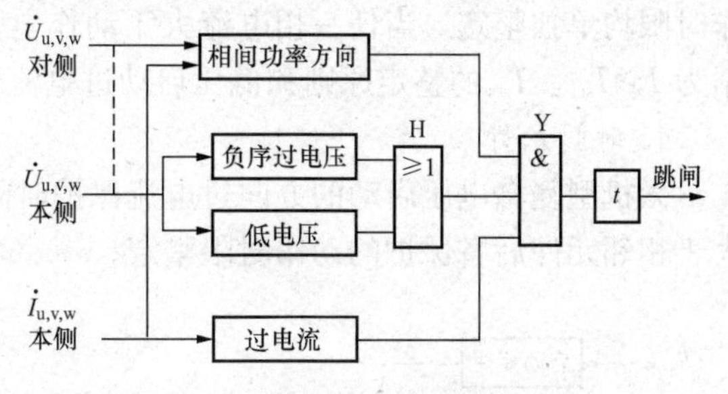

图 8-14　复合电压启动方向过电流保护的逻辑框图

1. 复合电压元件

复合电压元件是由低电压元件和负序过电压元件构成的“或”门。低电压元件反应对称短路故障，负序过电压元件反应不对称短路故障。复合电压元件动作的判据是

$$U_2 \geqslant U_{2,set} \text{ 或 } U_1 \leqslant U_{set} \tag{8-30}$$

式中　U_2——保护装置测得的负序过电压，通常可取自各相相电压采样计算值，再按对称分量法求得；

$U_{2,set}$——负序过电压元件的动作电压整定值，按躲过正常运行时出现的不平衡电压整定，不平衡电压值可由实测确定，当无法实测时，通常按变压器额定电压的 0.06～0.12 倍整定；

U_1——保护装置测量的三个线电压中最小的一个，通常可直接取自 U、V、W 三相电压的采样值，再求差值获得；

U_{set}——低电压元件动作的整定值，当低电压元件由变压器低压侧电压互感器供电时，通常取 $U_{set}=(0.5\sim0.6)U_{T,N}$，由变压器高压侧电压互感器供电时，通常取 $U_{set}=0.7U_{T,N}$（$U_{T,n}$为变压器的一次额定电压）。

2. 相间功率方向元件

变压器后备保护中功率方向元件的作用是根据相间短路功率的方向，判断短路点的位置，使保护有选择性。该保护如果作为变压器相邻元件的后备保护时，方向元件动作的正方向由变压器指向母线；当作为变压器本身的后备保护时，其动作的正方向由母线指向变压器。实际应用中，方向元件的装设可根据需要进行配置，通常对于三侧有电源的三绕组升压变压器，在高压侧和中压侧应装设功率方向元件，其动作正方向由变压器指向该侧母线；对于高压及中压侧有电源或三侧均有电源的三绕组降压变压器和联络变压器，在高压侧和中压侧装设功率方向元件，其动作正方向由母线指向变压器。实际应用中，微机型功率方向元件动作的投入或退出及其动作的正方向的选择，均通过保护的控制字（保护的软连接片）进行整定。

变压器相间短路的功率方向元件与线路保护中的方向元件原理相同，其电流采用本侧电流互感器二次电流，电压采用本侧电压互感器二次电压，按 90°接线方式，通过软件实现 −30°或 −45°最大灵敏角。实际应用中，为防止三相短路失去方向性，相间方向元件的电压

可由变压器另一侧电压互感器提供，也可以用记忆方法保存故障前电压信息进行计算取得。

3. 过电流元件

过电流元件是通过采集本侧电流互感器二次电流，根据短路电流的大小判断故障范围。过电流保护通常采用多段式，每段设 2～3 个时限。为了缩小故障范围，利用保护Ⅰ段跳本侧分段断路器（或桥断路器），Ⅱ段跳本侧断路器，Ⅲ段跳三侧断路器；每段的整定值和动作时限均单独整定，当任一相电流大于动作电流整定值 I_{set} 时，过电流元件启动，其动作判据为 $I \geqslant I_{set}$。I_{set} 的整定原则和低压启动过电流保护中电流元件的整定原则相同。

4. 时间元件

微机型复合电压启动的方向过电流保护时间元件的动作时限仍然按阶梯原则整定，即按大于相邻元件后备保护的动作时限整定。

四、微机型变压器阻抗保护

变压器阻抗保护通常作为 330kV 及以上大型变压器相间短路的后备保护，由启动元件、阻抗元件、时间元件、TV 断线检测元件等组成。微机型变压器阻抗保护逻辑框图如图 8-15 所示。当阻抗保护的启动元件和阻抗元件均动作，阻抗保护的连接片投入，TV 断线检测元件不动作，且经过预定的延时后，保护动作于跳闸。

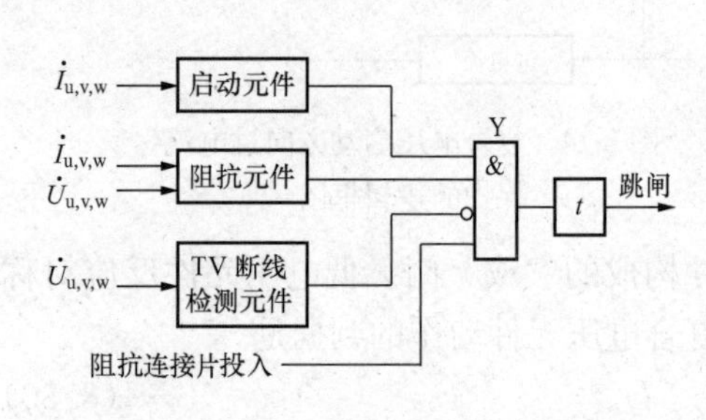

图 8-15 变压器阻抗保护逻辑框图

1. 启动元件

启动元件由相电流差突变量启动元件和负序电流启动元件两部分组成。相电流差突变量启动反应对称短路故障，负序电流启动元件反应不对称短路故障。启动元件动作判据为

$$\Delta i_{ph} \geqslant I_{set} \text{ 或 } I_2 > I_{set,2} \tag{8-31}$$

式中 Δi_{ph}——相电流突变量；

I_2——负序电流；

I_{set}，$I_{set,2}$——分别为相电流突变量启动元件和负序电流启动元件的动作整定值，通常均取电流互感器二次额定电流的 0.2 倍。

2. 阻抗元件

阻抗元件是变压器阻抗保护的测量元件，用于测量相间短路阻抗值，构成变压器相间短路的后备保护。阻抗元件采用 0°接线方式，其动作特性可根据需要整定为全阻抗圆特性或偏移阻抗圆特性；动作的正方向可以指向变压器，也可以指向母线，由保护的控制字控制。

3. TV 断线检测元件

TV 断线检测元件的作用是防止 TV 断线时变压器阻抗保护误动作。当该元件检测到 TV 二次回路断线时，将阻抗保护闭锁，并发出告警信息。

五、变压器相间短路后备保护的配置原则

防止变压器外部相间短路的后备保护的配置与被保护变压器的电气主接线及各侧电源情况有关。当变压器内部故障时，该保护动作应跳开各侧断路器；当变压器外部故障时，应只跳开靠近故障点的变压器侧断路器，使变压器其余侧继续运行。

(1) 对于双绕组变压器，相间短路的后备保护应装设于主电源侧，根据主接线情况可带一段或两段时限，较短时限用于断开母线联络或分段断路器，缩小故障范围；较长时限用于

断开各侧断路器。

(2) 对于单侧电源的三绕组变压器或自耦变压器，相间短路的后备保护宜装于电源侧和主负荷侧。如图 8-16 所示，装于负荷侧的过电流保护以 t_3 时限跳开 QF3，t_3 按比该母线所连接元件保护中最大动作时限大一个阶梯时限 Δt 选取。主电源侧保护带有两级时限 t_1 和 t_2，以较短的时限 $t_2(t_2=t_3+\Delta t)$ 跳开变压器未装后备保护侧Ⅱ的断路器 QF2，以较长的时限 $t_1(t_1=t_2+\Delta t)$ 跳开变压器各侧断路器。当上述配置方式不能满足灵敏系数要求时，可在变压器各侧都配置后备保护。

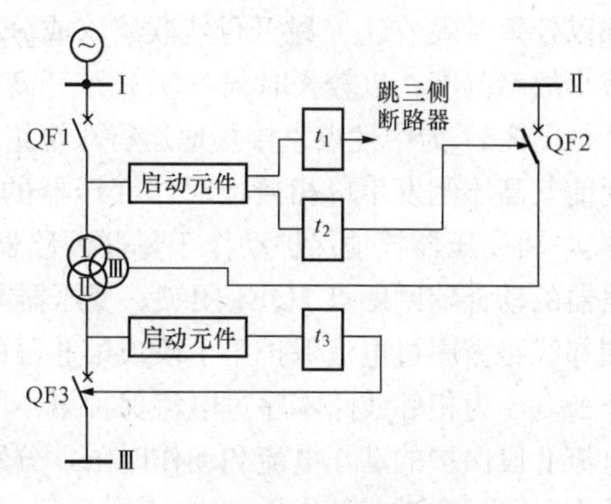

图 8-16　单侧电源变压器后备保护配置示意图

(3) 对于多侧电源的三绕组变压器，应在各侧都配置后备保护，各侧保护分别动作于跳开本侧断路器。对于动作时限最小的保护，应装设方向元件，动作的正方向由变压器指向母线。同时，在加装方向保护的一侧，加装一套不带方向的后备保护，其动作时限应比三侧保护中最大时限大一个阶梯时限 Δt，保护动作后，跳开三侧断路器，作为变压器内部故障的后备保护。

第六节　变压器的接地保护

变压器的接地保护（又称变压器的零序保护）用于中性点直接接地系统中的电力变压器，以反应变压器高压绕组、引出线上的接地短路，并作为变压器主保护和相邻母线、线路接地故障的后备保护。变压器的接地保护通常由主变压器零序电压 $3U_0$ 元件、主变压器零序电流 $3I_0$ 元件、主变压器间隙零序电流 $3I_0$ 元件及时间元件构成，根据变压器中性点的接地方式进行选择配置。

一、变压器中性点接地方式选择的原则

中性点直接接地系统发生接地短路时，零序电流的大小和分布与系统中变压器中性点接地的数目和位置有很大关系。为了限制短路电流并保证系统中零序电流的大小和分布尽量不受系统运行方式变化的影响，从而使零序保护有足够的灵敏度和不使变压器承受危险过电压，在考虑变压器中性点接地方式、位置和数目时，一般采用以下原则：

(1) 在多电源系统中，每个发电厂至少有一台变压器的中性点接地，以防止发生由于接地短路引起的危险过电压。

(2) 当发电厂或低压侧有电源的变电站中变压器多于一台时，应将部分变压器的中性点接地。当接地的变压器检修或由于其他原因停止运行时，可将另一台变压器接地，以保持变压器中性点接地数目不变，从而保持零序电流的分布基本不变。

(3) 低压侧无电源的变压器中性点多采用不接地运行，以提高保护的灵敏度和简化保护接线。

显然，在中性点直接接地系统中的每台变压器，其中性点的接地方式有可能直接接地，也可能在系统不失去接地点时不接地。所以，变压器接地保护的设置也可分为中性点直接接地运行变压器的接地保护中性点可能接地、也可能不接地运行变压器的接地保护两种。

二、中性点直接接地运行的变压器接地保护

中性点直接接地运行的变压器接地保护，通常采用两段式零序电流保护，零序电流均由

变压器中性点电流互感器的二次侧获得，每段保护均设置两个动作时限。保护每段动作后，都以较短时限 $t_1(t_3)$ 跳开母线联络（或分段）断路器或三绕组变压器中压侧有源断路器，以减小故障范围；以较长时限 $t_2(t_4)$ 跳开高压侧（或各侧）断路器。

图 8-17 为中性点直接接地运行双绕组变压器接地保护原理框图。为防止变压器与系统并列前其高压侧发生单相接地时，变压器的接地保护动作误跳母联断路器（或母线分段断路器），将变压器接地保护动作于母联断路器（或母线分段断路器）的跳闸回路经其高压侧断路器的动合辅助触点 1QF1 闭锁。变压器零序电流Ⅰ段保护的动作电流和动作时限，分别与相邻线路零序过电流保护第Ⅰ段或第Ⅱ段的动作电流及动作时限配合进行整定；其中 $t_1=t_0+\Delta t$（t_0 为相邻线路零序过电流保护第Ⅰ段或第Ⅱ段的动作时限），$t_2=t_1+\Delta t$。变压器零序电流Ⅱ段保护的动作电流和动作时限，分别与相邻线路零序过电流保护后备段的动作电流及动作时限配合进行整定。其中，$t_3=t_{1,\max}+\Delta t$（$t_{1,\max}$ 为相邻线路零序过电流保护后备段的动作时限），$t_4=t_3+\Delta t$。

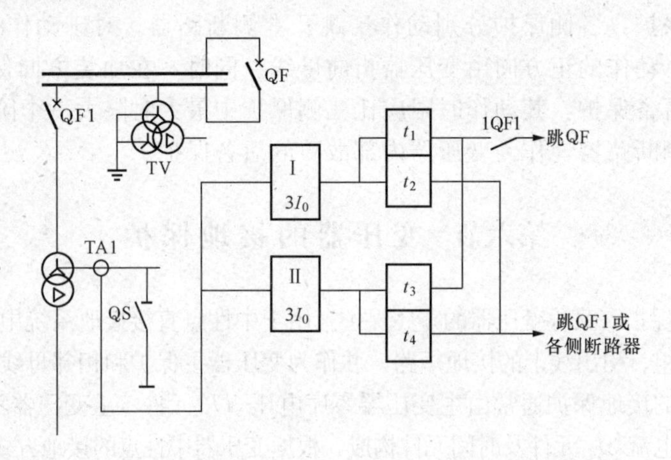

图 8-17　中性点直接接地运行双绕组变压器接地保护原理框图

三、中性点可能接地、也可能不接地运行变压器的接地保护

对于中性点可能接地、也可能不接地运行的每台变压器，其接地保护需配置两套，一套作为中性点接地运行方式时的接地保护，另一套用于中性点不接地运行方式时的接地保护。中性点接地运行方式时的接地保护通常采用两段式零序过电流保护，而中性点不接地运行方式时的接地保护，通常采用零序过电压保护。这种接地保护的整定计算、动作时限等与变压器中性点绝缘水平、过电压保护方式及并联运行的变压器台数有关。

1. 全绝缘变压器的接地保护

对于中性点可能接地也可能不接地运行的全绝缘变压器，当有数台并列运行时，要求其接地保护的动作行为是，保护动作后应先切除中性点接地运行的变压器，后切除中性点不接地运行的变压器。

图 8-18 为全绝缘变压器接地保护的原理框图。当变压器所连接的系统发生单相接地故障时，对中性点接地运行变压器，利用两段式零序过电流保护中的较短时限 t_1 跳开母线联络（或分段）断路器，以较长时限 t_2 跳开高压侧（或各侧）断路器；对中性点不接地运行变压器，利用零序过电压保护经预定延时 t_3 后跳开中性点不接地变压器各侧的断路器。

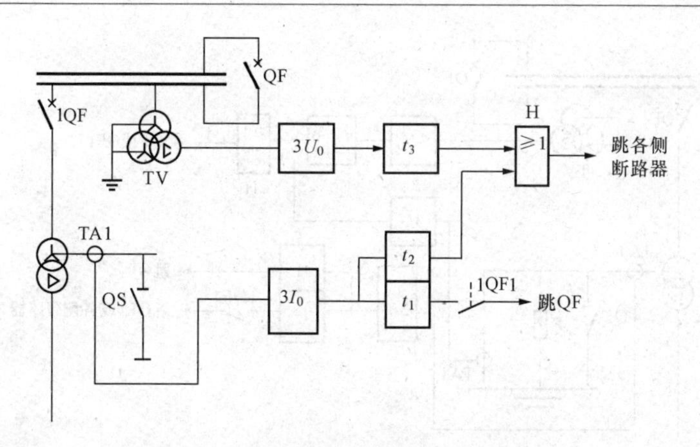

图 8-18　全绝缘变压器接地保护原理框图

零序过电压保护的动作电压整定值 $U_{0,op}$ 按躲过系统失去中性点且发生单相接地故障时所接 TV 二次开口绕组可能出现的最低电压整定时，一般二次值取 180V。其动作时限只需躲过暂态过电压的时限考虑，无需与其他保护配合，通常小于 0.3s。

2. 分级绝缘且中性点不装设放电间隙的变压器

由于分级绝缘变压器中性点处绕组的绝缘水平最低，所以对于此类变压器接地保护动作行为的要求是，保护动作后应先切除中性点不接地运行的变压器，后切除中性点接地运行的变压器。

为此，对于分级绝缘且中性点不装设放电间隙的变压器，其接地保护的配置为两段式零序过电流保护和零序电流闭锁的零序电压保护。两段式零序过电流保护用于中性点直接接地运行方式，零序电流闭锁的零序过电压保护用于中性点不接地运行方式。零序过电压保护的动作时限 t_3 要求小于零序过电流保护的长动作时限 t_2，大于零序过电流保护的短动作时限 t_1。这样保证当系统发生接地故障时，中性点接地运行变压器以零序过电流保护的短时限 t_1 跳开母线联络（分段）断路器 QF，使两台主变压器分列运行。解列后若故障消失，则表明故障不在本变压器保护范围内。解列后若故障仍存在，对中性点不接地变压器可由零序过电压经 t_3 先跳闸切除故障；对于中性点接地变压器，由于仍有零序电流而闭锁零序过电压保护，只能以零序过电流保护的长动作时限 t_2 跳闸，最终全部切除故障。

3. 分级绝缘且中性点装设放电间隙变压器的接地保护

根据对分级绝缘变压器接地保护动作行为的要求，对于分级绝缘且中性点装设放电间隙的变压器接地保护的配置为：除了两段式零序过电流保护用于中性点直接接地运行外，还装设放电间隙零序过电流及零序过电压保护，用于变压器中性点经放电间隙接地运行方式时。

当图 8-19 所示系统发生单相接地故障时，中性点经放电间隙接地运行的变压器以无时限的间隙零序过电流跳开母线联络断路器或高压侧断路器；若放电间隙零序过电流保护未动作，则以带时限的零序过电压保护动作跳开母线联络断路器或高压侧断路器；中性点直接接地变压器仍以较短时限 t_1 跳开母线联络（或分段）断路器，以较长时限 t_2 跳开直接接地变压器高压侧的（或全跳）断路器。

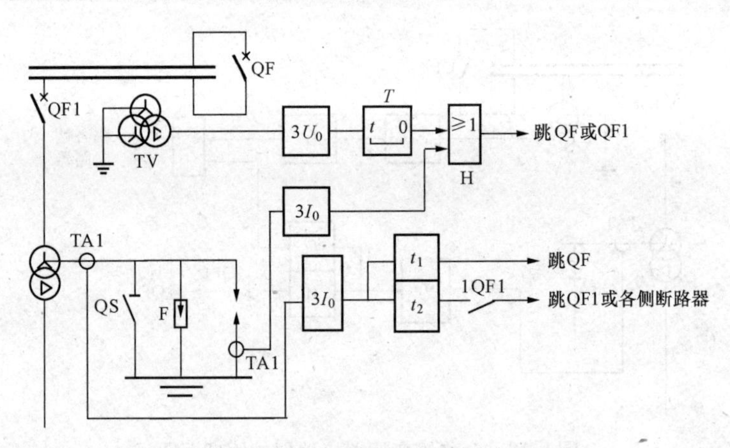

图 8-19　分级绝缘变压器零序保护原理框图

第七节　变压器的其他保护

一、过负荷

变压器的过负荷通常是三相对称的，所以过负荷保护只接一相电流，并经一定延时作用于信号。对双绕组变压器，过负荷保护装设在电源侧。对三绕组降压变压器，若三相容量相同的，过负荷保护装在电源侧；若三相容量不同的，只有电源侧和容量较小的一侧装设过负荷保护。对两侧电源的三绕组降压变压器或联络变压器，三侧均装设过负荷保护。

过负荷保护的动作电流应按躲过变压器绕组的额定电流整定，计算式为

$$I_{op}=\frac{K_{rel}}{K_{re}}I_{T,N} \tag{8-32}$$

式中　K_{rel}——可靠系数，通常取 1.15；

K_{re}——返回系数，通常取 0.85～0.95；

$I_{T,N}$——保护安装侧变压器的额定电流。

二、过励磁保护

变压器在电压增高或虽电压不增高但频率降低时，会出现过励磁。现代大型变压器采用冷轧晶粒定向硅钢片，选择的饱和磁密 B_s 与额定磁密 B_N 之比$\left(\frac{B_s}{B_N}\right)$仅为 1.1 左右，更容易因过励磁而造成变压器损伤。目前，大型变压器均要求安装过励磁保护。变压器过励磁保护可以采用两段式定时限或反时限保护，通过检测磁通密度，计算过励磁倍数 n 来实现的。当过励磁倍数 n 大于过励磁保护的告警定值时，保护启动经延时后发出告警信号；当过励磁倍数 n 大于过励磁保护的跳闸定值时，保护启动经延时后发出跳闸命令。

变压器的过励磁倍数 n 是指变压器的工作磁通密度 B 与额定磁通密度 B_N 之比，即

$$n=\frac{B}{B_N} \tag{8-33}$$

根据电压、频率和磁通密度的关系，一般检测磁通密度的计算式为

$$B=K\frac{U}{f} \tag{8-34}$$

所以过励磁倍数可以表示为

$$n=\frac{B}{B_{\mathrm{N}}}=\frac{U_{*}}{f_{*}} \tag{8-35}$$

$$U_{*}=\frac{U}{U_{\mathrm{B}}},\quad f_{*}=\frac{f}{50} \tag{8-36}$$

式中　U_{*}，f_{*}——分别为电压标幺值、频率标幺值；

U_{B}——保护定值中的基准电压。

常规型过励磁保护多采用RC电路串联分压，依靠电容器C两端电压来近似反映过励磁倍数。微机型过励磁保护利用采集的电压量，通过数字计算来实现过励磁保护。

复　习　题

一、选择题

1. 变压器过电流保护可以反应（　　）。

A. 外部故障引起的过电流　　B. 三相对称过负荷

C. 油箱漏油造成油面降低　　D. 变压器高压侧系统的接地故障

2. 变压器差动保护反应（　　）而动作。

A. 变压器两侧电流的大小和相位　　B. 变压器电流升高

C. 变压器电压降低　　D. 功率方向

3. 变压器低电压启动的过电流保护的电流元件动作电流整定，按照躲过（　　）。

A. 最大负荷电流　　B. 变压器额定电流　　C. 最大短路电流

4. 变压器低电压启动的过电流保护的电流元件接在变压器（　　）的电流互感器二次侧。

A. 电源侧　　B. 负荷侧　　C. 电源侧或负荷侧

5. 变压器故障分为油箱内故障和（　　）两大类。

A. 匝间短路故障　　B. 绕组故障　　C. 绝缘故障　　D. 油箱外故障

6. 变压器气体保护的主要元件是气体继电器，安装在（　　）。

A. 变压器油箱内　　B. 变压器油箱与油枕之间的连接管道中

C. 高压套管上　　D. 低压套管上

7. 变压器内部发生严重故障时，油箱内产生大量气体，使气体继电器动作，则（　　）。

A. 发出轻瓦斯信号

B. 保护跳闸，断开变压器各侧断路器

C. 发出过电流信号

D. 发出过负荷信号

8. 变压器低电压启动的过电流保护的灵敏度比定时限过电流保护的灵敏度（　　）。

A. 低　　B. 高　　C. 不变

9. 2次谐波制动的变压器纵差保护中，比率制动部分可防止因（　　）引起保护误动作。

A. 励磁涌流　　B. 负荷电流　　C. 短路电流　　D. 不平衡电流

10. 变压器低电压启动的过电流保护由电流元件、（　　）和时间元件构成。

A. 零序元件　　B. 电压元件　　C. 功率元件　　D. 负序元件

11. 变压器内部发生轻微故障或严重漏油使时，气体继电器动作，则（　　）。

A. 发出轻瓦斯信号

B. 保护跳闸，断开变压器各侧断路器

C. 错发出过电流信号

D. 发出过负荷信号

12. 变压器电流速断保护的灵敏度按照保护安装处短路时的（　　）校验。

A. 最大短路电流　　B. 最小短路电流　　C. 最大负荷电流　　D. 最小负荷电流

13. 变压器电流速断保护的灵敏度校验，GB/T 14285—2006《继电保护和安全自动装置技术规程》规定要求（　　）。

A. ＞2　　B. ＞4　　C. ＜2　　D. ＜4

14. 变压器电流速断保护的灵敏度校验不满足要求时改用（　　）。

A. 过电流保护　　B. 零序电流保护　　C. 过负荷保护　　D. 差动保护

15. 根据变压器励磁涌流特点，当保护鉴别不是励磁涌流时须（　　）。

A. 开放保护　　B. 闭锁保护　　C. 启动合闸　　D. 发闭锁信号

16. 变压器电流速断保护动作电流按躲过变压器负荷侧母线短路时流过保护的最大短路电流，并躲过（　　）整定。

A. 变压器电源侧母线短路时流过保护的最大短路电流

B. 变压器空载投入时的励磁涌流

C. 最大负荷电流

D. 最小负荷电流

17. 变压器过负荷保护动作后（　　）。

A. 延时动作于信号　　B. 跳开变压器各侧断路器

C. 给出轻瓦斯信号

18. 变压器电流速断保护装在变压器的（　　），动作时跳开变压器两侧断路器。

A. 电源侧　　B. 负荷侧　　C. 电源侧及负荷侧

19. 变压器零序电流保护用于反应（　　）。

A. 外部故障引起的过电流　　B. 三相对称过负荷

C. 油箱漏油造成油面降低　　D. 变压器高压侧系统的接地故障

20. 变压器电流速断保护作为变压器的主保护，动作时间为（　）。

A. 0s　　B. 0.5s　　C. 1s　　D. 1.5s

21. 变压器发生故障后，应该（　　）。

A. 加强监视　　B. 继续运行

C. 运行到无法运行时断开　　D. 立即将变压器从系统中切除

22. 变压器过电流保护的电流元件的动作电流按躲过变压器可能出现的（　　）整定。

A. 最大三相短路电流　　B. 最小两相短路电流

C. 最大负荷电流　　D. 励磁涌流

23. 变压器过负荷保护一般接（　　），当过负荷时经过延时发出信号。

A. 一相电流　　B. 两相电流　　C. 三相电流

24. 变压器接地保护也称为（　　）。

A. 变压器正序保护　　B. 变压器零序保护　　C. 变压器负序保护

25. 变压器异常运行包括过负荷、外部短路引起的过电流及（　　）等。

A. 油箱漏油等造成油面降低　　B. 一相绕组匝间短路

C. 引出线的套管闪络故障　　D. 绕组间的相间故障

二、判断题

1. 变压器故障分为油箱内故障和油箱外故障两大类。（　　）

2. 变压器发生故障后，应该加强监视，继续维持运行。（　　）

3. 变压器电流速断保护利用动作时间保证保护的选择性。（　　）

4. 变压器电流速断保护动作电流按躲过变压器负荷侧母线短路时流过保护的最大短路电流，并躲过变压器空载投入时的励磁涌流整定。（　　）

5. 变压器的瓦斯保护是反应气流、油流而动作的，是一种非电量保护。（　　）

6. 当变压器发生严重漏油时，纵差保护立即动作于跳闸。（　　）

7. 变压器纵联差动保护能反应变压器油箱内的故障。（　　）

8. 变压器保护中零序电流保护为变压器高压绕组及引出线接地短路、变压器相邻元件接地短路的后备保护。（　　）

9. 变压器处于异常运行时应立即将变压器从系统中切除。（　　）

10. 变压器过电流保护的电流元件的动作电流按躲过变压器可能出现的励磁涌流整定。（　　）

11. 变压器低电压启动的过电流保护的灵敏度比定时限过电流保护的灵敏度高。（　　）

12. 变压器过负荷保护动作后跳开变压器各侧断路器。（　　）

13. 变压器电流速断保护的保护范围为变压器绕组的一部分。（　　）

14. 变压器安装时，应使顶盖与水平面平行。（　　）

15. 变压器过负荷保护用于反应外部故障引起的过电流。（　　）

16. 瓦斯保护可以反应变压器油箱内的各种故障以及油面降低，可以单独作为变压器的主保护。（　　）

17. 为减小纵差保护不平衡电流，变压器各侧应选择型号、变比相同的电流互感器。（　　）

18. 变压器采用 2 次谐波制动的纵差保护，可防止短路电流的影响。（　　）

19. 当变压器内部发生严重故障时，差动电流大于差动速断的整定值，保护瞬时动作，不再进行任何制动条件的判断。（　　）

20. 复合电压元件是由低电压元件和负序过电压元件构成的，两者必须同时满足才能开放保护。（　　）

三、问答题

1. 变压器差动保护中，产生不平衡电流的原因有哪些？

2. 轻瓦斯保护用于反应什么设备的什么问题，动作于什么？其动作值如何整定，如何调整？

3. 重瓦斯保护用于反应什么设备的什么问题，动作于什么？其动作值如何整定，如何调整？

4. 变压器在空载合闸时，有可能因其纵差保护误动作将变压器切除。试分析造成纵差保护误动作的原因及解决方法。

第九章　发电机保护

第一节　概　述

发电机是电力系统十分重要和昂贵的电气元件，它的安全运行直接影响着电力系统的正常工作和电能的质量，因此，应针对发电机的各种不同故障及不正常运行状态装设性能完善的继电保护装置。

一、发电机的故障和异常运行状态

由于发电机是长期连续运转的设备，既要承受机身的振动，又要承受电流、电压的冲击，因而常常导致定子绕组和转子绕组绝缘的损坏。因此，同步发电机在运行中，定子绕组和转子励磁回路都有可能发生危险的故障和不正常的运行情况。

一般说来，发电机的故障类型主要有：①定子绕组相间短路；②定子绕组一相的匝间短路；③定子绕组单相接地；④转子绕组一点接地或两点接地；⑤由于转子绕组断线、励磁回路故障或灭磁开关误动等原因，造成的转子励磁回路的励磁电流消失或降低，即发电机失磁等。

发电机的不正常运行状态主要有：①由外部短路引起的定子绕组过电流；②由负荷超过发电机额定容量而引起的定子绕组三相对称过负荷；③由于突然甩负荷而引起的定子绕组过电压；④由外部不对称短路或不对称负荷（如单相负荷、非全相运行等）引起的转子表层过负荷；⑤由于励磁回路故障或强励时间过长而引起的转子绕组过负荷；⑥由于汽轮机主汽门突然关闭而引起的发电机逆功率；⑦因系统振荡引起的发电机失步异常运行；⑧发电机过励磁运行及汽轮机低频运行等。

二、发电机保护的配置

针对发电机的故障类型和不正常运行状态，根据有关技术规程的规定，发电机应装设以下主保护和后备保护。

（一）发电机的主保护

1. 纵联差动保护

容量在1MW以上的发电机，应装设纵联差动保护反应定子绕组及其引出线的相间短路。对于1MW及以下并列运行的发电机，在发电机的机端装设电流速断保护；当电流速断保护的灵敏系数不符合要求时，应装设纵差保护。

2. 匝间短路保护

对定子绕组为双星形接线且中性点引出6个端子的发电机，通常装设单元件式横差保护，作为匝间短路保护；对中性点只有3个引出端子的大容量发电机的匝间短路保护，一般采用反应纵向零序电压或反应故障分量负序功率方向 ΔP_2 的匝间短路保护。

3. 定子绕组单相接地保护

与母线直接相连的发电机，当单相接地电流大于或等于允许值（不考虑消弧线圈的补偿作用）时，应装设有选择性的接地保护。对于发电机—变压器组（简称发—变组），100MW

以下的发电机，应装设保护区不小于90%的定子接地保护；100MW及以上的发电机，应装设保护区为100%的定子接地保护。

4. 转子绕组接地保护

对于水轮发电机一般只装设转子一点接地保护，容量在1MW及以下时宜采用定期检测装置。对于100MW以下的汽轮发电机，一点接地故障，可采用定期检测装置；两点接地故障，应装设两点接地保护。对于转子水内冷发电机和100MW以上的汽轮发电机，应装设转子一点接地和两点接地保护。

5. 发电机失磁保护

对于容量在100MW以下，不允许失磁运行的汽轮发电机，当采用半导体励磁系统时，宜装设专用的失磁保护。容量在100MW以下，但失磁对电力系统有重大影响的发电机及100MW以上发电机，应装设专用的失磁保护。对于600MW的发电机可装设双重化的失磁保护。

（二）发电机的后备保护

1. 外部短路引起的定子绕组过电流保护

对于发电机外部短路引起的过电流，采用下列保护方式：

（1）过电流保护，用于1MW以下的小容量发电机；

（2）复合电压（负序电压及线电压）启动的过电流保护，一般用于1MW以上的小容量发电机；

（3）负序过电流及单相式低电压启动的过电流保护，一般用于50MW及以上容量的发电机。

2. 定子绕组过负荷保护

定子绕组非直接冷却的发电机，应装设动作于信号、接于一相电流的定时限过负荷保护。对于定子绕组为直接冷却且过负荷能力较低的发电机，定子绕组过负荷保护由定时限和反时限两部分组成，定时限部分作用于信号，反时限部分作用于跳闸。

3. 转子绕组、转子表层过负荷保护

对于励磁系统故障或强励时间过长引起的转子绕组过负荷，应装设转子绕组过负荷保护。对于300MW及以下，采用半导体励磁系统的发电机上，装设作用于信号的定时限转子绕组过负荷保护。对于300MW及以上发电机，装设由定时限电流和反时限电流两部分组成的转子绕组过负荷保护，定时限部分作用于信号，反时限部分作用于跳闸。

对于不对称负荷、非全相运行以及外部不对称短路引起的转子表层过负荷，应装设转子表层过负荷保护。50MW及以上、热容量$A \geqslant 10$的发电机，应装设动作于信号的定时限负序过负荷保护。100MW及以上、热容量$A < 10$的发电机，应装设由定时限和反时限两部分组成的负序过负荷保护，定时限部分作用于信号，反时限部分作用于跳闸。

4. 定子绕组过电压保护

为防止发电机在突然甩负荷时，可能出现的定子绕组过电压造成定子绕组绝缘击穿，发电机应装设过电压保护。

5. 逆功率保护

对于200MW及以上的汽轮发电机，为防止可能因汽轮机或锅炉的保护动作等原因将主汽门突然关闭，而发电机断路器未断开时，发电机由从系统吸收有功而过渡到同步电动机运行状态，从而导致逆功率运行，使汽轮机叶片与残留尾气剧烈摩擦过热，损坏汽轮机，需装设逆功率保护，以短时限作用于信号，以长时限作用于解列。

6. 失步保护

对于300MW及以上的发电机，为防止系统振荡而引起发电机失步异常运行，危及发电机和系统安全运行，需装设失步保护。失步保护通常动作于信号；当振荡中心位于发电机—变压器组内，失步时间超过整定值或振荡次数超过规定值时，保护动作于解列。

7. 过励磁保护

对于300MW及以上的发电机，为防止过励磁引起发热而烧坏铁心，应装设过励磁保护。保护以低定值部分带时限动作于信号和降低励磁电流，由高定值部分动作于解列灭磁开关或跳闸。

8. 低频率保护

对于300MW及以上的发电机，为防止汽轮机低频运行造成机械振动、叶片损伤，可装设低频保护。保护作用于信号，并有累计时间显示。发电机退出运行时，该保护自动退出运行。

为了快速消除发电机内部的故障，在保护动作于发电机断路器跳闸的同时，还必须动作于自动灭磁开关，断开发电机励磁回路，以使转子回路电流不会在定子绕组中再感应电动势，继续供给短路电流。

第二节 发电机相间短路的纵联差动保护

发电机相间短路的纵联差动保护（简称发电机纵差保护）是用于反应发电机定子绕组及其引出线相间短路故障的主保护，其基本原理与变压器纵差保护相似，按照比较发电机机端侧与中性点侧电流大小和相位的原理构成。

一、发电机纵差保护的接线方式

由于发电机结构的特殊性，发电机纵差保护根据获取电流的方式不同，有完全纵差保护和不完全纵差保护两种。

1. 发电机完全纵差保护

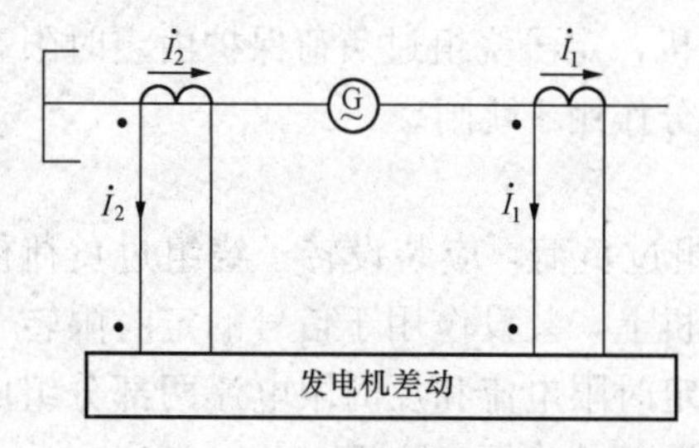

图 9-1 发电机完全纵差保护单相原理接线示意图

发电机完全纵差保护是利用比较发电机每相定子绕组首末两端全相电流的大小和相位的原理构成。图 9-1 所示为发电机完全纵差保护的单相原理接线示意图。将变比 K_{TA} 相同的两个电流互感器分别装设在发电机出口侧和中性点侧的同一相上，使流过差动保护装置的电流为每相定子绕组首末两端的全相电流。

根据纵差保护的基本原理，发电机完全纵差保护能够灵敏地反应发电机定子绕组及引出线的相间短路，但对定子绕组的匝间短路和定子绕组的分支开焊故障却没有作用。

2. 发电机不完全纵差保护

发电机不完全纵差保护是一种能同时反应发电机相间短路、匝间短路和分支绕组开焊故障的新型发电机纵差保护。它是通过比较发电机机端每相定子的全相电流和中性点侧每相定子的部分相电流大小和相位而构成。如图 9-2 所示，对于每相定子绕组有两个并联分支、中性点侧引出 6 个或 4 个端子的发电机，可采用电流互感器 TA1 和 TA2 构成不完全纵差保护，TA2 只引入部分相电流。根据纵差保护的基本原理，显然 TA1 和 TA2 的变比是不相同的，因 TA 变比、型号不同产生的不平衡电流在保护的整定计算时应给予考虑。

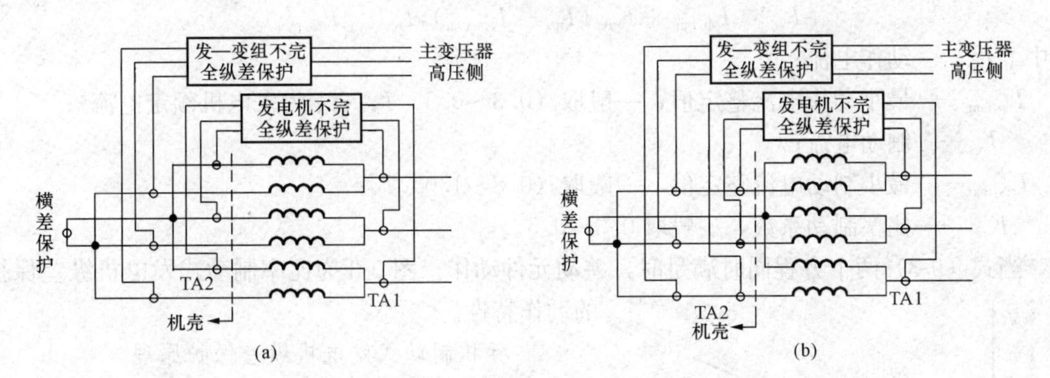

图 9-2　发电机不完全纵差保护原理接线图

(a) 中性点侧引出 6 个端子；(b) 中性点侧引出 4 个端子

不完全纵差保护之所以能反应发电机内部各种短路和开焊故障，是由于三相定子绕组分布在同一定子铁心上，不同相间和不同匝间存在或大或小的互感联系，当未装设互感器的定子分支绕组发生故障时，通过互感磁通可以在装设互感器的非故障定子分支绕组中感受到故障的发生，使不完全纵差保护动作。

通过上述分析可见，发电机完全纵差保护和不完全纵差保护均是比较发电机两侧同相电流的大小和相位而构成；不同之处是，完全纵差保护是比较每相定子首末两端的全相电流，而不完全纵差保护是比较机端每相定子全相电流和中性点侧每相定子的部分相电流而构成。所以，两者的基本原理相同，只是在保护的整定值计算时有所不同。

二、发电机纵差保护的原理

随着发电机机组容量的增大，对继电保护要求的不断提高，各种算法以及计算机等新技术在继电保护领域应用的发展与研究，出现了各种不同原理的发电机纵差保护。以下对常用的两种原理进行介绍。

1. 比率制动式发电机纵差保护原理

比率制动式发电机纵差保护的原理与变压器比率制动纵差保护类似。电流参考方向如图 9-1 所示，中性点侧电流的方向以指向发电机为正方向，机端侧电流以流出发电机为正方向。

(1) 动作电流和制动电流的定义。为保证比率制动式发电机纵差保护正确工作，动作电流 I_{op} 和制动电流 I_{res} 分别为

$$I_{op}=|\dot{I}_1-K_b\dot{I}_2| \tag{9-1}$$

$$I_{res}=\frac{1}{2}|\dot{I}_1+K_b\dot{I}_2| \tag{9-2}$$

式中　$\dot{I}_1$——机端侧定子相电流；

$\dot{I}_2$——中性点侧定子全相电流或分支绕组相电流；

K_b——平衡系数，$K_b=\frac{I_1}{I_2}$ 且 $K_b\geqslant1$，当 $K_b=1$ 时为完全纵差保护接线方式，$K_b>1$ 时

为不全纵差保护接线方式。

（2）纵差保护的动作判据及动作特性。纵差保护的动作判据为

$$\left.\begin{aligned}&I_{op}\geqslant I_{op,min},I_{res}<I_{res,min}\\&I_{op}\geqslant I_{op,min}+K_{res}(I_{res}-I_{res,min}),I_{res}>I_{res,min}\end{aligned}\right\}\tag{9-3}$$

式中 I_{op}——动作电流；

$I_{op,min}$——最小动作电流整定值，一般取（0.3～0.5）I_N（I_N 为发电机额定电流）；

I_{res}——制动电流；

$I_{res,min}$——最小制动电流整定值，一般取（0.8～1.0）I_N；

K_{res}——比率制动系数，一般取 0.3～0.5。

当式（9-3）两个方程同时满足时，差动元件动作。图 9-3 为比率制动式发电机纵差保护的动作特性。

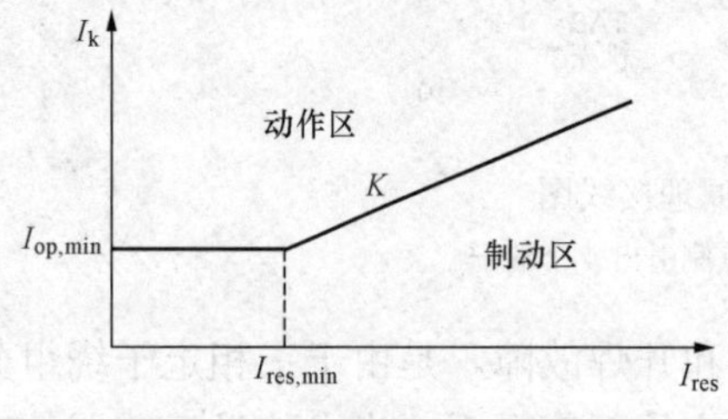

图 9-3 比率制动式发电机纵差保护的动作特性

2. 标积制动式发电机纵差保护原理

标积制动式发电机纵差保护是利用基波电流相量的标量积构成的比率制动特性的差动保护，是相量幅值比率制动的另一种形式。电流参考方向仍然如图 9-1 所示，中性点侧电流的正方向指向发电机，机端侧电流的正方向为流出发电机。标积制动式纵差保护的动作电流、制动电流及其动作判据为

动作电流 $$I_{op}=|\dot{I}_1-\dot{I}_2|\tag{9-4}$$

制动电流 $$I_{res}=S|\dot{I}_1||\dot{I}_2|\cos\theta\tag{9-5}$$

动作判据 $$|\dot{I}_1-\dot{I}_2|\geqslant S|\dot{I}_1||\dot{I}_2|\cos\theta\tag{9-6}$$

式中 θ——$\dot{I}_1$ 和 $\dot{I}_2$ 之间的相位差；

S——标积制动系数，通常取 1.0。

根据上述动作电流、制动电流及其动作判据可知：

（1）当发电机正常运行或保护区外短路时，$\dot{I}_1=\dot{I}_2$，$\theta=0$，制动量最大，动作量最小，保护可靠不动。

（2）当保护区内短路时，$\dot{I}_1=-\dot{I}_2$，$\theta=180°$，制动量为负值，呈现动作作用，动作量最大，保护动作且灵敏。

显然，采用标积制动式纵差保护，可以大大提高反应发电机内部故障的灵敏度。标积制动式不完全纵差保护和比率制动不完全纵差保护一样，也可作为发—变组的纵差保护，但应增设防止涌流误动的 2 次谐波制动措施。

三、发电机纵差保护逻辑框图

采用循环闭锁方式动作逻辑的发电机纵差保护逻辑框图，如图 9-4 所示。当发电机纵差保护的两相或三相差动元件同时动作时，纵差保护才出口跳闸。为防止一点在区内、另一点在区外的两点接地故障发生，当有一相纵差元件动作且同时有负序电压时，纵差保护出口跳闸；若只有一相纵差元件动作而无负序电压时，判为 TA 断线；若负序电压长时间存在而无差电流时，判为 TV 断线。

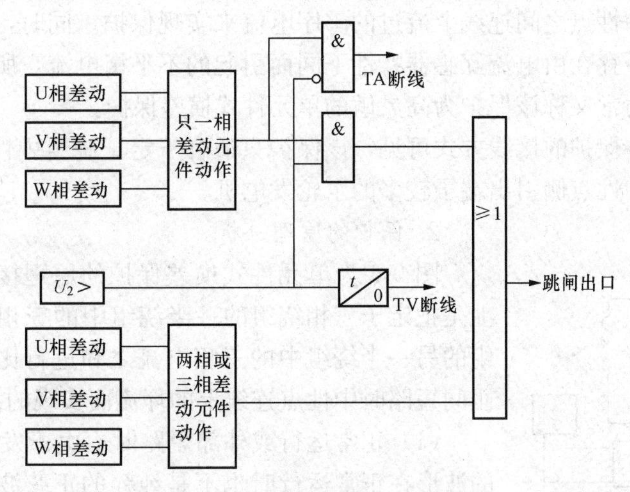

图 9-4　发电机纵差保护逻辑框图

第三节　发电机定子绕组的匝间短路保护

由于大容量发电机的额定电流很大，其每相定子绕组都由两个并联的分支绕组组成。每个分支的匝间或分支之间的短路，就称为发电机定子绕组的匝间短路故障。当定子绕组匝间短路时，被短接的部分绕组内将产生大的环流，引起故障处温度升高，绝缘损坏，并转换为单相接地故障或相间短路故障，损坏发电机。因此，在发电机上（尤其是大型发电机上）应装设定子匝间短路保护。根据发电机匝间短路时的特点，可以提出各种不同原理的匝间短路保护方案。

一、单元件式横联差动保护

发电机在正常运行情况下，每相定子绕组的两个分支上电动势相等，各供出一半的负荷电流；当任一相绕组中发生匝间短路时，两个分支绕组中的电动势不相等，因而在两个分支绕组中产生环流。根据这一特点，构成了发电机的匝间短路保护——单元件式横联差动保护（简称单元件式横差保护）。

1. 保护的接线方式及其特点

如图 9-5 所示，单元件式横差保护采用一只电流互感器，装于两分支绕组中性点的连线

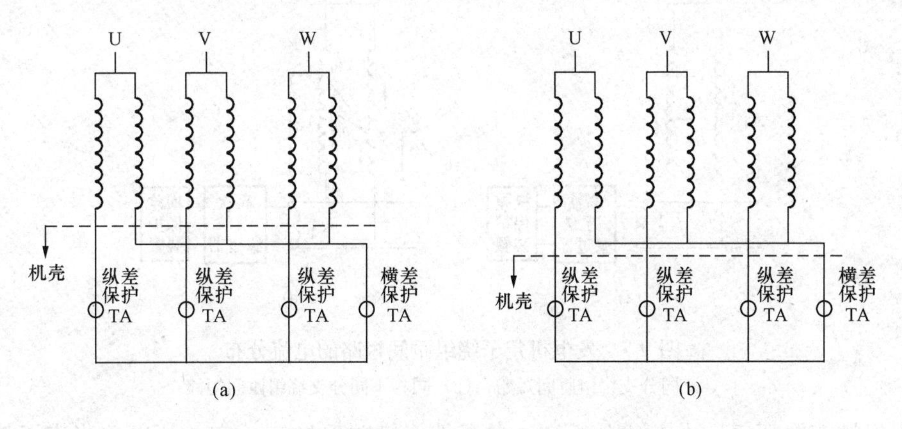

图 9-5　单元件式横差保护原理接线示意图

（a）中性点侧有 6 个引出端子；（b）中性点侧有 4 个引出端子

上，利用分支绕组中性点之间连线上流过的零序电流来实现保护。同时，该保护由于只采用一只电流互感器，不存在由电流互感器特性不同而引起的不平衡电流，所以，保护接线较简单，灵敏度较高。通常又称该保护为高灵敏的单元件式横差保护。

由单元件式横差保护的接线方式可见，该保护只适合于定子绕组中性点侧引出 6 个或 4 个端子的发电机和中性点侧引出端子较多的水轮发电机。

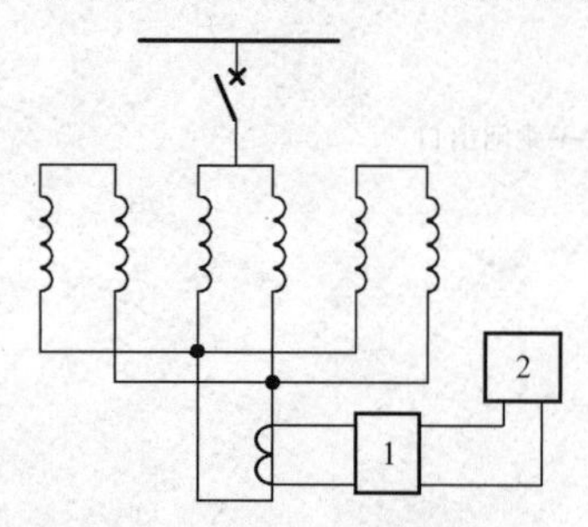

图 9-6 单元件式横差保护原理接线图
1—3 次谐波滤过器；
2—带有延时的保护装置

2. 保护的原理分析

图 9-6 为单元件式横差保护的原理接线图。该保护实质上是把定子三相绕组的一半绕组中的三相电流之和与三相绕组的另一半绕组中的三相电流之和进行比较，利用发生各种匝间短路时中性点连线上的环流而实现的。

(1) 正常运行或外部短路时。由于发电机定子绕组电流的波形在正常运行时也不是纯粹的正弦波，尤其是当外部短路时波形畸变较严重，从而在中性点的连线上出现以 3 次谐波为主的高次谐波分量，3 次谐波电流将在并联分支的中性点连线上流通，给保护的工作造成影响。为此，保护装置中装设了 3 次谐波滤过器 1，以消除 3 次谐波电流的影响，提高灵敏度。所以，正常运行或外部短路时，3 次谐波滤过器 1 滤除了 3 次谐波产生的不平衡电流 I_{unb}，通过带有延时的保护装置 2 的电流小于其整定值，即 $I_0<I_{set}$，保护不动作。

(2) 当定子绕组的同分支匝间短路时。如图 9-7 (a) 所示同分支匝间短路时，由于故障支路和非故障支路的电动势不等，有环流 $\dot{I}_0$ 产生，中性点连线上的电流互感器有故障电流 $\dot{I}_k$ 流过。当 $\dot{I}_k$ 电流大于保护的动作电流整定值时，保护动作于跳闸。

(3) 定子绕组同相不同分支间发生短路时。如图 9-7 (b) 所示，在同相的两个分支绕组间发生匝间短路，且 $\alpha_1 \neq \alpha_2$ 时，由于两个支路的电动势差，分别产生两个环流 $\dot{I}'_0$ 和 $\dot{I}''_0$。此时，中性点连线上流过的电流 $\dot{I}_k=\dot{I}''_0$，当 $\dot{I}_k$ 电流大于保护的动作电流整定值时，横差保护动作于跳闸。

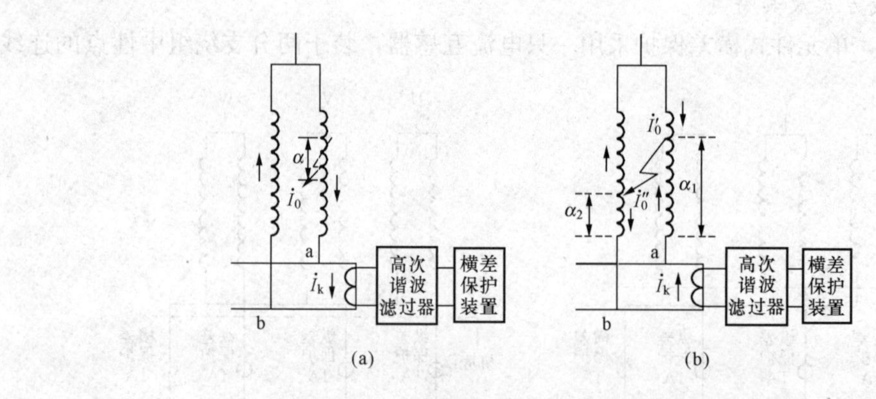

图 9-7 发电机定子绕组匝间短路的电流分布
(a) 同分支绕组匝间短路；(b) 同相不同分支绕组匝间短路

(4) 保护存在死区。由上述分析知，单元件式横差保护有一定的死区。当定子绕组同分支短路且短路匝数 α 很小时，或者同相不同分支间的短路匝数相同 ($\alpha_1=\alpha_2$) 及差别较小时，中性点连线上的电流很小，保护不能动作。

3. 保护的整定原则

根据运行经验，单元件式横联差动保护的动作电流为

$$I_{op} = (0.2 \sim 0.3) I_{g,N} \tag{9-7}$$

式中　$I_{g,N}$——发电机定子绕组的额定电流。

当转子回路发生两点接地故障时，由于转子回路的磁通势平衡被破坏，而定子同一相的两个分支绕组并不是完全位于相同的定子槽中，因而其感应的电动势不相等，定子绕组并联分支中性点连线上有较大的电流通过，将造成横差保护误动作。若此两点接地故障是永久性的，则这种动作是允许的（最好是由转子两点接地保护切除故障，这有利于查找故障）；但若两点接地故障是瞬时性的，则这种动作瞬时切除发电机是不允许的。因此，保护需增设0.5～1s的延时，以躲过转子回路的瞬时两点接地故障。

二、故障分量负序功率方向匝间短路保护

故障分量负序功率方向匝间短路保护，是中性点侧没有6个或4个引出端子的发电机定子匝间短路保护的一种方案。该保护装设在发电机的机端，利用发电机外部故障与定子绕组匝间短路时产生的负序分量及其负序功率的方向不同而实现，不仅可作为发电机内部匝间短路的主保护，还可作为发电机内部相间短路及定子绕组开焊的保护。

1. 故障时负序功率方向的分析

以图9-8所示单“Y”接线发电机为例，根据电网中发生不对称故障时，将出现负序分量，且负序源在故障点这一特点，在不同地点发生不对称短路时，产生的负序功率方向分析如下：

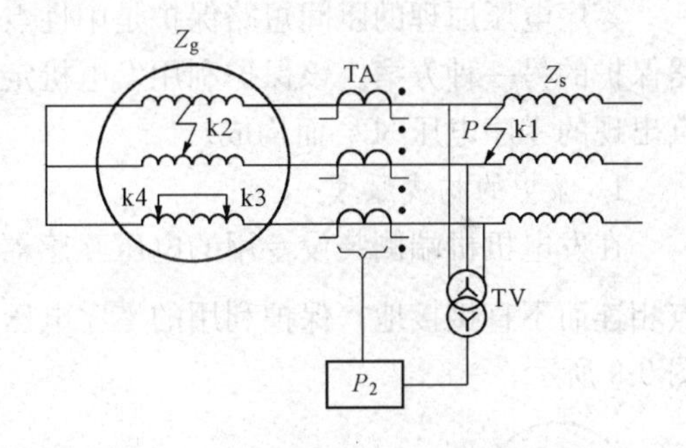

图9-8　负序功率方向 ΔP_2 匝间短路接线保护示意图

（1）发电机外部横向不对称短路时，如当发电机外部k1点发生两相短路时，负序功率的方向由系统指向发电机。

（2）发电机内部两相短路时，如当发电机内部k2点发生两相短路时，负序功率的方向由发电机指向系统。

（3）发电机定子绕组一相匝间短路时，如定子绕组k3和k4点之间发生短路，产生的负序功率方向亦由发电机指向系统。

可见，故障分量负序功率的方向随故障点的位置而变化。当发电机外部和内部发生不对称故障时，故障分量负序功率的方向相反。由此，利用这一特点可以实现定子绕组的匝间短路保护。

2. 保护的构成及其动作判据

根据上述分析，故障分量负序方向保护的负序电压和负序电流分别取自发电机机端的TV和TA（见图9-8），当发电机定子绕组发生相间短路、匝间短路及分支开焊等不对称故障时，在故障点出现负序电源，且由于系统侧是对称的，则必有负序功率由发电机流出。设机端负序电压和负序电流的故障分量分别为 $\Delta\dot{U}_2$ 和 $\Delta\dot{I}_2$，负序功率的故障分量为 ΔP_2，则保护动作的判据可综合为

$$|\Delta\dot{U}_2| > \Delta U_{2,set} \tag{9-8}$$

$$|\Delta\dot{I}_2| > \Delta I_{2,set} \tag{9-9}$$

$$\Delta P_2 = \Delta\dot{U}_{2r}\Delta\dot{I}'_{2r} + \Delta\dot{U}_{2j}\Delta\dot{I}'_{2j} > \Delta P_{2,set} \tag{9-10}$$

$$\Delta\dot{U}_2 = \dot{U}_{k2} - \dot{U}_{l2}, \Delta\dot{I}_2 = \dot{I}_{k2} - \dot{I}_{l2}$$

式中 $\Delta U_{2,set}$，$\Delta I_{2,set}$，$\Delta P_{2,set}$——分别为故障分量的负序电压、负序电流、负序功率整定值（门槛值）；

下标 k、l、r、j——k 代表故障，l 代表负荷，r、j 分别代表实部和虚部。

当式（9-8）～式（9-10）同时成立，保护跳闸。

由式（9-10）可知，保护定义的负序功率 ΔP_2 并非故障前后发电机机端负序功率之差，其定义的 ΔP_2 是由 $\Delta\dot{U}_2$ 和 $\Delta\dot{I}_2$ 确定的。

3. 保护定值的整定及注意事项

（1）根据经验，通常取 $\Delta U_{2,set}<1\%$，$\Delta I_{2,set}<3\%$。根据发电机定子绕组内部故障的计算实例，ΔP_2 约为 0.1%，因此，可固定选取 $\Delta P_{2,set}<0.1\%$。上述百分数均以发电机额定容量为基准。$\Delta U_{2,set}$、$\Delta I_{2,set}$、$\Delta P_{2,set}$ 整定值均为初选数值，在应用中应根据机组实际运行情况作适当修正。

（2）故障分量负序功率方向（ΔP_2）保护，若装在发电机中性点（取中性点 TA 电流），仅反应发电机内部匝间短路故障。

三、纵向零序电压原理的匝间短路保护

零序电压原理的匝间短路保护是中性点侧没有 6 个或 4 个引出端子的发电机定子匝间短路保护的另一种方案。该保护利用发电机定子绕组发生匝间短路时，机端三相对发电机中性点出现的零序电压 $3U_0$ 而构成。

1. 保护的构成原理

在发电机机端侧装设专用的电压互感器 TV0，且 TV0 一次绕组的中性点与发电机中性点相连而不直接接地，保护利用的零序电压 $3\dot{U}_0$ 取自 TV0 的第三绕组（开口三角接线），如图 9-9 所示。

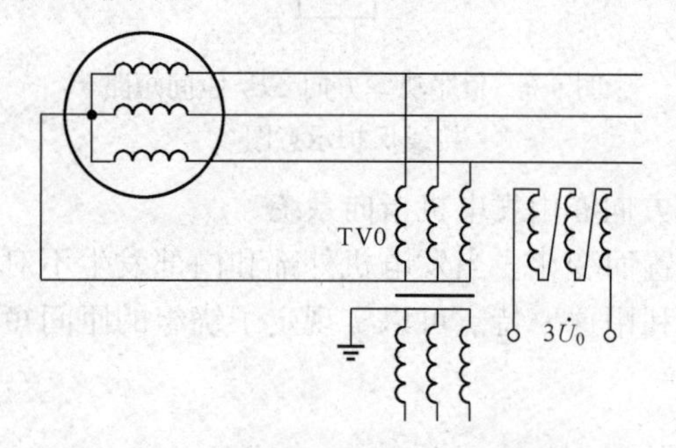

图 9-9 零序电压匝间短路保护原理接线图

（1）当发电机正常运行时，由于大、中型发电机中性点采用高阻抗接地或中性点不接地，所以理论上说 TV0 的第三绕组没有输出电压，即 $3\dot{U}_0=0$，保护不动作。

（2）当发电机内部或外部发生单相接地故障时，虽然一次系统出现了零序电压，即一次侧三相对地电压不再平衡，中性点电位升高 $3\dot{U}_0$，但由于 TV0 一次侧中性点并不接地，所以即使它的中性点电位升高，而三相对中性点的电压仍然是对称的，第三绕组输出电压仍为零，保护不会动作。同理，当发电机出现外部相间短路或内部匝数相等的匝间短路时，TV0 开口三角形绕组也不会出现零序电压，保护不会动作。

（3）当发电机定子绕组发生匝间短路或匝数不等的相间短路时，TV0 的一次侧三相对中性点的电压不再平衡，TV0 开口三角形绕组有 $3\dot{U}_0$ 输出，即 $3\dot{U}_0\neq0$，使零序电压匝间短路保护动作。

由于发电机在制造上的原因，正常运行时会出现3次谐波电动势，使正常运行或外部故障时，TV0开口三角绕组上出现较大的零序电压。因此，在构成零序电压匝间短路保护时，需设置3次谐波滤过器，以提高保护的灵敏度。当发电机外部短路电流较大时，电枢反应磁通的波形严重畸变，出现3次谐波，经过3次谐波滤过器后还有相当高的值。为此，可采用负序功率方向闭锁方式，在外部短路时使保护退出工作，从而进一步提高保护的灵敏度。为了防止专用TV0断线在开口三角形绕组输出侧出现较大的零序电压使保护误动作，还需装设断线闭锁元件。图9-10为负序功率闭锁的零序电压匝间保护原理方框图。

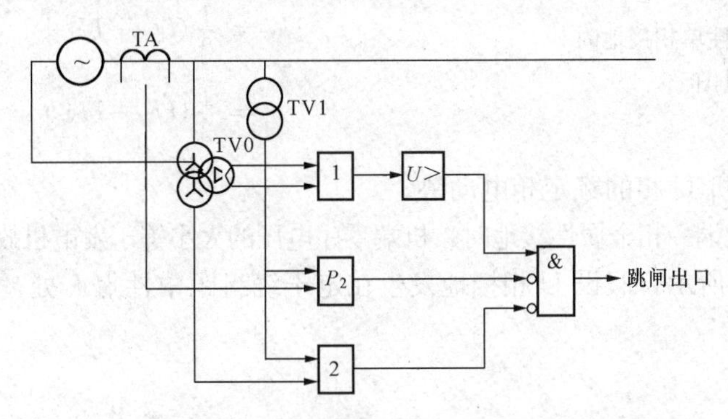

图9-10　负序功率闭锁的零序电压匝间保护原理方框图

1—3次谐波滤过器；2—断线闭锁保护；P_2—负序功率方向元件

2. 保护的整定原则

保护的动作电压$U_{0,op}$按躲过外部严重故障时的最大不平衡基波零序电压和3次谐波零序电压整定，即

$$\left.\begin{aligned}U_{0,op} &= k_{rel}U_{01,max}\\ U_{0,op} &= \frac{k_{rel}}{k_{g1,3}}U_{03,max}\end{aligned}\right\}\tag{9-11}$$

式中　$U_{01,max}$——最大基波零序电压，一般取0.4～0.5V；

$U_{03,max}$——最大3次谐波零序电压，一般取40V；

k_{rel}——可靠系数，取1.5；

$k_{g1,3}$——基波对3次谐波过滤比，又称3次谐波滤波比，$k_{g1,3}$等于滤波前、后3次谐波电流之比。

第四节　发电机定子绕组的单相接地保护

根据安全要求，发电机的外壳都是接地的。因此，发电机定子绕组与铁心间的绝缘在某一点上遭到破坏，就可能发生单相接地故障。当接地电流较大在故障点引起电弧时，将破坏定子绕组的绝缘及烧坏铁心，严重损伤发电机。所以将不产生电弧的单相接地电流称为安全电流，其大小与发电机额定电压有关（具体见相关规程）。发电机额定电压越高，其安全电流越小，反之亦然。发电机中性点一般不接地或经消弧线圈接地，当发电机内部单相接地时，流经接地点的电流为发电机和与发电机有直接电联系的各元件的对地电容电流之总和。我国规定，当发电机的接地电容电流等于或大于其安全电流时，应装设动作于跳闸的接地保护；当接地电流小于安全电流时，一般装设动作于信号的接地保护。

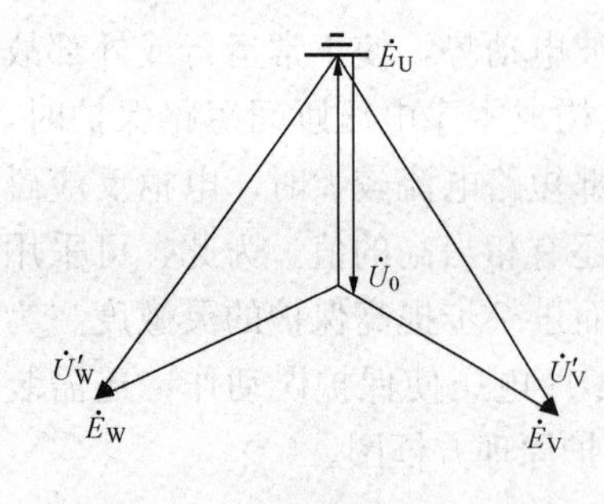

图 9-11 机端金属性单相接地时电压相量图

一、发电机定子绕组单相接地故障的分析

1. 定子绕组单相接地故障的零序电压

正常运行时，发电机机端三相电压是对称的，三相电压为 $\dot{U}_U$、$\dot{U}_V$、$\dot{U}_W$。当发电机机端 U 相发生金属性接地故障时，U 相对地电压 $\dot{U}'_U=0$，其他两相对地电压升高$\sqrt{3}$倍，如图 9-11 所示的 $\dot{U}'_V$、$\dot{U}'_W$，机端零序电压为

$$\dot{U}_0=\frac{1}{3}(\dot{U}'_U+\dot{U}'_V+\dot{U}'_W)$$

$$=\frac{1}{3}(\dot{U}'_V+\dot{U}'_W)=-\dot{E}_U \qquad (9\text{-}12)$$

式中 $\dot{E}_U$——发电机 U 相的额定相电动势。

显然，发电机机端一相金属性接地时，机端零序电压的大小等于发电机故障前的相电压。

如图 9-12（a）所示，假设 U 相接地发生在定子绕组距中性点 α 处，则各相机端对地电压分别为

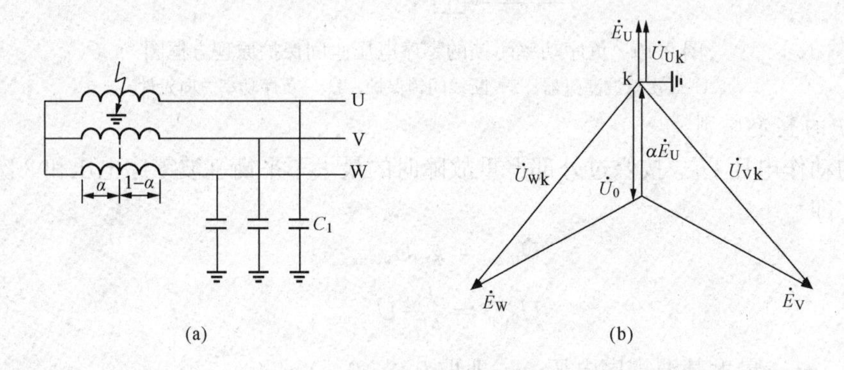

图 9-12 发电机内部单相接地故障时示意图及电压相量图
（a）示意图；（b）电压相量图

$$\left.\begin{aligned}\dot{U}_{Uk}&=\dot{E}_U-\alpha\dot{E}_U=(1-\alpha)\dot{E}_U\\ \dot{U}_{Vk}&=\dot{E}_V-\alpha\dot{E}_U\\ \dot{U}_{Wk}&=\dot{E}_W-\alpha\dot{E}_U\end{aligned}\right\} \qquad (9\text{-}13)$$

机端零序电压为

$$U_0=\frac{1}{3}(\dot{U}_{Uk}+\dot{U}_{Vk}+\dot{U}_{Wk})=\frac{1}{3}(\dot{E}_U+\dot{E}_V+\dot{E}_W)-\alpha\dot{E}_U=-\alpha\dot{E}_U \qquad (9\text{-}14)$$

式（9-14）表明，机端零序电压将随着故障点的位置不同而改变。当接地点发生在距中性点 α 处时，发电机零序电压的大小等于故障前相电动势的 α 倍。

2. 正常运行和定子单相接地时 3 次谐波电压分布

（1）正常运行时三次谐波电压分布。任何一台发电机的相电动势中都含有谐波分量，在设计发电机时，利用绕组的分布和短节距来消除 5 次、7 次谐波，以消除对线电压波形的影响。而 3 次谐波的相序属零序分量，在线电压中可以将它消除，但在相电动势中依然存在。

根据大量实测资料表明，每台发电机的相电动势中有2%～10%的3次谐波分量。

发电机中性点对地绝缘时，如果将发电机的对地等效电容C_g看作集中在发电机的中性点N和机端S处，每端为$\frac{1}{2}C_{ph}$，将发电机的机端引出线、升压变压器、厂用变压器以及电压互感器等设备的每相对地电容C_{ph}也等效地放在机端，则发电机正常运行情况下的等值电路如图9-13所示。

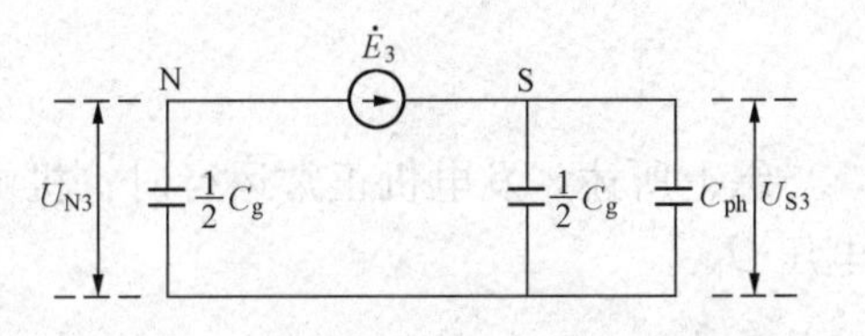

图9-13　发电机3次谐波电动势及对地电容的等值电路

机端等值电容为

$$\frac{C_g}{2}//C_{ph}=\frac{C_g}{2}+C_{ph}=\frac{C_g+2C_{ph}}{2} \tag{9-15}$$

中性点的3次谐波电压U_{N3}为

$$U_{N3}=\frac{(C_g+2C_{ph})/2}{C_g/2+(C_g+2C_{ph})/2}E_3=\frac{C_g+2C_{ph}}{2(C_g+C_{ph})}E_3 \tag{9-16}$$

机端的3次谐波电压U_{S3}为

$$U_{S3}=\frac{C_g/2}{C_g/2+(C_g+2C_{ph})/2}E_3=\frac{C_g}{2(C_g+C_{ph})}E_3 \tag{9-17}$$

机端的3次谐波电压U_{S3}与中性点的3次谐波电压U_{N3}的比值为

$$\frac{U_{S3}}{U_{N3}}=\frac{C_g}{C_g+2C_{ph}}<1 \tag{9-18}$$

即

$$U_{S3}<U_{N3}$$

由上式可见，正常运行时，发电机机端的3次谐波电压U_{S3}总是小于中性点侧的3次谐波电压U_{N3}。极限情况，当发电机出线端开路（即$C_{ph}=0$）时，$U_{S3}=U_{N3}$。

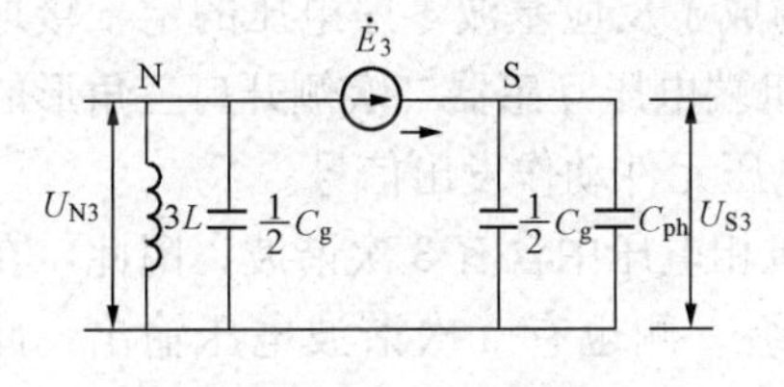

图9-14　中性点有消弧线圈时，3次谐波电动势及对地电容的等值电路

当发电机中性点经消弧线圈接地时，3次谐波电动势及对地电容的等值电路如图9-14所示，假设基波电容电流得到完全补偿，则

$$\omega L=\frac{1}{3\omega(C_g+C_{ph})} \tag{9-19}$$

此时，中性点侧对3次谐波的等值电抗为

$$X_{N3}=-\mathrm{j}\frac{3\omega(3L)\left(\frac{2}{3\omega C_g}\right)}{3\omega(3L)-\frac{2}{3\omega C_g}}=-\mathrm{j}\frac{6}{\omega(7C_g-2C_{ph})} \tag{9-20}$$

机端对3次谐波的等值电抗为

$$X_{S3}=-\mathrm{j}\frac{2}{3\omega(C_g+2C_{ph})} \tag{9-21}$$

机端3次谐波电压U_{S3}和中性点3次谐波电压U_{N3}之比为

$$\frac{U_{S3}}{U_{N3}}=\frac{X_{S3}}{X_{N3}}=\frac{7C_g-2C_{ph}}{9(C_g+2C_{ph})} \tag{9-22}$$

式（9-22）表明，接入消弧线圈以后，在正常运行时机端3次谐波电压U_{S3}比中性点侧的3次谐波电压U_{N3}更小。在发电机出线端开路（$C_S=0$）时，有

$$\frac{U_{S3}}{U_{N3}}=\frac{7}{9} \tag{9-23}$$

综上所述，发电机正常运行时，机端3次谐波电压U_{S3}总是小于中性点侧的3次谐波电压U_{N3}。

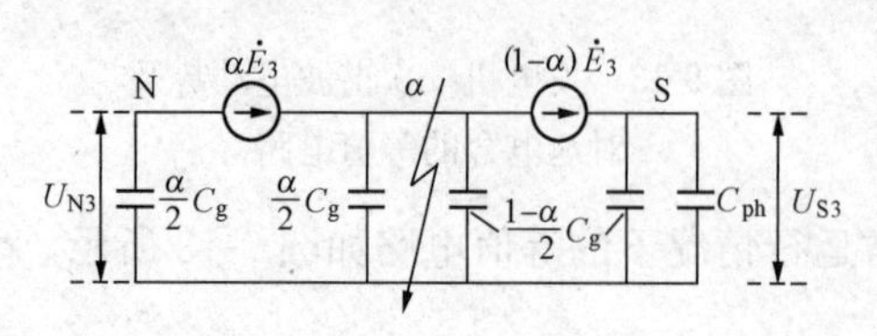

图9-15 发电机内部单相接地时等值电路

（2）距中性点α处发生单相接地时3次谐波电压的分布。当发电机定子绕组发生金属性单相接地时，设接地点发生在距中性点α处，其等值电路如图9-15所示。

此时，不论发电机中性点有无消弧线圈，恒有

$$U_{N3}=\alpha E_3 \tag{9-24}$$

$$U_{S3}=(1-\alpha)E_3 \tag{9-25}$$

$$\frac{U_{S3}}{U_{N3}}=\frac{1-\alpha}{\alpha} \tag{9-26}$$

可见，发电机中性点接地（$\alpha=0$）时，$U_{N3}=0$、$U_{S3}=E_3$；发电机机端接地（$\alpha=1$）时，$U_{N3}=E_3$、$U_{S3}=0$；当$\alpha=0.5$时，$U_{S3}=U_{N3}$。画出U_{S3}与U_{N3}随α变化的曲线，如图9-16所示。当$\alpha>0.5$时，$U_{S3}<U_{N3}$；当$\alpha<0.5$时，$U_{S3}>U_{N3}$。

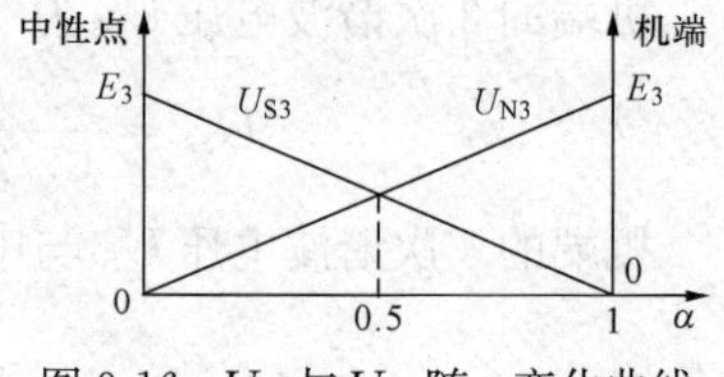

图9-16 U_{S3}与U_{N3}随α变化曲线

二、反应基波零序电压的定子接地保护

根据发电机单相接地时，定子回路出现零序电压，且零序电压的大小与接地点位置有关的特点，利用机端电压互感器开口三角绕组的输出电压构成了反应基波零序电压的定子接地保护，如图9-17所示。该保护的过电压元件检测发电机机端电压互感器二次侧开口三角形的输出电压，当检测的电压大于保护的动作整定值时，过电压元件动作发出信号。

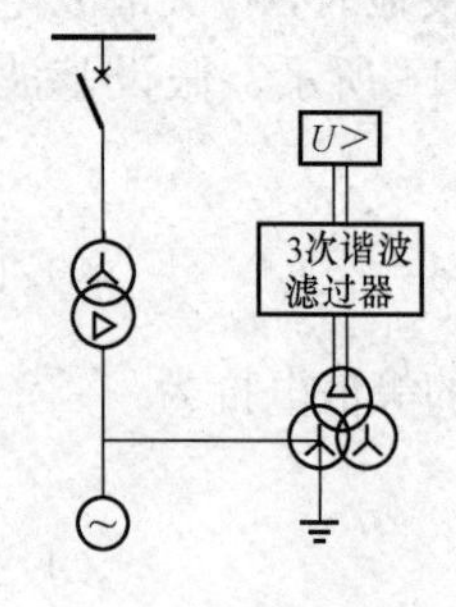

图9-17 反应基波零序电压的定子接地保护接线示意图

由于在正常运行时，发电机相电压中含有3次谐波，因此，在机端电压互感器开口三角形绕组一侧也有3次谐波电压输出。此外，当变压器高压侧发生接地故障时，由于变压器高、低压绕组之间有耦合电容存在，发电机机端也会产生零序电压。为了保证保护动作的选择性，保护装置的整定值应避开正常运行时的不平衡电压（包括3次谐波电压），以及变压器高压侧接地时在发电机端产生的零序电压。

根据运行经验，保护的启动电压一般整定为15～30V，考虑采用性能良好的3次谐波滤过器后，其动作值可降至5～10V。显然，保护在中性点附近有5%～10%的死区。若定子绕组经过渡电阻单相接地时，则死区更大。这对于大、中型发电机是不能允许的。因此，在大、中型发电机上应装设能反应100%定子绕组单相接地保护。

三、基波零序电压和3次谐波电压构成的100%定子接地保护

1. 保护的工作原理

基波零序电压和3次谐波电压构成的100%定子接地保护由两部分组成，一部分是基波

零序电压保护，另一部分是 3 次谐波电压保护，即由基波零序电压保护来反应发电机 85%～95%的定子绕组单相接地，由 3 次谐波电压保护来反应发电机中性点附近定子绕组的单相接地。为提高可靠性，两部分的保护区应相互重叠。根据对 3 次谐波电压分析可知，无论发电机中性点有无消弧线圈，正常运行时机端 3 次谐波电压 U_{S3} 总是小于中性点侧的 3 次谐波电压 U_{N3}，即 $U_{S3}<U_{N3}$；而在距中性点 50%范围内接地时，$U_{S3}>U_{N3}$。如果利用机端 3 次谐波电压 U_{S3} 作为动作量，而中性点侧的 3 次谐波电压 U_{N3} 作为制动量，并以 $U_{S3}\geqslant U_{N3}$ 为保护的动作条件，则利用 3 次谐波构成的接地保护，可以反应中性点侧定子绕组 50%范围以内的接地故障。

基波零序电压和 3 次谐波电压构成的 100%定子接地保护的保护范围示意图，如图 9-18 所示。该保护的动作判据为

$$\left.\begin{aligned}3U_0 &> U_{0,\text{set}}\\ U_{S3}/U_{N3} &> K_{3,\text{set}}\end{aligned}\right\}\tag{9-27}$$

式中：$3U_0$ 为发电机机端零序电压；$U_{0,\text{set}}$ 为基波零序电压整定值；U_{S3} 和 U_{N3} 分别为机端 TV 和中性点 TV 开口三角形绕组输出的 3 次谐波分量；$K_{3,\text{set}}$ 为 3 次谐波比例定值。

零序电压判据和 3 次谐波判据各有独立的出口回路，以满足不同配置的要求。100%定子接地保护的逻辑框图如图 9-19 所示。利用 3 次谐波构成的接地保护，由于反应中性点侧附近定子绕组的单相接地故障，在该保护范围内定子绕组单相接地时，零序电流较小，该保护动作于信号；由于反应机端零序电压的接地保护范围内发生接地故障时，零序电流较大，该保护可动作于跳闸或信号。

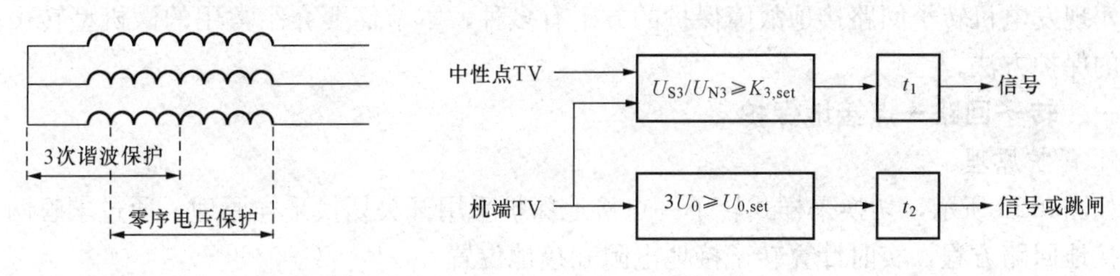

图 9-18　100%定子接地保护的保护范围示意图

图 9-19　100%定子接地保护保护逻辑框图

2. 保护的整定计算

（1）3 次谐波电压保护。设正常运行时，3 次谐波电压比值为 K_3（实测最大值），则取 $K_{3,\text{est}}=(1.05\sim1.15)K_3$。

（2）基波零序电压保护。该保护的动作电压按躲过正常运行时中性点侧单相电压互感器或机端电压互感器开口三角形绕组的最大不平衡电压整定，即

$$U_{0,\text{op}}=K_{\text{rel}}U_{\text{nub,max}}\tag{9-28}$$

式中　$U_{0,\text{op}}$——基波零序电压保护动作值；

K_{rel}——可靠系数，取 1.2～1.3；

$U_{\text{nub,max}}$——实测基波不平衡电压。

当 $U_{0,\text{op}}<10\text{V}$ 时，应校验高压系统接地短路时传递到机端的基波零序电压，以免保护误动。

第五节 发电机转子回路接地保护

发电机正常运行时，转子回路对地之间有一定的绝缘电阻和分布电容。当转子回路发生一点接地故障时，由于没有形成电流回路，对发电机运行没有直接影响；一旦又发生第二点接地后，励磁绕组将形成短路，使转子磁场畸变，引起机体强烈振动，严重损坏发电机。因此，有关规程要求发电机必须装有转子回路一点接地保护，动作于信号；装设转子回路两点接地保护，动作于跳闸。

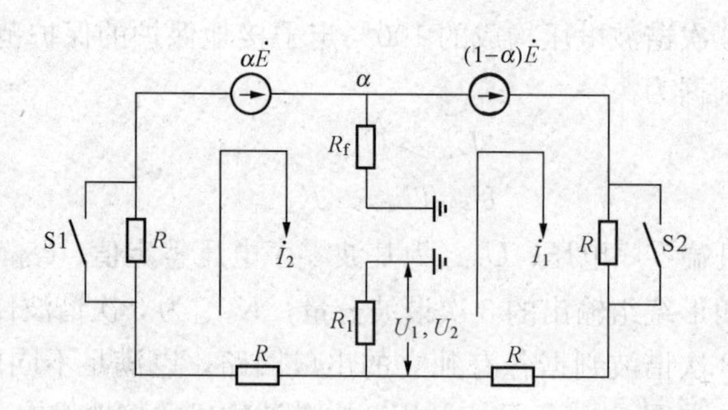

图 9-20 切换采样式转子一点接地保护原理接线

S1、S2—微机控制的电子开关；R_f—接地电阻；α—接地点的位置；

$\dot{E}$—转子电动势；R—降压电阻；R_1—测量电阻

实现发电机转子回路接地故障保护的方案有多种，本节简要介绍常用的微机型转子接地故障的保护方法。

一、转子回路一点接地保护

1. 保护原理

如图 9-20 所示，切换采样式转子一点接地保护采用开关切换采样原理，通过求解两个不同的接地回路方程，实时计算转子接地电阻和接地位置。

设当 S1 闭合、S2 断开时，在 R_1 上测得电压 U_1；当 S2 闭合、S1 断开时，在 R_1 上测得电压 U_2。$\Delta U=U_1-U_2$，则

接地点位置
$$\alpha=\frac{1}{3}+\frac{U_1}{3\Delta U} \tag{9-29}$$

接地电阻
$$R_f=\alpha\frac{R_1}{3\Delta U}-R_1-\frac{2}{3}R \tag{9-30}$$

正常运行时，4 个电阻 R 对称，$U_1=U_2$，$\Delta U=0$，$R_f=\infty$；转子绕组一点接地时，$U_1\neq U_2$，当接地电阻小于 R_f 或等于接地电阻整定值 $R_{f,set}$（$R_f\leqslant R_{f,set}$）时，经延时发出信号。

2. 整定计算

保护的接地电阻整定值取决于正常运行时转子回路的绝缘水平。当接地电阻的高定值整定为 10kΩ 时，延时（4～10s）动作于发信号；当接地电阻低定值整定为 10kΩ 时，延时（1～4s）动作于跳闸。

二、转子两点接地保护

转子两点接地保护共享转子一点接地时测得接地位置 α 的数据。所以，在一点接地故障

后，保护装置继续测量接地电阻的接地位置，若再发生转子另一点接地故障，则已测得的 α 值将变化。当其变化值 $\Delta\alpha$ 超过整定值时，保护装置就确认为已发生转子两点接地故障，发电机应立即停机。转子两点接地保护判据为

$$|\Delta\alpha| > \alpha_{set}$$

式中　α_{set}——转子两点接地时位置变化的整定值。

接地位置变化动作值一般可整定为（5%～10%）U_m（U_m 为发电机励磁电压）；动作时限按避开瞬时出现的两点接地故障整定，一般为 0.5～1.0s。

第六节　发电机的失磁保护

一、发电机失磁运行及其产生的影响

发电机失磁是指发电机的励磁电流突然全部消失或部分消失。失磁的主要原因有励磁供电电源故障、转子绕组开路或短路、自动灭磁开关误跳闸、自动励磁调节装置故障以及误操作等。发电机失磁时，其励磁电流逐渐衰减至零，定子感应电动势也随之逐渐减小，使发电机的电磁转矩小于原动机转矩，转子的转速增加，使发电机功角 δ 增大。当 δ 超过静稳定极限角时，发电机与系统失去同步而进入异步运行。发电机转速超过同步转速后，在转子本体表层和转子绕组中产生差频电流，此电流产生异步制动转矩，且随转差率的增加而增加。当异步制动转矩与原动机转矩达到新的平衡时，发电机进入稳定异步运行状态。

发电机失磁运行时，将对发电机和电力系统产生以下影响：

(1) 发电机失磁对机组本身产生危害。失磁后，差频电流将产生附加损耗，使发电机转子和转子回路可能过热，转差率越大，过热越严重。同时，失磁发电机要从系统吸收无功功率，特别是在重负荷下失磁，发电机吸收大量的无功功率，使定子绕组出现过电流。

(2) 发电机失磁运行对电力系统的影响。失磁后，发电机变成异步发电机，由原来送出无功功率变成吸收无功功率，使系统无功功率减少。若系统无功功率储备不足，将引起电压下降，甚至会使电力系统因电压崩溃而瓦解。由于系统电压下降，其他发电机在自动调节装置的作用下，将增加无功输出，致使某些发电机、变压器或线路过电流，有可能引起后备保护误动作，使故障范围扩大。

二、发电机失磁保护的配置

对于小型发电机失磁保护通常采用灭磁开关联跳主断路器。这种方式一般用于容量在100MW 以下带直流励磁机的水轮发电机，或不允许失磁运行的汽轮发电机。当发电机的自动灭磁开关误跳闸，引起失磁时，利用自动灭磁开关的动断辅助触头去接通发电机断路器的跳闸回路，使断路器跳闸。

对于大型通常装设专门的失磁保护，动作于信号、减负荷或停机。失磁对发电机本身的危害，并不像发电机内部短路那样迅速地表现出来。大型机组突然跳闸会给机组本身造成大的冲击，对系统也会加重扰动。因此，除水轮发电机的失磁保护直接动作于跳闸外，一般汽轮发电机的失磁保护仅动作于减负荷，转入低负荷异步运行。若不能在允许的异步运行时间内消除失磁因素，保护再动作于跳闸。若大型机组失磁而危及电力系统安全时，保护应尽快断开失磁的发电机。

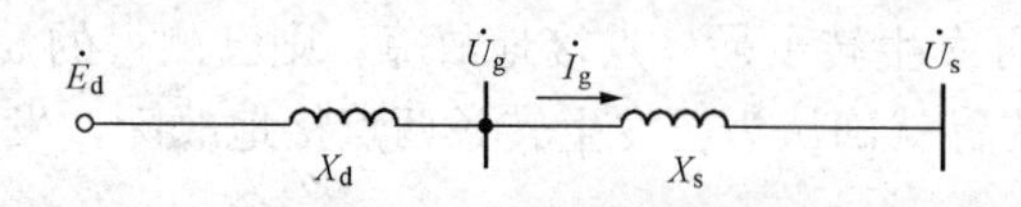

图 9-21 发电机与无限大系统并列运行等值电路

$\dot{E}_d$—发电机的同步电动势；$\dot{U}_g$—发电机机端电压；$\dot{U}_s$—系统电压；X_d—发电机同步电抗；X_s—发电机与系统间的联系电抗

三、发电机失磁后的机端测量阻抗

现以汽轮发电机与无限大系统并列运行为例，分析发电机失磁后机端测量阻抗的变化情况。汽轮发电机与无限大系统并列运行的等值电路，如图 9-21 所示。

设 $\dot{E}_d$ 与 $\dot{U}_s$ 之间的夹角（功角）为 δ，综合电抗 $X_\Sigma = X_d + X_s$，则由电机学可知，发电机送到受端的功率为

$$W = P + jQ \tag{9-31}$$

$$P = \frac{E_d U_s}{X_\Sigma}\sin\delta \tag{9-32}$$

$$Q = \frac{E_d U_s}{X_\Sigma}\cos\delta - \frac{U_s^2}{X_\Sigma} \tag{9-33}$$

受端的功率因数角为

$$\varphi = \arctan\frac{Q}{P} \tag{9-34}$$

正常运行时，$\delta < 90°$；若不考虑励磁调节器的作用，$\delta = 90°$为静稳定运行的极限；当 $\delta > 90°$时发电机失步。发电机从失磁到稳定异步运行，通常分为失磁开始到失步前、临界失步点和稳定异步运行三个阶段。

1. 发电机从失磁到失步前（$\delta < 90°$）

在这一阶段中，由于发电机励磁电流的减小，$\dot{E}_d$ 随之下降，使发电机送出的有功功率 P 开始减小。由于原动机的机械功率还来不及变化，于是转子逐渐加速，$\dot{E}_d$ 和 $\dot{U}_s$之间的功角 δ 随之增大，使 P 回升。在该阶段中 $\sin\delta$ 的增大与 $\dot{E}_d$ 的减小相补偿，基本上保持了电磁功率 P 不变。与此同时，无功功率 Q 将随着 $\dot{E}_d$ 的减小和 δ 的增大而迅速减小，逐渐由正值变成负值，即发电机变为吸收感性无功功率。发电机从失磁到失步前，机端测量阻抗为

$$\begin{aligned} Z_r &= \frac{\dot{U}_g}{\dot{I}_g} = \frac{\dot{U}_s + j\dot{I}_g X_s}{\dot{I}_g} = \frac{\dot{U}_s}{\dot{I}_g} + jX_s = \frac{U_s^2}{P - jQ} + jX_s \\ &= \frac{U_s^2}{2P} \times \frac{P - jQ + P + jQ}{P - jQ} + jX_s \\ &= \frac{U_s^2}{2P}\left(1 + \frac{We^{j\varphi}}{We^{-j\varphi}}\right) + jX_s = \left(\frac{U_s^2}{2P} + jX_s\right) + \frac{U_s^2}{2P}e^{j2\varphi} \end{aligned} \tag{9-35}$$

式中，U_s、X_s、Q 和 P 均为常数，φ 为变量。该式为一圆的方程，即发电机从失磁到失步前，机端测量阻抗 Z_r 在阻抗复平面上的轨迹是圆，圆心坐标为$\left(\frac{U_s^2}{2P}, jX_s\right)$，半径为$\frac{U_s^2}{2P}$，如图 9-22（a）所示。由于这个圆是在某有功功率 P 不变的条件下做出的，所以通常又称之为等有功阻抗圆。由式（9-35）还可知道，机端测量阻抗 Z_r 的轨迹与 P 有关，对于不同的 P，有不同的等有功阻抗圆，且 P 越大，圆的直径越小，如图 9-22（b）所示。

由上述分析可见，发电机失磁前，向系统送出无功功率 P，φ 角为正，测量阻抗位于第Ⅰ象限。失磁以后，随着无功功率 Q 的减小，φ 角由正值变负值，机端测量阻抗沿着等有功阻抗圆的圆周由第Ⅰ象限过渡到第Ⅳ象限。

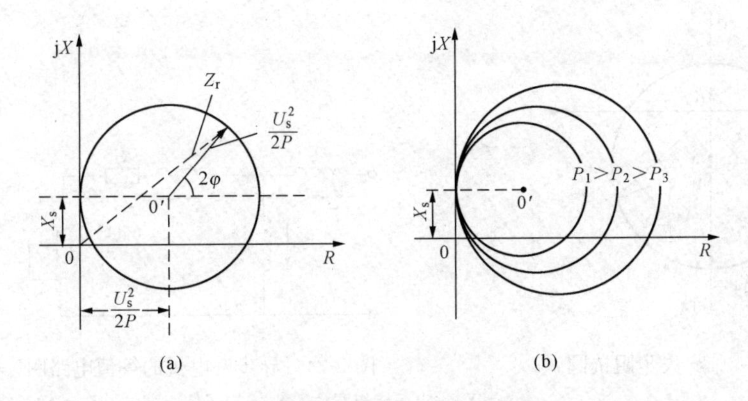

图 9-22　等有功阻抗圆

(a) 有功阻抗圆；(b) 不同 P 时的等有功阻抗圆

2. 临界失步点（$\delta=90°$）

对汽轮发电机组，当 $\delta=90°$时，发电机处于失去静稳定的临界状态，所以 $\delta=90°$时称为临界失步点。根据式（9-33），此时，输送到受端的无功功率为

$$Q=-\frac{U_s^2}{X_d+X_s}=\text{常数} \tag{9-36}$$

其中，Q 为负值，表明临界失步时，发电机已从系统吸收无功功率，且为一常数。这种情况下，机端测量阻抗 Z_r 为

$$\begin{aligned} Z_r &= \frac{\dot{U}_g}{\dot{I}_g}=\frac{U_s^2}{P-jQ}+jX_s=\frac{U_s^2}{-2jQ}\times\frac{P-jQ-(P+jQ)}{P-jQ}+jX_s \\ &= \frac{U_s^2}{-2jQ}(1-e^{j2\varphi})+jX_s \end{aligned} \tag{9-37}$$

将式（9-36）的 Q 值代入并化简得

$$Z_r=\frac{\dot{U}_g}{\dot{I}_g}=-j\,\frac{X_d-X_s}{2}+j\,\frac{X_d+X_s}{2}e^{j2\varphi} \tag{9-38}$$

其中，φ 为变量。可见，临界失步时，尽管发电机输出不同的有功功率，但其无功功率 Q 恒为常数。机端测量阻抗的轨迹也是一个圆，如图 9-23 所示。其圆心坐标为$\left(0,\ -j\,\frac{X_d-X_s}{2}\right)$，半径为$\frac{X_d+X_s}{2}$。这个圆称为临界失步阻抗圆或等无功阻抗圆，圆内为失步区。

3. 失步后的稳定异步运行（$\delta>90°$）

发电机失步后的稳定异步运行阶段，机端测量阻抗 Z_r 位于第Ⅳ象限，并最后落于 X 轴上的$-jX_d'$到$-jX_d''$的范围。图 9-24 所示为发电机失步后异步运行阶段的等值电路。按图中规定的电流正方向，机端测量阻抗为

$$Z_r=-\left[jX_1+\frac{jX_{ad}\left(\frac{R_2}{s}+jX_2\right)}{\frac{R_2}{s}+j(X_{ad}+X_2)}\right] \tag{9-39}$$

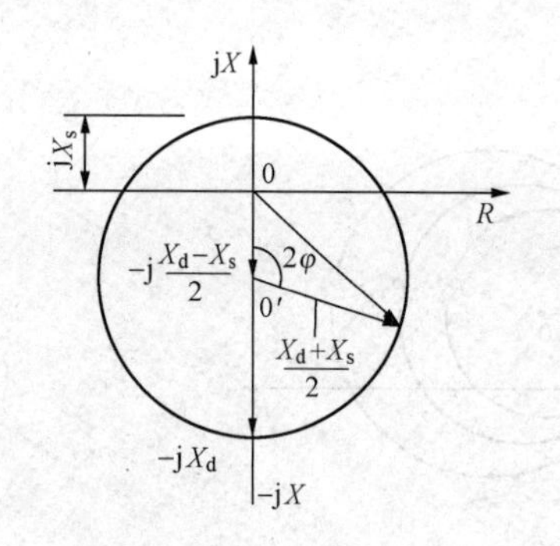

图 9-23　临界失步阻抗圆

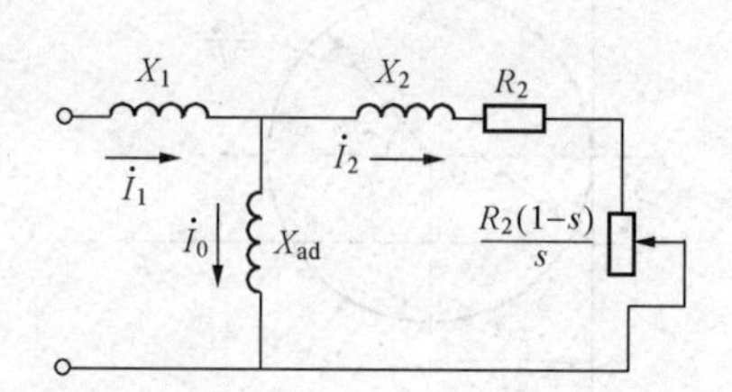

图 9-24　异步发电机的等值电路图

X_1—定子绕组漏抗；X_2—转子绕组漏抗；R_2—转子绕组电阻；

s—转差率；$\frac{R_2\ (1-s)}{s}$—反映发电机功率大小的等值电阻；

X_{ad}—定子转子绕组之间的互感电抗

当发电机空载下失磁时，$s\approx0$，$\frac{R_2}{s}\approx\infty$，此时机端测量阻抗 Z_r 为最大，即

$$Z_r=-jX_1-jX_{ad}=-jX_d \tag{9-40}$$

当发电机在其他运行方式下失磁时，Z_r 将随着转差率的增大而减小，并位于第Ⅳ象限内。极限情况是 $f_f\to\infty$时，$s\to\infty$，$\frac{R_2}{s}\to0$，此时 Z_r 有最小值，即

$$Z_r=-j\left(X_1+\frac{X_2X_{ad}}{X_2+X_{ad}}\right)=-jX_d' \tag{9-41}$$

为反映这种情况可构成一个圆，如图 9-25 所示。该圆过$-jX_d$与$-jX_d'$两点，反映稳态异步运行时 $Z_r=f(s)$ 的特性，简称异步运行阻抗圆，又称抛球式阻抗特性圆。发电机在异步运行阶段，机端测量阻抗进入异步运行阻抗圆，即最终落在$-jX_d$ 和$-jX_d'$的范围内。

综上所述，当一台发电机失磁前在过激状态下运行时，其机端测量阻抗位于复平面的第Ⅰ象限内（见图 9-26 中 a 或 a′点）；失磁后，测量阻抗沿等有功圆向第Ⅳ象限移动。当它与临界失步阻抗圆相交时（b 或 b′点），表明机组运行处于静稳定的极限。越过静稳定边界后，机组转入异步运行，最后稳定运行在异步运行状态。此时，机端测量阻抗在第Ⅳ象限 jX_d 和$-jX_d'$的范围内（c 或 c′点附近），即在异步运行阻抗圆内。

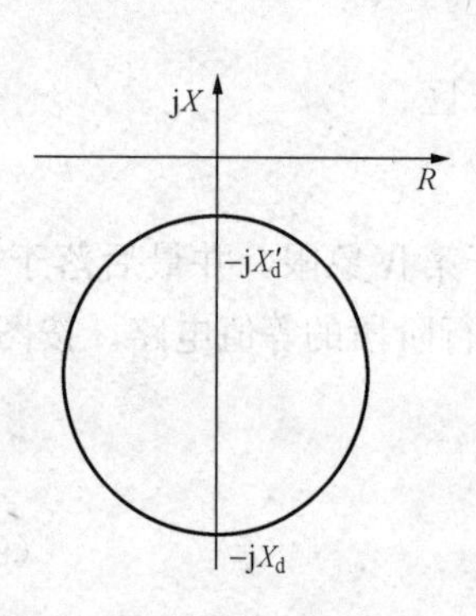

图 9-25　异步运行阻抗圆

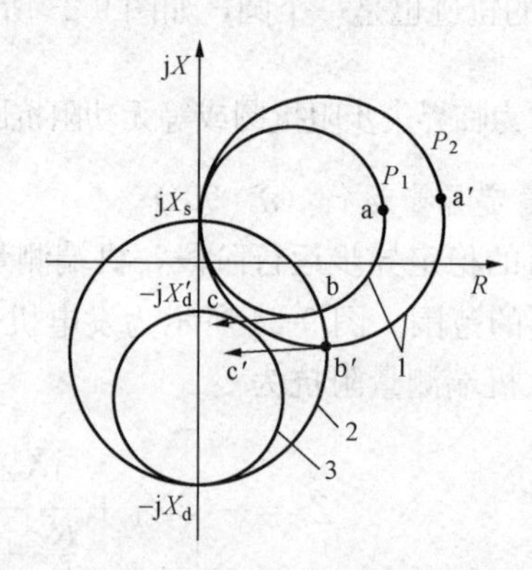

图 9-26　发电机失磁后机端测量阻抗的变化轨迹

1—等有功阻抗圆；2—临界失步圆；3—异步运行阻抗圆

四、失磁保护的判据

无论什么原因引起失磁故障，失磁保护应能有选择并迅速地检测出发电机的失磁故障，以便及时采取措施，保证机组和系统的安全。根据发电机失磁后，有关参数变化的情况，失磁保护判据通常有主要判据和辅助判据。

1. 主要判据

（1）发电机失磁后，机端测量阻抗的轨迹由阻抗复平面的第Ⅰ象限进入第Ⅳ象限，即由等有功阻抗圆进入等无功阻抗圆（临界失步阻抗圆）。所以，可以将临界失步阻抗圆作为鉴别失磁故障的一种判据。

（2）发电机失步后进入稳态异步运行，机端测量阻抗的端点越过临界失步圆，进入异步运行阻抗圆。所以，可以将进入异步运行阻抗圆作为失磁保护的另一种判据。

（3）发电机与系统并列运行时，其有功功率大小与励磁电压有一定的对应关系，当励磁电压低于对应的值时，可判为失磁，通常称之为变励磁电压判据。

（4）由于发生失磁时，高压母线三相电压可能同时降低，故也可采用系统侧高压母线三相低电压作失磁的主判据。

2. 辅助判据

机端测量阻抗进入临界失步阻抗圆和异步阻抗边界，并不是失磁故障所独具的特征，在发电机外部短路、系统振荡、长线路充电、自同期并列以及电压回路断线等情况下，失磁保护可能误动作。因此，必须利用其他特征量作为辅助判据，增设辅助元件，才能保证保护的选择性。在失磁保护中，常用的辅助判据和闭锁措施如下：

（1）当发电机失磁时，励磁电压要下降。因此，通常将励磁电压下降作为失磁保护的辅助判据。

（2）失磁故障时，定子回路三相电压、电流对称，没有负序分量产生。在短路或短路引起振荡的过程中，总会短时或整个过程中出现负序分量。所以，利用负序分量作为辅助判据，防止失磁保护在短路或短路伴随振荡的过程中误动作。

（3）系统振荡过程中，机端测量阻抗只短时穿过失磁保护的动作区，而不会长时间停留在动作区内，因此，采用延时使失磁保护躲过振荡的影响。

（4）自同期过程是失磁的逆过程。当合上出口断路器之后，机端测量阻抗的端点位于异步阻抗边界以内，不论采用哪种整定条件，都使失磁继电器误动作。自同期属于正常操作过程，因此，可以采取在自同期过程闭锁失磁保护的方法来防止它误动作。

（5）电压回路断线时，加于失磁保护上的电压大小和相位发生了变化，可能引起失磁保护误动作。故可以利用增设电压回路断线闭锁元件，防止失磁保护误动。

五、失磁保护的构成方案

根据发电机容量和励磁方式的不同，目前失磁保护构成的方案有多种。汽轮发电机某一失磁保护方案的原理框图如图 9-27 所示。

（1）阻抗元件 Z 是失磁故障的主要判别元件。其动作特性选用临界失步阻抗圆。利用机端电压和电流计算出机端测量阻抗，当计算出的测量阻抗落在临界失步阻抗圆内时，判为失磁故障。

（2）低电压元件 U_d 是失磁故障的另一判别元件。该元件通过测量机端的三相电压判断是否发生失磁故障，即当三相电压同时低于失磁保护的低电压整定值时，判为失磁故障。低电压元件通常采用的判据为U_d<（0.8～0.9）$U_{g,N}$（$U_{g,N}$为发电机的额定电压）。

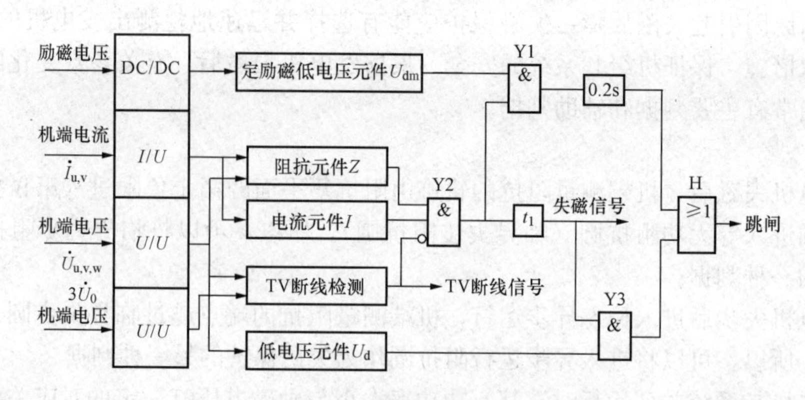

图 9-27 发电机失磁保护的原理框图

（3）定励磁低电压元件U_{dm}是失磁故障的另一判别元件。该元件通过监测励磁电压的大小判断是否发生失磁故障，即当励磁电压低于失磁保护的定励磁低电压整定值时，判为失磁故障。定励磁低电压元件通常采用的判据为$U_{dm}<0.8U_{N,m,0}$（$U_{N,m,0}$为发电机空载额定励磁电压）。

（4）电流元件I是用于防止在发电机并网前的升速升压过程中，或解列后的降速降压过程中，励磁低电压元件U_{dm}误动。保护通常根据机端电流I的大小开放保护，即当$I>I_{set}$（$I_{set}=0.06I_{g,N}$）时开放保护。

（5）时间元件0.2s和t_1是防止失磁保护在系统振荡时误动而设置的。当电压互感器回路断线时，与门Y2被闭锁，并发出电压回路断线信号。

第七节 发电机的过负荷保护

对于发电机，特别是大型发电机，由于定子和转子的材料利用率很高，其热容量和铜损的比值较小，因而热容量常数也较小。因此，为了充分利用发电机的过载能力而又不致受过负荷的损害，在大型发电机上需装设三套过负荷保护，分别反应定子绕组、转子绕组和转子表层的过负荷，且过负荷保护的动作特性应分别与发电机对应允许过负荷的特性相配合。

一、发电机允许过负荷的特性及其判据

1. 发电机允许过负荷的特性

（1）发电机的热容量常数A，又称为发电机允许发热时间常数A，它是一个表示载流导体能承受允许发热量的常数。根据载流导体发热量$Q=KI^2t$，若不考虑导体散热，发电机正常运行的条件为

$$\left.\begin{aligned}I_*^2 t \leqslant A\\ t \leqslant A/I_*^2\end{aligned}\right\} \tag{9-42}$$

式中 I_*——以额定电流为基准的电流的标幺值；

t——发电机通过电流I_*所允许的时间；

A——发电机的热容量常数，在发电机出厂时，制造厂家给出了该发电机定子绕组、转子绕组、转子表层的A值。

（2）发电机允许过负荷的特性。根据发电机能正常运行的条件可知，发电机允许过负荷

的时间与过负荷的大小有关，过负荷电流越大，其允许过负荷的时间越短，即发电机允许过负荷的特性为反时限特性，如图 9-28 所示。

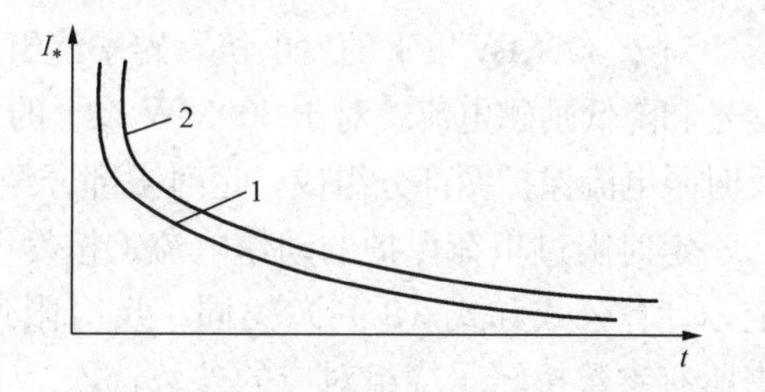

图 9-28　发电机的允许过负荷特性曲线示意图

1—不考虑散热条件下；2—考虑散热条件下

2. 发电机允许过负荷的判据

根据发电机允许过负荷的特性，考虑导体散热后，发电机定子、转子表层、转子绕组允许过负荷的判据（发电机能够正常运行的条件）通用为 $I_*^2 t-\alpha t\leqslant A$，即

$$t\leqslant\frac{A}{I_*^2-\alpha}\tag{9-43}$$

（1）I_* 为发电机持续允许电流的标幺值。对于定子绕组，I_* 为流过定子绕组相电流的标幺值（以发电机额定电流为基准）；对于转子绕组，I_* 为流过转子绕组的转子电流标幺值（以发电机额定转子电流为基准）；对于转子表层，I_* 为流过定子绕组的负序电流标幺值（以发电机额定电流为基准）。

（2）α 为发电机持续允许电流常数，由厂家给出的定子绕组、转子绕组、转子表层的 α 值决定。α 值越大，表示散热好。

（3）A 为发电机的热容量常数，由厂家给出的定子绕组、转子绕组、转子表层的 A 值决定。

（4）t 为发电机通过电流 I_* 所允许的时间。对于定子绕组、转子绕组及转子表层，其 t 值分别由定子绕组、转子绕组、转子表层的允许过负荷特性决定。

考虑导体散热后，发电机允许过负荷的特性曲线如图 9-28 中的曲线 2。

二、定子绕组的过负荷保护

对于非直接冷却方式的中小型发电机定子绕组的过负荷保护，采用单相式定时限电流保护，经延时动作于信号。

保护的动作电流，按在发电机长期允许的负荷电流下能可靠返回的条件整定，即

$$I_{op,1}=\frac{K_{rel}}{K_{re}}I_{g,N}\tag{9-44}$$

式中　$I_{g,N}$——发电机的额定电流；

K_{rel}——可靠系数，取 1.05；

K_{re}——返回系数，取 0.85。

保护的动作时限应与发电机在 $I_{op,1}$ 过负荷条件下允许的时间相配合，并大于相间短路后备保护最大延时 Δt。

对于直接冷却的大中型发电机，定子绕组的过负荷保护，由定时限电流保护和反时限电流保护两部分组成。定时限部分，经延时动作于信号，有条件时可作用于自动减负荷；反时限部分按反时限特性动作于跳闸。

（1）定时限电流保护部分，动作电流和动作时限同中小型发电机定子绕组的过负荷保护。

（2）反时限电流保护部分，保护的动作电流和动作时限应按式（9-43）确定。式中所有参数按定子绕组对应的参数选取。

三、转子绕组的过负荷保护

转子绕组过负荷保护的配置和整定原则与定子绕组过负荷保护相似。

对于300MW以下的发电机，转子绕组过负荷保护采用定时限过负荷保护，经延时动作于信号和降低励磁电流。对于300MW以上的发电机，转子绕组过负荷保护由定时限电流保护和反时限电流保护两部分组成，定时限部分经延时动作于信号，反时限部分动作于解列灭磁。

定时限过负荷保护的动作电流，按发电机正常运行最大励磁电流下能可靠返回的条件整定，计算公式和式（9-44）类同。反时限过负荷保护的动作判据，亦按式（9-43）确定，式中所有参数按转子绕组对应的参数选取。

四、转子表层的过负荷保护（反时限负序电流保护）

当发电机三相负荷不对称或系统发生不对称短路时，定子绕组中的负序电流产生旋转磁场，该磁场旋转的方向与转子运动方向相反，以两倍同步转速切割转子，转子中感应出100Hz交变电流，该电流使转子本体、端部、护环内表面等处因电流密度过大而过热灼伤，甚至引起护环松脱导致发生重大事故。另外，在定子、转子间产生的100Hz交变电磁力矩的作用下，机组会发生振动。为防止上述故障的发生，发电机应装设转子表层负序过负荷保护，即反时限负序电流保护。同时，该保护还可兼作系统不对称故障的后备保护。

对于中小型发电机组转子表层负序过负荷保护，通常采用两段式定时限负序电流保护。Ⅰ段动作电流按与相邻元件后备保护配合的条件整定，一般取$I_{op}^{I}=(0.5\sim0.6)I_{g,N}$（$I_{g,N}$为发电机额定电流），经3～5s延时后动作于跳闸。Ⅱ段动作电流按躲过发电机长期允许的负序电流整定，一般取$I_{op}^{II}=0.1I_{g,N}$，经5～10s延时后，动作于信号。

大型发电机组转子表层负序过负荷保护，一般由定时限负序电流保护和反时限负序电流保护两部分组成。定时限负序电流保护动作于信号，反时限负序电流保护动作于跳闸。定时限负序电流保护的动作电流，按在发电机长期允许的负序电流下能可靠返回的条件整定。反时限负序电流保护的动作电流应与发电机承受负序电流的能力相配备。

复　习　题

一、选择题

1. 发电机的不完全差动保护不能反应以下哪种故障（　　）。

A. 定子绕组相间短路　　B. 定子绕组接地短路

C. 定子绕组匝间短路　　D. 定子的分支绕组开焊

2. 发电机的完全差动保护用来反应以下哪种故障（　　）。

A. 定子绕组相间短路　　B. 定子绕组接地短路

C. 定子绕组匝间短路　　D. 定子的分支绕组开焊

3. 发电机比率制动的差动继电器，设置比率制动的原因是（　　）。

A. 提高内部故障时保护动作的可靠性

B. 使继电器动作电流随外部不平衡电流增加而提高

C. 使继电器动作电流不随外部不平衡电流增加而提高

D. 保证保护的选择性

4. 零序电压的发电机匝间保护，要加装方向元件是为了保护在（　　）时保护不误动作。

A. 定子绕组接地故障　　B. 内部对称性故障

C. 外部不对称故障　　D. 外部对称故障

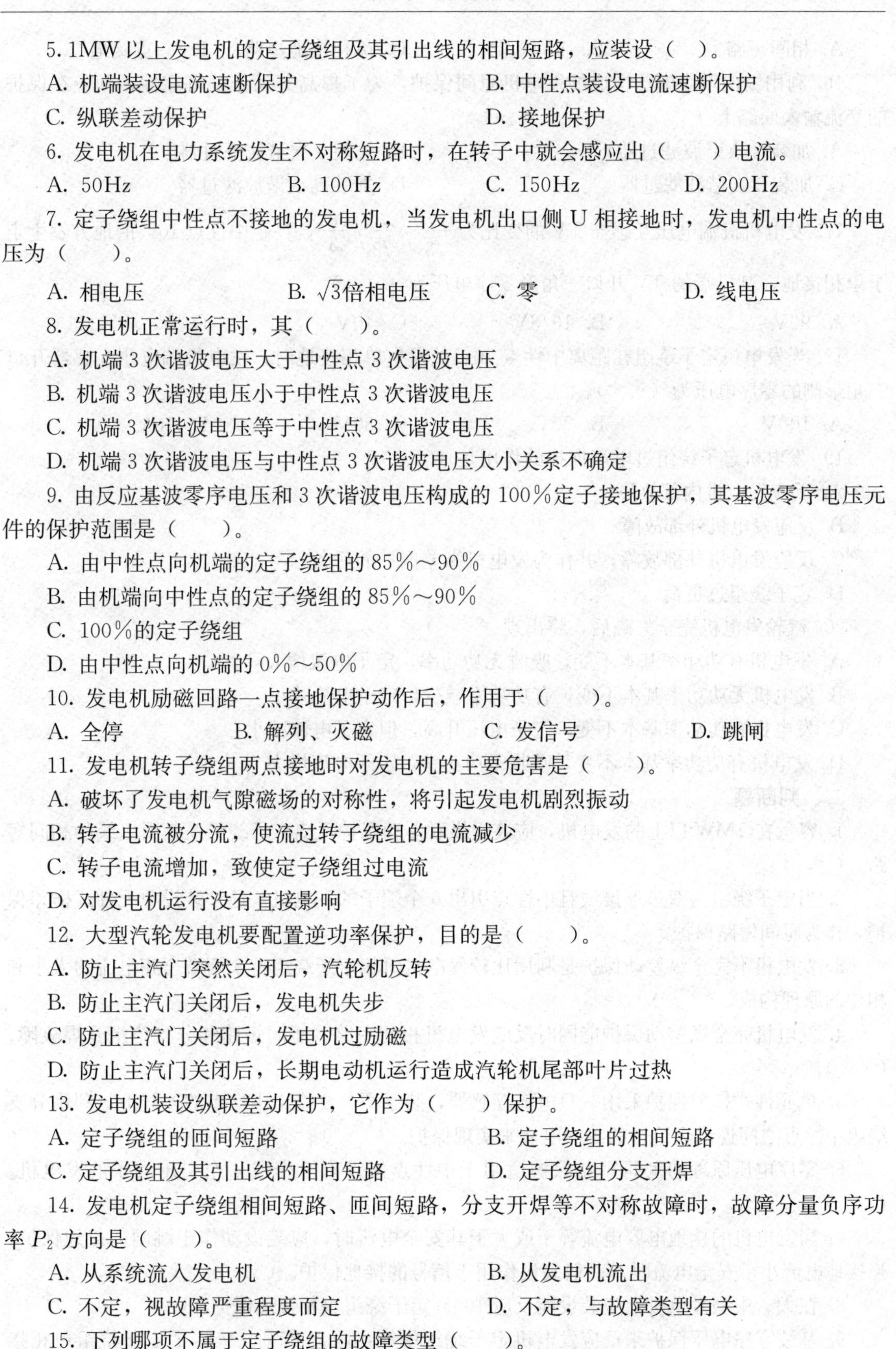

5. 1MW 以上发电机的定子绕组及其引出线的相间短路，应装设（　）。

A. 机端装设电流速断保护　　B. 中性点装设电流速断保护

C. 纵联差动保护　　D. 接地保护

6. 发电机在电力系统发生不对称短路时，在转子中就会感应出（　）电流。

A. 50Hz　　B. 100Hz　　C. 150Hz　　D. 200Hz

7. 定子绕组中性点不接地的发电机，当发电机出口侧 U 相接地时，发电机中性点的电压为（　　）。

A. 相电压　　B. $\sqrt{3}$倍相电压　　C. 零　　D. 线电压

8. 发电机正常运行时，其（　）。

A. 机端 3 次谐波电压大于中性点 3 次谐波电压

B. 机端 3 次谐波电压小于中性点 3 次谐波电压

C. 机端 3 次谐波电压等于中性点 3 次谐波电压

D. 机端 3 次谐波电压与中性点 3 次谐波电压大小关系不确定

9. 由反应基波零序电压和 3 次谐波电压构成的 100%定子接地保护，其基波零序电压元件的保护范围是（　　）。

A. 由中性点向机端的定子绕组的 85%～90%

B. 由机端向中性点的定子绕组的 85%～90%

C. 100%的定子绕组

D. 由中性点向机端的 0%～50%

10. 发电机励磁回路一点接地保护动作后，作用于（　　）。

A. 全停　　B. 解列、灭磁　　C. 发信号　　D. 跳闸

11. 发电机转子绕组两点接地时对发电机的主要危害是（　　）。

A. 破坏了发电机气隙磁场的对称性，将引起发电机剧烈振动

B. 转子电流被分流，使流过转子绕组的电流减少

C. 转子电流增加，致使定子绕组过电流

D. 对发电机运行没有直接影响

12. 大型汽轮发电机要配置逆功率保护，目的是（　　）。

A. 防止主汽门突然关闭后，汽轮机反转

B. 防止主汽门关闭后，发电机失步

C. 防止主汽门关闭后，发电机过励磁

D. 防止主汽门关闭后，长期电动机运行造成汽轮机尾部叶片过热

13. 发电机装设纵联差动保护，它作为（　　）保护。

A. 定子绕组的匝间短路　　B. 定子绕组的相间短路

C. 定子绕组及其引出线的相间短路　　D. 定子绕组分支开焊

14. 发电机定子绕组相间短路、匝间短路，分支开焊等不对称故障时，故障分量负序功率 P_2 方向是（　）。

A. 从系统流入发电机　　B. 从发电机流出

C. 不定，视故障严重程度而定　　D. 不定，与故障类型有关

15. 下列哪项不属于定子绕组的故障类型（　　）。

A. 相间短路　　B. 匝间短路　　C. 单相接地短路　　D. 一点接地

16. 利用纵向零序电压构成的发电机匝间保护，为了提高其动作的可靠性，则应在保护的交流输入回路上（　　）。

A. 加装 2 次谐波滤过器　　B. 加装 5 次谐波滤过器

C. 加装 3 次谐波滤过器　　D. 加装高次谐波滤过器

17. 发电机机端电压互感器 TV 的变比为$\frac{10.5}{\sqrt{3}}\Big/\frac{0.1}{\sqrt{3}}\Big/\frac{0.1}{3}$，在距中性点 10%的地方发生定子单相接地，其机端的 TV 开口三角形零序电压为（　　）。

A. 90V　　B. 10/3V　　C. 10V　　D. $10/\sqrt{3}$V

18. 当发电机定子绕组在距离中性点 70%处发生单相接地时，发电机端电压互感器开口三角形侧的零序电压为（　　）。

A. 100V　　B. 70V　　C. 30V　　D. 10V

19. 发电机定子绕组过电流保护的作用是（　　）。

A. 反应发电机内部故障

B. 反应发电机外部故障

C. 反应发电机外部故障，并作为发电机纵差保护的后备

D. 定子绕组过负荷。

20. 汽轮发电机完全失磁后，将出现（　　）。

A. 发电机有功功率基本不变，吸收无功功率，定子电流增大

B. 发电机无功功率基本不变，有功功率减少，定子电流减小

C. 发电机有功功率基本不变，定子电压升高，但定子电流减小

D. 发电机有功功率基本不变，吸收无功功率，定子电流增大

二、判断题

1. 容量在 1MW 以上的发电机，应装设纵联差动保护反应定子绕组及其引出线的相间短路。（　　）

2. 当定子绕组为双星形接线且中性点引出 6 个端子的发电机，通常装设单元件式横差保护，作为匝间短路保护。（　　）

3. 发电机不完全纵差动保护是利用比较发电机每相定子绕组首末两端全相电流的大小和相位的原理构成。（　　）

4. 发电机完全纵差动保护能同时反应发电机相间短路、匝间短路和分支绕组开焊故障。（　　）

5. 单元件式横差保护采用一只电流互感器，装于两分支绕组中性点的连线上，利用分支绕组中性点之间连线上流过的零序电流来实现保护。（　　）

6. 零序电压原理的匝间短路保护适用于中性点侧没有 6 个或 4 个引出端子的发电机。（　　）

7. 当发电机的接地电容电流等于或大于其安全电流时，应装设动作于跳闸的接地保护；当接地电流小于安全电流时，一般装设作用于信号的接地保护。（　　）

8. 在大、中型发电机上应装设能反应 100%定子绕组单相接地保护。（　　）

9. 基波零序电压保护来反应发电机定子绕组中性点附近 85%～95%的定子绕组单相接

地；3 次谐波电压保护来反应发电机定子绕组机端附近定子绕组的单相接地，为提高可靠性，两部分的保护区应相互重叠。(　　)

10. 发电机应装设转子回路一点接地保护，动作于信号；装设转子回路两点接地保护，动作于跳闸。(　　)

三、问答题

1. 某电厂有两台 300MW 的发电机，试分析发电机的故障和异常运行状态主要有哪些？

2. 某电厂有两台 300MW 的发电机，应该为发电机装设哪些主保护和后备保护？

第十章　发电机—变压器组保护装置举例

第一节　发电机—变压器组保护装置的配置

由于大型发电机—变压器组（简称发—变组）的结构复杂，在运行过程中有可能发生各种故障和异常运行工况；为了确保在保护范围内任一点发生的各种故障，都能有选择地、快速地、灵敏地切除，其主保护均采用双重化或多重化配置，从而使机组受到的损伤最轻、对电力系统的影响最小。因此，对于大型发—变组需要装设几十种保护装置，反应各种可能发生的故障和异常运行工况，满足发—变组及电力系统的要求。不同保护装置生产厂家、不同型号的发—变组保护装置，所采用的保护配置不完全相同。一般都是根据其适用场合，配置用于反应各种故障及异常运行工况的、多种原理的保护，由用户根据发—变组的容量、结构形式、对保护的要求等进行选择配置。

本节以CSG-300A型发—变组保护装置为例，对发—变组保护装置的配置作一简单介绍。CSG-300A型发—变组保护装置是一套数字式发—变组保护装置，包括了发—变组、发电机、主变压器、启动/备用变压器、厂用变压器、励磁变压器及同步调相机的所有电气量保护。该保护装置适用于600MW、500kV及以下容量和电压等级的各种类型的发—变组。在CSG-300A型发—变组保护装置中，共提供了几十种不同用途、不同原理的保护。

一、反应短路故障的主保护

1. 发电机纵联差动保护

CSG-300A具有差动电流速断保护、比率差动保护等功能，用来反应发电机定子绕组的相间短路故障。

2. 变压器纵联差动保护

CSG-300A具有差动电流速断保护、比率差动保护等功能，设有2次谐波制动方案或模糊识别原理的励磁涌流闭锁方案，可用来作为反应主变压器、发—变组、厂用变压器、启动/备用变压器、励磁变压器相间短路故障的主保护。

3. 发电机匝间短路保护

发电机匝间短路保护包括单元件横差保护、负序方向闭锁纵向零序电压保护、反应定子绕组内部故障的负序方向保护，用户可以根据不同要求选配。其中，单元件横差保护用于定子绕组为双星形接线且中性点具有4个或6个引出线的发电机，可以反应发电机内部匝间短路、内部相间短路和分支开焊故障。负序方向闭锁纵向零序电压保护用于中性点只有3个引出线的发电机，利用发电机机端装设的专用电压互感器来反应匝间短路故障，该电压互感器一次绕组中性点与发电机中性点通过高压电缆相连。为了防止外部故障或电压互感器二次回路断线时保护误动作，该保护采用负序功率方向元件作为闭锁元件。对于中性点只有3个引出线的发电机，且机端没有专用电压互感器的情况下，可采用负序方向保护反应定子绕组内部的故障。当发电机内部短路时，负序功率由发电机流入系统，该保护负序方向元件动作。

若负序方向元件的电流取自机端电流互感器，则该保护能反应发电机的匝间短路和内部相间短路故障；若负序方向元件的电流取自中性点侧电流互感器，则该保护只能反应发电机的匝间短路故障。负序方向元件的电压取自机端电压互感器。

4. 转子两点接地保护

转子两点接地保护用来反应发电机励磁绕组的两点接地故障。当励磁绕组两点接地时，会在定子绕组中感生出正序 2 次谐波。在转子一点接地保护动作后，当机端正序电压的 2 次谐波分量超过整定值时转子两点接地保护动作。

二、反应短路故障的后备保护

1. 过电流保护

过电流保护用来作为发电机、主变压器、厂用变压器及厂用分支、励磁机等设备的后备保护。用户可以根据各电气设备的不同要求选配过电流保护、低压闭锁过电流保护、复合电压闭锁过电流保护、复合过电流保护、负序过电流保护等保护。

2. 阻抗保护

当电流、电压保护不能满足灵敏度要求或根据电力系统保护之间配合的要求时，发电机和主变压器相间短路故障的后备保护可采用阻抗保护。当用作发电机阻抗保护时，电流取自发电机机端或中性点 TA，电压取自发电机机端 TV；当用作主变压器阻抗保护时，电流取自主变压器高压侧 TA，电压取自主变压器高压侧 TV。

三、反应接地故障的保护

1. 定子接地保护

零序电压保护通过测量发电机机端或中性点的基波零序电压，反应定子绕组的接地故障。为了提高灵敏度，防止高压侧发生接地故障时保护误动作，该保护设有高压侧零序电压闭锁元件。100%定子接地保护由基波零序电压保护和 3 次谐波保护共同构成。3 次谐波保护通过发电机机端与中性点 3 次谐波电压的比值，反应定子绕组的接地故障。

2. 转子一点接地保护

该保护装置的转子一点接地保护，采用“乒乓”式变电桥励磁回路一点接地保护原理。通过切换电桥两臂电阻值的大小，使电桥没有一个固定的平衡点，因此该保护没有死区。

3. 主变压器接地保护

CSG-300A 的主变压器接地保护配置有零序电流保护、间隙零序电流保护与零序电压保护、零序电压保护。主变压器零序电流保护。适用于中性点直接接地的变压器，通过测量主变压器中性点电流，反应变压器的接地故障。间隙零序电流保护与零序电压保护，适用于中性点不接地和中性点经放电间隙接地的变压器，通过测量变压器间隙放电电流以及高压侧零序电压，反应变压器的接地故障。零序电压保护，适用于中性点不接地、也不经放电间隙接地的变压器，通过测量变压器高压侧零序电压，反应变压器的接地故障。零序电压保护可以受零序电流保护的控制。

四、反应异常运行的保护

1. 定子绕组过负荷保护

发电机定子绕组过负荷保护由定时限和反时限两部分组成。定时限过负荷保护分为三段，Ⅰ段动作于延时减出力或发信号，Ⅱ段动作于延时跳闸，Ⅲ段动作于速断短延时跳闸。反时限过负荷保护动作于跳闸。

2. 转子表层负序过负荷保护

发电机转子表层负序过负荷保护的输入电流取自中性点侧 TA，通过反应定子绕组负序电流的大小，对其转子起保护作用，以防转子表面过热对发电机造成损害。转子表层负序过负荷保护由定时限和反时限两部分组成。定时限过负荷保护分为三段：Ⅰ段采用低定值、短延时，动作于发信号；Ⅱ段采用低定值、长延时，动作于跳闸；Ⅲ段为速断段，经短延时动作于跳闸。反时限过负荷保护动作于跳闸。

3. 励磁绕组过负荷保护

发电机励磁绕组过负荷保护引入整流前三相交流电流作为输入量，用于保护整个励磁绕组。励磁绕组过负荷保护由定时限和反时限两部分组成。定时限过负荷保护分为三段：Ⅰ段采用低定值、短延时，动作于延时发信号或减励磁；Ⅱ段采用低定值、长延时，动作于跳闸；Ⅲ段采用高定值、短延时，动作于跳闸。反时限过负荷保护动作于跳闸。

4. 过电压保护

发电机定子绕组过电压保护的输入电压取自发电机机端 TV 的线电压，机端过电压时保护动作于跳闸。

5. 过励磁保护

过励磁保护反应过励磁倍数而动作。过励磁保护由定时限和反时限两部分组成。定时限过励磁保护分为三段：Ⅰ段采用低定值、短延时，动作于延时发信号或减励磁；Ⅱ段采用低定值、长延时，动作于跳闸；Ⅲ段采用高定值、短延时，动作于跳闸。反时限过励磁保护动作于跳闸。

6. 失磁保护

发电机的失磁保护通过测量发电机的机端电压、励磁电压、有功功率、机端阻抗以及系统电压等参数，反应发电机的失磁故障。发电机失磁后，如机端电压过低有可能威胁厂用电安全时，保护发切换厂用电命令；若系统电压过低有可能威胁到系统稳定运行时，保护发跳闸命令，将发电机切除。发电机失稳后，对于水轮发电机，不允许异步运行，故保护经短延时发跳闸解列命令；对于汽轮发电机，如果系统电压允许，一般可以异步运行一段时间。

7. 失步保护

失步保护反应发电机机端测量阻抗，动作于发信号或跳闸。阻抗元件电压取自发电机机端 TV，电流取自发电机机端或中性点 TA。

8. 逆功率保护

逆功率保护用作汽轮发电机突然停机的保护。该保护的电压取自发电机机端 TV，电流取自发电机中性点或机端 TA。逆功率保护包括一段两时限，第一时限动作于发信号，第二时限动作于跳闸。

9. 程跳逆功率保护

程跳指程序跳闸，是一项跳闸措施，可以有效地避免汽轮发电机组在停机过程中可能产生的超速或飞车。按程序跳闸方式，当手动停机、连锁停机或某些继电保护动作后，首先关闭主汽门，通过逆功率确认主汽门关闭后，再跳开主断路器和灭磁开关。

10. 频率异常保护

频率异常保护包括低频保护、过频保护。该保护由频率测量元件和时间累积计数器组成，动作于发信号或跳闸。

11. 断路器非全相运行保护、断口闪络保护、失灵保护

通过测量高压侧三相电流中的负序分量或零序分量来判断高压侧断路器是否发生非全相运行，利用负序电流或零序电流元件和断路器的辅助触点构成断路器断口闪络保护。如果断路器有一相或两相在断开状态，说明是非全相运行，则保护动作于断路器跳闸；断路器拒动时，启动断路器失灵保护。如果断路器三相全部是断开状态，说明是断口闪络，此时应首先动作于本发电机灭磁，使之停止闪络，无效时，再启动失灵保护。断路器失灵保护动作后，将切除与该断路器连接在同一母线上的全部有源回路。

12. 发电机误上电保护

300MW 及以上的发电机组，一般都要装设误上电保护，以防发电机起停机时的误操作。误上电保护引入发电机三相电流和主变压器高压侧或发电机侧两相电流、两相电压，动作于跳闸。该保护在发电机并网后自动退出，解列后自动投入。

13. 发电机起停机保护

该保护为发电机在启动或停机过程中，定子绕组发生接地故障和短路故障的保护。该保护仅在发电机启动并网前或停机过程中投入，动作于跳闸；在发电机正常运行时，该保护退出。

除了上述反应电气量的各种保护外，发—变组还需要配置变压器瓦斯、油位、油温、绕组温度、压力释放、冷却器故障、冷却器电源消失保护，以及发电机热工、断水、励磁系统故障等非电量保护。这些非电量保护由专门的非电量保护装置实现。

第二节　发电机—变压器组保护配置举例

继电保护装置生产厂家提供了多种原理、用于反应各种故障及异常运行工况的保护。对于不同的发—变组，由于其结构、容量、电压等级以及所在系统的接线方式等的不同，对保护的要求不同。因此设计单位或用户还要根据具体情况对发—变组保护提出合理的配置方案。在这一节里，将从另一个侧面介绍发—变组保护装置的整体构成情况。

一、发—变组保护典型工程设计举例

现以某 300MW、220kV 发—变组保护的工程设计为例进行说明。虽然，对不同容量的机组和不同的接线方式，设计方案各有不同。但从这个例子中，可以了解到发—变组的一次系统接线、互感器的配置、保护配置及组屏方案情况。图 10-1 为发—变组系统接线及其保护配置图。

（一）主接线

由图 10-1 可知，该发—变组采用单元接线，发电机出口侧没有装设断路器，发电机中性点经 TV3 接地。

主变压器高压侧接入 220kV 系统，220kV 侧采用双母线双分段接线（分段未画出），主变压器高压侧中性点直接接地或经放电间隙接地。

高压厂用工作变压器采用低压分裂绕组变压器，其高压侧从发电机出口处引接，两个低压绕组分别接到 6kV 高压厂用工作母线的 A、B 段上。

（二）互感器的配置

1. 电流互感器的配置

发电机中性点侧装设了 4 组电流互感器（TA1～TA4），定子绕组两中性点连线上装设了零序电流互感器（TA01），机端装设了 4 组电流互感器（TA5～TA8）；励磁机两侧各装设了一组电流互感器（TA31、TA32）。

主变压器高压侧共装设了 9 组电流互感器（TA11～TA19），其中 3 组电流互感器（TA11～TA13）装设在高压侧套管内；主变压器中性点侧共装设了 2 组零序电流互感器（TA9、TA10）。

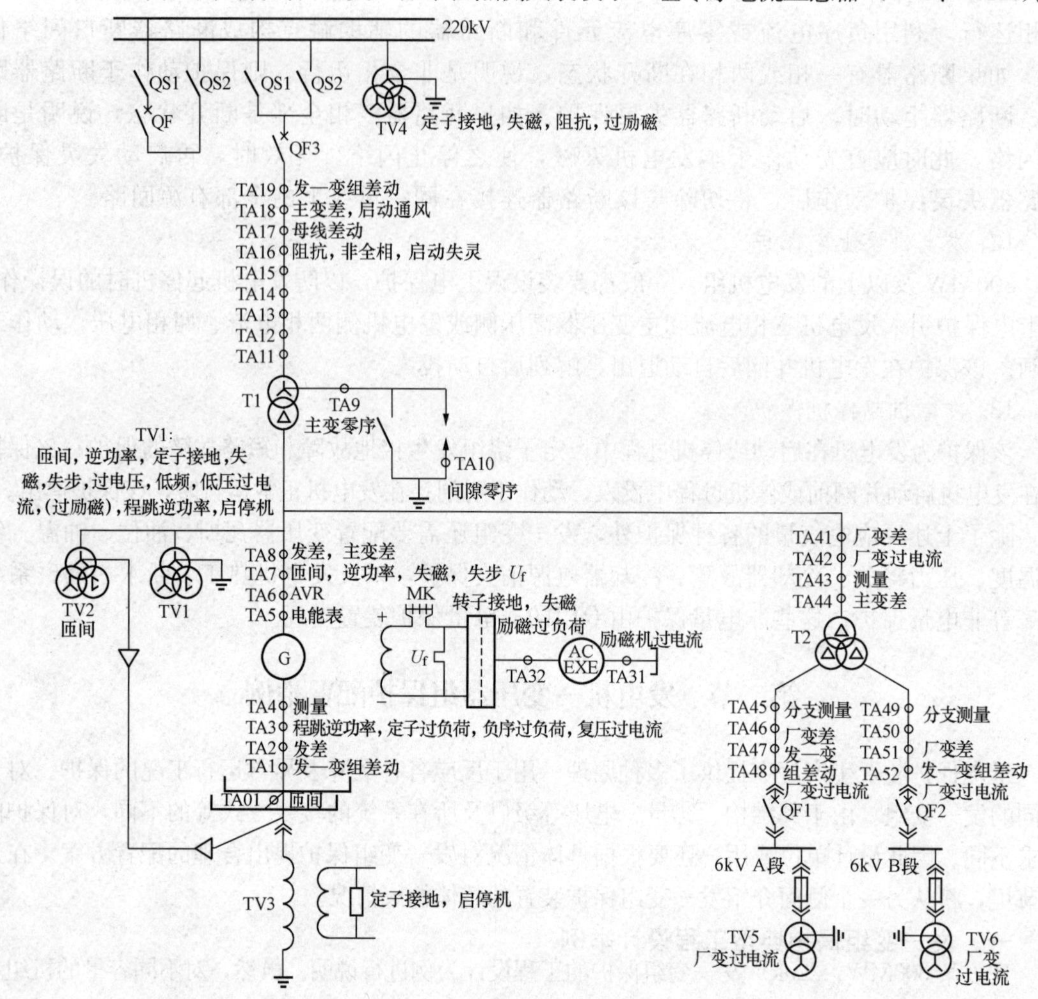

图 10-1　发—变组系统接线及其保护配置图

高压厂用工作变压器高压侧装设了 4 组电流互感器（TA41～TA44），低压侧两个分支各装设了 4 组电流互感器（A 分支：TA45～TA48；B 分支：TA49～TA52）。

2. 电压互感器的配置

发电机机端装设了两组电压互感器（TV1、TV2），2 组 TV 均设有两个二次绕组。保护所需的发电机中性点侧电压，从 TV3 取得；主变压器高压侧电压，从 220kV 母线电压互感器 TV4 取得；高压厂用变压器低压侧电压，从 6kV 高压厂用工作母线 A、B 段上装设的电压互感器（TV5、TV6）取得。

（三）保护配置

1. 发—变组故障及异常保护

(1) 发电机差动保护（发差）❶。

❶ 括号中名称为相应保护在图 10-1 中的简称。

(2) 主变压器差动保护（主变差）。
(3) 发—变组差动保护（大差）。
(4) 高压厂用变压器差动保护（厂变差）。
(5) 匝间短路保护（匝间）。
(6) 100%定子接地保护（定子接地）。
(7) 转子一点接地保护（转子接地）。
(8) 定子过负荷保护（定子过负荷）。
(9) 转子表层负序过负荷保护（负序过负荷）。
(10) 发电机复合电压启动的过电流保护（复压过电流）。
(11) 励磁绕组过负荷保护（励磁过负荷）。
(12) 过电压保护（过电压）。
(13) 主变压器或发电机的过励磁保护（过励磁）。
(14) 发电机逆功率保护（逆功率）。
(15) 程序跳闸逆功率保护（程跳逆功率）。
(16) 失磁保护（失磁）。
(17) 失步保护（失步）。
(18) 低频保护（低频）。
(19) 启停机保护（启停机）。
(20) 误上电保护。
(21) 主变压器阻抗保护（阻抗）。
(22) 主变压器间隙零序保护（间隙零序）。
(23) 主变压器零序过电流保护（主变零序）。
(24) 高压厂变压器高压侧复合电压启动的过电流保护（厂变过电流）。
(25) 高压厂变压器低压 A、B 分支过电流保护（厂变过电流）。

2. 非电量保护

(1) 主变压器瓦斯保护。
(2) 主变压器压力释放保护。
(3) 主变压器冷却器故障保护。
(4) 主变压器绕组温度。
(5) 主变压器油温。
(6) 主变压器油位。
(7) 高压厂变压器瓦斯保护。
(8) 高压厂变压器压力释放保护。
(9) 高压厂变压器冷却器故障保护。
(10) 高压厂变压器油温。
(11) 高压厂变压器油位。

3. 其他保护

(1) 发电机断水保护。
(2) 断路器非全相和断口闪络保护。

（3）断路器失灵保护。

（4）热工保护。

（5）励磁系统故障保护。

（四）组屏方案

根据发—变组保护配置方案，确定保护装置及其出口回路的机箱配置，并将这些保护机箱安装在标准的继电保护屏上。根据用户的实际需要，发—变组保护可采用双套主保护、双套后备保护的配置方案，简称“双主双后”；也可以采用双套主保护、一套后备保护的配置方案，简称“双主单后”。对于大型发—变组，按继电保护规程规定，应考虑“双主双后”设计原则。图10-2为“双主双后”组屏方案示意图。该方案共采用了A、B、C三块保护屏，其中A屏、B屏相同。

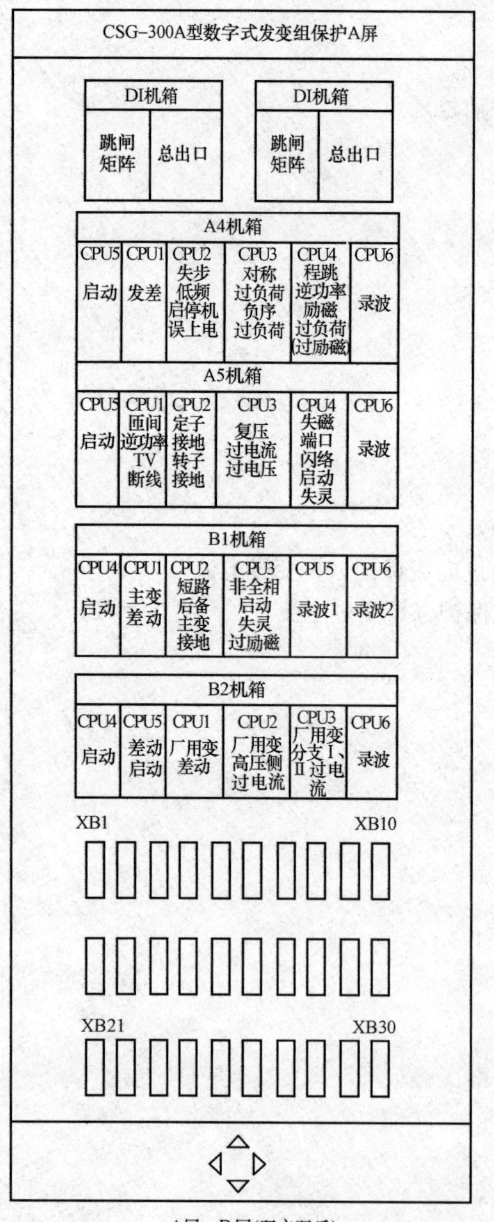

A屏、B屏(双主双后)

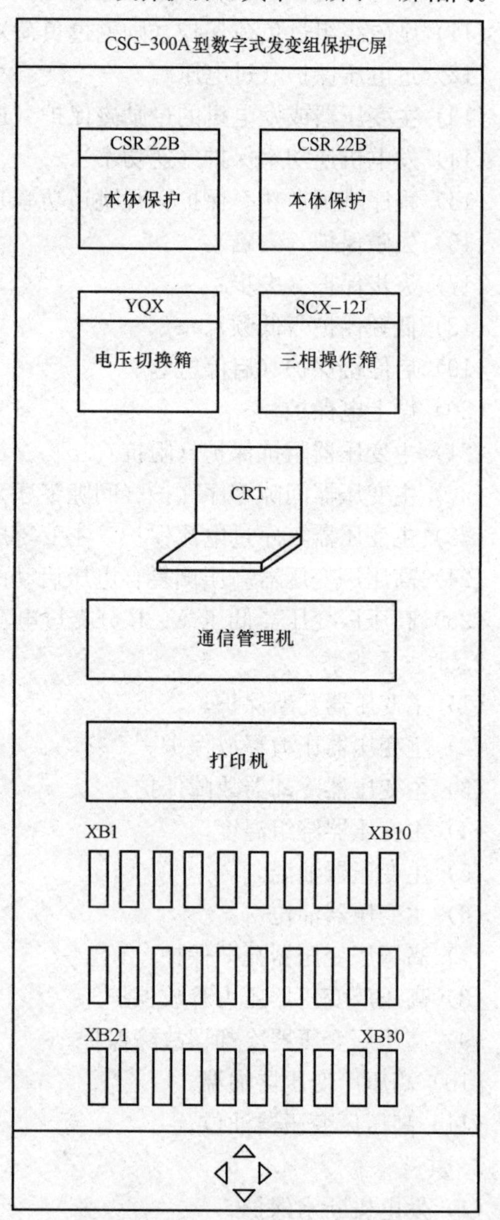

C屏(双主双后)

图10-2　“双主双后”组屏方案示意图

二、发—变组保护配置和动作行为举例

通过上面的例子已经初步了解了发—变组的保护配置情况，但各保护动作之后去做什么了呢？表 10-1 中列出了某发—变组的保护配置和其动作行为。

通过表 10-1 可以了解到发—变组各保护的部分动作行为。例如，发电机差动保护、主变压器差动保护、发—变组大差动保护均动作于停机；发电机 100%定子接地保护、转子一点接地保护动作于发信号；发电机定子绕组不对称过负荷保护的定时限部分动作于发信号，反时限部分动作于程序跳闸等。

表 10-1　　发—变组保护配置及其动作行为表

序号	保护装置名称		保护动作行为					说明
			停机	程序跳闸	信号	增减输出功率	增减励磁	
1	发电机差动保护		✓					
2	主变压器差动保护		✓					
3	高压厂用变压器差动保护		✓					
4	发—变组大差动保护		✓					
5	主变压器瓦斯保护		✓					轻瓦斯动作于信号，重瓦斯动作于跳闸
6	高压厂用变压器瓦斯保护		✓					
7	主变压器高压侧电流或阻抗保护		✓					
8	主变压器高压侧零序过电流保护		✓					
9	主变压器高压侧零序过电压保护		✓					
10	高压厂用变压器电流电压保护		✓					Ⅰ段跳厂用变压器低压侧断路器，Ⅱ段停机
11	高压厂用变压器零序电流保护		✓					
12	发电机定子匝间短路保护		✓					
13	发电机定子接地短路保护	90%		✓				
		100%			✓			
14	发电机转子一点接地保护				✓			必要时可动作于程序跳闸
15	发电机定子对称过负荷保护	定时限			✓	✓		
		反时限		✓				
16	发电机定子不对称过负荷保护	定时限			✓			
		反时限		✓				
17	发电机转子过负荷保护	定时限			✓		✓	如 AVR 有此功能本保护可不装
		反时限		✓				
18	发电机失磁保护			✓		✓	✓	
19	发电机—变压器组过励磁保护			✓			✓	
20	发电机逆功率保护			✓				
21	发电机失步保护				✓			
22	发电机低频保护			✓	✓			
23	发电机启停机保护		✓					正常停用，启停机时投入
24	发电机意外突加电压保护		✓					
25	高压断路器非全相运行保护		✓					
26	高压断路器断口闪络保护						灭磁	
27	高压断路器失灵保护							

三、发一变组保护出口配置方案举例

图 10-3 为某发—变组保护总出口配置图。从该图中可以进一步了解保护发—变组保护都有哪些出口回路及各出口回路的动作行为。例如，解列灭磁出口动作于跳高压侧断路器、跳灭磁开关、跳厂用分支断路器、启动厂用备用电源自动投入装置、启动断路器失灵保护、启动故障录波、甩负荷；程序跳闸总出口动作于关主汽门、闭锁热工保护；母线解列总出口动作于跳母联断路器及分段断路器等。

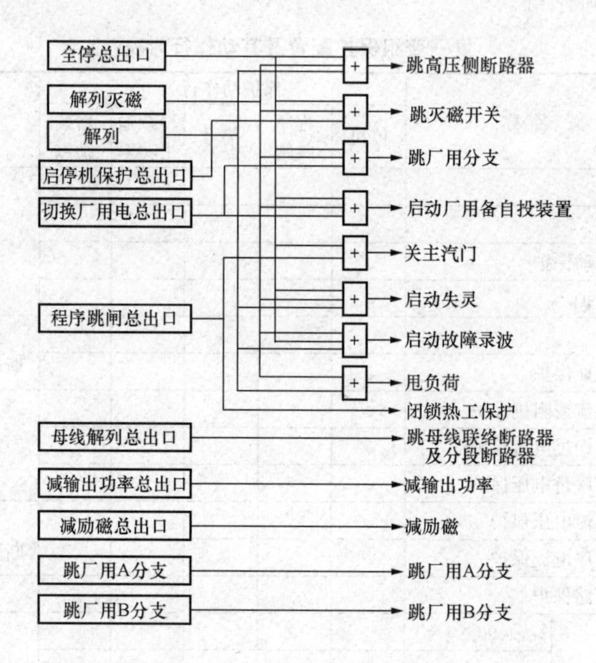

图 10-3　发—变组保护出口配置图

通过上述例子分别了解了发—变组保护配置、动作行为、出口回路配置及其动作行为等。下面以发电机差动保护为例，对上述例子进行综合、总结，从而使读者对保护的构成有一个全面的了解。

从图 10-1 可以看出，发电机纵差保护所需电流取自发电机中性点侧电流互感器 TA2、机端侧电流互感器 TA8，该保护设置在 A4 机箱。发电机纵差保护主要用于反应发电机定子绕组相间短路故障，动作后发全停指令，经全停总出口分别跳高压侧断路器、跳灭磁开关、跳厂用分支断路器、启动厂用备用电源自动投入装置、关主汽门、启动断路器失灵保护、启动故障录波装置。

第十一章　母　线　保　护

第一节　母线的故障及其保护

一、母线的故障

电力系统的母线是集中和分配电能的重要枢纽。当母线上发生故障时，可能造成大面积的停电事故，并可能破坏系统的稳定运行，因此必须引起足够的重视。运行经验表明，大多数母线故障是单相接地，多相短路故障所占的比例很小。母线发生故障的原因主要有三种：一是母线上所连设备（包括断路器、电流互感器、电压互感器、避雷器）故障；二是母线侧绝缘子（隔离开关和母线的支持绝缘子）闪络或母线的带电导线直接闪络；三是某些人为的操作和作业引起的故障等。对此，可根据母线的电压等级、在系统中的连接位置和连接方式实现母线保护。

二、母线保护的方式

母线保护的方式主要有利用供电元件的保护装置来保护母线和装设专用的母线保护两种。

1. 利用供电元件的保护装置保护母线

对于不太重要且电压等级较低的发电厂和变电站，可采用母线上连接的其他供电元件的后备保护作为母线保护。

（1）如图 11-1 所示的发电厂采用单母线接线，这种母线上的故障可以利用发电机的过电流保护使发电机的断路器跳闸切除母线故障。

（2）如图 11-2 所示的降压变电站，其低压侧的母线正常采用分裂运行，则该母线上的故障可以通过所接变压器的过电流保护使变压器的断路器跳闸予以切除。

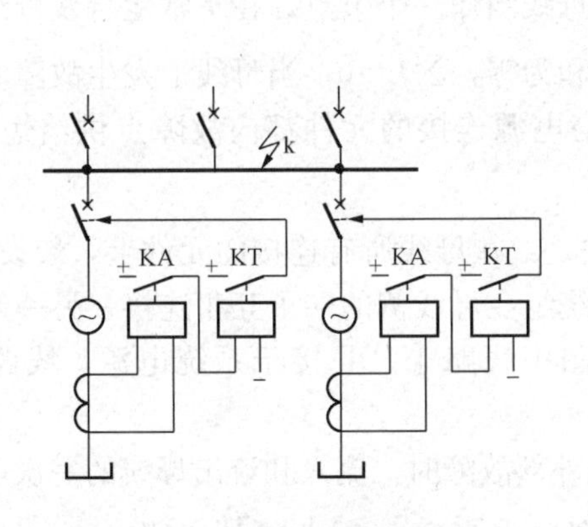

图 11-1　利用发电机的过电流保护切除母线故障

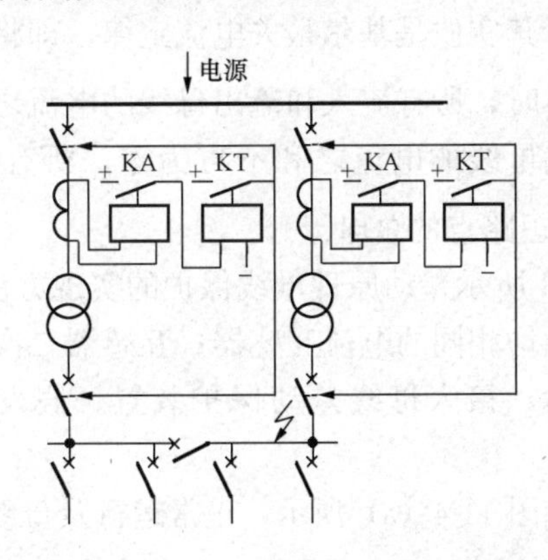

图 11-2　利用变压器的过电流保护切除低压母线故障

（3）如图 11-3 所示的双侧电源电网（或环形电网），可采用电源侧的保护切除母线故障。例如，当变电站 B 母线上 k 点短路时，可由保护 1 和 4 的第Ⅱ段保护动作予以切除。

利用供电元件的后备保护来切除故障母线，简单、经济，但切除故障的时间长。此外，

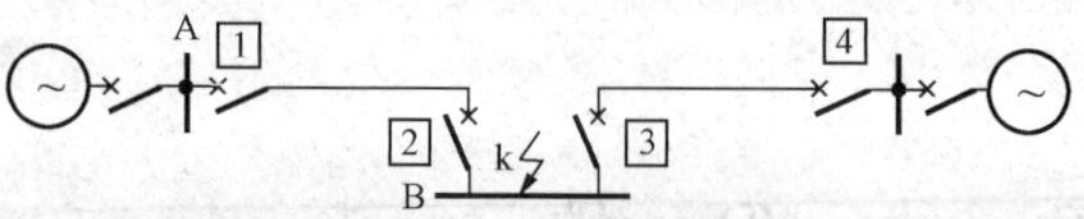

图 11-3 利用电源侧的保护切除母线故障

当双母线同时运行或母线为分段单母线时，上述保护不能保证只切除故障母线。因此，对于重要的母线应装设专用的母线保护。

2. 专用的母线保护

在下列情况下应装设专用的母线保护：

（1）110kV 及以上电压等级电网的双母线和分段单母线。

（2）110kV 及以上电压等级的单母线；重要发电厂 35kV 母线或高压侧为 110kV 及以上的重要降压变电站的 35kV 母线；按照装设全线速动保护的要求，必须快速切除母线上的故障时，应装设专用的母线保护。

（3）发电厂和主要变电站 6～10kV 分段母线及并列运行的双母线，须快速而有选择地切除一段或一组母线上的故障，以保证发电厂和电力网的安全运行；对重要负荷的可靠供电时，或者当线路断路器不允许切除线路电抗器前的短路时，均应装设专用母线保护。

三、对母线保护的基本要求

（1）母线保护除应满足选择性、快速性、灵敏性要求外，应特别强调母线保护的可靠性，尽量简化结构。

（2）对中性点直接接地系统，母线保护采用三相式接线，以反应相间短路和单相接地短路；对于中性点非直接接地系统，母线保护采用两相式接线，只需反应相间短路。

第二节 母线保护的基本原理

一、差动原理的母线保护

1. 差动原理的母线保护基本原理

差动原理的母线保护是根据母线在内部故障和外部故障时，流入和流出母线的电流变化而实现的。其实质是基尔霍夫电流定律，即将母线当作一个节点，在正常运行及母线范围以外发生故障时，所有流入和流出母线的电流之和为零，$\sum\dot{I}=0$；当母线上发生故障时，所有流入和流出母线的电流之和不再为零，所有与电源连接的元件都向故障点供给短路电流，$\sum\dot{I}=\dot{I}_k$（短路点的总电流）。

图 11-4 所示差动原理母线保护的实现方法是：在母线所有连接的元件上，装设专用的、变比和特性均相同的电流互感器；互感器二次绕组在母线侧的端子互相连接、另一侧的端子互相连接后，接入母线差动保护装置。假设图中线路Ⅰ、Ⅱ接于系统电源，线路Ⅲ接于负荷。

（1）如图 11-4（a）所示，正常运行及母线外部故障时，流入和流出母线的一次电流之和为零，即$\sum\dot{I}=\dot{I}_1+\dot{I}''_1-\dot{I}'''_1=0$；而流入差动元件的电流为 $\dot{I}_r=(\dot{I}_1+\dot{I}''_1-\dot{I}'''_1)/K_{TA}$，因电流互感器变比 K_{TA} 相同，所以在理想情况下，$\dot{I}_r=0$，保护装置不会动作。

（2）如图 11-4（b）所示，当母线上（k 点）故障时，所有有电源的线路都向故障点供给电流，流入差动元件的电流为故障点的全部电流 $\dot{I}_k$，即 $\dot{I}_r=\dot{I}_k/K_{TA}=(\dot{I}_1+\dot{I}''_1+\dot{I}'''_1)/K_{TA}$，此时保护可靠动作，跳开母线上连接的所有断路器。

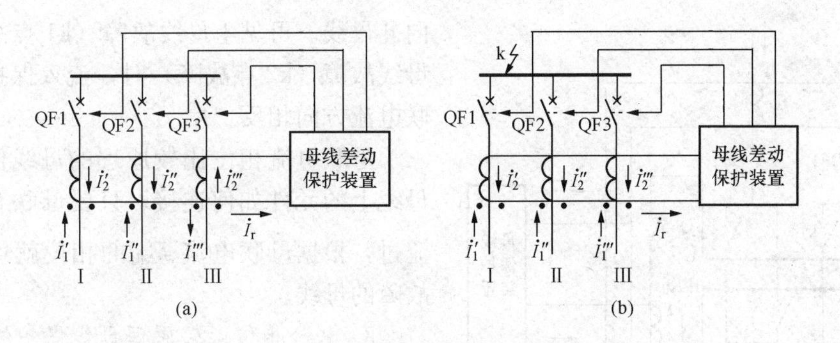

图 11-4　电流差动母线保护的原理接线图

(a) 正常运行及母线外部故障时电流分布；(b) 母线内部故障时电流分布

可见，母线差动保护的保护范围为各电流互感器之间的一次电气设备。

2. 差动原理母线保护的主要特点

从理论上讲，差动原理构成的母线保护，在母线正常运行及母外部故障时，理想情况下，流入差动元件的电流为零，即 $\dot{I}_{\rm r}=(\dot{I}_1+\dot{I}''_1-\dot{I}'''_1)/K_{\rm TA}=0$；但实际上，由于电流互感器的特性不完全一致，流入差动元件的电流不为零，即 $\dot{I}_{\rm r}=\dot{I}_{\rm urb}$（电流互感器特性不一致而产生的不平衡电流）。显然，电流互感器的误差及饱和等因素产生的不平衡电流将影响母线保护的灵敏性及快速性。

二、电流相位比较原理的母线保护

电流相位比较原理的母线保护通常有支路电流相位比较和母联电流相位比较两种。

1. 支路电流相位比较原理的母线保护

支路电流相位比较的母线保护是根据母线在内部故障和外部故障时，各个连接元件电流相位的变化来实现的，即在正常运行及外部故障时，至少有一个元件中的电流相位与其余元件中的电流相位相反；而当母线内部故障时，除电流等于零的元件以外，其他元件中的电流则是同相位的。

为简单说明保护构成的基本原理，假设母线上只有两个连接元件，如图 11-5 所示。按规定的电流方向，在理想情况下，母线正常运行及外部故障时，$\dot{I}_{\rm I}$ 和 $\dot{I}_{\rm II}$ 大小相等，相位相差 180°；当内部故障时，$\dot{I}_{\rm I}$ 和 $\dot{I}_{\rm II}$ 的相位差为 0°。

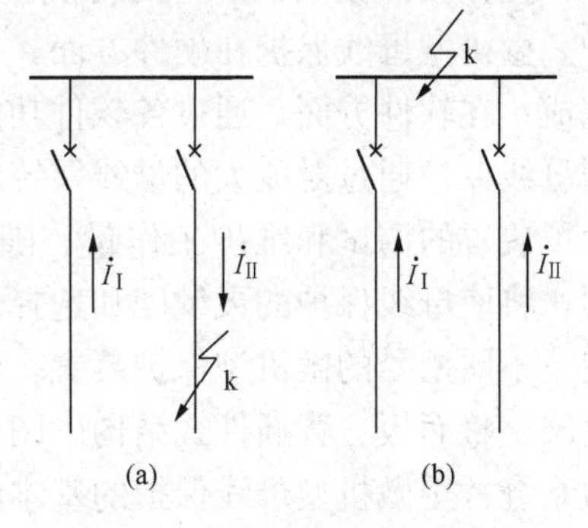

图 11-5　母线短路时的电流分布

(a) 母线外部短路；(b) 母线内部短路

显然，比较母线上所有连接元件电流的相位，可判断母线内部故障或外部故障，从而确定保护的动作情况。

2. 母联电流相位比较原理的母线保护

母联电流相位比较的母线保护的实质是根据母线故障时，随故障点位置（在Ⅰ组母线上还是在Ⅱ组母线上）的变化，母联电流相位差为 180°的特点而实现的。

如图 11-6 所示，无论Ⅰ母线故障或Ⅱ母线故障，由各支路电流组成的差动电流，其相位不变，流入保护装置的方向也不随故障点的变化而变化。而当Ⅰ母线故障（k1 点故障）时，母联电流 $\dot{I}'_{\rm ML}$ 由Ⅱ母线流向Ⅰ母线；Ⅱ母线故障（k2 点故障）时，母联电流 $\dot{I}''_{\rm ML}$ 由Ⅰ母线流

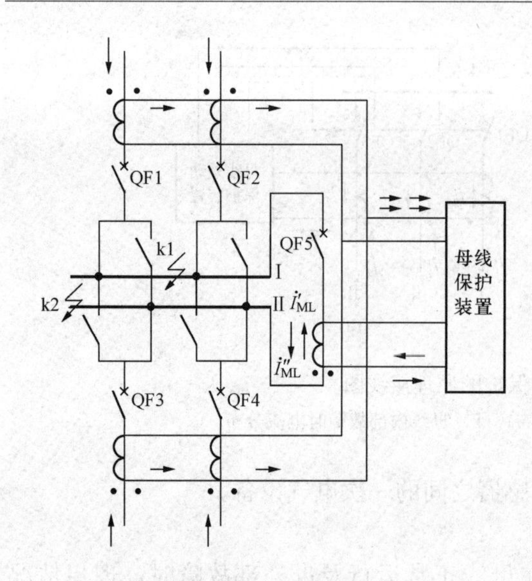

图 11-6 母联电流相位比较式母线保护的原理接线示意图

向Ⅱ母线。可见Ⅰ母线故障（k1 点故障）或Ⅱ母线故障（k2 点故障）时，流入保护装置的母联电流方向相反。

母联电流相位比较原理的母线保护，不论母线上的元件如何连接，只要母联有故障电流流过，根据母联电流 $\dot{I}_{ML}$ 的相位就可以判断出故障的母线。

3. 电流相位比较原理母线保护的主要特点

（1）保护的工作原理是基于相位的比较，而与幅值无关。因此，无需考虑不平衡电流的问题，提高了保护的灵敏性。

（2）当母线连接元件的电流互感器型号不同或变比不一致时，仍然可以使用，提高了母线保护使用的灵活性。

（3）对于母联电流相位比较的母线保护，当双母线分开运行时，保护将失去选择故障母线的能力；当双母线发生先后故障时，先故障母线将母联断路器切除后不能切除第二条故障母线。

第三节 微机型母线保护

目前微机型母线保护已广泛应用于电力系统，微机型母线保护和其他微机型元件保护一样，充分发挥微机软硬件的特点，使得微机型母线保护的各种性能远远超过常规型母线保护。微机型母线保护在硬件方面，采用多 CPU 技术使保护各主要功能分别由单个 CPU 独立完成；在软件方面，通过各软件功能元件的相互闭锁制约，提高保护的可靠性。此外，微机型母线保护通过对庞大的母线系统各种信号的监视和显示，在提高装置可靠性的同时，还减少了装置的调试和维护工作量。随着保护软件算法的深入开发，微机型母线保护的广泛应用，将使母线保护的灵敏度和选择性不断提高。

不同型号的微机型保护装置，其保护配置及组屏方式不完全相同，但基本上均采用独立组屏、整面板、背插件式结构。图 11-7 所示为某型号微机型母线保护屏。本节主要对目前电力系统常用微机型母线保护的基本配置、保护原理及其主要软件流程进行介绍与分析。

一、微机型母线保护配置

微机型母线保护的产品与型号较多，不同型号的产品其保护配置有所差异，但大多数产品的保护配置及其原理有较大的相似处。它们通常配置的保护有比率差动保护、母联死区及母联断路器失灵保护、母线（分段）充电保护、线路断路器失灵保护、TA 和 TV 断线闭锁及告警等。

二、微机型母线保护原理

1. 比率差动保护

某型号母线比率差动保护逻辑框图如图 11-8 所示。它主要由大、小差动元件，复合电压闭锁元件 U_{KF}，母线并列运行识别及电流互感器 TA 饱和识别元件等组成。

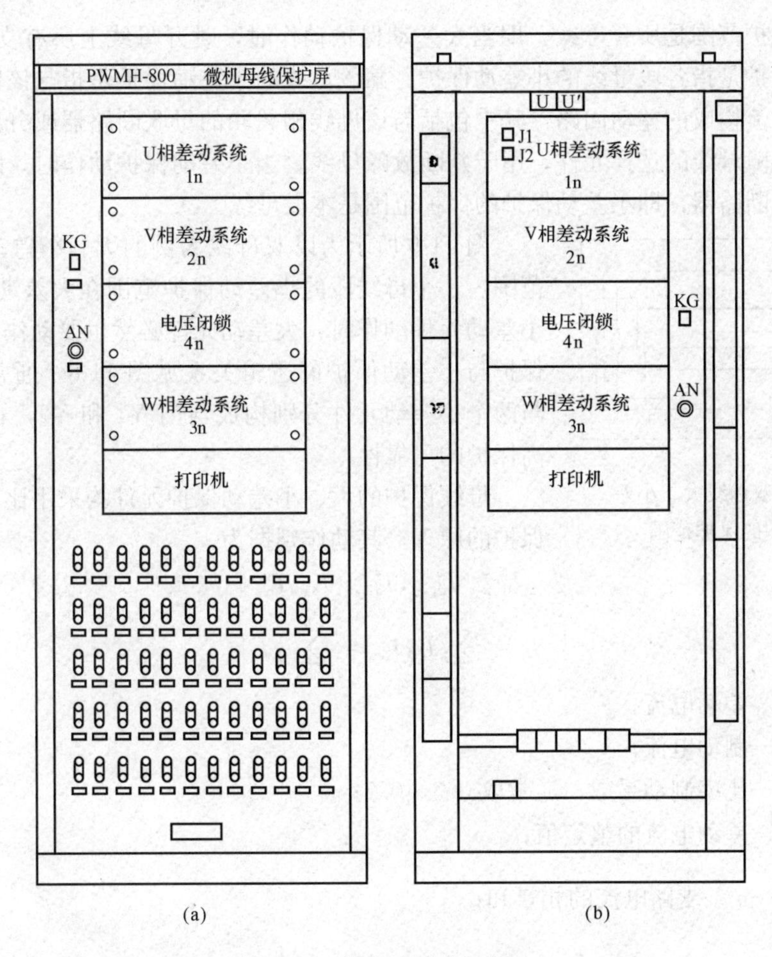

图 11-7　微机型母线保护屏
（a）微机型母线保护屏正面图；（b）微机型母线保护屏背面图

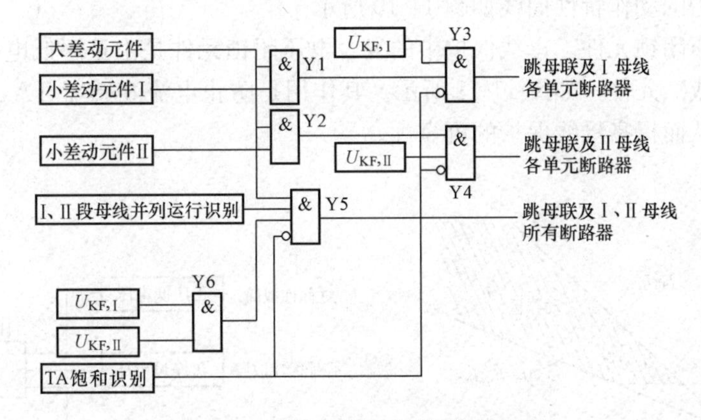

图 11-8　母线比率差动保护逻辑框图

（1）大、小差动保护元件。它是母线差动保护的核心元件。双母线差动保护通常包含一个母线大差动保护和几个各段母线小差动保护。母线大差动保护是指除母联断路器或分段断路器以外，由各母线上所有支路电流构成的差动回路。大差动保护用于判别母线区内或区外故障，其保护范围是所有母线，即当大差动保护动作时，跳开母线上所有支路的断路器。母线小差动保护是指各段母线的小差动保护。某段母线的小差动保护是指与该段母线相连接的所有支路电流构成的差动回路，其中包括与该母线相关联的母联断路器或分段断路器。小差动元件是故障母线的选择元件，用于判断故障母线。当小差动保护动作时，跳本段母线所连接的各支路断路器，即小差动保护的保护范围是本段母线。

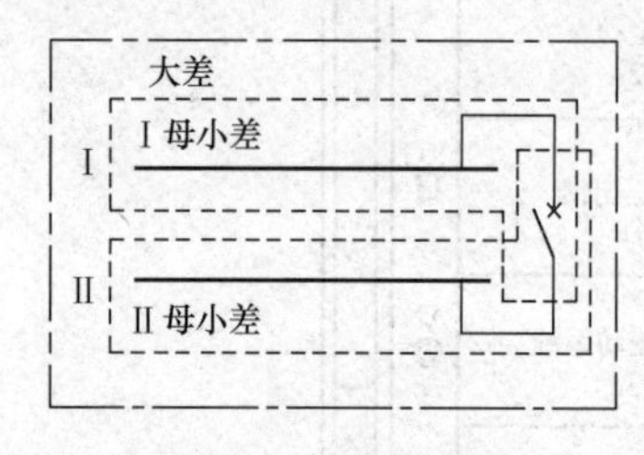

图 11-9 双母线大、小差动保护的保护范围

图 11-9 所示为以双母线为例的大、小差动保护的保护范围。一个母线段的小差动保护范围在大差动保护范围内，小差动元件动作时，大差动元件必然也要动作，因此大差动保护与小差动保护的逻辑关系见图 11-8。通常采用大差动与两个小差动元件分别构成与门 Y1 和 Y2，在逻辑上可提高保护的可靠性。

母线保护的大、小差动保护元件均采用比率制动式差动保护的原理，其动作判据为

$$I_{\mathrm{d}} \geqslant I_{\mathrm{d,set}}, I_{\mathrm{d}} > K_{\mathrm{res}} I_{\mathrm{res}} \tag{11-1}$$

$$I_{\mathrm{d}} = \sum_{i=1}^{n} \dot{I}_i, I_{\mathrm{res}} = \sum_{i=1}^{n} |\dot{I}_i| \tag{11-2}$$

式中 I_{d}——差动电流；

I_{res}——制动电流；

K_{res}——比率制动系数，通常取 0.3～0.7；

$I_{\mathrm{d,set}}$——差动电流的整定值；

$\sum_{i=1}^{n} \dot{I}_i$——n 条支路电流的相量和；

$\sum_{i=1}^{n} |\dot{I}_i|$——$n$ 条支路电流的标量和。

母线差动保护的动作特性曲线如图 11-10 所示。

（2）复合电压闭锁元件。母线保护中的复合电压闭锁元件是由正序低电压、零序和负序过电压组成的“或”元件，如图 11-11 所示。其作用是防止电流互感器 TA 二次回路断线引起的保护误动，从而提高母线保护的可靠性。

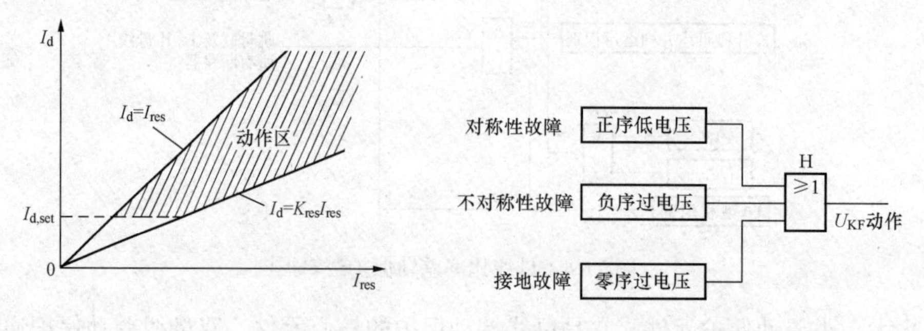

图 11-10 母线差动保护的动作特性曲线

图 11-11 复合电压闭锁元件逻辑

如图 11-8 所示，通常每一段母线都设有一个复合电压闭锁元件 $U_{\mathrm{KF,I}}$ 和 $U_{\mathrm{KF,II}}$，只有当差动保护判别出某段母线故障，同时该段母线的复合电压元件动作时，才允许跳该母线上各

支路的断路器，从而达到防止电流互感器 TA 二次回路断线引起保护误动的目的。

(3) 母线运行方式识别。在双母线系统中，根据运行方式的需要，母线上的连接元件需在两条母线间频繁切换，为此要求母线保护应能够自动跟踪一次系统的隔离开关操作。微机型母线保护装置通常采用隔离开关辅助触点及软件搜索两种识别方式，来跟踪一次系统的隔离开关操作。

1）隔离开关辅助触点识别运行方式。如图 11-12 所示，L 为连接在双母线上的一条支路，QS1、QS2 是 L 支路的隔离开关，将 QS1、QS2 辅助触点的状态送到微机系统的状态输入口，若用高电平"1"表示开关合上，低电平"0"表示开关断开，则微机可用 L 支路的运行状态表述母线运行方式，见表 11-1。显然，采用隔离开关辅助触点识别母线运行方式的方法简单、直观，但如果辅助触点不可靠，将引起运行方式识别字错误，从而引起保护的误动。

表 11-1　　L 支路运行状态

QS1	QS2	说　明
0	0	L 停运
0	1	L 运行在Ⅱ母
1	0	L 运行在Ⅰ母
1	1	L 同时运行在Ⅰ、Ⅱ母（倒闸操作）

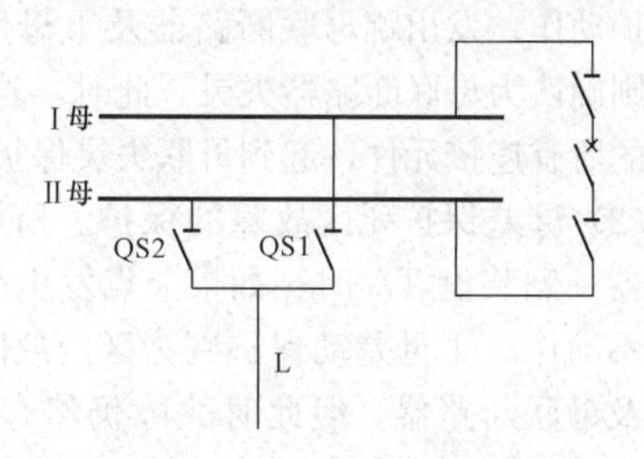

图 11-12　双母线运行方式示意图

2）软件搜索识别运行方式。母线在正常运行方式下，两段母线上所有连接支路形成的大差动电流为零，由Ⅰ母、Ⅱ母分别形成的小差动电流也为零；但在倒闸操作情形下，大差动回路电流仍为零，而Ⅰ母、Ⅱ母的小差动回路电流则为一不平衡电流。软件搜索识别运行方式就是根据这一特点，当微机搜索到此情形，将Ⅰ母、Ⅱ母的运行方式字分别逐位同时取反，再判两小差动电流是否为零。如此反复进行，直到两小差动电流为零，得到新的运行方式字。双母线系统各段母线均设有一运行方式字，运行方式字反映了双母线系统各连接元件与母线的连接情况。如果某个连接元件投入母线，则该位为 1，否则该位为 0。软件搜索识别母线运行方式的方法避免了隔离开关辅助触点识别方法的不足，但是当母线上某两条支路的电流大小相等、方向相同（称之为等电流元件），或某支路电流负荷小时，微机将无法正确进行识别，有可能形成错误的运行方式字。

为此，微机型母差保护将上述两种方法结合，在有等电流元件和轻载支路情况下，利用其隔离开关辅助触点校正运行方式字，利用软件搜索识别可检查隔离开关辅助触点的正确性。

3）隔离开关同时跨接两条母线时。双母线系统在倒闸操作过程中，如果某一连接单元的两个隔离开关同时闭合，使两条母线通过隔离开关短接，成为单母线运行时，母差保护逻辑关系如图 11-8 所示，母线故障母差保护动作后，不再进行故障母线的选择，而直接切除双母线上的所有连接单元。即当Ⅰ、Ⅱ母线并列运行，大差动保护动作，Ⅰ、Ⅱ母线复合电压闭锁元件动作，TA 饱和识别元件不动作四个条件同时满足时，Y5 动作，跳Ⅰ、Ⅱ母线上所有连接支路的断路器。

(4) 电流互感器（TA）饱和识别元件。TA 饱和识别元件的作用是用来防止母线保护在母线发生区外故障时，由于 TA 严重饱和形成的差动电流引起母线保护的误动作。微机型母差保护装置的 TA 饱和识别元件，通常根据 TA 饱和后其二次电流波形的特点，来区分是母线区外故障 TA 饱还是母线区内故障。

通过对 TA 饱和时暂态实测波形分析知，在母线区外故障的初期和线路电流过零点附近 TA 存在一个线性传变区，这时母线差动元件因反应区外故障而不会误动。根据这一特性，利用 TA 饱和时差动保护动作时间滞后于故障发生时刻的特点，首先判断故障的发生时刻，若此时差动保护不动作，即判为母线区外故障，闭锁差动保护交流工频一个周期的时间，随后再开放保护，以保证区外故障转区内故障时，母差保护可靠动作。如图 11-8 所示，在 TA 饱和识别元件输出“1”时，与门 Y3、Y4、Y5 被闭锁。

2. 母联断路器失灵保护或母差保护死区故障的保护

（1）母联断路器失灵保护。图 11-13 所示双母线运行方式下，当Ⅰ母内部故障，Ⅰ母差动保护动作，发出跳母联断路器及Ⅰ母所有连接元件后，经延时确认母联支路仍有电流存在，则确认为母联断路器失灵。此时，若大差动保护动作且母联支路电流越限，则跳开双母线上的所有连接元件，起到母联失灵保护的作用。

（2）母差保护死区故障的保护。所谓母差保护死区故障（见图 11-14）是指：当母联断路器一侧装设 TA 时，如果 k 点发生故障，Ⅱ母差动保护将误判为区外故障，Ⅱ母差动保护不动作；Ⅰ母差动保护判为区内故障，Ⅰ母差动保护动作，跳开Ⅰ母线上连接的所有元件及母联断路器。但此时故障仍然存在，所以 k 点的故障称为Ⅱ母差动保护的死区故障。

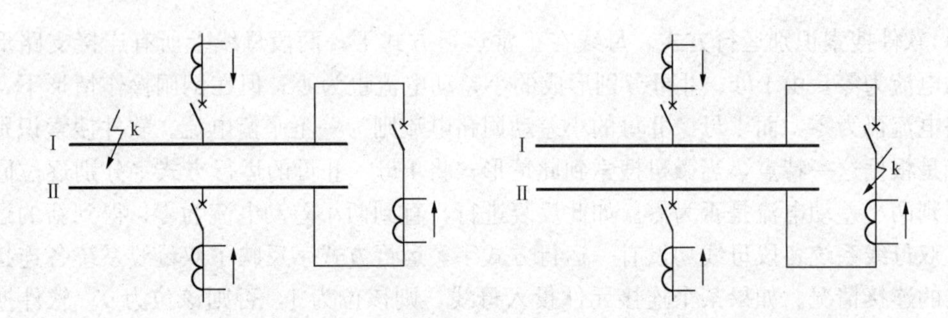

图 11-13　母联断路器失灵示意图　　　　图 11-14　母差保护死区故障示意图

母差保护死区故障的保护是采用当某段母线发生区内故障，该段母差保护动作，当监视到母联断路器三相全部跳开后，若母联支路仍有电流存在，则判断为死区故障。此时，若大差动保护动作且母联支路电流越限，则跳开双母线上的所有连接元件，起到母联死区保护的作用。母联死区保护逻辑框图如图 11-15 所示。图中，KOFU、KOFV、KOFW 分别为母联断路器 U、V、W 三相跳闸位置继电器的延时动合触点。

3. 母线充电保护

当一段母线经母联断路器对另一段母线充电时，若被充电母线存在故障，此时需由充电保护将母联断路器跳开。母线充电保护逻辑框图如图 11-16 所示。为了防止由于母联 TA 极性错误造成母差保护的误动，在接到充电保护投入信号后先将差动保护闭锁。此时若母联电流越限且母线复合电压元件动作，经延时后，将母联断路器跳开；当母线充电保护投入的触点延时返回时，将母差保护正常投入。

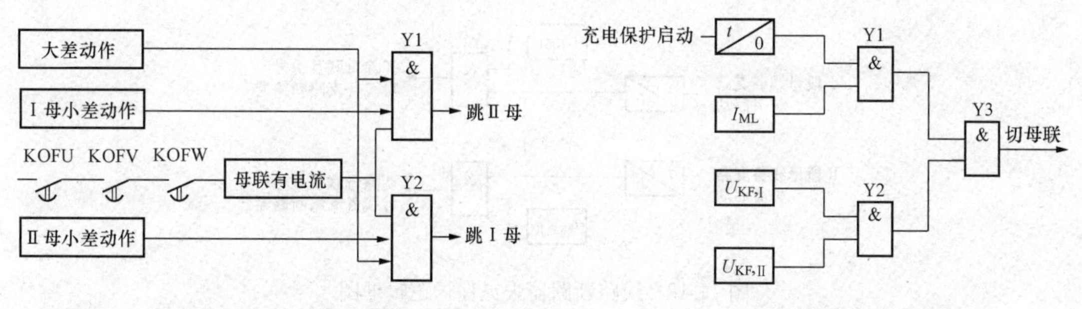

图 11-15　母差保护死区故障保护逻辑框图　　　　图 11-16　母线充电保护逻辑框图

4. TV 和 TA 二次回路断线闭锁与告警

(1) TV 二次回路断线。为防止 TV 二次回路断线时，引起复合序电压元件误动作，从而误开放差动保护。微机型母差保护装置通过复合电压元件来判断 TV 二次回路断线。当检测到Ⅰ段母线复合电压闭锁元件 $U_{KF,Ⅰ}$ 或Ⅱ段母线复合电压闭锁元件 $U_{KF,Ⅱ}$ 动作，经延时后，如差动保护未动作，则判为 TV 二次回路断线，发 TV 断线信号。其逻辑框图见图 11-17 所示。

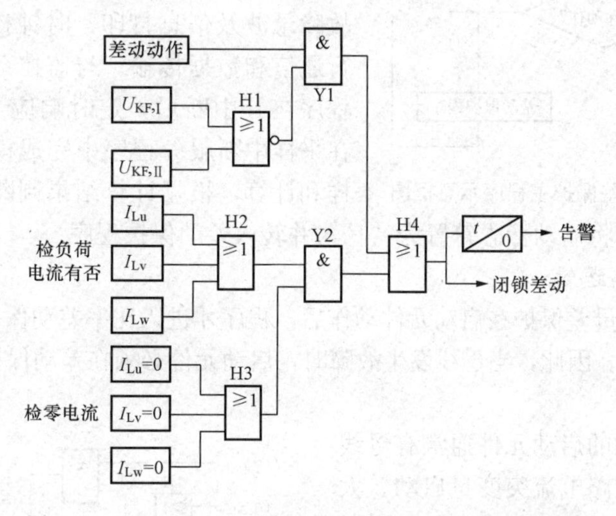

图 11-17　TV 和 TA 二次回路断线闭锁与告警逻辑框图

(2) TA 二次回路断线。TA 断线将引起差动保护误动。判断 TA 断线通常采用如下两种方法：一种方法是根据差电流越限，而母线电压正常，则认为是 TA 断线；另一种方法是依次检测各单元的三相电流，若某一相或两相电流为零（H3 输“1”），而另两相或一相有负荷电流（H2 输出“1”），则认为是 TA 二次回路断线。其逻辑框图如图 11-17 所示。

5. 线路断路器失灵保护

线路断路器失灵保护是指当线路上发生故障，且该线路断路器失灵时，该保护动作，跳开故障线路所在母线上的所有断路器。微机型母线保护装置的线路断路器失灵保护通常采用接收来自线路保护的失灵启动信息，经延时确认后，若相应的母线复合电压元件动作，则跳开母联及该段母线上所有支路的断路器。其逻辑框图如图 11-18 所示。

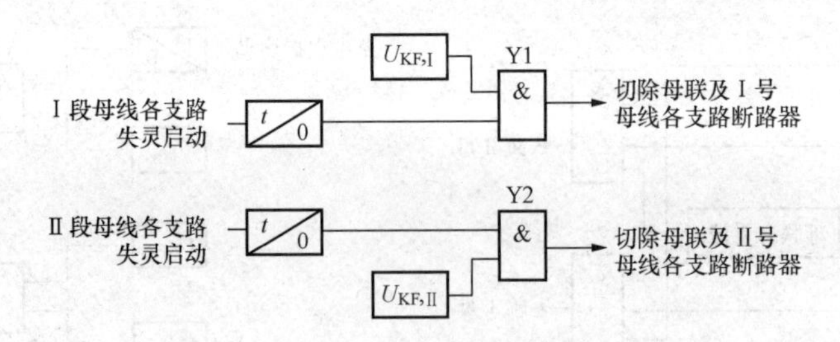

图 11-18　线路断路器失灵保护逻辑框图

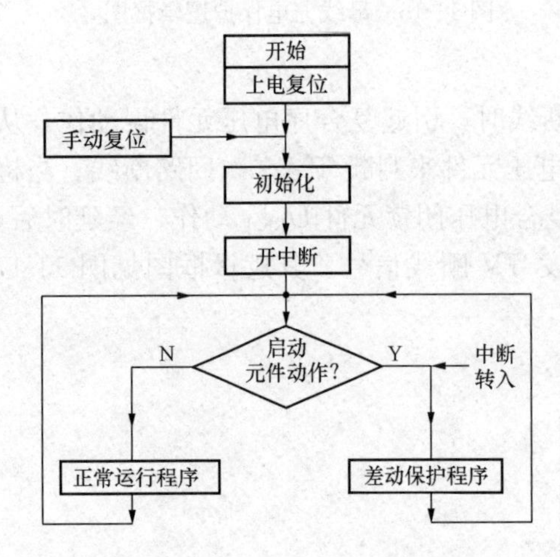

图 11-19　微机型母差保护主程序示意框图

三、微机型母线保护程序逻辑及流程简介

1. 主程序流程

微机型母差保护的主程序如图 11-19 所示。母差保护的软件主要由两部分组成，即保护程序部分和正常运行程序。保护程序主要实现在线母差保护的功能；正常运行程序主要实现定值整定、装置自检、各交流量和开关量信号的巡视检测、故障录波及信息打印、时钟校对、内存清理、串行通信和数据传输、与监控系统互联等功能。主程序在开中断后，定时响应采样中断服务程序。在采样中断服务程序中完成模拟量及开关量的采样和计算，根据计算结果判断是否启动。若满足启动元件动作条件，将启动标志符置为“1”，并转入差动保护程序。

2. 启动元件程序逻辑

由主程序可知，母差保护在启动元件动作后，程序才进入比率差动保护的算法判据，从而实现母差保护的功能。因此，当母线发生故障时，启动元件必须在差动保护计算判据之前正确启动。

微机型母差保护的启动元件通常有母线电压突变量启动、支路电流突变量启动、大差动电流越限启动（大差动受复合电压闭锁）三个组成部分。它们组成“或”门启动逻辑，去启动保护系统。其逻辑框图如图 11-20 所示。

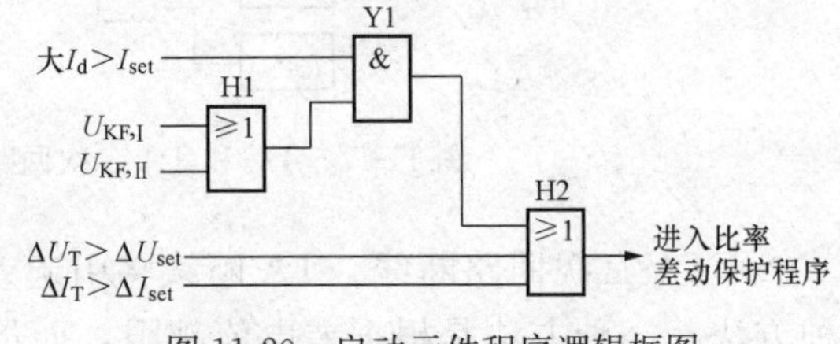

图 11-20　启动元件程序逻辑框图

（1）母线电压突变量 ΔU_T 启动。母线电压突变量启动是取故障时母线相电压的瞬时采样值和故障前一个周波同一时刻的采样值之差作为相电压的突变量，当该突变量大于整定值时，电压突变量启动元件动作。

（2）支路电流突变量 ΔI_T 启动。支路电流突变量启动类似于母线电压突变量启动，取故障时刻某支路相电流的瞬时采样值和故障前一周同时刻该相电流的采样值之差，作为支路电流的突变量，当该突变量大于整定值时，支路电流突变量启动元件动作。

（3）大差动电流越限启动。大差动电流越限启动元件的动作判据是：大差动电流 I_d 大于其越限整定值 I_{set}，即 $I_d>I_{set}$，且Ⅰ段母线的复合电压元件 $U_{KF,I}$ 动作或者Ⅱ段母线段的复

合电压元件 $U_{KF,Ⅱ}$ 动作。

3. 差动保护程序

母线差动保护程序框图如图 11-21 所示。进入母线差动保护程序后，“采样计算处理”首先对采样中断送来的数据及各开关量进行处理，随后对采样计算结果分类检查，根据母联断路器失灵保护逻辑判断是否为死区故障。若为死区故障，即切除所有支路；若不是死区故障，再进入检查是否线路断路器失灵启动。发现如有线路断路器失灵，保护将经延时进入失灵保护出口逻辑程序，跳开故障支路所在母线上的所有支路；若不是线路断路器失灵，检查是否有母线充电投入开关量输入。若有开关量输入，即转入母线充电保护逻辑；否则，检查 TA 断线标志是否为“1”。如果 TA 断线标志位为“1”，随即转入 TA 断线处理程序，否则，再次判断启动元件是否动作。若启动元件动作，进入母线比率差动程序；若启动元件无动作，则进入 TA 断线判断与处理程序。

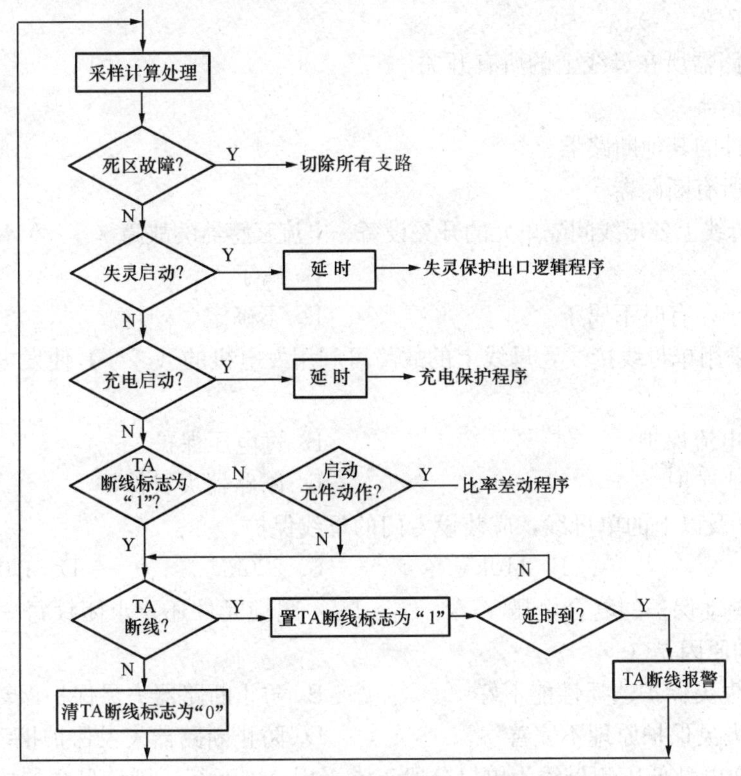

图 11-21　母线差动保护程序示意框图

以上所述，“死区故障”“失灵启动”“充电启动”等程序逻辑均有延时部分，在延时时间未到的时候都必须进入保护循环，反复检查判断及采样数据更新，凡是保护启动元件标志位已为“1”者，均要进入比率差动程序逻辑，反复判断是否已有故障或故障有发展等。

复　习　题

一、选择题

1. 母联断路器电流相位比较式母线差动保护，当母联断路器和母联断路器的电流互感器之间发生故障时，(　　)。

A. 将会切除非故障母线，而故障母线反而不能切除

B. 将会切除故障母线，非故障母线不能切除

C. 将会切除故障母线和非故障母线

D. 会把所有的线路都切除掉

2. 断路器失灵保护是（　　）。

A. 一种近后备保护，当故障元件的保护拒动时，可依靠该保护切除故障

B. 一种远后备保护，当故障元件的断路器拒动时，必须依靠故障元件本身保护的动作信号启动失灵保护以切除故障点

C. 一种近后备保护，当故障元件的断路器拒动时，可依靠该保护隔离故障点

D. 一种远后备保护，当故障元件的断路器拒动时，可依靠该保护隔离故障点

3. 对于双母线接线形式的变电站，当某一连接元件发生故障且断路器拒动时，失灵保护动作应首先跳开（　　）。

A. 拒动断路器所在母线上的所有开关

B. 母联断路器

C. 故障元件的其他断路器

D. 母线上所有断路器

4. 连接在母线上各出线间隔单元的开关设备、电流互感器的故障（　　）母线保护范围。

A. 不属于　　B. 属于

C. 有时属于，有时不属于　　D. 不确定

5. 发电厂采用单母线接线，母线上的故障可利用发电机的（　　）使发电机的断路器跳闸予以切除。

A. 定子过电流保护　　B. 过电压保护

C. 转子接地保护　　D. 断路器失灵保护

6.（　　）及以上的单母线，应装设专门的母线保护。

A. 10kV　　B. 110kV　　C. 220kV　　D. 330kV

7. 双母线差动保护的复合电压（U_0、U_1、U_2）闭锁元件还要求闭锁每一断路器失灵保护，这一做法的原因是（　　）。

A. 断路器失灵保护选择性能不好　　B. 防止断路器失灵保护误动作

C. 断路器失灵保护原理不完善　　D. 防止断路器失灵保护拒动

8. 某降压变电站低压侧母线为单母分段正常采用分裂运行，则该母线的故障可以通过变压器的（　　）保护使变压器跳闸予以切除。

A. 瓦斯保护　　B. 纵联差动保护　　C. 过电流保护　　D. 电流速断保护

9. 利用供电元件的后备保护来切除故障母线的保护方式的缺点是（　　）。

A. 简单　　B. 经济　　C. 不可靠　　D. 切除故障的时间长

10. 对母线保护的基本要求中应特别强调母线保护的（　　）。

A. 选择性　　B. 速动性　　C. 灵敏性　　D、可靠性

11. 微机型母线比率差动保护中除母联断路器或分段断路器以外，由各母线上所有支路电流构成的差动回路，称为（　　）。

A. Ⅰ母小差保护　　B. Ⅱ母小差保护

C. 母线大差保护　　D. 不完全母线差动保护

12. 在微机型母线差动保护中用来作为故障母线选择元件的是（　　）。

A. 大差动元件　　B. 小差动元件

C. 复合电压闭锁元件　　D. 母线并列运行识别元件

13. 在微机型母线差动保护中用来防止电流互感器二次回路断线引起的保护误动的是（　　）。

A. 大差动元件　　B. 小差动元件

C. 复合电压闭锁元件　　D. 母线并列运行识别元件

14. 母联断路器失灵保护动作的条件是（　　）。

A. 母线小差动作后，经延时确认母联支路仍有电流存在

B. 母线小差动作后，经延时确认母联支路已没有电流存在

C. 大差动保护动作且母联支路电流越限

D. 大差动保护动作且母联支路无电流

15. 电流互感器误差等因素产生的（　　）将影响差动原理母线保护的灵敏性及快速性。

A. 不平衡电流　　B. 短路电流　　C. 制动电流　　D. 负荷电流

二、判断题

1. 对于不太重要且电压等级较低的发电厂和变电站，可采用母线上连接的其他供电元件的后备保护作为母线保护。（　）

2. 比较电流相位原理的母线保护与幅值无关，无须考虑不平衡电流的问题。（　）

3. 当双母线分开运行时，母联电流相位比较的母线保护仍可正确选择故障母线。（　）

4. 母线大差动保护的保护范围是所有母线，小差动保护的保护范围是本段母线。（　）

5. 母线充电保护投入后，应先将母差保护闭锁。（　）

三、问答题

1. 母线发生故障的原因主要有哪些？

2. 母线保护方式有哪几种？

3. 微机型母线保护装置通常配置哪些保护功能？

第十二章　电动机和电力电容器保护

本章讲述电动机和电力电容器的故障、不正常运行状态及其保护方式，重点讲述电动机的纵差保护、单相接地保护、低电压保护及其他电流保护等的工作原理、接线及整定计算。

第一节　高压电动机的故障、异常运行状态及其保护方式

一、高压电动机的故障和异常运行状态

高压电动机通常指 3～10kV 供电电压的电动机。电动机有异步电动机和同步电动机之分，发电厂厂用设备大多是异步电动机；但在不需调速的负荷上，如给水泵和低速磨煤机等设备，则采用同步电动机。电动机的主要故障有定子绕组的相间短路（包括供电电缆相间短路故障）、单相接地以及一相绕组的匝间短路。电动机最常见异常运行状态有启动时间过长、一相熔断器熔断或三相不平衡、堵转、过负荷引起的过电流、供电电压过低或过高。

定子绕组的相间短路是电动机最严重的故障，将引起电动机本身绕组绝缘严重损坏、铁芯烧伤，同时将造成供电电网电压的降低，影响或破坏其他用户的正常工作，因此要求尽快切除故障电动机。单相接地对电动机的危害程度取决于供电网络中性点的接地方式，对于小电流接地系统中的高压电动机接地故障后危害较小，通常根据接地电容电流的大小装设单相接地保护。电动机一相绕组匝间短路时故障相电流增大，其电流增大程度与短路匝数有关，因而破坏电动机的对称运行，并造成局部严重发热。电动机启动时间过长、两相运行、堵转、过负荷等，将使电动机绕组温升超过允许值，加速绝缘老化，降低电动机的使用寿命，严重时甚至烧毁电动机。

由于实际运行中的电动机大部分都是中小型的，因此，不论是根据经济条件还是根据运行的要求，它们的保护装置都应该力求简单、可靠。对额定电压在 500V 以下的电动机，特别是额定容量 75kW 及其以下的电动机，广泛采用熔断器来保护相间短路和单相接地故障。对于较大容量的高压电动机，应该装设不同的保护，瞬时作用于跳闸。

二、高压电动机保护配置

高压电动机通常装设纵差动保护和电流速断保护、负序电流保护、启动时间过长保护、过热保护、堵转保护（过电流保护）、单相接地保护（零序电流保护）、低电压保护、过负荷保护等。

1. 电动机的纵差动保护和电流速断保护

反应电动机定子绕组相间短路故障，根据电动机容量大小，可以采用电流速断保护或电流纵差动保护。电流速断保护用于容量小于 2MW 的电动机，宜采用两相式接线；电流纵差动保护应用于容量为 2MW 及以上的电动机或容量小于 2MW 但电流速断保护保护不能满足灵敏度要求的电动机。电动机的相间短路保护动作于跳闸。

2. 电动机的负序电流保护

电动机的负序电流保护作为电动机匝间、断相、相序接反以及供电电压较大不平衡的保护，同时对电动机的不对称短路故障也具有后备作用。负序电流保护动作于跳闸。

3. 电动机的启动时间过长保护

电动机的启动时间过长保护反应电动机启动时间过长，当电动机的实际启动时间超过整定的允许启动时间时，保护动作于跳闸。

4. 电动机的过热保护

电动机的过热保护反应任何原因引起定子正序电流增大或出现负序电流导致电动机过热，保护动作于告警、跳闸、过热禁止再启动。

5. 电动机的堵转保护（正序过电流保护）

电动机的堵转保护反应电动机在启动过程中或在运行中发生堵转，保护动作于跳闸。

6. 电动机的接地保护

电动机单相接地故障的自然接地电流（未补偿过的电流）大于5A时需装设单相接地保护。接地故障电流为10A及以上时，保护带时限动作于跳闸；接地故障电流为10A以下时，保护动作于跳闸或发信号。

7. 电动机的低电压保护

电动机的低电压保护反应电动机供电电压降低，装设于电压恢复时为保证重要电动机的启动而需要断开的次要电动机，或不允许或不需要自启动的电动机。

8. 电动机的过负荷保护

电动机的过负荷保护装设运行过程中易发生过负荷的电动机。

第二节　异步电动机的保护

一、电动机的相间短路保护和过负荷保护

对于厂用电动机，容量为2000kW以下时，一般可以装设电流速断保护。容量在2000kW及其以上的电动机，或容量小于2000kW但有6个引出线的重要电动机，当电流速断保护不能满足灵敏系数的要求时，都应该装设纵差保护。此外，对生产过程中容易发生过负荷的电动机，应该装设过负荷保护。

1. 纵差保护

在小电流接地系统的供电网络（3～6kV）中，电动机的纵差保护一般采用两相式接线，保护的原理接线图如图12-1所示。电动机的纵差保护由两个差动继电器构成，保护装置瞬时动作于断路器跳闸。

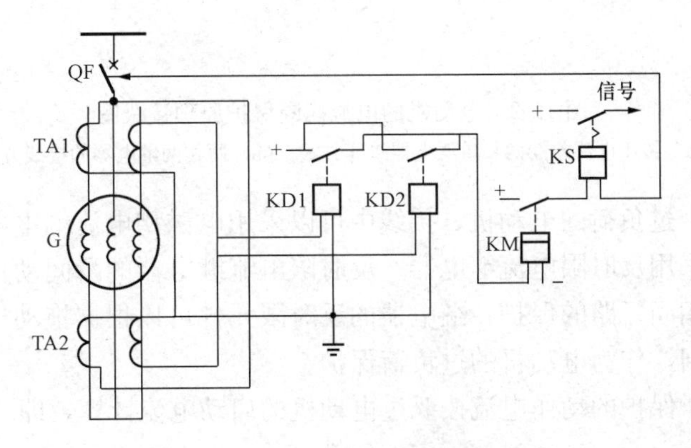

图12-1　电动机纵差保护原理接线图

保护装置的动作电流按照躲过电流互感器二次回路断线来整定，此时流过继电器的电流按最大负荷电流考虑，即：

一次动作电流 $$I_{op}=K_{rel}I_N$$

二次动作电流 $$I_{op.r}=\frac{I_{op}}{K_{TA}} \tag{12-1}$$

式中 K_{rel}——可靠系数，当采用 DCD-2 型继电器时取 1.3，当采用 DL-11 型继电器或微机型保护装置时取 1.5～2；

I_N——电动机的额定电流；

K_{TA}——电流互感器的变比。

保护装置的灵敏度整定计算式为

$$K_s=\frac{I_{k,min}^{(2)}}{I_{op}}\geqslant 2 \tag{12-2}$$

式中 $I_{k,min}^{(2)}$——最小运行方式下，电动机出口两相短路电流。

其最小灵敏系数应不小于 2。

2. 电流速断及过负荷保护

中小容量的电动机一般采用电流速断保护作为电动机相间短路故障的主保护。为了在电动机内部及电动机与断路器之间的连接电缆上发生故障时，保护装置均能动作，电流互感器应尽可能安装在断路器侧。

电动机电流速断保护的原理接线图如图 12-2 所示。保护装置可以采用接于相电流差的两相单继电器接线方式，也可以采用两相两继电器接线方式。

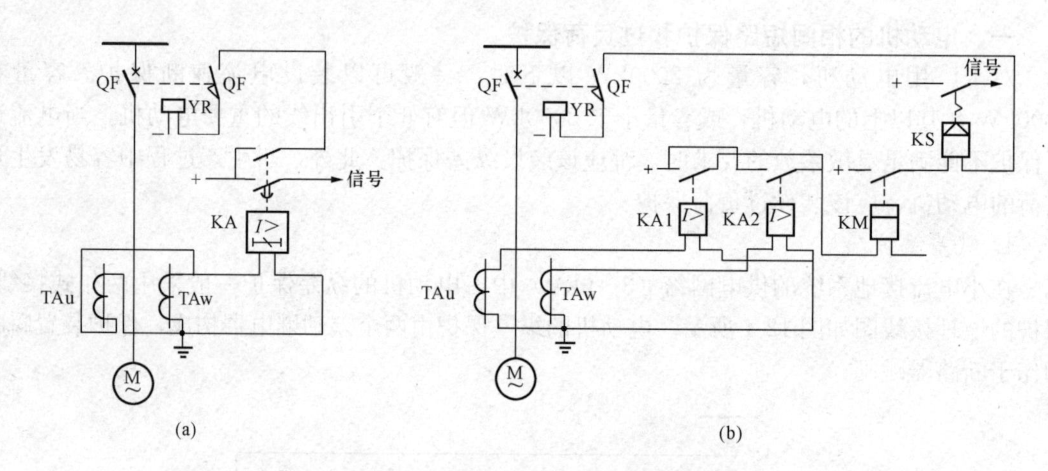

图 12-2　电动机的电流速断保护原理接线图

(a) 接于电流差的两相单继电器接线方式；(b) 两相两继电器的接线方式

对于不容易产生过负荷的电动机，接线中可以采用电磁型电流继电器；对于容易产生过负荷的电动机，则采用反时限电流继电器。反时限电流继电器的瞬间动作元件作用于断路器跳闸，作为电动机相间短路的保护；继电器的反时限元件可以根据拖动机械的特点，动作于信号、减负荷或跳闸，作为电动机的过负荷保护。

电动机电流速断保护的动作电流按躲过电动机的启动电流计算，即

$$I_{op}=K_{rel}I_{ss}$$

二次动作电流为

$$I_{op.r}=\frac{K_{con}}{K_{TA}}I_{op} \tag{12-3}$$

式中　K_{rel}——可靠系数，对DL-10型继电器采用1.4～1.6，对GL-10型继电器采用1.8～2；

K_{con}——接线系数，当采用不完全星形接线时取1，当采用两相电流差接线时取$\sqrt{3}$；

I_{ss}——电动机的启动电流（周期分量）。

保护装置的灵敏度可以按照下式进行校验

$$K_s=\frac{I_{k,min}^{(2)}}{I_{op}}\geqslant 2 \tag{12-4}$$

式中　$I_{k,min}^{(2)}$——系统最小运行方式下，电动机出口两相短路电流。

电动机过负荷保护的动作电流按躲过电动机额定电流 I_N 整定，计算式为

$$I_{op,r}=\frac{K_{rel}K_{con}}{K_{re}K_{TA}}I_N \tag{12-5}$$

式中　K_{rel}——可靠系数，动作于信号时取1.05，动作于减负荷时取1.2；

K_{re}——返回系数，取0.85。

二、电动机单相接地保护

对工作在中性点直接接地系统的电动机，单相接地是短路故障，会产生很大的短路电流，可借助于相间短路保护瞬时动作于跳闸。

在小电流接地系统中的高压电动机，当容量小于2000kW，而接地电容电流大于10A，或容量为2000kW及其以上，而接地电容电流大于5A时，应装设接地保护，作用于断路器跳闸。

高压电动机单相接地的零序电流保护的原理接线图如图12-3所示。图中TA0为一环形导磁体的零序电流互感器。正常运行以及相间短路时，由于零序电流互感器一次侧三相电流的相量和为零，故铁心内磁通为零，零序电流互感器二次侧无感应电动势，因此电流继电器KA中无电流通过，保护不会动作。外部单相接地时，零序电流互感器将流过电动机的电容电流。

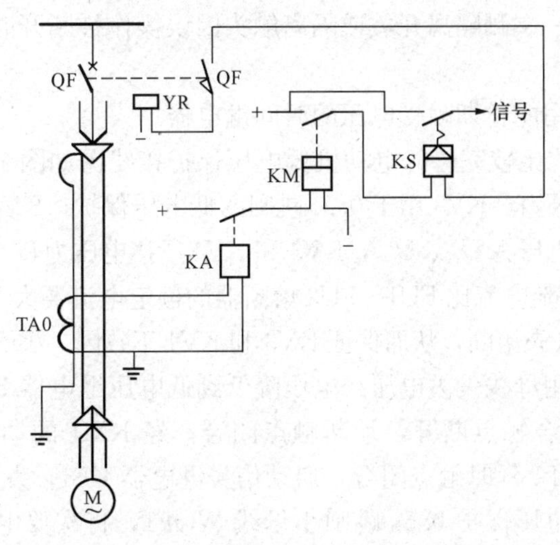

图12-3　高压电动机零序电流保护的原理接线图

当该系统的其他设备接地短路时，本电动机会流过自身的电容电流，而此时本电动机保护又不该动作，所以电动机保护装置的动作电流应该按躲过电动机本身的电容电流整定，即

$$I_{op,r} = \frac{K_{rel}}{K_{TA}} 3I_{0C,m,max} \tag{12-6}$$

式中 K_{rel}——可靠系数，取 4～5；

$3I_{0C,m,max}$——外部发生单相接地故障，由电动机本身对地电容产生的流经保护装置的最大接地电容电流。

保护装置的灵敏系数校验式为

$$K_s = \frac{3I_{0C,min}}{K_{TA} I_{op,r}} \geqslant 2 \tag{12-7}$$

式中 $3I_{0C,min}$——系统最小运行方式下，被保护设备发生单相接地故障时，流过保护装置的最小接地电容电流。

三、电动机的低电压保护

当供电网络电压降低时，异步电动机的转速都要下降，而当供电母线电压又恢复时，大量电动机自启动，吸收较其额定电流大好几倍的启动电流，致使电压恢复时间拖长。为了防止电动机自启动时使电源电压长时严重降低，通常在次要电动机上装设低电压保护。当供电母线电压降低到一定值时，延时将次要电动机切除，使供电母线有足够的电压，以保证重要电动机自启动。

低电压保护的动作时限分为两级：一级是为了保证重要电动机的自启动，在其他不重要的电动机或不需要自启动的电动机上装设带 0.5～1s 时限的低电压保护，动作于断路器跳闸；另一级是当电源电压长时间降低或消失时，为了人身和设备安全等，在不允许自启动的电动机上，应装设低电压保护，经 5～10s 时限动作于断路器跳闸。

对于 3～6kV 高压厂用电动机的低电压保护接线，一般有以下几点基本要求：

（1）当电压互感器一次侧发生一相和两相断线或二次侧发生各种断线时，保护装置均应不动作，并应发出断线信号。但是在电压回路发生断线故障期间，若厂用电母线上电压真正消失或下降到规定值时，低电压保护仍应正确动作。

（2）当电压互感器一次侧隔离开关或隔离触头因误操作被断开时，低电压保护不应误动作，并应该发出信号。

（3）接线中应该采用能长期耐受电压的时间继电器。

根据上述要求拟定的比较完善的电动机低电压保护接线图如图 12-4 所示。图中，KV1～KV4 为低电压继电器，KV1～KV3 用于 0.5s 跳闸的低电压保护，KV4 用于 10s 跳闸的低电压保护。KV1、KV2 所接电压为 U_{uv}、U_{vw}，KV3 和 KV4 所接电压为 U_{uw}。KV3 和 KV4 的专用熔断器（FU4、FU5）的额定电流比 FU1～FU3 熔断器的额定电流要大两级，在电压互感器二次回路故障时，FU1～FU3 先熔断，从而保证 KV3 和 KV4 不致因二次回路断线失压而误动作。

当供给电动机的厂用母线失去电压或电压降低到低电压继电器 KV1～KV3 的整定值时，KV1～KV3 动作，其动合触点断开，动断触点闭合；经 KM1 的动断触点启动时间继电器 KT1，历时 0.5s 后，KT1 延时触点闭合，启动信号继电器 KS1，发出低电压保护跳闸信号，并将直流正电源加至低电压保护 0.5s 跳闸小母线 WOF1，将次要电动机切除。如供电母线的电压仍不能恢复，则当电压降低到 KV4 的整定值时，KV4 动作，其动断触点闭合，启动

时间继电器KT2，历时10s后，KT2的延时触点闭合，启动信号继电器KS2，发出低电压保护跳闸信号，并将直流正电源加至低电压保护10s跳闸小母线WOF2上，将相应的电动机切除。KT1和KT2动作后断开其动断触点，分别在绕组回路中串入电阻器R1、R2，以减少回路电流，从而使时间继电器能长期通电而不致烧毁。

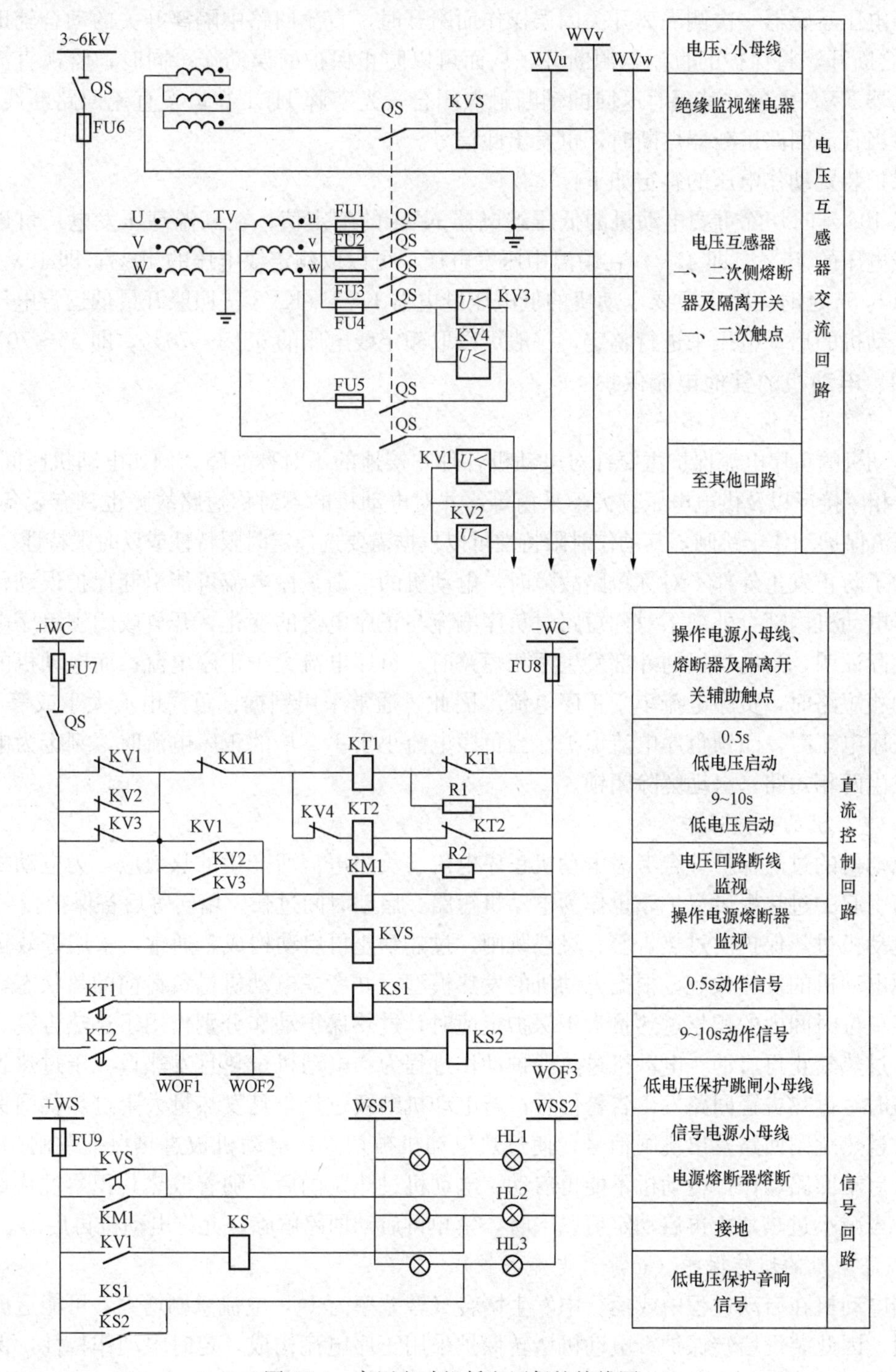

图12-4　高压电动机低电压保护接线图

当电压互感器一、二次侧断线时，KV1～KV3 中相应于断线相无关的低电压继电器的动合触点闭合，光字牌 HL1 亮，发出电压回路断线信号。同时，KM1 的动断触点打开，断开 KT1、KT2 的操作电源，将低电压保护闭锁，因而可以防止低电压保护因电压回路断线而误动作。

当电压互感器一次侧隔离开关因误操作而断开时，直流回路中隔离开关的动合辅助触点 QS 随之断开，将保护的直流电源断开，从而可以防止保护的误动作。同时，监视直流电源的继电器 KVS 失磁，其延时返回的动断触点闭合，光字牌 HL1 亮，发直流回路断线信号。同理，当直流回路熔断器熔断时，也发出此信号。

保护装置动作电压的整定如下：

以 10s 延时切除重要电动机的低压继电器 KV4 的整定值，在高温高压发电厂可以取为额定线电压的 45%，即 45V；在中温中压发电厂，可以取额定线电压的 40%，即 40V。

以 0.5s 延时切除不重要电动机的低电压继电器 KV1～KV3 按照躲开最低运行电压及大容量电动机的启动电压来进行整定，一般可以取额定线电压的 65%～70%，即 65～70V。

四、电动机的其他电流保护

1. 负序电流保护（不平衡保护）

电动机的负序电流保护主要针对电动机各种非接地的不对称故障，例如电动机匝间短路、断相、相序接反以及供电电压较大不平衡等，并对电动机的不对称短路故障也具有后备作用。负序电流保护动作于跳闸，其动作时限特性可以根据需要选择定时限特性或反时限特性。

为了防止发生外部不对称短路故障时，电动机的反馈负序电流可能引起保护误动作，根据异步电动机内部、外部不对称短路时负序电流与正序电流的变化，开放或闭锁负序电流保护。实际证明，当电动机的外部发生两相短路时，负序电流大于正序电流；而电动机的内部发生两相短路时，负序电流小于正序电流。因此，通常采用判据：负序电流大于或等于 1.2 倍的正序电流时，闭锁负序电流保护；当负序电流小于 1.2 倍的正序电流时，判定为电动机内部发生两相短路，自动解除闭锁。

2. 电动机的过热保护

电动机的过热保护综合考虑电动机正序电流、负序电流所产生的热效应，为电动机各种过负荷引起的过热提供保护，也作为电动机短路、启动时间过长、堵转等后备保护。

电动机过热保护由过热告警、过热跳闸、过热禁止再启动构成。通常，采用等效运行电流模拟电动机的发热效应，根据电动机的发热模型，并考虑电动机过负荷前的热状态，电动机在某单位时间内的积累过热量大于保护定值时，过热保护动作分别作用于过热告警、过热跳闸、过热禁止再启动。电动机过热保护动作过程为：电动机过热且发热量大于过热告警保护定值时，过热告警回路发出告警信号；若电动机继续过热，且发热量大于过热跳闸保护定值时，过热跳闸回路发出跳闸信号，使过热电动机被切除；电动机被过热保护跳闸的同时，禁止再启动回路动作，电动机不能再启动；电动机过热跳闸后，随着散热其积累过热量逐渐减小，当减小过热禁止再启动定值以下时，禁止再启动回路解除，允许电动机再启动。

3. 电动机的堵转保护（正序过电流保护）

当电动机在启动过程中或运行中发生堵转（转差率为 1），电流急剧增大，可能造成电动机烧毁，因此装设堵转保护。电动机堵转保护采用正序电流构成，定时限动作特性，保护的动作时间，按最大允许堵转时间整定，保护动作于跳闸。该保护在电动机启动时自动退出，启动结束后自动投入；对于电动机启动过程中发生的堵转，由启动时间过长保护起作用。

4. 电动机的零序电流保护

电动机的接地故障电流大小取决于供电系统的接地方式，即供电变压器的中性点接地方式。电动机中性点不接地，而供电变压器的中性点可能不接地、经消弧线圈接地、经电阻接地。在中性点不接地或经高阻接地系统中，故障电流仅有几安培；在中阻接地系统中，故障电流为几百安培。对于具有较高接地电流水平的电动机，可以采用三相都装电流互感器，由三相电流之和取得零序电流；在大多数情况下，为了能够检测到数值不是很大的接地电流，通常采用零序电流互感器取得零序电流，实现零序电流保护。

第三节　同步电动机的保护

同步电动机在运行中可带容性负荷，能起到改善系统电压的作用，有着异步电动机不可比的优势，但一直因为同步电动机不能变速，在应用中大大受限。随着高压变频器的出现，同步电动机的使用呈上升趋势。同步电动机和异步电动机一样，通常装有相间短路保护、单相接地保护、低电压保护、过负荷保护等几种保护。这些保护与异步电动机类似，不同之处在于：第一，保护动作时，除断开电动机主开关外，还应断开灭磁；第二，当电网电压低于 $0.5U_N$ 时，同步电动机稳定运行可能被破坏，故其低电压保护的动作电压按 $0.5U_N$ 整定。

同步电动机除上述保护外，还应装设非同步冲击保护、失步保护、相电流不平衡保护、堵转保护等。下面对前两种保护进行说明。

一、非同步冲击保护

同步电动机在电源中断又重新恢复时，由于直流励磁仍然存在，会像同步发电机非同步并入电网那样，受到巨大的冲击电流和非同步冲击力矩。根据理论分析，在同步电动机的定子电动势和系统电源电动势夹角为135°，滑差接近于零的最不利条件下合闸时，非同步冲击电流可能高达出口三相短路时短路电流的1.8倍，非同步冲击力矩可能高达出口三相短路时冲击力矩的3倍以上。在这样大的冲击电流和冲击力矩作用下，可能产生同步电动机绕组崩断、绝缘损伤、联轴器扭坏等后果，还可能进一步发展成为电机内部短路的严重事故。因此，大容量同步电动机当不允许非同步冲击时，宜装设防止电源短时中断再恢复造成非同步冲击的保护。

同步电动机在电源中断时，有功功率方向发生变化，因而可用逆功率继电器，构成同步冲击保护。同时，由于断电时转子转速在不断地降低，使电动机机端电压的频率也在不断降低，因此也可以利用反应频率降低、频率下降速度的保护作为非同步冲击保护。

非同步冲击保护应确保在供电电源重新恢复之前动作，作用于励磁开关跳闸和再同步控制回路。这样，电源恢复时，由于电动机已灭磁，就不会遭受非同步冲击。同时，电动机在异步力矩作用下，转速上升，滑差减小，等到滑差达到允许滑差时，再给电机励磁，使其在同步力矩的作用下，很快拉入同步。对于不能再同步或根据生产过程不需要再同步的电动机，保护动作时应用于断路器和励磁开关跳闸。

二、失步保护

同步电动机正常运行时由于动态稳定或静态稳定破坏，而导致的失步运行主要有两种情况：一种是存在直流励磁时的失步（简称带励失步）；另一种是由于直流励磁中断，或严重减少而引起的失步（简称失磁失步）。

带励失步运行的主要问题是出现按转差频率脉振的同步振荡力矩（其最大值为最大同步力矩，即一般电动机产品样本上所提供的最大力矩倍数所相应的值）。这个力矩的量值高达额定力矩的1.5～3倍，使电动机绕组的端部绑线、电动机的轴和联轴器等部位受到正负交变的扭矩的反复作用。扭矩作用时间一长，将在这些部位的材料中引起机械应力，影响其机械强度和使用寿命。

失磁失步运行的主要问题是引起转子绕组（特别是阻尼绕组）的过热、开焊甚至烧坏。根据电动机的热稳定极限，允许电动机无励磁运行的时间一般为10min。

从上述分析可以看出，带励失步和失磁失步都需要装设失步保护。失步保护通常按以下原理构成：

1. 利用同步电动机失步时转子励磁回路中出现的交流分量

同步电动机正常运行时，转子励磁回路中仅有直流励磁电流。而当同步电动机失步后，不论是带励失步或是失磁失步，也不论同步电动机是采用直流机励磁还是采用晶闸管励磁，转子励磁回路中都会出现交流分量，因此利用这个交流分量可以构成带励失步和失磁失步的失步保护。

2. 利用同步电动机失步时的定子电流的增大

带励失步时，由于同步电动机的电动势和系统电源电动势夹角δ的增大，使定子电流也增大，因此可以利用同步电动机的过负荷保护兼作失步保护，反应定子电流的增大而动作。

同步电动机失磁运行时，其定子电流的数值决定于电动机的短路比、启动电流倍数、功率因数和负荷率。电动机的启动电流倍数和功率因数通常变化不大，因此考虑电动机的定子电流值时，主要考虑电动机的短路比和负荷率。电动机的短路比越大，从系统吸取的无功功率越大，故定子电流越大。短路比大于1的电动机，负荷率影响不大，这种电动机失磁运行时，定子电流可达额定电流的1.4倍以上，因此利用电动机的过负荷保护兼作失步保护，保护能可靠动作。但当电动机的短路比小于1时，负荷率的影响就较大。负荷率较低时，定子电流就达不到额定电流的1.4倍，此时过负荷保护不能动作，因此不能利用过负荷保护兼作失步保护。

3. 利用同步电动机失步时定子电压和电流间相角的变化

带励失步时，由于电动机定子电动势和系统电源电动势间夹角δ发生变化，因而定子电压和定子电流间的相角也随着变化。失磁失步时，电机由正常运行时的发送无功功率变为吸收无功功率，因而定子电压和电流间的相角也会变化。因此利用定子电压和电流间相角的变化，也可以构成失步保护。

失步保护应延时动作于励磁开关跳闸并作用于再同步控制回路。对于不能再同步或根据生产过程不需要再同步的电动机，保护动作时应作用于断路器和励磁开关跳闸。

第四节　微机型电动机保护装置

本节介绍一下我国现行的微机型电动机继电保护装置的功能、硬件结构和软件原理。

一、微机型电动机保护装置的功能

微机型电动机保护装置一般配置的功能有差动保护、两段式定时限过电流保护、反时限过电流保护、两段式负序过电流保护、零序过电流保护、过负荷保护、低电压保护、过电压保护等。

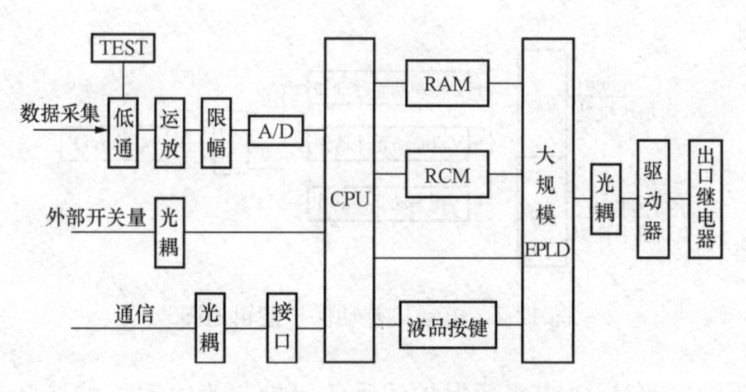

图 12-5　装置的硬件原理结构图

二、装置的硬件结构

微机型电动机保护装置的硬件结构（见图 12-5）中各部分的作用，类似于其他微机型保护，这里就不再重复。

三、保护原理与实现框图

1. 电动机差动保护

电动机差动保护采用比率制动的原理，取：

动作电流 $$I_{op}=|\dot{I}_T+\dot{I}_n|$$

制动电流 $$I_{res}=\left|\frac{\dot{I}_T-\dot{I}_n}{2}\right|$$

式中　$\dot{I}_T$——机端电流互感器二次侧的电流；

$\dot{I}_n$——中性点电流互感器二次侧的电流。

差动动作方程为

$$I_{op}\geqslant I_{op,0}\qquad (I_{res}\leqslant I_{res,0})$$

$$I_{op}\geqslant I_{op,0}+K_{res}(I_{res}-I_{res,0})\qquad (I_{res}>I_{res,0})$$

式中　$I_{op,0}$——无制动时的动作电流；

$I_{res,0}$——初始制动电流；

K_{res}——制动比率；

I_{res}——制动电流。

比率差动保护动作特性如图 12-6 所示。电动机差动保护逻辑框图如图 12-7 所示。

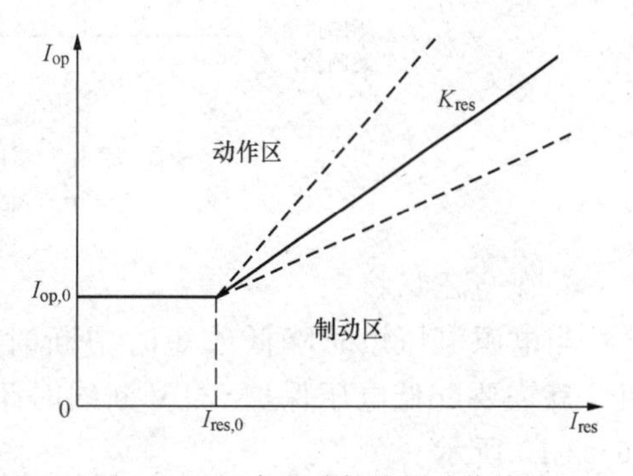

图 12-6　比率差动保护的动作特性

2. 两段式定时限过电流保护

两段式定时限过电流保护包括电流速断和过电流。Ⅰ段为电流速断保护，用于保护电动机相间短路，它的投入与电动机差动保护不同时。电动机启动过程中，速断保护的整定值自动升为正常速断整定值的整定倍数（通过菜单整定），用来躲过电动机的启动电流；当电动机启动结束后，保护速断整定值恢复原整定电流值。这样可有效防止启动过程中因启动电流过大而引起保护误动，同时还能保证运行中保护有较高的灵敏度。

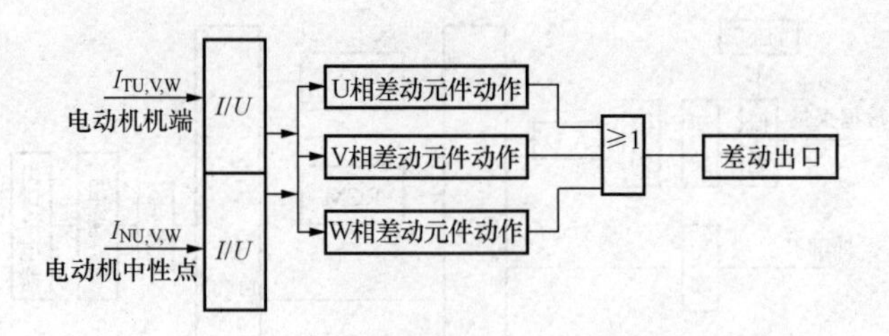

图 12-7 电动机差动保护逻辑框图

Ⅱ段为过电流保护，作为电流速断保护的后备保护，为电动机的堵转提供保护。Ⅱ段定时限过电流保护在电动机自启动过程中自动退出，以防自启动过程中误动，待电动机启动结束后，再恢复投入。两段式定时限过电流保护原理框图如图 12-8 所示。

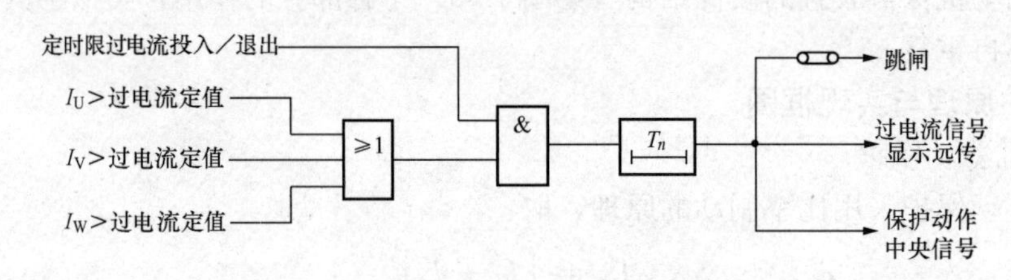

图 12-8 两段式定时限过电流保护原理框图

T_n—过电流 n 段时限，n=1，2

3. 零序过电流保护

零序过电流保护可由控制字选择跳闸或告警。零序电流 $3I_0$ 可从装置自带的零序互感器获得，并作用于零序过电流保护，又可用作小电流接地选线的输入。零序过电流保护原理框图如图 12-9 所示。

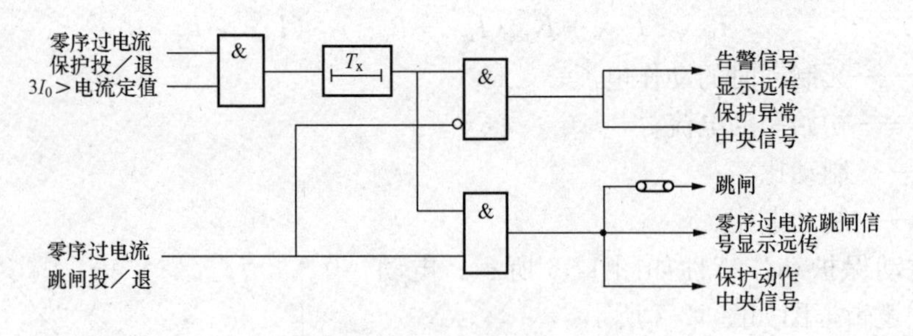

图 12-9 零序过电流保护原理框图

T_x—零序过电流延时时间

4. 低电压保护

当电源电压短时降低或短时中断时，为保证重要电动机自启动，要断开次要电动机，就需要配低电压保护。TV 断线时闭锁低电压保护（可选择）。低电压保护原理框图如 12-10 所示。

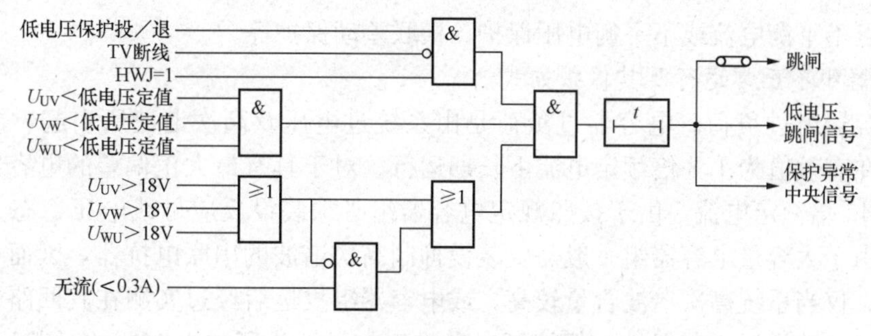

图 12-10　低电压保护原理框图

第五节　电力电容器的保护

本节讨论的电力电容器的保护是指针对并联电容器组的保护。电力电容器的主要作用是利用其无功功率补偿工频交流电力系统中感性负荷，提高电力系统的功率因数，改善电网的电压质量，降低线路损耗。电容器组一般由许多单台小容量的电容器串并联组成，可以集中于变电站进行集中补偿，也可以分散到用户进行就地补偿。其接线方式是并联在交流电气设备、配电网以及电力线路上。为了抑制高次谐波电流和合闸涌流，并且能够同时抑制开关熄弧后的重燃，一般在电容器组主回路中串联接入一只小电抗器。为了确保电容器组停运后的人身安全，电容器组均装有放电装置，低压电容器一般通过放电电阻放电，高压电容器通常用电抗器或电压互感器作为放电装置。为了保证电力电容器安全运行，与其他电气设备一样，电力电容器也应该装设适当的保护装置。

一、并联电容器组的保护配置

1. 并联电容器组的主要故障及其保护方式

（1）电容器组与断路器之间连线的短路。电容器组与断路器之间连线的短路故障应采用带短时限的过电流保护，而不宜采用电流速断保护；此外，速断保护要考虑躲过电容器组合闸冲击电流及对外放电电流的影响，其保护范围和效果不能充分利用。

（2）单台电容器内部极间短路。对单台电容器内部绝缘损坏而发生极间短路，通常是对每台电容器分别装设专用的熔断器，其熔断器的额定电流可以取电容器额定电流的 1.5～2 倍。熔断器的选型以及安装由电气一次专业完成，有的制造厂已将熔断器装在电容器壳内。单台电容器由若干带埋入式熔断器的电容元件并联组成，一个元件故障，由熔断器熔断自动切除，不影响电容器的运行，因而对单台电容器内部极间短路，理论上可以不安装外部熔断器，但为防止电容器箱壳爆炸，一般都装设外部熔断器。

（3）电容器组多台电容器故障。它包括电容器的内部故障及电容器之间连线上的故障。如果仅仅一台电容器故障，由其专用的熔断器切除，而对整个电容器组无多大影响，因为电容器具有一定的过载能力。但是当多台电容器故障并切除后，就可能使留下来继续运行的电容器严重过载或过电压，这是不允许的。电容器之间连线上的故障同样会产生严重后果。为此，需要考虑保护措施。

电容器组的继电保护方式随其接线方案的不同而异。总的来说，尽量采用简单可靠而又灵敏的接线把故障检测出来。常用的保护方式有零序电压保护、电压差动保护、电桥差电流保护、中性点不平衡电流或不平衡电压保护、横联差动保护等。

2. 电容器组不正常运行及其保护方式

（1）电容器组过负荷。电容器过负荷是由系统过电压及高次谐波所引起，按照国标规定，电容器在有效值为 1.3 倍额定电流下长期运行。对于具有最大正偏差的电容器，过电流允许达到 1.43 倍额定电流。由于按照规定电容器组必须装设反应母线电压稳态升高的过电压保护，又由于大容量电容器组一般需要装设抑制高次谐波的串联电抗器，因而可以不装设过负荷保护。仅当系统高次谐波含量较高，或电容器组投运后经过实测在其回路中的电流超过允许值时，才装设过负荷保护，保护延时动作于信号。为了与电容器的过载特性相配合，宜采用反时限特性的继电器。当用反时限特性继电器时，可以与前述的过电流保护结合起来。

（2）母线电压升高。电容器组只能允许在 1.1 倍额定电流下长期运行。因此，当系统引起母线稳态电压升高时，为保护电容器组不致损坏，应装设母线过电压保护，且延时动作于信号或跳闸。

（3）电容器组失压。当系统故障线路断开引起电容器组失去电源，而线路重合又使母线带电，电容器端子上残余电压又没有放电到 0.1 倍的额定电压时，可能使电容器组承受长期允许的、1.1 倍额定电压的合闸过电压而使电容器组损坏，因而应装设失压保护。

二、电容器组与断路器之间连线短路故障的电流保护

当电容器组与断路器之间连线发生短路时，应装设反应外部故障的过电流保护，电流保护可以采用两相两继电器式或两相电流差接线，也可以采用三相三继电器式接线。电容器组三相三继电器式接线的过电流保护原理接线图如图 12-11 所示。

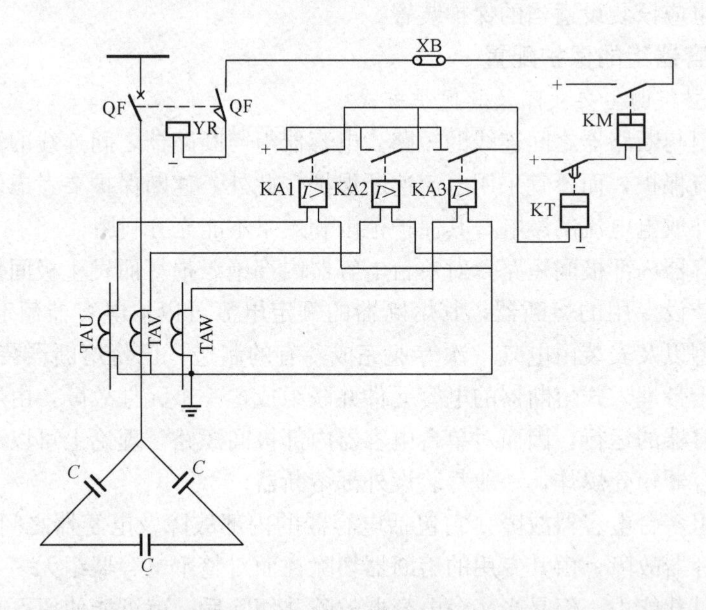

图 12-11 电容器组三相三继电器式接线的过电流保护原理接线图

当电容器组和断路器之间连接线发生短路时，故障电流使电流继电器动作，动合触点闭合，接通 KT 绕组回路，KT 触点延时闭合，使 KM 动作，其触点接通断路器跳闸绕组 YR，使断路器跳闸。

过电流保护也可以用作电容器内部故障的后备保护，但只有在一台电容器内部串联元件全部击穿而发展成相间故障时才能动作。电流继电器的动作电流整定式为

$$I_{op,r}=\frac{K_{rel}K_{con}}{K_{re}K_{TA}}I_{N,C} \tag{12-8}$$

式中　K_{rel}——可靠系数，一般时限在 0.5s 以下时取 2.5，较长时限时取 1.3；

K_{con}——接线系数，当采用三相三继电器或两相两继电器接线时取 1，当采用两相电流差接线时，取$\sqrt{3}$；

K_{re}——返回系数；

$I_{N,C}$——电容器组的额定电流。

保护的灵敏系数校验式为

$$K_s=\frac{I_{k,min}}{I_{op}}\geqslant 2 \tag{12-9}$$

式中　$I_{k,min}$——最小运行方式下，电容器首端两相短路时，流过继电器的电流，如果用两相电流差接线，电流互感器装在 U、W 相上，则取 UV 或 VW 两相短路时的电流。

三、电容器组的横联差动保护

电容器组的横联差动保护（简称横差保护），用于保护双三角形连接电容器组的内部故障，其原理接线如图 12-12 所示。

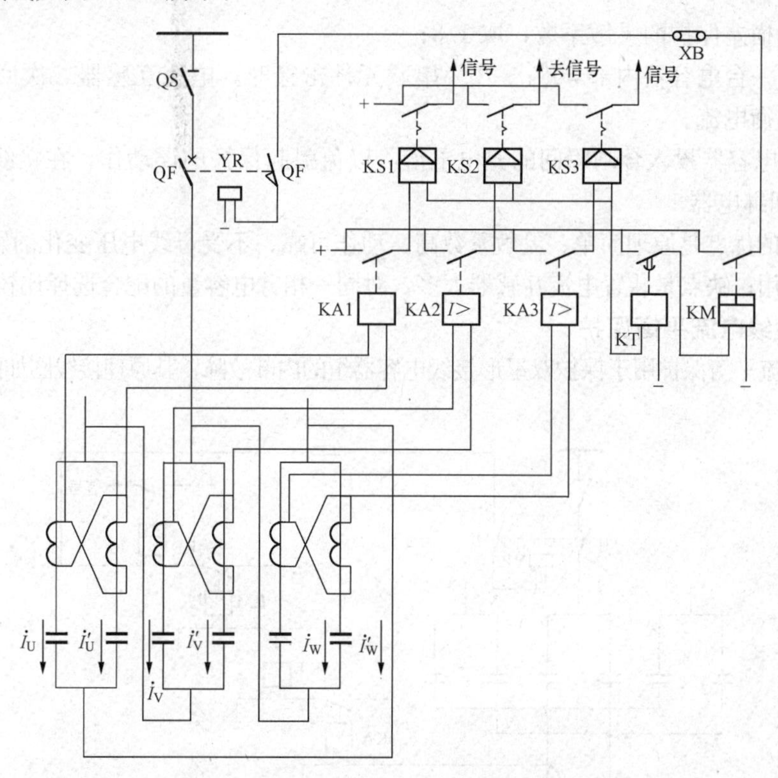

图 12-12　电容器组的横差保护原理接线图

在 U、V、W 三相中，每相都分成两个臂，在每个臂中接入一只电流互感器，同一相两臂电流互感器二次侧按电流差接线，即流过每一相电流继电器的电流是该相两臂电流之差，

也就是说它是根据两臂中电流的大小来进行工作的，所以称为差动保护。各相差动保护是分相装设的，而三相电流继电器差动接成并联。

由于电容器组接成双三角形接线，对于同一相的两臂电容量要求比较严格，应该尽量做到相等。对于同一相两臂中的电流互感器，其变比也应相同，而且其特性也尽量一致。

在正常运行情况下，电流继电器都不会动作，如果在运行中任意一个臂的某一台电容器的内部有部分串联元件击穿，则该臂的电容量增大、容抗减小，因而该臂的电流增大，使两臂的电流失去平衡。当两臂的电流之差大于整定值时，电流继电器动作，并经过一段时间后，中间继电器动作，作用于跳闸，将电源断开。由图 12-12 可以看出，差动和信号回路是各自分开的，而时间和出口回路是各相共用的。

电流继电器的整定按以下两个原则进行计算：

（1）为了防止误动作，电流继电器的整定值必须躲开正常运行时电流互感器二次回路中由于各臂的电容量配置不一致而引起的最大不平衡电流，即

$$I_{op,r} = K_{rel} I_{unb,max} \tag{12-10}$$

式中　K_{rel}——横差保护的可靠系数，取 2；

$I_{unb,max}$——正常运行时二次回路最大不平衡电流。

（2）在某台电容器内部有 50%～70%串联元件击穿时，保证装置有足够的灵敏系数，即

$$I_{op,r} = \frac{I_{unb}}{K_s} \tag{12-11}$$

式中　K_s——横差保护的灵敏系数，取 1.8；

I_{unb}——一台电容器内部 50%～70%串联元件击穿时，电流互感器二次回路中的不平衡电流。

为了躲开电容器投入合闸瞬间的充电电流，以免引起保护的误动作，在接线中采用了延时 0.2s 的时间继电器。

横差保护的优点是原理简单、灵敏系数高、动作可靠、不受母线电压变化的影响，因而得到了广泛的利用；缺点是装置电流互感器太多，对同一相臂电容量的配合选择比较费事。

四、中性线电流平衡保护

中性线电流平衡保护用于保护双星形接线电容器组的内部故障，其原理接线图如图 12-13 所示。

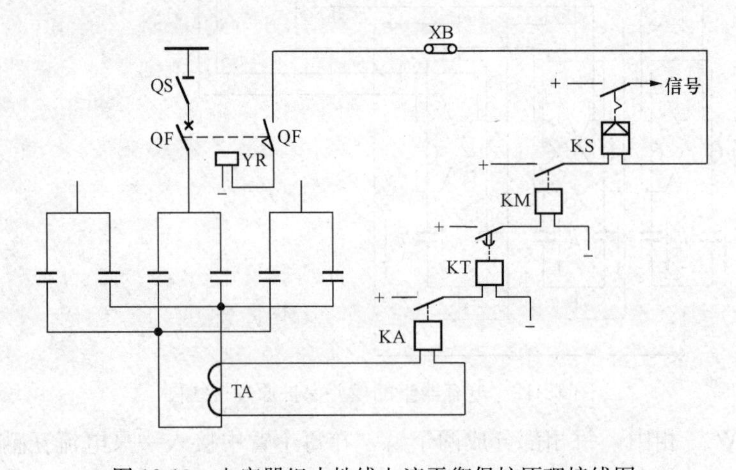

图 12-13　电容器组中性线电流平衡保护原理接线图

由图 12-13 可见，在两个星形的中性点之间的连线上，接入一只电流互感器 TA，其二次侧接入电流继电器 KA。这种接线方式的原理实质是比较每相并联支路中电流的大小。当两组电容器各对应相电容量的比值相等时，中性点连接线上的电流为零；而当其中任一台电容器内部故障有 70%～80%串联元件击穿时，中性点连接线上出现的故障电流会使电流继电器动作，使断路器跳闸。

电流继电器动作电流的整定原则同横差保护。

五、电容器组的过电压保护

为了防止在母线电压波动幅度比较大的情况下，导致电容器组长期过电压运行，应该装设过电压保护装置，其原理接线图如图 12-14 所示。

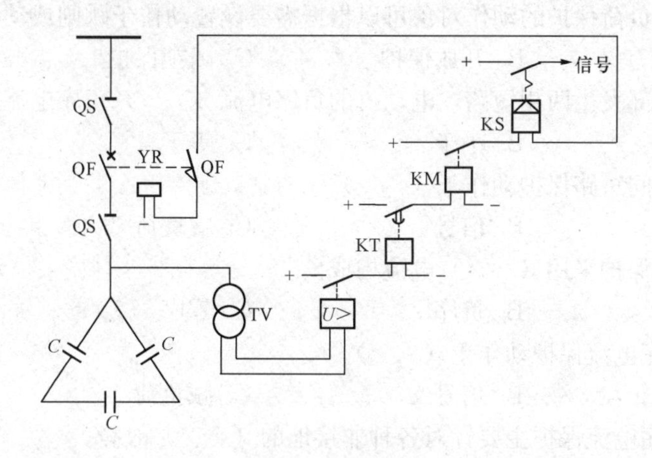

图 12-14　电容器组的过电压保护原理接线图

当电容器组有专用的电压互感器时，过电压继电器 KV 接于专用电压互感器的二次侧；如无专用电压互感器时，可以将电压继电器接于母线电压互感器的二次侧。

过电压继电器的动作电压按下式整定计算，即

$$U_{op,r}=K_{ov}\frac{U_{N,C}}{K_{TV}} \tag{12-12}$$

式中　$U_{N,C}$——电容器的额定电压；

K_{TV}——电压互感器变比；

K_{ov}——决定于电容器承受过电压能力的可靠系数，一般取 1.1。

当运行中的电压超过式（12-12）所整定的值时，电压继电器动作，启动 KT，经过一定延时驱动中间继电器，使断路器跳闸。

复　习　题

一、选择题

1. 容量小于 2MW 且电流速断保护不能满足灵敏度要求的电动机采用（　　）。

A. 低电压保护　　B. 启动时间过长保护

C. 纵差动保护

2. 当电动机供电网络电压降低后恢复，电动机自启动时启动电流（　）额定电流。

A. 大于　　B. 小于　　C. 等于

3. 当电动机供电网络电压降低时，电动机转速会（　）。

A. 下降　　B. 升高　　C. 不变

4. 当供电电网电压过高时，会引起电动机铜损和铁损增大，增加电动机温升，因此电动机应装设（　）。

A. 装设低电压保护　　B. 装设过电压保护　　C. 装设过负荷保护　　D. 装设堵转保护

5. 电动机的各种非接地的不对称故障包括（　）、断相、相序接反以及供电电压较大不平衡等。

A. 电动机匝间短路　　B. 过负荷　　C. 过电流

6. 电动机的过负荷保护的动作对象可以根据需要设置动作于跳闸或动作于（　）。

A. 信号　　B. 开放保护　　C. 闭锁保护

7. 电动机的内部发生两相短路，电动机的负序电流（　）正序电流。

A. 大于　　B. 小于　　C. 等于

8. 电动机的相间短路保护动作于（　）。

A. 跳闸　　B. 信号　　C. 减负荷

9. 电动机堵转保护采用（　）电流构成。

A. 正序　　B. 负序　　C. 零序

10. 电动机负序电流保护动作于（　）。

A. 跳闸　　B. 信号　　C. 减负荷

11. 电动机负序电流保护主要针对各种非接地的（　）故障。

A. 对称　　B. 不对称　　C. 三相短路

12. 电动机过热保护为电动机各种过负荷引起的过热提供保护，也作为电动机短路、启动时间过长、堵转等的（　）。

A. 主保护　　B. 后备保护　　C. 主要保护

13. 电动机启动时间过长保护动作于（　）。

A. 跳闸　　B. 信号　　C. 减负荷

14. 电动机运行时，当三个相间电压均低于整定值时，低电压保护（　）。

A. 经延时跳闸　　B. 发出异常信号　　C. 不应动作

15. 电动机在启动过程中或运行中发生堵转，电流将（　）。

A. 急剧增大　　B. 不变　　C. 减小

16. 电动机正序过电流保护可作为电动机的（　）。

A. 堵转保护　　B. 启动时间过长保护　　C. 对称过负荷保护

17. 电动机装设过电压保护，当三个相间电压均高于整定值时，保护（　）。

A. 经延时跳闸　　B. 发出异常信号　　C. 不应动作

18. 电流速断保护在电动机启动时（　）。

A. 应可靠动作　　B. 不应动作　　C. 发异常信号

19. 电流速断保护主要用于容量为（　）的电动机。

A. 小于 2MW　　B. 2MW 及以上　　C. 小于 5 MW

20. 对不允许或不需要自启动的电动机，供电电源消失后需要从电网中断开的电动机应

（ ）。

A. 装设低电压保护　　B. 装设启动时间过长保护

C. 装设过负荷保护　　D. 装设堵转保护

二、判断题

1. 当供电电网电压过高时，会引起电动机铜损和铁损增大，增加电动机温升，电动机应装设低电压保护。（ ）

2. 电动机采用熔断器—高压接触器控制时，电流速断保护应与熔断器配合。（ ）

3. 电动机单相接地故障的自然接地电流（未补偿过的电流）大于5A时需装设单相接地保护。（ ）

4. 电动机单相接地故障电流为10A及以上时，保护将动作于信号。（ ）

5. 电动机的过负荷保护采用定时限特性时，保护动作时限应大于电动机的启动时间，一般取9～16s。（ ）

6. 电动机的过负荷保护的动作对象可以根据对象设置动作于跳闸或动作于闭锁保护。（ ）

7. 电动机的过负荷保护的动作时间与电动机的允许过负荷时间相配合。（ ）

8. 电动机的接地故障电流，中性点不接地系统比中性点经高电阻接地系统要小。（ ）

9. 电动机的接地故障电流大小取决于供电系统的接地方式。（ ）

10. 电动机低定值电流速断保护在电动机启动后投入。（ ）

11. 电动机电流速断保护低定值按照躲过外部故障切除后电动机的最大启动电流，以及外部三相短路故障时电动机向外提供的最大反馈电流整定。（ ）

12. 电动机电流速断保护高定值按照躲过电动机的最小启动电流整定。（ ）

13. 电动机堵转保护采用定时限动作特性构成。（ ）

14. 电动机堵转保护动作后，作用于信号。（ ）

15. 电动机堵转保护在电动机启动结束后投入。（ ）

附录A　电磁型继电器

本附录介绍了继电保护装置中几种常用的电磁型继电器的构成原理、基本结构和性能参数，供选择使用。

一、电磁型继电器的结构和工作原理

电磁型继电器按其结构可分为螺管绕组式、吸引衔铁式和转动舌片式三种，如图A-1所示。通常电磁型电流继电器和电压继电器均采用转动舌片式结构，时间继电器采用螺管绕组式结构，中间继电器和信号继电器采用吸引衔铁式结构。以上三种结构的继电器组成部分相同。

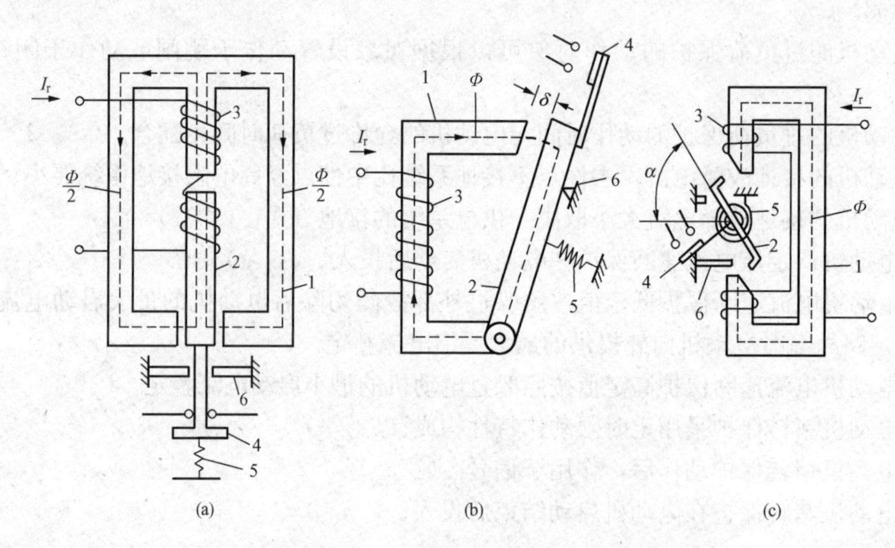

图A-1　电磁型继电器结构图

(a) 螺管绕组式；(b) 吸引衔铁式；(c) 转动舌片式

1—电磁铁；2—舌片（可动衔铁）；3—线圈；4—触点；5—反作用弹簧；6—止挡

当线圈3通入电流 I_r 时，产生磁通 Φ，磁通 Φ 经过电磁铁、空气隙和舌片（可动衔铁）构成闭合回路。舌片（可动衔铁）在磁场中被磁化，产生电磁力 F 和电磁转矩 M，当电流 I_r 足够大时，舌片转动（或衔铁被吸引移动），使继电器动触点和静触点闭合，称为继电器动作。由于止挡的作用，可动衔铁只能在预定范围内运动。

根据电磁学原理可知，电磁力 F 和电磁转矩 M 与磁通 Φ 的平方成正比，即

$$F = K_1\Phi^2 \tag{A-1}$$

式中　K_1——比例系数。

磁通 Φ 与绕组中通入的电流 I_r 产生的磁通势 I_rW_r 和磁通所经过的磁路的磁阻 R_m 有关，即

$$\Phi = \frac{W_rI_r}{R_m} \tag{A-2}$$

将式（A-2）代入式（A-1）中可得

$$F = K_1 W_r^2 \frac{I_r^2}{R_m^2} \tag{A-3}$$

电磁转矩 M 为

$$M = FL = K_1 L W_r^2 \frac{I_r^2}{R_m^2} = K_2 I_r^2 \tag{A-4}$$

式中　K_2——系数，当磁阻一定时 K_2 为常数。

式（A-4）说明，当磁阻为常数时，电磁转矩 M 正比于电流 I_r 的平方，而与通入绕组的电流方向无关，所以根据电磁原理构成的继电器，可以制成直流继电器或交流继电器。

二、电磁型电流继电器

电流继电器在电流保护中用作测量和启动元件，它是反应电流超过某一定值而动作的继电器。在电流保护中常用DL-10型电流继电器，它是一种转动舌片式的电磁型继电器，结构如图A-2所示。

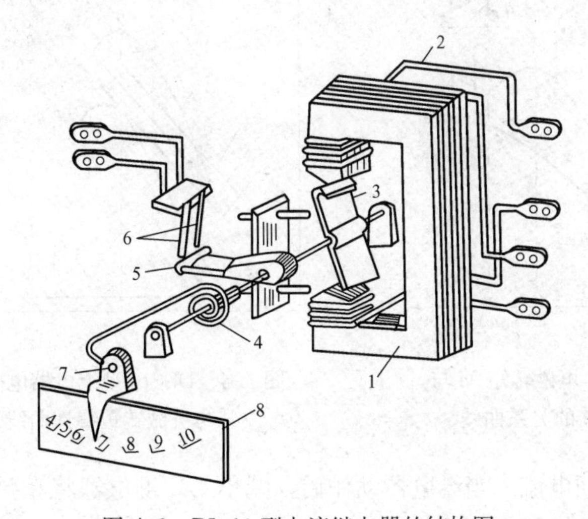

图A-2　DL-10型电流继电器的结构图

1—电磁铁；2—线圈；3—Z形舌片；4—弹簧；5—动触点；6—静触点；7—整定值调整把手；8—刻度盘

1. 电流继电器的动作电流、返回电流及返回系数

电流继电器采用转动舌片式结构，这类继电器在动作过程中，随着舌片转动，空气隙长度 δ 不断缩小，磁路磁导 G_m 不断增加，在 I_r 不变时，电磁转矩不断增加，这说明电磁转矩 M 是转角 α 的函数，这种关系可表示为

$$M = \frac{1}{2}(W_r I_r)^2 \frac{dG_m}{d\alpha} \tag{A-5}$$

式中　$W_r I_r$——继电器线圈的安匝数；

dG_m——磁导增量；

α——舌片对水平位置所转动的角度。

电磁转矩 M 随 α 变化的曲线如图A-3所示。

（1）动作电流。当继电器线圈中流入电流 I_r 时，在转动舌片上产生电磁转矩 M，企图使舌片转动，同时在转动舌片轴上还作用有弹簧产生的反抗转矩 M_{th} 和摩擦转矩 M_m。弹簧反抗转矩 M_{th} 与舌片旋转角度 α 成正比，而由可转动系统的重量产生的摩擦转矩 M_m 实际上是恒定不变的。反抗转矩的总和称为反作用机械转矩，表示为 $M_{ma}=M_{th}+M_m$。

当通入继电器的电流为负荷电流时，$M<M_{ma}$，继电器不动作；要使继电器动作，必须增大 I_r，以增大 M，继电器能够动作的条件是 $M\geqslant M_{th}+M_m$。能使继电器动作的最小电磁转矩称为继电器的动作转矩，其对应的能使继电器动作的最小电流称为继电器的动作电流 $I_{op,r}$。

图 A-4 为继电器电磁转矩和机械转矩特性曲线。图中，曲线 3 为摩擦转矩 M_m 曲线，M_m 与 α 无关；曲线 2 为弹簧反抗转矩 M_{th} 曲线，M_{th} 与 α 呈正比关系；曲线 4 为总反抗机械转矩 $M_{ma}=M_{th}+M_m$ 曲线；曲线 1 为对应最小动作电流 $I_{op,r}$ 的最初动作转矩曲线；曲线 5 为 $M_{th}-M_m$ 曲线。

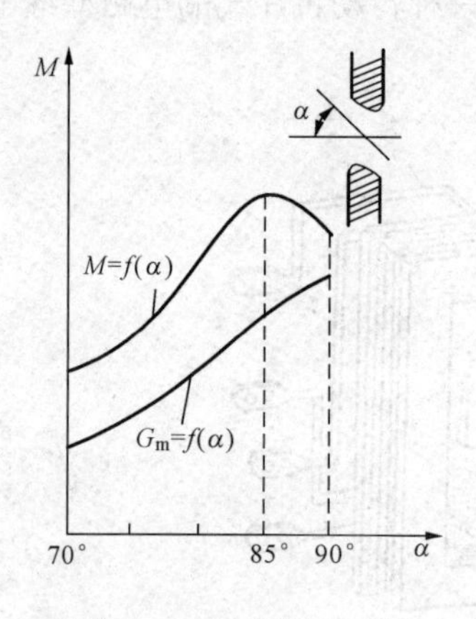

图 A-3 电磁转矩 M 与转角 α 的关系曲线

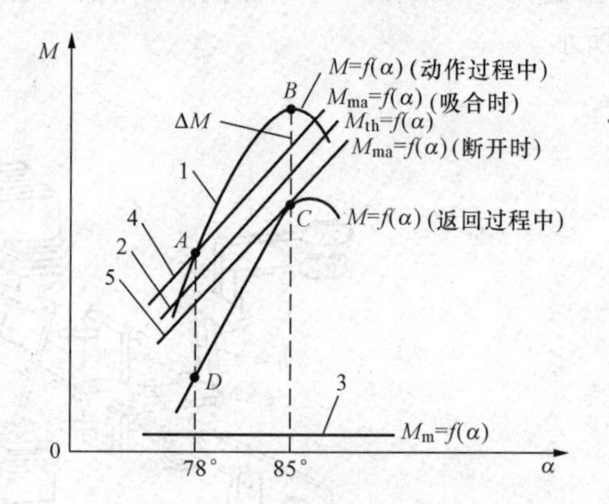

图 A-4 DL-10 型继电器电磁转矩与机械转矩特性曲线

（2）继电器的返回电流。当继电器动作后，减小 I_r，继电器将在弹簧作用下返回，这时 M_{th} 的作用是使 Z 形舌片返回，而电磁转矩 M 和摩擦转矩企图阻止 Z 形舌片返回，故继电器返回的条件是 $M_{th}\geqslant M+M_m$ 或写成 $M\leqslant M_{th}-M_m$。

当 I_r 减小到继电器刚好能够返回原来位置的最大电磁转矩称为返回转矩，其对应的最大返回电流称为继电器的返回电流 $I_{re,r}$。

（3）继电器的返回系数。继电器的返回电流 $I_{re,r}$ 与动作电流 $I_{op,r}$ 的比值称为返回系数 K_{re}，即

$$K_{re}=\frac{I_{re,r}}{I_{op,r}} \tag{A-6}$$

从图 A-4 可知，由于剩余转矩 ΔM 和摩擦转矩 M_m 的存在，决定了返回电流必然小于动作电流，故电流继电器的返回系数恒小于 1。在实际应用中，要求继电器有较高的返回系数，为 0.85～0.90。要提高返回系数就要设法减小继电器转动系统的摩擦转矩和减小剩余转矩 ΔM，否则不能保证转动部分可靠快速地转动到行程终点位置。剩余转矩 ΔM 是为了保证触点在接触时有足够压力，保证继电器动作的可靠性。

2. 电磁型电流继电器的特性

由以上分析可见，当$I_r<I_{op,r}$时，继电器不动作；当$I_r \geqslant I_{op,r}$时，继电器能够突然迅速动作，闭合其动合触点。在继电器动作后，当$I_r \geqslant I_{op,r}$时，继电器保持动作状态；当$I_r<I_{re,r}$时，则继电器能突然返回原来位置，动合触点重新被打开。无论动作和返回，继电器从起始位置到最终位置是突发性的，不可能停留在某一个中间位置上，这种特性称为继电器特性。继电器之所以具有这种特性，是因为无论在动作过程中，还是在返回过程中，都有剩余转矩存在。

3. 电磁型电流继电器动作电流的调整

（1）改变弹簧反作用转矩M_{th}，即改变动作电流调整把手的位置。当调整把手逆时针转动时，由于弹簧的弹力增强，使M_{th}增大，因而使继电器的动作电流$I_{op,r}$增大；反之，如将调整把手顺时针转动时，则动作电流$I_{op,r}$减小。

（2）用连接片改变如图 A-5 所示，继电器两个绕组的连接方法，可串联或并联，这样可使刻度盘的调整范围增大 1 倍。如果加上改变调整把手的位置，那么继电器最小动作电流和最大动作电流的比值可达 4 倍。当绕组串联时，电流动作值较并联时小 1 倍。

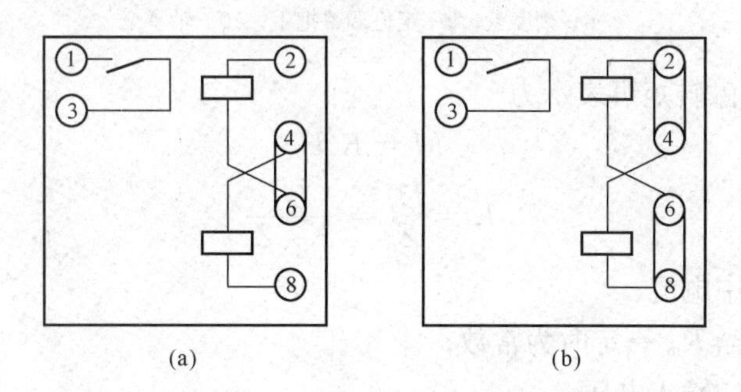

图 A-5　DL-10 型继电器的内部接线

（a）动合触点、两线圈串联接法；（b）动合触点、两线圈并联接法

4. 电磁型电流继电器的特点

（1）返回系数较高，一般均大于 0.85。

（2）动作时间短，当$\frac{I_r}{I_{op,r}} \geqslant 3$时，动作时间$t_{op} \leqslant 0.03s$。

（3）消耗功率小，在最小整定值时，消耗功率为 0.1VA。

（4）整定点动作值与整定值误差不超过±3%。

电磁型电流继电器的缺点是触点系统不够完善，在电流较大时可能发生触点振动现象，而且触点容量小，不能直接接通断路器的跳闸回路。其结构都是转动舌片式的电磁型继电器。电磁型电流继电器除 DL-10 型外，还有 DL-20C 型、DL-30 型，如图 A-6 所示。DL-20C、DL-30 型为组合式继电器，是对导磁体和触点系统做了某些改进后的产品，具有体积小、质量轻和转换方便的优点。

三、电磁型电压继电器

1. 电磁型电压继电器的结构及其工作原理

电磁式电压继电器通常也是采用转动舌片式结构，如常用的 DR-100 型，其构造和工作原理与 DL-10 型电流继电器基本相同，不同的只是电压继电器绕组匝数多、导线细、阻抗大，反应的参数是电网电压。

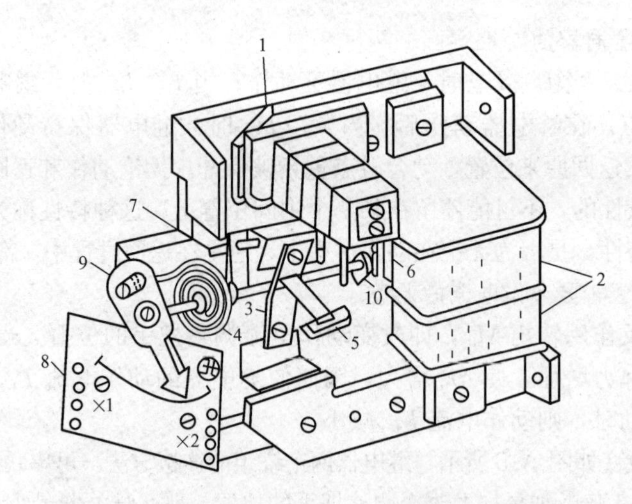

图 A-6　DL-20C 型、DL-30 型电流继电器的结构图

1—电磁铁；2—线圈；3—Z 形舌片；4—弹簧；5—动触点；6—静触点；7—限制螺杆；8—刻度盘；9—定值调整把手；10—轴承

电压继电器的电磁转矩可表示为

$$M = K'I_{\mathrm{r}}^{2} \tag{A-7}$$

$$I_{\mathrm{r}} = \frac{U_{\mathrm{r}}}{Z_{\mathrm{r}}} = \frac{U_{\mathrm{s}}}{K_{\mathrm{TV}}Z_{\mathrm{r}}} \tag{A-8}$$

式中　I_{r}——继电器中电流；

K'——系数，当 R_{m} 一定时为常数；

U_{r}——继电器的输入电压；

Z_{r}——继电器线圈的阻抗；

U_{s}——电网电压；

K_{TV}——电压互感器变比。

将式（A-7）代入式（A-8）得

$$M = K'I_{\mathrm{r}}^{2} = K'\frac{U_{\mathrm{s}}^{2}}{K_{\mathrm{TV}}^{2}Z_{\mathrm{r}}^{2}} = KU_{\mathrm{s}}^{2} \tag{A-9}$$

$$K = \frac{K'}{K_{\mathrm{TV}}^{2}Z_{\mathrm{r}}^{2}}$$

式中　K——系数，当磁阻 R_{m} 一定时为常数。

由式（A-9）说明，继电器动作取决于电网电压 U_{s}。为了减少电网频率变化和环境温度变化对继电器工作的影响，电压继电器的部分绕组采用电阻率高、温度系数小的导线材料（如康铜）绕制，或在线圈中串联一个温度系数小、阻值较大的附加电阻。

2. 电压继电器的动作电压、返回电压和返回系数

电压继电器分为过电压继电器和低电压继电器，作为过电压保护或低电压闭锁的动作元件。DR-111、DR-131 型过电压继电器的动作和返回的概念与电流继电器相似，它的返回系数 K_{re} 可表示为

$$K_{\mathrm{re}} = \frac{U_{\mathrm{re,r}}}{U_{\mathrm{op,r}}} \tag{A-10}$$

式中　$U_{re,r}$——继电器的返回电压；

$U_{op,r}$——继电器的动作电压。

显然，过电压继电器的返回系数也小于 1，一般也在 0.85 左右。

DR-122 型低电压继电器，有一对动断触点。在正常运行时，继电器线圈接入电网额定电压的二次值，其电磁转矩大于弹簧反抗转矩和摩擦转矩之和，Z 形舌片被吸引到电磁铁的磁极下面，其动断触点处于断开状态，此时称为继电器非工作状态。当电压下降到整定值时，电磁转矩减小到 Z 形舌片被弹簧反作用力拉开磁极，继电器动断触点闭合，这个过程称为低电压继电器的动作过程。因此，能使低电压继电器 Z 形舌片释放，其动断触点从打开到闭合的最高电压称为继电器的动作电压 $U_{op,r}$。在继电器动作后，如增大外加电压，低电压继电器返回。能使继电器返回到 Z 形舌片又被电磁铁磁极吸引，触点断开的最低电压，称为继电器的返回电压。根据式（A-10）可知，低电压继电器的返回系数恒大于 1，一般情况不大于 1.2，用于强行励磁的不大于 1.06。

3. 电压继电器的特点

（1）低电压继电器的缺点是长期接入电网，在电网电压正常时，Z 形舌片被长期吸向电磁铁磁极下处于振动状态，长期振动使继电器轴座和轴承磨损严重，因而降低了它的工作可靠性。为了减小继电器的振动，避免磨损，其电压整定值应不小于全刻度盘的 1/3。

（2）对于过电压继电器，如整定值小于 40V，应采用附有辅助电阻器的 DR-131/60CN 型电压继电器（CN 表示内附电阻器）。DR-131/60C 型过电压继电器，当采用 FZ-2 型附加电阻器时，其接线如图 A-7 所示。此时，继电器串并联在附加电阻器的端点上。

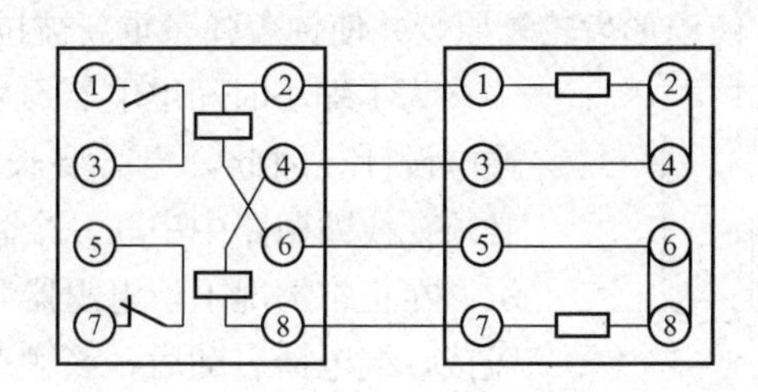

图 A-7　DR-131/60C 型继电器与 FZ-2 型附加电阻器连接图

电压继电器刻度盘上的数值为串联时的值，当绕组串联时，动作值较并联时增大 1 倍。目前常用的电磁型电压继电器除 DR-100 型外，还有 DY-20C 型、DY-30 型电压继电器，为组合式继电器，是改进后的产品，工作原理同 DR-100 型，其构造与 DL-20C 型、DL-30 型电流继电器相同。

四、电磁型时间继电器

在各种继电保护和自动装置中，时间继电器作为时限元件，用来建立必须的动作时限。对时间继电器的要求是动作时间要准确，而且动作时间不应随操作电压的波动而变化。

电磁型时间继电器由一个电磁启动机构带动一个钟表延时机构组成。电磁启动机构采用图 A-1（a）所示。螺管绕组式结构，一般由直流电源供电，但也可以由交流电源供电。时间继电器一般有一对瞬动转换触点和一对延时主触点（终止触点），根据不同要求，有的还有一对滑动延时触点。

现以 DS-100、DS-120 系列的时间继电器为例，介绍该类继电器的工作原理。它们的结构图如图 A-8 所示。在继电器线圈 1 上加入动作电压后，舌片 3 被瞬时吸下，曲柄杠杆 9 被释放，在钟表弹簧 11 的作用下使扇形齿轮 10 按顺时针的方向转动，并带动传动齿轮 13，摩擦离合器 14，使同轴的主齿轮 15 转动，并带动钟表机构转动，因钟表机构中钟摆和摆锤的作用，使动触点 22 以恒速转动，经一定时限后与静触点 23 接触。改变静触点位置，可以改变动触点的行程，即可调整时间继电器的动作时限。

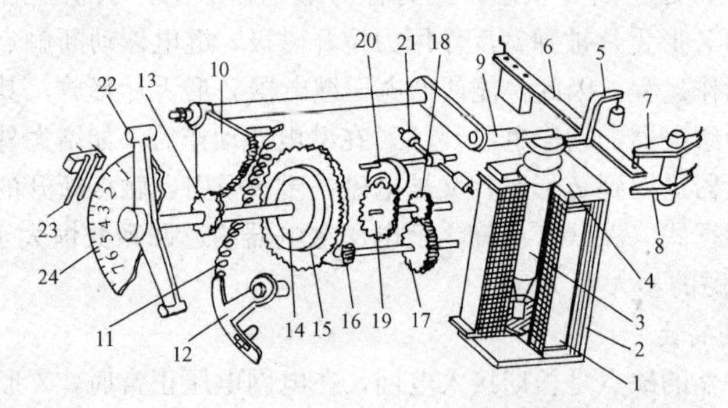

图 A-8 DS-100、DS-120 系列时间继电器的结构图

1—线圈；2—磁路；3—舌片；4—返回弹簧；5—轧头；6—可动瞬时触点；7、8—静瞬时触点；9—曲柄杠杆；10—扇形齿轮；11—主弹簧；12—可改变弹簧拉力的拉板；13—齿轮；14—摩擦离合器；15—主齿轮；16—钟表机构的齿轮；17、18—钟表机构的中间齿轮；19—掣轮；20—卡钉；21—重锤；22—动触点；23—静触点；24—标度盘

当线圈外加电压消失时，在返回弹簧 4 的作用下，舌片被顶回原来的位置，同时扇形齿曲臂也立即被舌片顶回原处，使扇形齿轮复原，并使钟表弹簧重新被拉伸，以备下次动作。

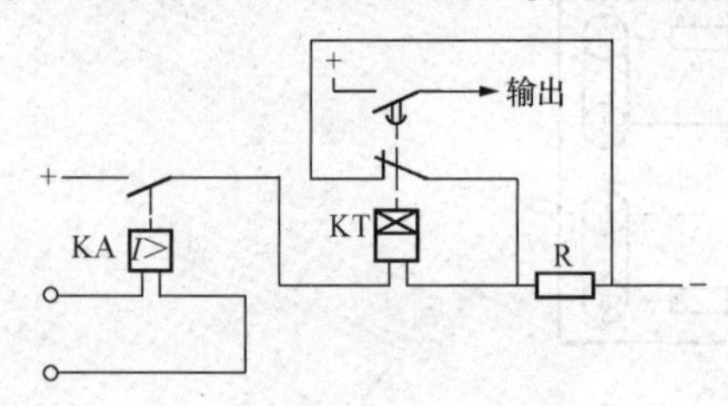

图 A-9 时间继电器接入附加电阻的接线图

为了缩小时间继电器尺寸，它的绕组一般不按长期通电设计。因此，当需要长期（大于 30s）加电压时，必须在线圈回路中串联一个附加电阻器 R，如图 A-9 所示。在正常情况下，电阻器 R 被继电器瞬时动断触点所短接，继电器启动后，该触点立即断开，电阻器 R 串入绕组回路，以限制电流，提高继电器的热稳定。

在使用时间继电器时，要求：①时间继电器的动作电压应不大于 70%额定电压值，返回电压应不小于 5%额定电压值，交流时间继电器动作电压应不大于 85%额定电压值；②要求测量值与整定值时间误差不超过 0.07s。

目前使用的时间继电器除 DS-100、DS-120 系列外，还有 DS-20A、DS-30 系列时间继电器，它们的工作原理与 DS-100 系列相同，只不过在延时机构上做了改进。

五、电磁型中间继电器

中间继电器的作用是在继电器保护装置和自动装置中用以增加触点数量和容量，所以该类继电器一般有几对触点，其触点容量也比较大。当前常用的系列较多，如 DZ-10、DZB-100、DZS-100 系列以及组合式的 DZ-30B、DZB-10B、DZS-10B 型等，它们都是舌门电磁式中间继电器，结构原理基本相同。图 A-10 为 DZ-30B 系列中间继电器的结构图。当电压加在绕组两端时，舌门片被吸向闭合位置，并带动触点转换，动合触点闭合，动断触点断开。当电源断开时，舌门片在触点后的压力作用下，返回原来位置，触点也随之复归。

DZB-10B型中间继电器的电磁铁中有一个电压绕组，有一个或几个电流线圈。DZB-11B、DZB-12B、DZB-13B型为电压启动、电流保持的中间继电器，DZB-14B型为电流启动、电压保持的中间继电器，而DZB-15B则为电流或电压启动、电压或电流绕组保持的中间继电器。DZ-30B、DZB-10B系列的中间继电器的动作时间一般不超过0.05s；DZS-10B系列的中间继电器在其线圈的上面或下面装有阻尼环，用以阻碍主磁通的增加或减少，从而获得继电器动作延时或返回延时，如DZS-11B、DZS-13B为动作延时型继电器，DZS-12B、DZS-14B为返回延时型继电器。电流保护的中间继电器动作延时一般不小于0.06s或返回时限不小于0.4s。上述各系列中间继电器的触点容量大，长期允许通过电流为5A。

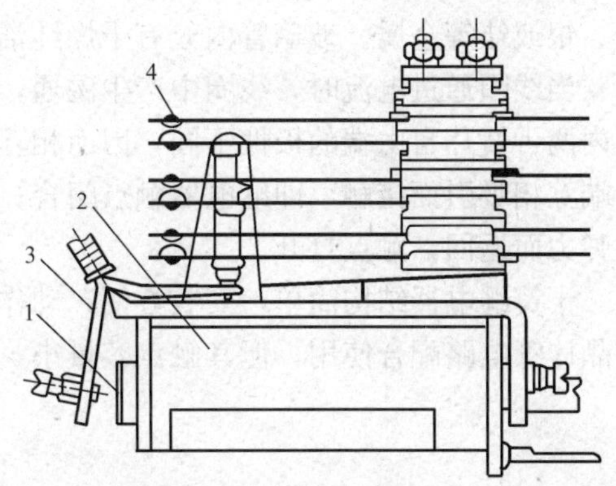

图A-10　DZ-30B型中间继电器结构图

1—电磁铁；2—线圈；3—舌门片；4—触点片

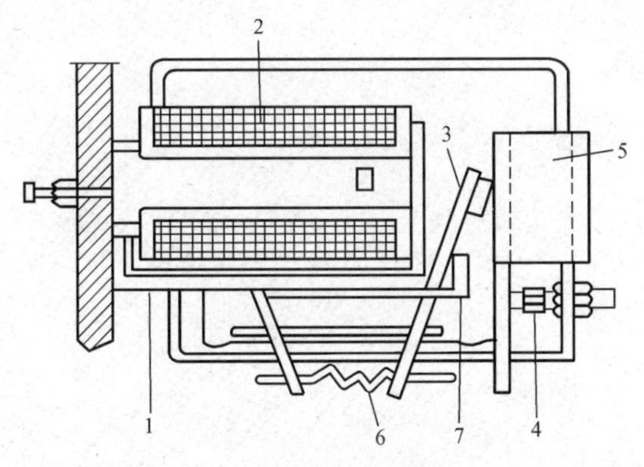

图A-11　DX-11型信号继电器

1—电磁铁；2—线圈；3—舌门片；4—调节螺钉；5—带有可动触点的轴；6—弹簧；7—舌片行程限制挡

六、电磁型信号继电器

信号继电器在继电保护和自动装置中用作动作指示，以便运行维护人员根据信号继电器发出的信号指示，方便地分析事故和统计保护装置正确动作次数。常采用的主要有DX-11型和组合式的DX-20、DX-30系列的舌门电磁式信号继电器。它们的内部结构都相同，图A-11为DX-11型信号继电器的结构图。当线圈2通入电流时，舌门片3被吸引，信号掉牌8靠自重落下，并停留在水平位置。断电后，舌门片3在弹簧6作用下返回原位，但信号掉牌需用手转动或按动外壳上的旋钮，才能返回原位。平时信号掉牌被舌门片卡住而不会自动转动落下。DX-11、DX-31型为具有信号掉牌的信号继电器。DX-20、DX-32型无信号掉牌而具有灯光信号，当启动线圈通电时，接通保持线圈，信号灯亮；当启动线圈断电时，信号灯仍继续亮，直至保持线圈断电后方可熄灭。

七、干簧继电器

干簧继电器是电磁型继电器的一种特殊形式，没有机械转动的部分，主要靠置放在密封玻璃管内的两只舌簧片来完成电磁型继电器的功能。

干簧继电器的结构图如图A-12所示。线圈1绕在框架上，框架中间放着密封玻璃管3，管内放有两只舌簧片。舌簧片由铍镆合金制成，既是导磁体又是导电的一对触点。为减少接触电阻，在舌簧片自由端的接触面上镀有

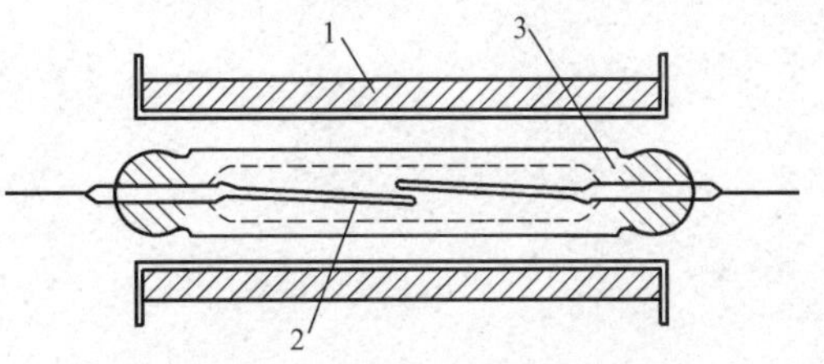

图A-12　干簧继电器的结构图

1—线圈；2—舌簧片；3—密封玻璃管

金、银或铑等金属。玻璃管内充有干燥纯洁的氮气，以防止触点表面氧化。

当线圈通过电流时，线圈中产生磁通，舌簧片磁化，一端为N极，另一端为S极。由于管内两舌簧片自由端的极性不同，因而相互吸引。当线圈中电流达到整定值时，两舌簧片自由端互相吸引而接触，即继电器触点闭合；当线圈中电流减少到一定值时，舌簧片借助本身的弹力而返回，触点打开。

干簧继电器结构简单，安装方便，动作时没有机械转动，启动功率小，动作速度快，易与晶体管电路配合使用；但其触点容量小，只能作为晶体管保护装置的出口元件。

附录B　微机型继电保护装置的硬件结构及原理

随着我国电力工业的快速发展，对发电厂、变电站的安全、经济运行要求越来越高。另外，因电子、计算机和通信等技术的发展，也使得发电厂、变电站监控系统的自动化水平不断提高。近年来，发电厂、变电站中常规的控制屏、继电保护屏、中央信号系统、自动装置、模拟屏等二次设备，已逐步被利用计算机组成的自动化系统所取代，特别是变电站综合自动化技术已在电力系统中快速普及。

微机型继电保护仅是变电站综合自动化系统的功能之一，其装置的硬件结构与变电站综合自动化系统中各保护测控单元装置已密不可分。考虑到各学校课程内容的设置不同，“微机型继电保护装置的硬件结构及原理”这部分内容有可能在“变电站综合自动化”或“电力系统继电保护”课程中讲授。因此将这部分内容作为附录，供需要者选用。

B-1　微机型继电保护装置硬件基本结构

一、概述

如图B-1所示，微机型继电保护装置采用机箱式结构，每套保护装置由一个或几个机箱组成。在变电站综合自动化系统中，有的保护装置机箱除了完成保护功能外，还具有其他功能。例如某10kV线路的保护装置机箱具有10kV线路的保护功能、重合闸功能、故障录波功能，还兼有遥测、遥信、遥控及用于切除本线路的低周减载等功能。

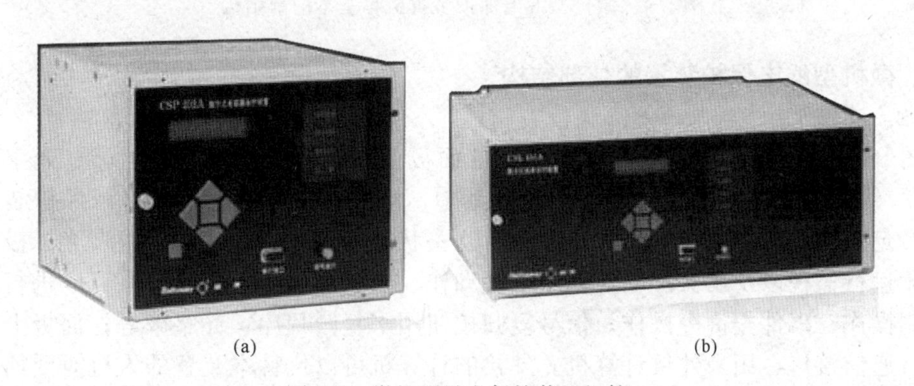

(a)　(b)

图B-1　微机型继电保护装置机箱

微机型继电保护装置机箱的正面称为面板，如图B-2所示；机箱背面设有接线端子排，如图B-3所示。图B-4为微机型继电保护装置机箱的内部结构，可见微机型继电保护装置机箱的内部是由一个个印制电路板组成的，印制电路板上焊接有各种芯片及电子、电路元器件。为了便于调试、检修，在装置不带电的情况下，每个印制电路板一般可以插、拔，因此把每个印制电路板也称为一个插件。

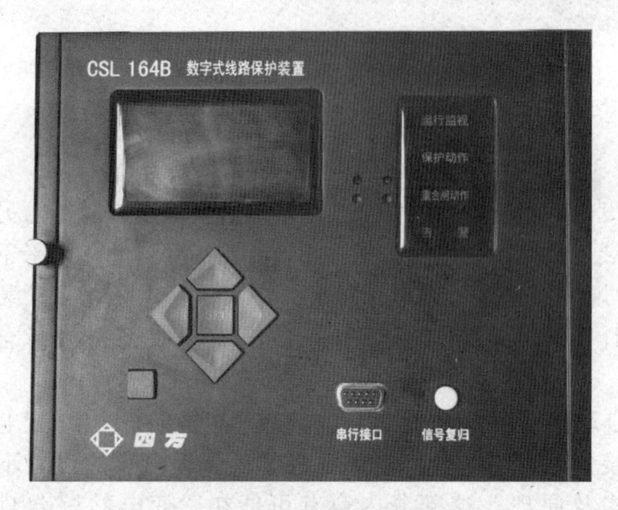

图 B-2 微机型继电保护装置的面板

图 B-3 微机型继电保护装置机箱背面的接线端子排

图 B-4 微机型继电保护装置机箱基本内部结构

二、微机型继电保护装置的外部结构

1. 面板布置

如图 B-2 所示，在微机型继电保护装置的面板上一般设置有液晶显示器、光字牌（或信号灯）、键盘、插座和信号复归按钮等。其中，液晶显示器可以用来显示保护装置的提示菜单、定值清单、事件报告、运行参数、开关状态等信息；光字牌是由发光二极管构成的，用于运行监视以及发保护动作、重合闸动作、告警等信号；通过键盘可以进行参数设定、控制操作、事件查询等操作；信号复归按钮用来复归程序、光字牌等；面板上的插座是一串行通信接口，用来外接计算机。外接的计算机可以代替本装置的人机对话插件直接同本装置箱体内的各计算机插件通信，通过切换可使人机对话插件或外接计算机取得通信控制权。

2. 背板布置

如图 B-3 所示，在每个保护装置机箱的背面，都设有该装置机箱的接线端子排，主要用于保护装置机箱与外部的连接。在各装置的端子排上一般设有交流输入端子、直流电源输入端子、网络接口、跳闸出口、合闸出口、遥信开入、信号输出等端子。

不同型号装置的端子排设置有所不同，即使是同一型号但版本不同的装置，其个别端子的用途也有所不同。因此，在使用时应注意阅读装置的说明书。

三、微机型继电保护装置的内部结构及各插件作用

不同的保护装置机箱，用途不同，功能不同，生产厂家不同，其插件的构成也并不完全相同，但其插件的基本结构大致相同。如图B-5所示，在微机型继电保护装置机箱的内部一般设置有交流插件、模/数转换插件、故障录波插件、保护插件、继电器插件、电源插件、人机对话插件（人机接口电路板）等。

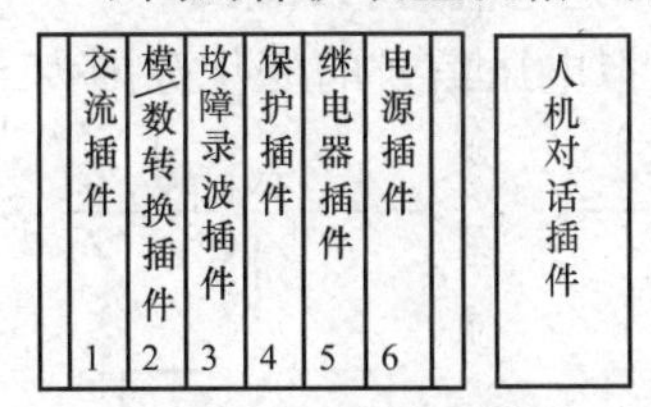

图B-5　某线路保护装置插件位置图

交流插件内设有电流变换器、电压变换器等元器件，用来引入本保护装置所需的各路交流电流、交流电压量，并起到电量变换和隔离作用。

模/数转换插件的电路板上设有模/数变换回路，用来将交流插件输出的各路模拟量转换成数字量，以便计算机能对各路电流、电压信号进行处理。需要说明的是，新型的保护装置集成度越来越高，有些保护装置已将模/数变换回路设置在保护插件、录波插件中，而不再单独配置模/数转换插件；不过电力系统中所采用的保护装置种类繁多，也有许多保护装置配置有模/数转换插件。

故障录波插件用来记录模拟量的采样值、有关开关量的状态值。在有些保护装置中设有可供用户选择的故障录波插件，可以通过专用高速通信网将录波数据送至公用的专门用于录波的计算机。

保护插件是保护装置的核心插件，本保护装置的保护功能及其附加功能主要是靠保护插件实现的。它主要用来完成信息的采集与存储、信息处理以及信息的传输等任务。

继电器插件内设置了用来作为各出口回路执行元件的小型继电器。继电器插件中一般设置有启动继电器、告警继电器、信号复归继电器、跳闸继电器、合闸继电器、备用继电器等。

电源插件用来给本保护装置的各插件提供独立的工作电源。电源插件通常采用逆变稳压电源，它输出的直流电源电压稳定，不受系统电压波动的影响，并具有较强的抗干扰能力。

人机对话插件主要有两个作用：一方面通过键盘、显示器、打印机等完成人机对话功能；另一方面通过局域网与上一层管理机进行双向通信，接收上一层管理机的指令、向上一层管理机传送信息。如果保护装置的面板是按插件划分的，则人机对话插件和其他插件一样可以插、拔；如果保护装置为一整体面板，则一般是在该机箱面板的背面，固定了一个人机接口电路板。

B-2　交　流　插　件

一、交流插件的作用

交流插件是微机型继电保护装置的交流电流、交流电压输入插件。交流插件用来接收本装置所需的交流电流和交流电压量，并经电量变换后送入模/数变换插件，如图B-6所示，交流插件在保护装置中主要起电量变换和隔离的作用。

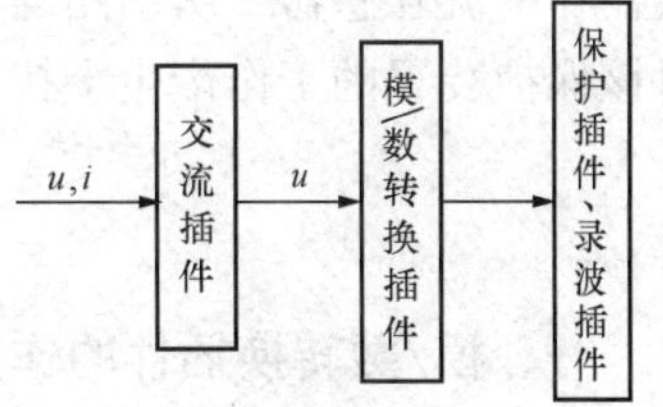

图B-6　交流插件作用示意图

1. 电量变换

电力系统在正常运行时，母线电压为额定电压，如220、110、10kV等；线路上输送的电流为负荷电流，一般为几十安甚至上千安。在发电厂、变电站中，需要经过电压互感

器、电流互感器将电压、电流的幅值降低后再送入继电保护装置、测量装置。通常电压互感器的二次电压额定电压为100V或$100/\sqrt{3}$V；电流互感器的二次额定电流为5A或1A。

在微机型继电保护装置中，模/数变换回路通常要求输入模拟电压信号的变化范围为±5V或±10V，但电压互感器、电流互感器二次侧输出电压、电流却并不适用。因此，在微机型继电保护装置中设置了交流插件，用来将电压互感器输出的二次电压、电流互感器输出的二次电流的幅值进一步降低，并转换成模/数变换回路所允许的交流电压信号。

2. 隔离

交流插件中的主要元件是电压变换器、电流变换器（或电抗变换器）。图B-7为某线路保护装置交流插件原理图。从图中可以看出，电压变换器TV、电流变换器TA的一次绕组与二次绕组之间没有直接电的联系，通过电压、电流变换器可以将电压互感器、电流互感器的二次回路与保护装置隔离开，防止电压互感器、电流互感器二次回路对微机型继电保护装置的工作产生干扰。

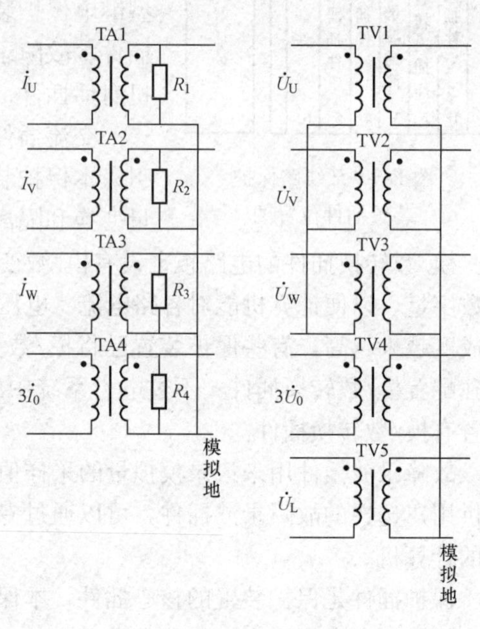

图B-7　交流插件原理图

二、交流插件的构成

各保护装置根据需要来配置电压变换器、电流变换器，每个电压变换器对应一路交流电压输入量，每个电流变换器对应一路交流电流输入量。如图B-7所示的交流插件原理图中，一共配置了5个电压变换器、4个电流变换器。其中5个电压变换器分别用来向保护装置提供U相、V相、W相电压、零序电压以及线路侧抽取电压；4个电流变换器分别用来向保护装置提供U相、V相、W相电流及零序电流。

每一路电压变换回路输入的交流电压均来自电压互感器的二次侧，它们经电缆引入保护装置机箱背面的接线端子排后，进入交流插件。电压变换器TV将输入交流电压的幅值降低后，送入模/数转换插件。电压变换器在电压互感器二次回路与保护装置之间起到了电隔离的作用，防止电压互感器二次回路对该保护装置的工作产生干扰。

每一路电流变换回路输入的交流电流均来自电流互感器的二次侧，它们经电缆引入保护装置机箱背面的接线端子排后，进入交流插件。电流变换器TA将输入的各路交流电流的幅值降低，并经电流变换器二次侧并联的电阻器转换成电压后，送入模/数转换插件。电流变换器在电流互感器二次回路与保护装置之间起到了电隔离的作用，防止电流互感器二次回路对该保护装置的工作产生干扰。

B-3　模/数转换插件

一、模/数转换插件的作用

1. 模拟信号

图B-8为交流电压随时间变化的波形图。由图可见，交流电压的瞬时值u随时间t按正弦规律变化，其表达式为 $u(t)=U_m\sin(\omega t+\alpha)$。在这个函数表达式中，自变量为时间 t，因变量为电压 u。在 t_0 到 t_n 这一段连续的时间范围内，电压 u 的幅值也是连续的。像这种自变量在规定的连续变化范围内，其因变量也是连续的信号，所以称之为模拟信号。如果自变量是时间，则称为模拟时间信号。在微机型继电保护装置中，由交流插件送入模/数转换插件的交流电压信号均为模拟时间信号，在继电保护教材及继电保护装置产品说明书中，一般简称为模拟信号。

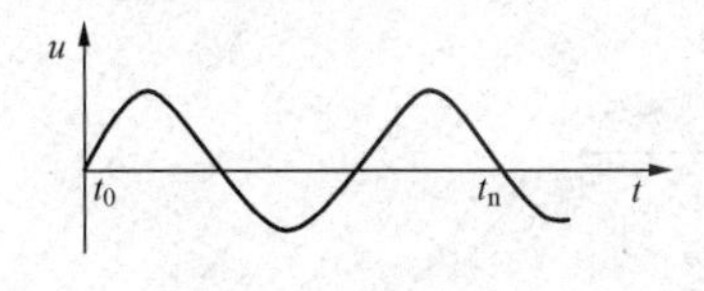

图 B-8　交流电压波形图

2. 数字信号

如果用一组数值来表示某一信号的变化过程，那么这组数值就是一个数字信号。例如，表 B-1 是一个用数值表示的交流电压信号。在 $t=0$ms 时刻，电压的幅值 $u=0$V；在 $t=5/3$ms时刻，电压的幅值 $u=0.5$V……依此类推，这样一组时间和幅值均用数值表示的交流电压信号，就是一个数字信号。

3. 模/数转换插件的作用

表 B-1　用数值表示的交流电压信号

t(ms)	0	5/3	10/3	5	…
u(V)	0	0.5	0.866	1	…

模/数转换是指将模拟信号转换成数字信号。因为计算机只能接收数字信号，所以在微机型继电保护装置中，需要把反映电气设备运行状况的电流、电压等模拟信号转换成数字信号后，才能送入计算机进行处理。模/数转换插件用来将交流插件输出的各路模拟信号转换成数字信号后再送入计算机插件，或者将交流插件输出的各路模拟信号转换成脉冲信号，由计算机插件转换成数字信号后再进行处理，如图 B-9 所示。

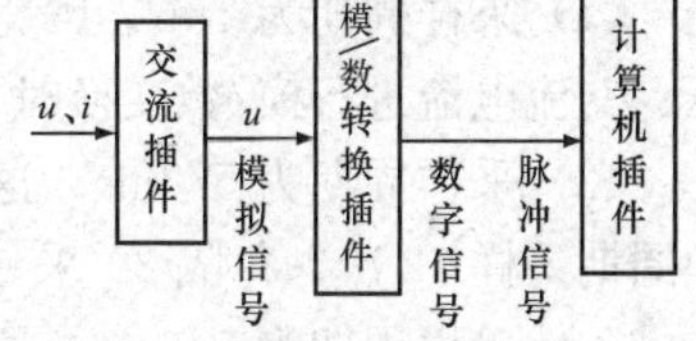

图 B-9　模/数转换插件的作用示意图

一般将用于模/数转换的电路称为模/数转换回路。在模/数转换插件中，主要设置了模/数转换回路。在微机型继电保护装置、变电站综合自动化装置中，常用的模/数转换回路有两种形式：一种是逐次比较式模/数转换回路；另一种是电压一频率变换式模/数转换回路。

二、采样及采样定理

1. 采样

计算机在将模拟信号转换成数字信号时，必须先对模拟信号进行采集取样，一般将这个过程简称为采样。那么，计算机是怎样对信号进行采集取样的呢？下面用一个简单的例子来说明计算机的采样过程。

假设将采样回路看成是一个如图 B-10（a）所示的电子开关 S。如果将某一模拟信号 $u(t)$［如图 B-10（b）］加在电子开关的输入端，并用控制回路来控制这个开关，让它每隔 T 秒闭合一次，每次闭合的时间为 τ，那么开关 S 每闭合一次，其输出端就有一个脉冲输出。这样，在开关的输出端就会得到一个重复周期为 T、宽度为 τ 的脉冲信号，用 $u_s(t)$ 来表示，如图 B-10（c）。

如果控制开关 S 闭合的时间使 τ 趋近于零，那么每个脉冲的幅值就等于该脉冲所在时刻模拟信号的瞬时值。比如，模拟信号 $u(t)$ 在 t_1 时刻的幅值为 $u(t_1)$，那么在 t_1 时刻开关输出脉冲的幅值也为 $u(t_1)$。计算机每隔 T 秒读取一次这个脉冲信号 $u_s(t)$ 的瞬时值，就可以

得到原模拟信号 $u(t)$ 的采样值如图 B-10（d）。

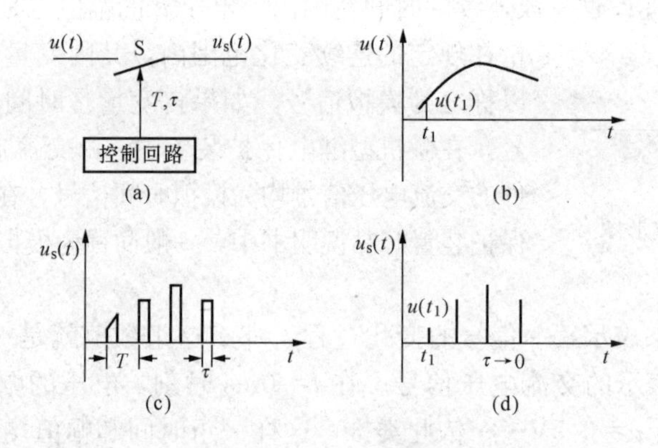

图 B-10 采样过程示意图

（a）采样回路；（b）模拟信号；（c）脉冲信号；（d）采样信号

2. 采样周期

每两次采样之间的时间间隔，称为采样周期或采样间隔，一般用 T 或 T_s 表示。对于同一信号，如果每次采样的间隔时间均相同，则称为等间隔采样；如果采样间隔的时间不完全相同，则称为非等间隔采样。目前我国变电站综合自动化装置多采用等间隔采样方式。

根据我国电力系统中工频交流电的特点，微机型继电保护装置、变电站综合自动化装置常用的采样周期有以下几种：

（1）采样周期为 1ms。因为工频交流电的变化周期为 20ms，所以这种装置在对交流电压、交流电流进行模/数变换时，每个工频周期采样 20 次。

（2）采样周期为 5/3ms。这种装置在对交流电压、交流电流进行模/数变换时，每个工频周期采样 12 次，每隔 30°采一次样。

（3）采样周期为 5/6ms。这种装置在对交流电压、交流电流进行模/数变换时，每个工频周期采样 24 次，每隔 15°采一次样。

随着计算机处理速度的不断加快，目前有些变电站综合自动化装置已达到每个工频周期采样 96 次。

3. 采样频率

每秒钟采样的次数称为采样频率，一般用 f_s 表示。采样频率与采样周期互为倒数关系，也就是说 $f_s=1/T_s$。例如，某微机型继电保护装置的采样周期为 1ms，也就是说 T_s 等于 0.001s，那么该装置的采样频率为 1kHz。

4. 采样定理

采样定理：对连续时间信号进行采样时，采样频率必须大于被采样原始信号中所含的最高频率成分的 2 倍。

如果某一信号中所含的最高频率成分为 f_{max}，那么在对这个信号采样时，所选择的采样频率必须大于 2 倍的 f_{max}，否则采样后的信号就会失真。例如某一交流电压信号的表达式为

$$u(t)=U_1\sin(2\pi 50t+\alpha_1)+U_2\sin(2\pi 100t+\alpha_2)+U_3\sin(2\pi 150t+\alpha_3)$$

可以看出，该信号是由频率为 50Hz 的基波、频率为 100Hz 的 2 次谐波、频率为 150Hz 的 3 次谐波组成的。这个信号中所含的最高频率成分为 150Hz。在对该电压信号采样时，采

样频率必须大于300Hz。

当然，采样频率越高，采样后所得信号的准确度就越高，误差就越小。不过采样频率越高，对模/数转换回路硬件条件的要求更高；同时，由于单位时间内采集到的信号增多，将使计算机的计算量加大，从而对计算机的运行速度要求也更高。

三、逐次比较式模/数转换回路

模/数转换插件在对交流插件送来的各路模拟电压量进行模/数转换之前，需要先对这些电压量进行处理。一般将逐次比较式模/数转换回路以及在此之前的模拟电压处理回路，统称为逐次比较式数据采集系统，或统称为逐次比较式模/数转换回路。图B-11是逐次比较式数据采集系统的组成框图。它主要由前置模拟低通滤波器、采样保持器、多路模拟开关和模/数转换回路构成。

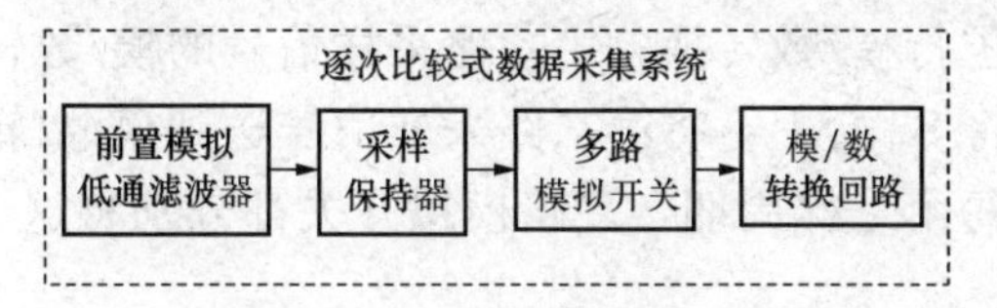

图B-11　逐次比较式数据采集系统组成框图

1. 前置模拟低通滤波器的作用

在微机型继电保护装置中，由于数据处理和相应的自检程序必须在一个采样周期内完成，否则将造成采样数据的积压。因此采样频率不能过高，以保证足够的采样周期。而电力系统在运行过程中，特别是在发生故障时，交流电压、交流电流中均含有一定的高次谐波分量，如不加以滤除，将要求采样频率过高。因此为满足采样定理，确保采样数据的质量，微机保护装置在对模拟信号进行采样之前，利用模拟低通滤波器，先将输入模拟电压信号中的高次谐波分量滤除，以便将输入信号的最高频率限制在允许的频率范围之内。

2. 采样保持器的作用

前面提到过，在各采样时刻将输入模拟信号 $u(t)$ 的瞬时值 $u_s(t)$ 记录下来，称为采样。因为模/数转换器在把模拟信号转换成数字信号时，需要一定的转换时间。对图B-12（a）所示模拟信号的采样是在瞬间完成的，即采样信号［见图B-12（b）］是一个时间极短的脉冲信号。为了在进行模/数转换时，模/数转换器能正确工作，需要将采样脉冲延长，这称为采样信号的保持。采样保持器就是用来在各采样时刻，将输入模拟信号的瞬时值记录下来，并按照模/数转换器的需要，准确地将各个时刻采集到的模拟信号的瞬时值保持一段时间。该信号称为采样保持信号，如图B-12（c）所示。

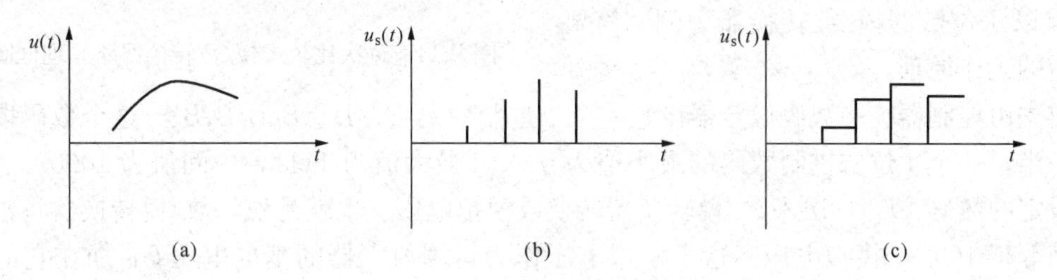

图B-12　采样及采样保持信号

（a）模拟信号；（b）采样信号；（c）采样保持信号

3. 多路模拟开关的作用

在图B-7所示的某线路保护装置交流插件原理图中可以看出，该保护装置的交流插件一共输出了9路模拟信号，其中5路用来反应交流电压量，4路用来反应交流电流量。也就是说在微机保护装置中，交流插件需要将多路模拟信号送入模/数转换插件进行模/数转换。而在每个模/数转换插件的逐次比较式数据采集系统中，一般只有一个用来进行模/数转换的模/数转换器。这就需要用多路模拟开关将各路输入的模拟信号依次送入模/数转换器的输入端，使模/数转换器分别对各路输入的模拟信号依次进行模/数转换。

如图 B-13 所示，这 9 路模拟信号分别经过 9 个低通滤波器滤波后，在每个采样时刻，9 个采样保持器同时对这 9 路模拟信号进行采样，9 路采样信号被送到多路模拟开关的输入端排队等待。在等待的过程中，采样信号保持不变。多路模拟开关每次只接通一个开关，将一路采样信号送到模/数转换回路的输入端进行模/数转换。例如，多路模拟开关先将 S1 合上，将第一路采样信号送到模/数转换回路的输入端进行模/数转换；第一路采样信号的模/数转换工作完成后，多路模拟开关先把 S1 断开，再将 S2 合上，将第二路采样信号送到模/数转换回路的输入端进行模/数转换；依此类推。在每个采样周期，多路模拟开关都分别将这 9 路采样信号依次送入模/数转换回路。

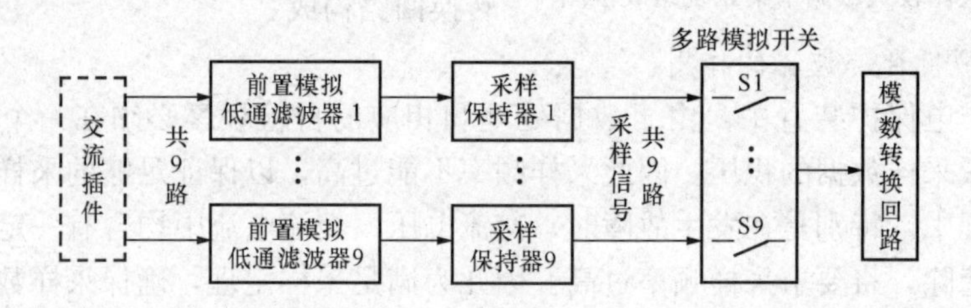

图 B-13　某线路保护装置的逐次比较式数据采集系统组成框图

4. 模/数转换回路的工作原理

模/数转换回路用来将经多路模拟开关依次接入的各路模拟信号分别转换成数字信号。因为计算机只能对二进制数进行处理，所以模/数转换回路在进行模/数转换时，是将模拟电压信号转换成了二进制数字信号。

图 B-14 所示逐次比较式模/数转换回路由运算放大器 A、控制器、数码设定器和数/模转换器构成。逐次比较式模/数转换回路是怎样将采样信号转换成数字信号的呢？下面就以 4 位数的模/数转换器为例，简要说明它的工作原理。

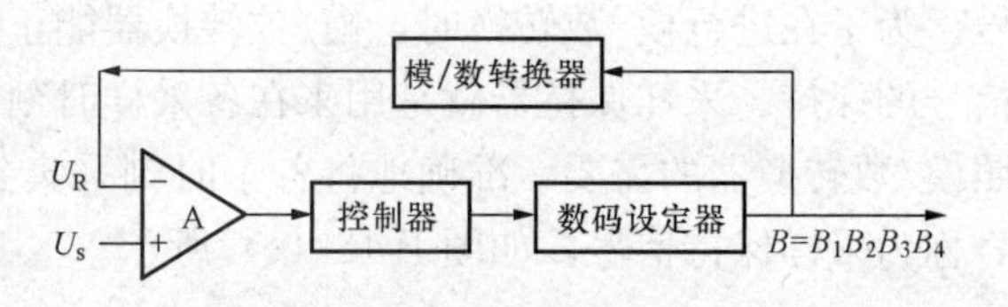

图 B-14　逐次比较式模/数转换回路原理框图

首先由控制器控制数码设定器设置一个二进制数码 B，$B=B_1B_2B_3B_4$。这个数码取最大值的一半，一个 4 位二进制数码的最小值为 0000，最大值为 1111，中间值为 1000。然后将这个设定的数码 1000，送入数/模转换器转换成模拟电压。也就是说，数/模转换器将输出一个幅值等于 1000 的模拟电压。这个模拟电压作为运算放大器的基准电压 U_R 加在它的反向端；由多路模拟开关送来的采样信号 U_s 加在运算放大器的同向端。

如果 $U_s>U_R$，说明刚才设置的数码 1000 小于实际的输入电压 U_s。因为此时运算放大器的同向端电压高，运算放大器 A 的出为“+”。当运算放大器的出为“+”时，控制器将控制数码设定器，重新设置一个大于 1000 的二进制数码 1100，同时确定最高位数码 $B_1=1$。

如果 $U_s<U_R$，则说明刚才设置的数码 1000 大于实际的输入电压 U_s。因为此时运算放大器的反向端电压高，运算放大器 A 的输出为“−”。当运算放大器的出为“−”时，控制器

将控制数码设定器，重新设置一个小于1000的二进制数码0100，同时确定最高位数码$B_1=0$。

按上述过程逐次确定出模/数转换回路每一位的转换数码B_1、B_2、B_3、B_4。经过4次比较过程，就得到了一个近似等于采样信号U_s的二进制数$B=B_1B_2B_3B_4$，完成了将一个采样值转换成二进制数的转换工作。

四、电压—频率变换式模/数转换回路

电压—频率变换式模/数转换回路与逐次比较式模/数转换回路不同，每一个逐次比较式模/数转换回路可以对多路模拟信号进行模/数转换，而每一个电压—频率变换式模/数转换回路只能对一路模拟信号进行模/数转换。假如，交流插件一共输出了9路模拟信号。那么在模/数转换插件中，就需要有9路相同的电压—频率变换式模/数转换回路，分别对这9路模拟信号进行模/数变换。

1. 电压—频率变换式模/数转换回路的构成

图B-15是一路电压—频率变换式模/数转换回路的组成框图。它主要由外围电阻、电容、电压—频率转换芯片（也称VFC芯片）、快速光隔芯片、计数器芯片等元器件构成。

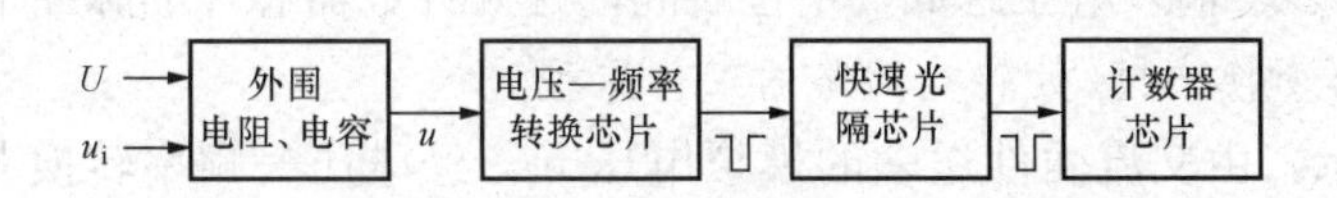

图B-15　电压—频率变换式模/数转换回路组成框图

电压—频率转换芯片是电压—频率变换式模/数转换回路的主要芯片，用来将输入的模拟电压信号转换成脉冲信号。快速光隔芯片主要起隔离作用，将数据采集系统与微型计算机系统隔离开，以提高装置的抗干扰能力。计数器芯片用来记录电压—频率转换芯片输出脉冲的个数。外围电阻、电容一般有以下作用：

（1）构成浪涌吸收器，滤除干扰信号，提高装置的抗干扰能力，同时对芯片起过电压保护的作用。

（2）在电压—频率转换芯片的输入端，引入一个直流偏置稳压电源U（如果VFC芯片中带有偏置用的直流稳压电源，则取消外加偏置稳压电源）。

（3）当输入信号范围一定时，调整其外接电容或输入电阻，可改变电压—频率转换芯片输出信号的频率范围。

（4）调整外接电位器，使某一路输入电压u_i为零时，其模/数转换回路输出的数字信号也为零，一般称为调零漂；调整外接电位器，使某一路模/数转换回路输出的数字信号与输入电压u_{in}保持一致，一般称为调整刻度。有些厂家的产品已取消了外接电位器，做到了现场免调试。

2. 电压—频率转换芯片的工作原理

电压—频率转换芯片主要由运算放大器A，三极管VT1、VT2，振荡器及外接电容器C构成，如图B-16所示。

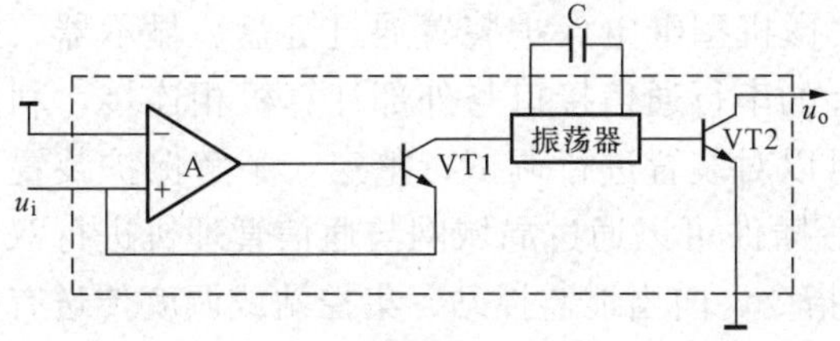

图B-16　电压—频率转换芯片内部结构示意图

运算放大器A为电压—频率转换芯片的输入级，用来将输入的电压信号u_i转换成电流信号。该电流经三极管VT1构成的跟随器去驱动振荡器，并对外接电容器C充电。振荡器的振荡频率受驱动电流的控

制，与输入的模拟电压成正比，即

$$f=\frac{U_{\mathrm{i}}}{10RC} \tag{B-1}$$

式中 f——振荡器输出脉冲的频率；

U_{i}——输入电压有效值；

R——输入回路的等值电阻；

C——外接电容器电容。

振荡器的输出脉冲为三极管 VT2 提供了基极驱动电流。振荡器每输出一个脉冲，三极管 VT2 就导通一次，并由其集电极输出一个脉冲电压信号。三极管 VT2 输出的电压信号为一等幅单极性的方波脉冲，该脉冲信号作为电压—频率转换器的输出脉冲，送入计数器芯片。

振荡器输出脉冲的频率与输入回路的电阻、外接电容均成反比。因此当输入信号范围一定时，调整其外接电容器电容 C 或输入回路等值电阻 R，可以改变该芯片输出信号的频率范围。振荡器输出脉冲的频率与输入电压成正比，因此输入电压越高，单位时间内送入计数器芯片的脉冲个数越多；输入电压越低，单位时间内送入计数器芯片的脉冲个数越少。

3. 电压—频率变换式模/数转换回路的工作原理

如图 B-15 所示，由交流插件送来的模拟电压 u_{i}，经电压—频率转换芯片后，被转换成了一串等幅脉冲信号。其输出脉冲的频率正比于输入电压的幅值。这串等幅脉冲信号经过快速光隔芯片进行光电隔离后，被送入计数器。计数器芯片用来记录电压—频率转换芯片输出脉冲的个数。

计算机每隔一个采样间隔，就来读取一次计数器中脉冲的个数，并将读数的结果存入随机存储器中，这个过程称为采样。用本次读取的数值减去前一次读取的数值，就可以得到在一个采样间隔内电压—频率转换芯片输出脉冲的个数。每个采样间隔内，电压—频率转换芯片输出脉冲的个数，对应一个采样时刻输入模拟电压的瞬时值。在一个采样间隔内，电压—频率转换芯片输出脉冲的个数越多，就表示这个采样时刻输入模拟电压的瞬时值越大；在一个采样间隔内，电压—频率转换芯片输出脉冲的个数越少，就表示这个采样时刻输入模拟电压的瞬时值越小。

B-4 计算机插件

在微机型继电保护装置中，带有单片机、具有微型计算机功能的电路板一般有人机对话插件、故障录波插件、保护插件（也称为主 CPU 插件）三种。

一、人机对话插件

1. 人机对话插件的主要功能

人机对话插件具有人机对话和通信功能。微机型继电保护装置通过键盘、显示器、打印机完成人机对话功能，或者通过装置面板上的串行通信接口与外部计算机相连接，利用外部计算机进行人机对话。通过人机对话，可以对装置进行调试、整定，了解保护装置工作情况，了解一次设备的运行状况。人机对话插件可以通过局域网与通信管理机进行双向通信，接收当地监控站、集控站或调度的各项指令，向当地监控站、集控站或调度传送有关信息。

2. 人机对话插件的基本结构

人机对话插件由单片机基本系统、网络驱动器、串行通信接口、硬件时钟电路、硬件自复位电路、键盘输入电路、液晶显示电路、开关量输入电路、开关量输出电路等构成，如图 B-17 所示。

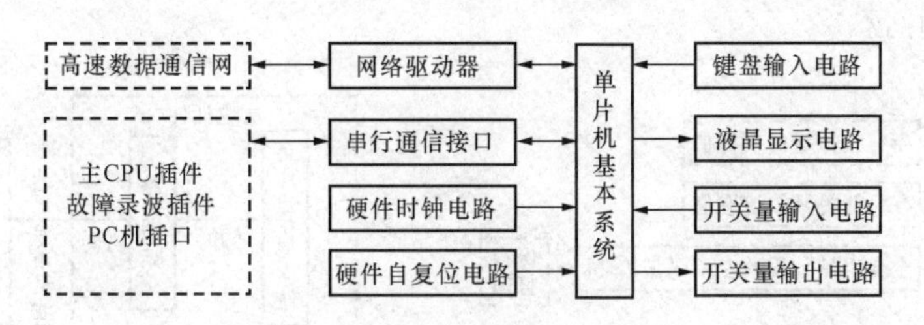

图 B-17　人机对话插件结构框图

单片机基本系统是人机对话插件的指挥系统，用来执行人机对话插件的程序，完成各种数据、信息的处理。新型微机保护装置的单片机基本系统多采用高性能的 CPU 芯片，人机接口程序固化在芯片内，总线不出芯片，因而大大提高了抗干扰性能。在单片机内一般都集成了很强的计算机网络功能，通过在片外的网络驱动器可以直接连至高速数据通信网。

串行通信接口用来完成人机对话插件与主 CPU 插件、故障录波插件之间的信息传递。同时串行通信接口还经过光隔后连至面板上的计算机插口。硬件时钟电路可以自动地计算年、月、日、时、分、秒，为保护装置提供准确的计时。硬件时钟回路中一般设有可充电的干电池，用来保证装置停电时时钟不停。当 CPU 因程序出格不能正常工作时（死机），硬件自复位电路会自动发出复位信号，使该 CPU 重新投入工作。

键盘输入电路用来完成对本装置的命令、地址、数据等信息的输入。通过键盘的响应回路来判断是否有按键被按下来；确定下落按键的位置及其所对应的指令；保证在前一个下落按键被释放后，再接收下一个按键的指令。液晶显示电路用来接收并显示本装置的有关信息。通过液晶显示器可显示装置的实时时钟、各路模拟量的测量值、各连接片的投退位置、各种功能键菜单及操作提示信息、定值清单、本装置历次动作的记录、软件版本号及检验码等信息。通过整定人机对话插件的定值清单中的控制字，可以对正常运行时液晶显示器的显示内容进行选择；通过键盘命令，可以选择显示命令菜单及有关信息。

开关量输入电路用来接收人机对话插件所有开关输入量的状态信息。开关量输出电路用来驱动人机对话插件的执行元件，如告警继电器、复归继电器、信号指示灯等。

二、故障录波插件

1. 故障录波插件的主要功能

故障录波插件用来记录送入本保护装置的所有模拟量的采样值、有关开关量的状态值；通过专用录波通信网或公用通信网，可以将录波数据送至公用的专门用于录波的计算机存盘，录波数据可以以数据或图形的方式送至打印机打印，如图 B-18 所示。

采用这种分散记录的方式，可以减少硬件的重复设置，简化二次电缆。分散记录与集中记录可以互为备用，提高了记录的可靠性。通过整定录波插件的定值清单中的控制字，可以对录波数据的记录方式、输出方式进行选择。

2. 故障录波插件的基本结构

故障录波插件由单片机扩展系统和网络通信系统两部分组成，两者通过并行口进行信息传递和交换，如图 B-19 所示。故障录波插件的网络通信系统通过并行口从单片机扩展系统获取数据信息，并通过专用的故障录波通信网或公用通信网，将录波数据送至公用的专门用于录波的计算机存盘。

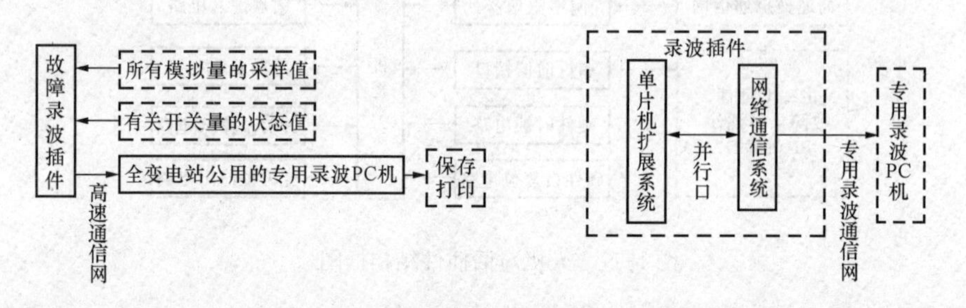

图 B-18 故障录波插件功能示意图　　图 B-19 故障录波插件结构示意图

故障录波插件的单片机扩展系统由单片机基本系统、串行通信接口、只读存储器、随机存储器、模拟量输入电路、开关量输入电路、开关量输出电路构成，如图 B-20 所示。

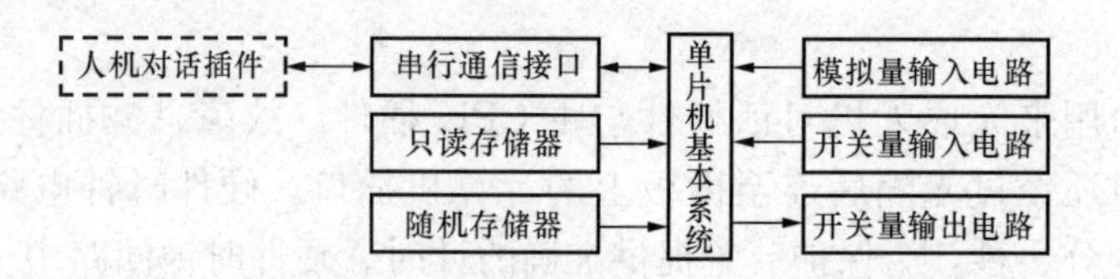

图 B-20 故障录波插件单片机扩展系统结构示意图

单片机基本系统是故障录波插件的指挥系统，用来执行故障录波插件的程序，完成各种数据、信息的处理。串行通信接口用来完成录波插件与人机对话板之间的信息传递。外置只读存储器用于存放录波插件的定值和参数。外置随机存储器用于存放录波数据。模拟量输入电路用来接收模/数变换插件送来的各路模拟量信息。开关量输入电路用来接收本间隔内所有需要记录的开关量的状态信息。开关量输出电路用来驱动故障录波插件的告警信息。

三、保护插件

1. 保护插件的主要功能

保护插件负责完成本保护装置的主要任务。对于不同型号的保护装置，其保护功能的配置不同。例如，某线路保护装置配置有闭锁式高频距离保护、闭锁式高频零序方向保护、三段相间距离保护、三段接地距离保护、四段零序电流方向保护、三相一次重合闸、不对称故障相继速动、双回线相继速动、无故障快速复归、低周减载功能。

2. 保护插件的基本结构

保护插件由单片机基本系统、串行通信接口、只读存储器、模拟量输入电路、开关量输入电路、开关量输出电路等构成，如图 B-21 所示。

单片机基本系统是保护插件的指挥系统，用来执行保护插件的程序，完成各种数据、信息的处理。串行通信接口用来完成保护插件与人机对话插件之间的信息传递。外置只读存储器用于存放保护插件的定值和参数。模拟量输入电路用来接收模/数变换插件送来的各路模拟量信息。开关量输入电路用来接收保护插件所有开关输入量的状态信息。开关量输出电路用来驱动保护插件的执行元件，如启动继电器、跳闸继电器、合闸继电器、信号继电器、告警继电器、复归继电器等。

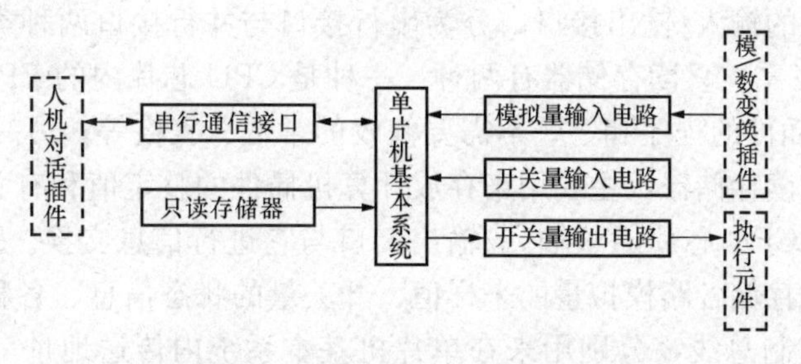

图 B-21 保护插件基本结构框图

四、硬件电路举例

1. 单片机基本系统

单片机基本系统是各计算机插件的指挥系统，用来执行各计算机插件的程序，完成各种数据、信息的处理。人机对话插件、故障录波插件和主 CPU 插件，在各保护装置中分别用来完成不同的功能，它们的硬件结构也不完全相同，但这些插件中都设置了单片机基本系统，都具有计算机的自动处理功能。

单片机基本系统的元器件一般都集成在一个芯片内，具有微型计算机的基本功能，所以这种芯片称为单片机，或称为 CPU 芯片。一般情况下，一个单片机的集成度越高，集成的元器件越多，它的功能越强、性能越好。

如果所选用的单片机不能满足某种功能的要求，或存储器的容量不够的话，还可以根据需要在单片机外配置其他芯片。例如，在故障录波插件的单片机基本系统中，一般外置只读存储器 E^2PROM 芯片，用于存放故障录波插件的定值和参数；外置随机存储器 RAM 芯片、FLASHRAM 芯片，用于存放录波采样数据及重要的录波报告和数据等。在主 CPU 插件的单片机基本系统中，一般外置只读存储器 E^2PROM 芯片，用于存放主 CPU 插件的定值和参数等。

从图 B-22 中可以看出，单片机系统由 CPU、输入/输出接口、只读存储器、随机存储器、地址总线、数据总线和控制总线等构成。

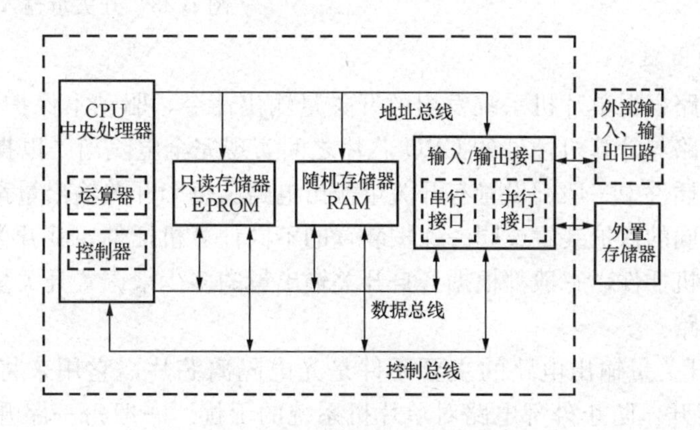

图 B-22 单片机系统基本结构示意图

CPU是中央处理器的英文缩写，也称为微处理器。它是计算机系统的核心元件，主要由运算器和控制器构成。运算器用来完成各种算术运算和逻辑运算功能；控制器用来执行该计算机插件的程序，指挥计算机系统自动地、协调地工作。

单片机基本系统的输入/输出接口，分为串行接口与并行接口两种类型，它们用来建立CPU芯片与外界的联系。只读存储器有两种：一种是CPU芯片内的EPROM存储器，它主要用来存放主CPU插件的程序和一些不需要修改的常数、表格等；另一种是E^2PROM，它是一种电可改写的只读存储器，主要用来存放计算机插件的整定值和有关参数等。E^2PROM是外置存储器芯片，CPU芯片通过输入/输出接口与它进行信息交换。RAM中的内容可以随时改写，主要用来存储各路模拟量的采样值、开关量的状态信息、各种报告和数据等。址总线、数据总线和控制总线，分别用来在单片机基本系统内传送地址、数据及控制命令等信息。

2. 开关量输入电路

因为各保护装置的单片机系统在工作时，需要了解相关开关量的状态信息，如反应一次设备运行状况的变压器油温过高、变压器轻瓦斯保护动作、断路器的位置信息等；与保护装置的工作状况有关的保护连接片的投/退、不对应启动重合闸、闭锁重合闸、录波开入、信号复归等。因此在各计算机插件中都设置了开关量输入电路，用来接收本插件所有开关输入量的状态信息。每个开关输入量都有各自独立的开关量输入电路。不同的保护装置，同一保护装置的不同计算机插个，其开关输入量的多少不同。因此每个计算机插件，一般都根据各自开关输入量的多少来设置开关量输入电路的回路数，并留有备用回路。

图B-23所示开关量输入电路的主要元件是光电隔离芯片，它用来将外部开关量回路与单片机系统隔离开，防止外部电路对单片机系统的干扰。当开关S处在打开状态时，光电隔离芯片的二极管中无电流通过，二极管不发光，三级管处于截止状态，A点输出为高电平。当开关S处在接通状态时，光电隔离芯片的二极管中有电流通过，二极管发光，使三极管处于导通状态，A点输出为低电平。可见，开关量输入电路的输出电平，随着开关S的状态变化而变化。单片机系统通过查询A点电平的高、低，就可以确定该开关的状态。

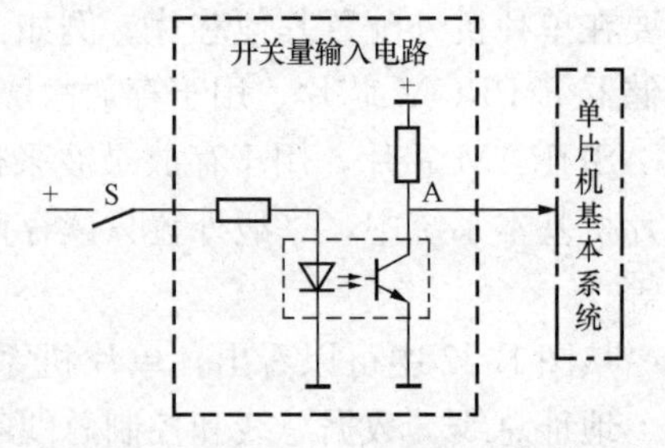

图B-23 开关量输入电路原理示意图

3. 开关量输出电路

开关量输出电路根据单片机系统发出的开关量输出命令，驱动本保护装置的执行元件，并将外部开关量电路与计算机插件的CPU芯片之间实现完全电隔离，以提高装置的抗干扰能力。在各计算机插件中一般都设置有开关量输出电路。每个开关输出量都有各自独立的开关量输出电路，不同的保护装置或同一保护装置的不同计算机插件，其开关输出量的多少不同。因此每个计算机插件，一般都根据各自开关输出量的多少来调置开关量输出电路的回路数，并留有备用回路。

图B-24所示开关量输出电路的主要元件是光电隔离芯片，它用来将外部开关量回路与单片机系统隔离开，防止外部电路对单片机系统的干扰。一般每一路开关量驱动电路由CPU芯片的两根并行输出口线控制。一方面是因为并行输出口带负荷的能力有限，采用

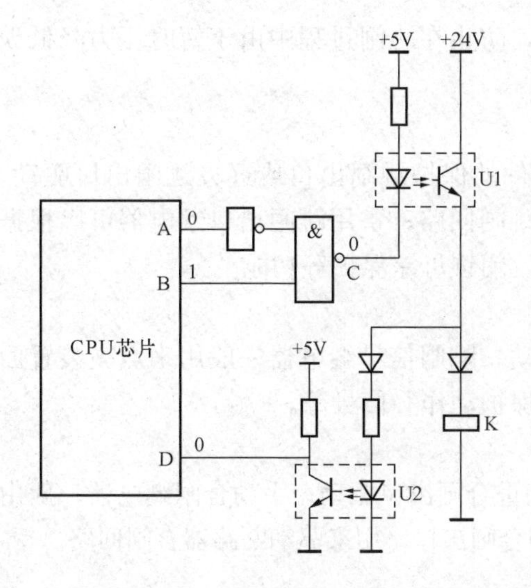

图 B-24　开关量输出电路原理图

两根并行输出口线控制，可以提高带负荷的能力；另一方面，只有当CPU芯片的两根并行输出口线都有输出时，才能使执行元件动作，以有效地防止执行元件误动作，提高装置的抗干扰能力。

当单片机系统发出开关量输出命令时，CPU芯片中相应的两条输出口线将分别送出一高、一低两个电平。其中A点为低电平、B点为高电平，经反相器和与非门电路后，C点输出低电平。光电隔离芯片U1的二极管中有电流通过，二极管发光，三极管处于导通状态，一方面使执行元件K带电动作；另一方面，通过光电隔离芯片U2反馈给CPU芯片的输入口线，使D点为低电平。该反馈电路用来检查开关量输出回路是否正常。当单片机系统对某一路开关量输出电路发出开关量输出命令后，如果D点为低电平，则说明该开关量输出电路正常。

B-5　继电器插件

微机型继电保护装置中都设置有用来作为各出口回路执行元件的各种小型继电器。不同的保护装置，设置的继电器的多少不同，插件的多少不同，插件所起的名称也不同。在微机型继电保护装置中，放置了继电器的插件一般根据其用途不同称为跳闸插件、信号插件、告警插件、逻辑插件、继电器插件等，统称为继电器插件。图B-22是某线路保护装置的继电器插件。

图 B-25　某线路保护装置的继电器插件

在继电器插件中一般设置有启动继电器、跳闸继电器、合闸继电器、信号继电器、告警继电器、复归继电器、备用继电器等。

一、启动继电器

保护装置中设置的启动继电器一般均由保护插件驱动。启动继电器的触点可分别用来启动高频发信，闭锁保护装置的跳闸出口、合闸出口，防止在跳闸过程中由于暂时压力降低误闭锁重合闸等。

二、跳闸继电器

保护装置中设置的跳闸继电器一般均由保护插件的保护跳闸出口或远方跳闸出口驱动。其中，保护装置的跳闸出口继电器用来驱动断路器跳闸回路；备用跳闸出口继电器可以根据需要用于实现启动故障录波、启动断路器失灵保护、闭锁母差保护等功能。

三、跳闸信号继电器

跳闸信号继电器由保护插件的保护跳闸出口驱动。跳闸信号继电器一般用来点亮装置面板上“保护动作”的光字牌，向中央信号回路发“保护动作”信号等。

四、合闸继电器

保护装置中设置的合闸继电器一般由保护插件的重合闸出口驱动；手动合闸继电器一般由保护插件的远方合闸出口驱动。它们作为保护装置的合闸出口，用来驱动断路器合闸回路。

五、合闸信号继电器

合闸信号继电器一般由保护插件的重合闸出口驱动。合闸信号继电器一般用来点亮装置面板上“重合闸动作”的光字牌，向中央信号回路发“重合闸动作”信号等。

六、告警继电器

保护装置中设置的告警继电器一般由保护插件或其他计算机插件（故障录波插件、人机对话插件）驱动。告警继电器用来在检测出保护装置异常时，点亮装置面板上“告警”的光字牌，并向中央信号回路发“保护告警”信号。当保护插件故障有可能造成误跳闸时，告警继电器在发出保护装置“告警”信号的同时，还要切断保护跳闸出口回路的电源，将保护的出口跳闸回路闭锁。

七、复归继电器

信号及告警的复归继电器，可以由面板上的“信号复归”按钮、人机对话插件以及由端子排引入的外部信号驱动。

八、备用继电器

备用继电器的功能可以由软件编程决定，用于其他专门功能的输出或备用。

B-6 电 源 插 件

电源插件用来给本保护装置的其他插件提供独立的工作电源。电源插件一般采用逆变稳压电源，它输出的直流电源电压稳定，不受系统电压波动的影响，并具有较强的抗干扰能力。

电源插件输入的电源电压一般为直流 220V 或 110V；输出的电源电压一般为保护装置所需的＋5，±15V 或±12，±24V 三组直流电压。电源插件上一般设置有失电告警继电器，当电源插件输出的电源中断时，失电告警继电器动作，其动断触点闭合，向中央信号回路发“保护失电”告警信号。

附录C　智能变电站继电保护系统的主要硬件结构与使用

随着智能化技术在电力系统应用的深入与发展，智能电网建设与运行水平不断提升。智能变电站是智能电网建设中实现能源转化和控制的核心平台之一，数字式微机保护、合并单元和智能终端是智能变电站系统的重要组成部分。因此，将智能变电站的继电保护系统概述、数字式微机保护装置、合并单元及智能终端的基本结构及使用介绍部分加入本书附录，供读者选用。

C-1　智能变电站继电保护系统概述

智能化是目前世界电力工业发展的新趋势，智能变电站是数字化变电站的升级和发展，在数字化变电站的基础上，结合智能电网的需求，对变电站自动化技术进行充实，以实现变电站的智能化功能。智能变电站采用先进、可靠、集成、低碳、环保的智能设备，以全站信息数字化、通信平台网络化、信息共享标准化为基本要求，自动完成信息采集、测量、控制、保护、计量和监测等基本功能，并可根据需要支持电网实时自动控制、智能调节、在线分析决策、协同互动等高级功能。

一、智能变电站的结构

当前我国智能变电站大多采用“三层两网”结构。其中，“三层”是指站控层、间隔层、过程层。站控层设备包括有监控主机、数据通信网关、数据服务器、综合应用服务器、操作员站、工程师工作站、数据集中与管理终端等，主要实现管理监控以及远程通信的作用。间隔层设备一般指继电保护装置、系统测控装置、监测功能组的主智能电子设备等二次设备，用来与各种远方输入/输出、传感器和控制器通信，实现对一侧设备的继电保护、测控及监测功能。过程层设备主要包括电子式互感器、合并单元以及智能终端等，用于实时运行电气量的采集（如遥测电流、电压采样）、设备运行状态的监测（如遥信信息、温湿度信息、非电量信息等）、控制命令的执行（如遥控、遥调、保护跳闸等）等。“两网”是指站控层网络及间隔层网络。站控层网络是间隔层设备和站控层设备之间的网络，用于实现站控层内部以及站控层和间隔层之间的数据传输。过程层网络是间隔层设备和过程层设备之间的网络，用于实现间隔层设备和过程层设备之间的数据传输。过程层网络包括GOOSE网和SV网。其中GOOSE（Generic Object-Oriented Substation Event）是一种面向通用对象的变电站事件，主要用于实现在多个智能电子设备之间的信息传递，包括传输跳合闸、联合闭锁等多种信号（命令），具有高传输成功概率。SV（Sampled Value）即采样值，它基于发布/订阅机制，交换采样数据集中的采样值的相关模型对象和服务，以及这些模型对象和服务到ISO/IEC 8802-3帧之间的映射。

二、数据采样和跳闸方式

智能变电站中的继电保护均采用数字式微机保护装置，在保护原理上与传统微机继电保护装置差别并不大，主要是对一、二次设备的功能定位进行了新的划分，通信手段及保护功能实现手段均发生了变化。下面对智能变电站中数字式微机保护装置的数据采样方式及跳闸方式进行介绍，以增进读者对智能变电站中的继电保护系统的认识与了解。

1. 智能变电站中数字式微机保护装置的数据采样方式为“直采”

Q/GDW 441—2010《智能变电站继电保护技术规范》要求，继电保护采样应采用直采，即继电保护装置从合并单元接受采样值数据，可以直接点对点连接（保护装置和合并单元通过光纤直接通信），这样的方式称为“直采”。

常规微机保护装置采样方式是通过电缆直接接入常规互感器的二次侧电流、电压，保护装置自身完成对模拟量的采样和模/数（A/D）转换。在智能站中的同一电气间隔内，将电流互感器及电压互感器输出的电流、电压，共同接入一个称为“合并单元（MU）”的设备，该合并单元再将反映电流互感器二次侧输出电流大小，以及电压互感器二次输出电压大小的参数以数字量的形式送给继电保护、测控等二次设备。也就是说，智能变电站继电保护装置的数据采样方式为接受合并单元送来的采样值数字量，采样和模/数（A/D）转换的过程均在合并单元中完成。合并单元（MU）的数字量输出接口通常被称为采样（SV）接口，主要以光纤为主。

2. 智能变电站中数字式微机保护装置的跳闸方式为“直跳”或“网跳”

常规微机保护保护装置采用电路板上的出口继电器经电缆直接连接到断路器操作回路实现跳闸。智能变电站数字式微机继电保护装置则通过智能终端实现跳、合闸功能，同时保护装置之间的闭锁，启动信号也由常规微机保护的硬接点、电缆连接改为通过光纤、网络交换机来传递。其中，智能终端（也称智能操作箱）是断路器的智能控制装置。智能变电站利用智能终端实现了断路器操作箱回路、操作箱继电器的数字化、智能化；同时，除了输入、输出触点外，断路器操作回路功能均通过软件实现，使操作回路二次接线得以简化。

Q/GDW 441—2010 要求，对于单一电气间隔的继电保护装置应采用“直跳”方式，涉及多间隔的继电保护装置（母线保护）宜采用“直跳”，如确有必要，在满足可靠性和快速性要求的情况下可以采用“网跳”。所谓“直跳”方式，是指保护装置向智能终端发送跳闸命令，可以直接点对点连接（保护装置和智能终端通过光纤直接通信）；所谓“网跳”方式，是指保护装置经过程层交换机通信（经过 GOOSE 网络），向智能终端发送跳闸命令。

智能变电站中的合并单元、智能终端是实现继电保护功能必不可少的设备，其配置与电力系统继电保护配置要求一致。例如，对于 220kV 及以上电压等级的继电保护有双重化配置要求：两套保护的电压、电流采样分别取自相互独立的合并单元；两套保护的跳闸回路应与两套智能终端分别一一对应；两套智能终端与断路器的两个跳闸线圈分别一一对应。

智能变电站中的合并单元、智能终端的应用，实现了继电保护数据采样与跳闸的数字化，从整体上促进了变电站二次回路的光纤化和网络化，将传统变电站的硬接点连接变为通过光纤、交换机传递，简化了二次回路，提高了抗干扰能力，实现了二次回路状态的在线监测。当前智能站通常是将智能终端、合并单元等二次设备就地安装在断路器附近的智能控制柜内，智能控制柜具备空调等环境调节功能，为二次设备提供较好的运行环境。

有上述可见，智能变电站中继电保护功能的实现是通过数字式微机保护装置、合并单元、智能终端、通信网络及相关设备联合工作而完成，也可以说数字式微机保护装置、合并单元、智能终端、通信网络及相关设备构成了智能变电站的继电保护系统，数字式微机保护装置、合并单元、智能终端是智能变电站继电保护系统的主要设备。

C-2 数字式微机保护装置硬件基本结构与使用

图 C-1 所示为 WXH-813B/G 型微机数字式超高压线路快速保护装置，用于智能变电站 110kV 及以下电压等级输电线路的主保护及后备保护，并有测控功能。该装置满足“直采、直跳”接口要求，也支持SV过程层网络接收及GOOSE网络跳闸模式；模拟量采用IEC 61850-9-2点对点接入，开关量采用GOOSE接入。装置包括以光纤电流差动保护为主体的全线速动主保护，由三段相间及接地距离保护、四段零序保护、四段方向（复压）过电流保护构成全套后备保护，此外还配置有三相一次重合闸及测控功能。

一、保护装置面板布置

WXH-813B/G面板如图C-1所示，面板上包含12个信号灯，其中有3个为备用。正常运行时CPU运行灯亮，重合允许灯亮，其他灯灭。信号灯的颜色、含义及点亮条件见表C-1。

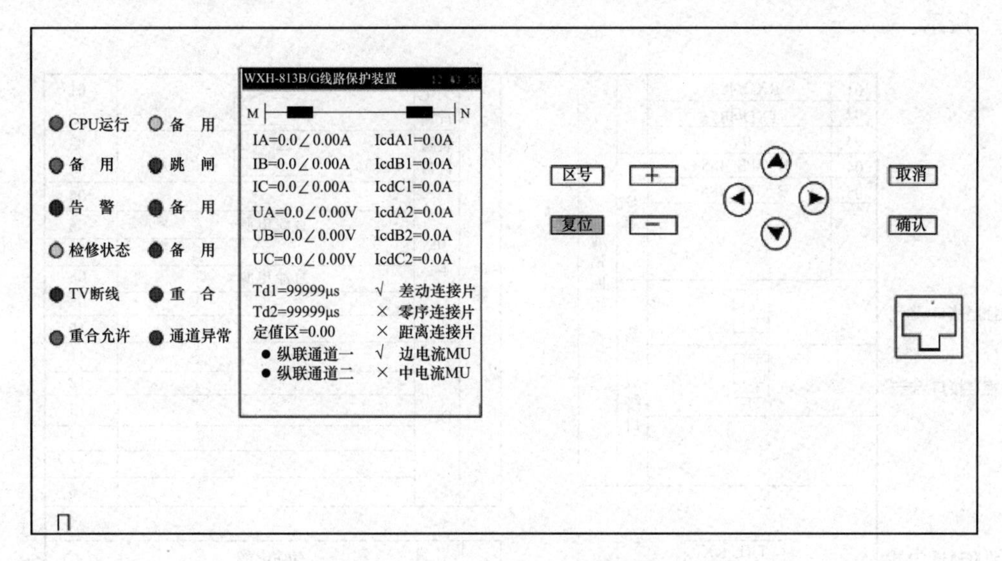

图C-1 WXH-813B/G保护装置面板

表C-1 WXH-813B/G面板信号灯含义

名称	颜色	含义	点亮条件	对保护影响
CPU运行	绿	监视保护CPU的运行情况	正常运行时点亮，装置启动后闪烁	—
备用	绿	—	—	—
告警	红	指示装置有异常情况发生	（1）装置软硬件告警信息，如程序自检错；AD出错；RAM出错；开出自检错；定值越限告警；定值自检错等 （2）装置逻辑自检告警信息，如TA异常、TA反序、TV反序等	熄灭：正常运行 点亮：部分闭锁保护
检修状态	黄	指示装置正常状态	投入检修连接片后点亮	熄灭：正常运行 点亮：保护处于检修状态
TV断线	红	指示TV回路异常	TV断线条件满足时点亮	熄灭：正常运行 点亮：闭锁距离保护
重合允许	绿	指示重合闸充电状态	重合闸充电完成后点亮	熄灭：正常运行 点亮：闭锁重合闸
备用	黄	—	—	—
跳闸	红	指示保护装置跳闸出	当保护装置跳闸出口时点亮	熄灭：正常运行 点亮：线路发生故障

续表

名称	颜色	含义	点亮条件	对保护影响
通道异常	红	指示通道状态	当光纤通道有较高误码率或通道中断等异常情况时点亮	熄灭：正常运行 点亮：纵联光纤通道异常，闭锁差动保护

二、保护装置硬件

WXH-813B/G的硬件采用后插拔的插件式结构，CPU电路板为6层板，其整体结构如图C-2所示。

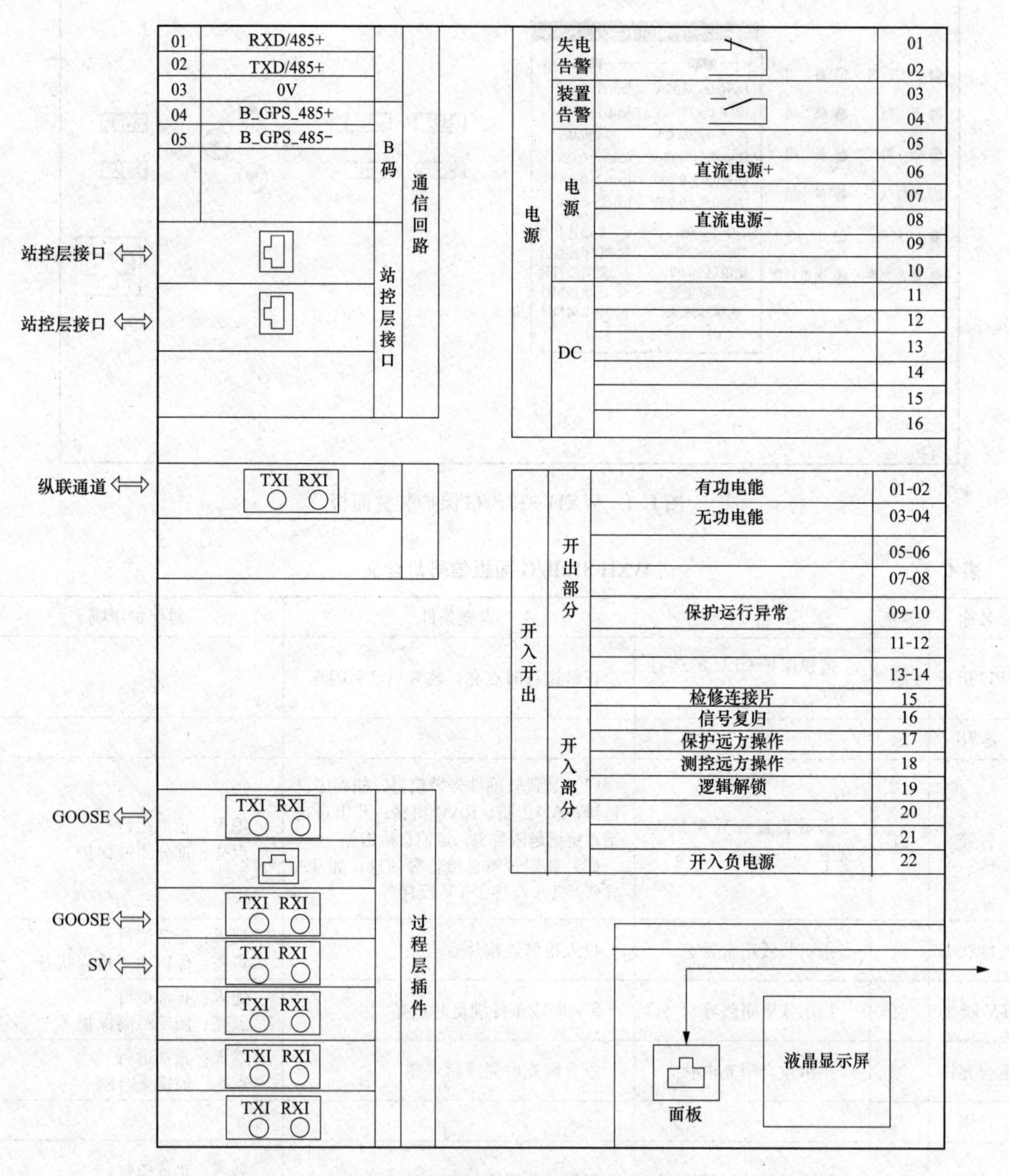

图C-2 WXH-813B/G整体结构图

WXH-813B/G 机箱端子图如图 C-3 所示，组成装置的插件有 3 号过程层接口插件、7 号 CPU 插件含光纤插件、8 号开入开出插件、A 号稳压电源，其余为备用插件。

A	9	8	7	6	5	4	3	2	1
5V 20V 01 失电告警1 02 失电告警2 03 装置告警1 04 装置告警2 05 06 IN+ 07 08 IN− 09 10 GNDEXT 11 12 13 14 COM 15 16	备用插件	01 02 03 04 05 06 07 08 09 10 11 12 13 14 15 KR1 16 KR2 17 KR3 18 19 20 21 22 CON	01 485#1+ 02 485#2+ 03 0V 04 GPS+(B) 05 GPS−(B) 06 07 08 TX1 RX1 LINK1 TX1 RX2 LINK1	备用插件	备用插件	备用插件	ETH1 ETH2 ETH3 ETH4 ETH5 ETH6 备用插件	备用插件	备用插件

图 C-3　WXH-813B/G 机箱端子图

1. CPU 插件

图 C-4 为 CPU 插件图，CPU 插件处理器 1 完成保护逻辑运算功能，处理器 2 完成 MMS 通信功能。01、02 为打印口，03 为屏蔽地，04、05 为 485B 码对时接口。3 个 RJ45（可选光纤口 ST 接插头）站控层通信口，规约为 IEC-61850。

插件右侧的扩展板上有光纤纵联通道。发送数据时，把差动 CPU 模块传来的数据帧变为同步串行数据，并经码型调制后送至光收发模块，由光收发模块将串行数据信号转化成光信号，通过光纤向通道传送。接收数据时，光收发模块将光信号转化成电信号，并将解码后的数据送至差动 CPU 模块。

2. 开关量插件

开关量插件如图 C-5 所示，完成开入/开出等功能。开入电源为直流 220V 或 110V，其正电源

端子	定义	
01	RXD/485+	TX1
02	TXD/485−	RX1
03	0V	LINK1
04	B_GPS_485+	TX2
05	B_GPS_485−	RX2
06		LINK2
07		
08		
RJ45		

图 C-4　CPU 插件图

部分	定义	端子
开出部分（8号）		01-02
		03-04
		05-06
		07-08
		09-10
		11-12
		13-14
开入部分	检修连接片	15
	信号复归	16
	远方操作	17
		18
		19
		20
		21
	开入负电源	22

图 C-5　开关量插件端子定义

连接到开入节点的公共端，负电源接到 22 端子。15 端子为保护检修状态投/退连接片，投入时才可进行开出传动试验，同时装置产生通信报文都会带 Test 标志。16 端子为复归输入端子，17 端子为保护远方操作允许硬连接片，投入时方能进行远方修改定值、投退软连接片、切换定值区功能。

3. 过程层接口插件

过程层接口插件如图 C-6 所示。过程层接口插件作为保护装置的过程层以太网接口单元，主要完成保护装置与过程层合并器或交换机的通信，通过多模光纤接受来自电子互感器的交流量数字信号；经过预处理后与保护主 CPU 通信，除此之外本插件处理器还完成了与保护 CPU 插件一致的保护启动逻辑，仅当保护启动后才允许 GOOSE 跳闸信号发出。

WXH-813B/G 有 3 个 GOOSE 光以太网口、3 个 9-2SV 光以太网口和 1 个调试用电以太网口。电以太网口用于输入配置信息及调试。

按照光以太网口排列顺序，先接入 GOOSE，保护装置 GOOSE 使用前两个光口，分别为“组网”口和“直跳”口。SV 接收端口紧接着 GOOSE 网口排列，接入 ETH3 口。

4. 稳压电源插件

稳压电源插件如图 C-7 所示，其为直流逆变插件。直流 220V 或 110V 电压输入经抗干扰滤波回路后，利用逆变原理输出本装置需要的直流电压，即 5V 及 24V。电源插件具有失电告警功能，并引出装置故障告警接点。n6 为装置工作电源正极性端，n8 为装置工作电源负极性端，装置可外接 220V 或 110V 直流工作电源。n10 为装置屏蔽地端，使用时将此接点直接连到接地铜排。

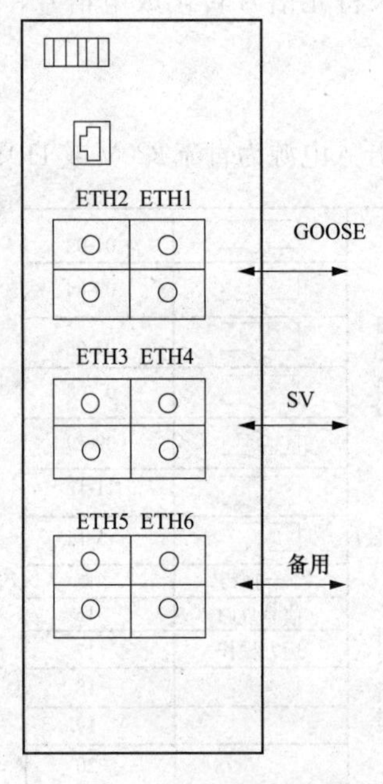

图 C-6　过程层接口插件图

图 C-7　稳压电源插件图

三、总菜单结构（见图C-8）

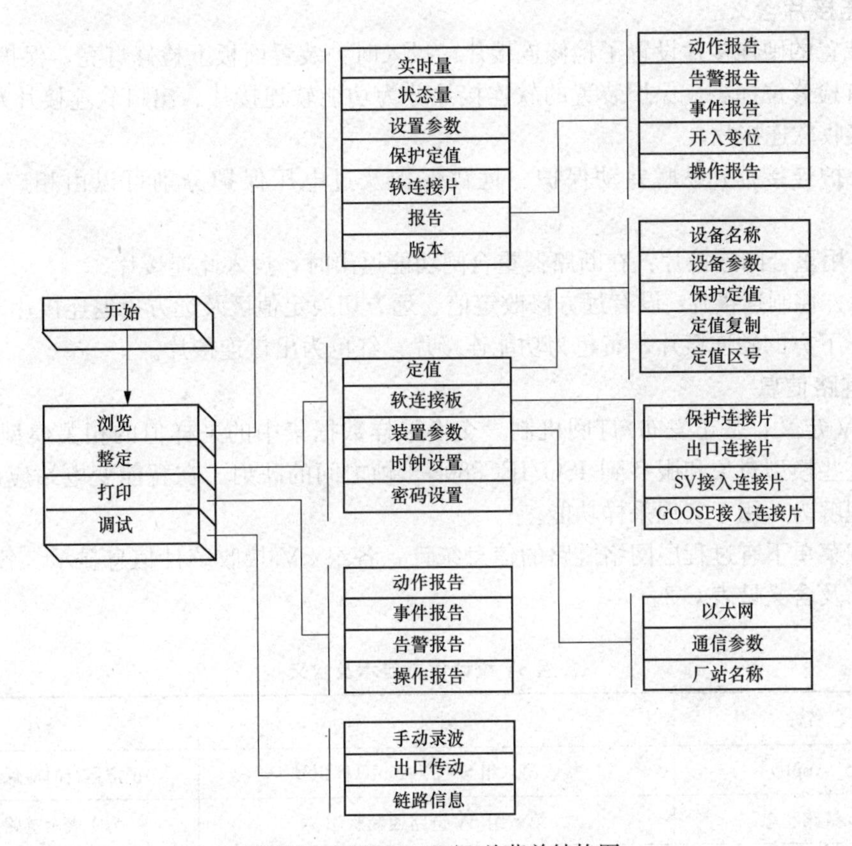

图C-8　WXH-813B/G总菜单结构图

四、液晶面板显示内容含义

如图C-9所示，正常显示时，液晶面板显示界面为线路主接线简图，并分别显示电压、电流及线路两侧差电流，还有通道延时、定值区号、保护投退状态、通道状态及当前时间。

M|——■————————■——|N

UMa=	0.01∠0.00	×	A差动连接片
UMb=	0.01∠8.23	×	B差动连接片
UMc=	0.01∠4.75	√	距离连接片
IMa=	0.00∠102.47	√	零序连接片
IMb=	0.00∠257.18	×	A通道状态
IMc=	0.00∠43.23	×	B通道状态
IcdA1=	0.00	×	A通道开放
IcdB1=	0.00	×	B通道开放
IcdC1=	0.00	×	A自环试验
IcdA2=	0.00	×	B自环试验
IcdB2=	0.00		
IcdC2=	0.00		

A通道延时99999us　　　定值区　0

B通道延时99999us

图C-9　WXH-813B/G液晶面板显示

（1）图C-9中，主接线图M侧为本侧，N侧为对侧。断路器为实心表示处于合闸状态，空心表示处于断开状态。

（2）相位。装置中显示相位以A相电压基准，超前于A相电压的相对相位，当A相电压低时自动转为以A相电流为基准。

（3）保护投退状态。保护投退状态表示该保护的软连接片和硬连接片相与后的状态，“√”表示投入，“×”表示退出。

（4）定值区号。保护装置正在使用的定值区号。

（5）通道延时。实时计算的光纤通道的收发平均延时（单位：μs），正常波动为几十个μs以内，光纤中断时显示9999μs。

(6) 通道状态。在通道未投入或通道异常时，此灯为空心；在通道正常时，为实心。

五、连接片含义

保护装置的硬连接片设置了检修连接片，投入时，装置面板上检修灯亮，保护对外发送报文均带有检修位标志。保护装置的软连接片分为功能软连接片、出口软连接片及 GOOSE 和 SV 的接收软连接片。

(1) 保护连接片：纵联差动保护、远跳保护及过电压保护分别可以由相应软连接片控制投退。

(2) 停用重合闸连接片：在断路器重合闸功能退出时，投入此连接片。

(3) 远方控制连接片：设有远方修改定值、远方切换定值区及远方投退连接片。

保护屏下方的硬连接片，黄色为功能连接片，红色为出口连接片。

六、链路信息

(1) SV 定义：基于发布/订阅机制，交换采样数据集中的采样值的相关模型对象和服务，以及这些模型对象和服务到 ISO/IEC8802-3 帧之间的映射。在智能变电站应用中，SV 可以简单理解为：用于实现采样功能。

在调试菜单下有过程层网络链路的信息统计，各组 SV 接收统计信息显示。各组 SV 统计信息显示及含义见表 C-2。

表 C-2 各组 SV 统计信息显示及含义

信息名称	含义	备注
SV*_ AppID	接收第×组 SV 的 AppID 标识号	正常运行时应保持不变
SV*_ 链路状态	第×组 SV 链路通断状态	为 1 表示链路正常
SV*_ 同步状态	第×组 SV 同步状态	为 1 表示 MU 处于
SV*_ 固定延时	接收第×组 SV 报文中的固定延时，单位 μs	正常运行时应保持不变
SV*_ 接收帧数	接收第×组 SV 的总帧数计数	正常运行时应保持不变
SV*_ 丢帧数	接收第×组 SV 的总丢帧数	正常运行时应保持不变
SV*_ 接收抖动计数	接收第×组 SV 的间隔抖动计数	正常运行时应保持不变
SV*_ 品质无效原因	接收第×组 SV 的品质异常告警原因	正常运行时应保持不变
SV*_ 不匹配原因	接收第×组 SV 配置与装置配置不匹配的原因	正常运行时应为 0

线路保护只需要接收一组 SV，所以运行时，只需要检查第一组 SV 是否正常即可。

(2) GOOSE (Generic Object Oriented Substation Event) 定义：一种面向对象的变电站事件。其主要用于实现在多 IED 之间的信息传递，包括传输跳合闸命令、告警信息、间隔互锁等，具有高传输成功率。在智能变电站应用中，GOOSE 可以简单理解为：用于实现开入开出功能。

GOOSE 基于发布/订阅机制，快速、可靠地交换数据集中的、通用变电站事件数据值的相关模型对象和服务，以及这些模型对象和服务到 ISO/IEC 8802-3 帧之间的映射。各组 GOOSE 统计信息显示及含义见表 C-3。

表 C-3　各组 GOOSE 统计信息显示及含义

信息名称	含义	备注
GS*_ AppID	接收第×组 GOOSE 的 AppID 标识号	正常运行时应保持不变
GS*_ 双网接收标识	是否配置为双网的标识	正常运行时应保持不变
GS*_ A 网链路状态	第×组 GOOSE _ A 网链路通断状态	正常运行时为 1
GS*_ B 网链路状态	第×组 GOOSE _ B 网链路通断状态	正常运行时为 1
GS*_ 检修状态	接收第×组 GOOSE 链路的检修状态	正常运行时为 0
GS*_ A 网接收帧数	接收第×组 A 网 GOOSE 的总帧数计数	正常运行时应保持不变
GS*_ A 网丢帧数	接收第×组 A 网 GOOSE 的总丢帧数	正常运行时应保持不变
GS*_ A 网接收错误帧数	接收第×组 A 网 GOOSE 的错误帧数	正常运行时应保持不变
GS*_ B 网接收帧数	接收第×组 B 网 GOOSE 的总帧数计数	正常运行时应保持不变
GS*_ B 网丢帧数	接收第×组 B 网 GOOSE 的总丢帧数	正常运行时应保持不变
GS*_ B 网接收错误帧数	接收第×组 B 网 GOOSE 的错误帧数	正常运行时应保持不变
GS*_ 不匹配原因	接收第×组 GOOSE 配置与装置配置不匹配的原因	正常运行时应为 0

检查开入信号是否正常时，要找到该开入所对应的 GOOSE 的 APPID，再检查该链路是否正常。

七、开出传动

保护装置可以通过保护传动来检查虚端子的连接是否正确，以及控制回路是否正常。

在现场可根据需要选择是否进行装置的 GOOSE 传动或带开关传动试验。一旦装置投检修连接片之后，所开出的 GOOSE 带“检修位”标志。

当进行 GOOSE 传动时，应保证接收端设备没有投入检修，以防止直接跳开断路器。当进行带开关传动试验时，智能单元也应投入检修；如果智能单元不开出，需要检查智能单元是否投入检修。

C-3　合并单元硬件基本结构

合并单元是过程层的关键设备，是对来自二次转换器的电流或电压数据进行时间相关组合的物理单元。合并单元可以是互感器的一个组成件，也可以是一个分立单元。

合并单元的输入由数字信号组成，包括采集器输出的采样值、电源状态信息及变电站同步信号等，通过高速光纤接口接入合并单元。在合并单元内对输入信号进行处理，同时合并单元通过光纤向间隔层智能电子设备（IED）输出采样合并数据。

对于采用常规互感器、电子式互感器或常规互感器与电子式互感器混用的系统，合并单元对常规互感器输出的模拟信号采样后，再与电子式互感器采集单元输出的数字量进行合并和处理，并按 IEC 61850-9-2 标准转换成以太网数据或“支持通道可配置的扩展 IEC 60044-8”的 FT3 数据，再通过光纤输出到过程层网络或相关的智能电子设备。

对于采用电子式互感器的系统，合并单元对电子式感器通过采集器输出的数字量进行合并和处理，并按 IEC 61850-9-2 标准转换成以太网数据，再通过光纤输出到过程层网络或相关的智能电子设备。

一、装置面板

DMU-831/N 系列合并单元面板如图 C-10 所示，其中指示灯含义为：

“运行”灯为绿灯，装置正常运行时点亮。

“检修状态”灯为黄灯，装置处于检修状态时点亮。

“告警”灯为红灯，装置自检异常时点亮。

“网络异常”灯为红灯，从网络接收信息异常时点亮。

“对时异常”为红灯，外部同步基准丢失时点亮。

“采集异常”灯为红灯，接收任一采集器数据异常时点亮。

“采集器 1”～“采集器 9”灯为绿灯，采集器数据通信正常时点亮。

“刀闸（隔离开关）1 合”～“刀闸（隔离开关）3 合”灯为红灯，母线电压由合并单元切换，“刀闸 1 合”～“刀闸 3 合”投入时点亮。

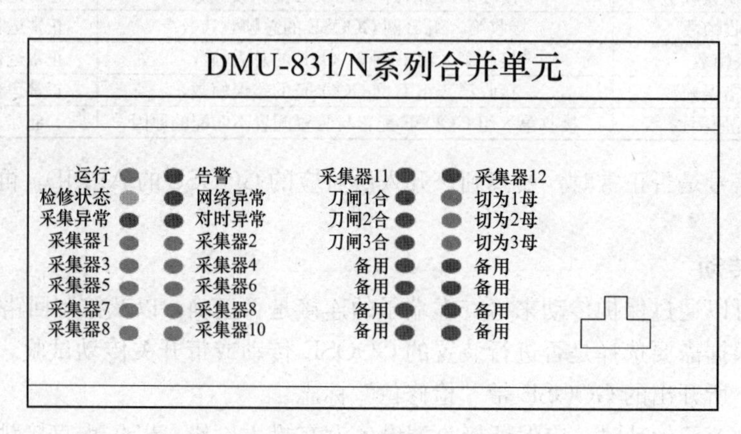

图 C-10　DMU-831/N 系列合并单元面板显示

二、装置背板说明

DMV-831/N 系列合并单元背板图如图 C-11 所示。

7	6	5	4	3	2	1
SV收发插件	SV发送插件	备用插件	CPU插件	扩展插件	开入插件	电源插件

图 C-11　DMU-831/N 系列合并单元背板图

1. 电源插件

电源插件具有宽温，85VDC～300VDC 宽范围输入，允许交流输入。

2. SV 插件

如图 C-12 所示，与 CPU 通信的主 SV 发送插件共有 6 个通信口，第 1 个口可作为 SV 级联口，也可作为保护点对点直采口；其他 5 个口作为保护直采口，满足保护等间隔装置的点对点采样要求，也可接入过程层网络，ST 接口。

3. CPU 插件

如图 C-13 所示，CPU 插件提供两路光串口输入，用于接入光 B 码和秒脉冲，为 ST 接口。网口指示灯在收到有效数据后闪烁，灯 1、2 分别指示两个光串口的工作状态，当 B 码或秒脉冲正常时，灯 1、2 每秒闪烁一次。光纤以太网口 1、2 为组网接口；ETH0、ETH1、ST 接口均支持 IEC 61588 对时，可收发 GOOSE 及 SV 报文。灯 RX3、RX4 分别指示两个网口的状态，当以太网有数据交流时，灯 RX3、RX4 闪烁。采集器 1～9 路接口提供与 CPU 电子互感器接口，可接异步 FT3 或曼码（Manchester 码）FT3。调试以太网口为调试电接口。提供一个 PPS 测试口，为 ST 接口。

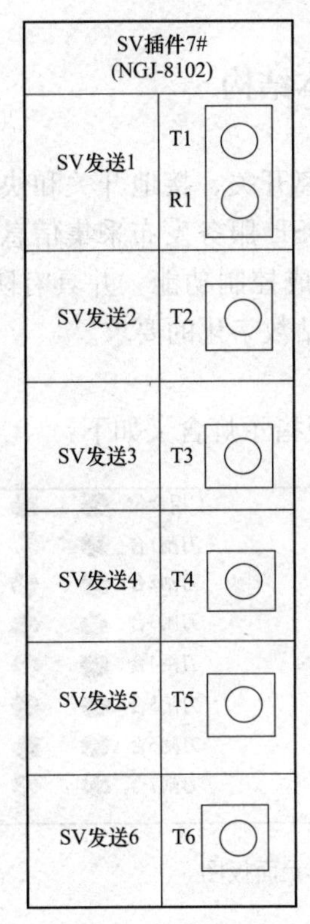

图C-12　SV插件

CPU插件11#
(NPU-8102)

指示灯	●●●●
B码秒脉冲接收口	B1、B2
光纤以太网1	T1、B1
光纤以太网2	T2、B2
PPS测试	○○
调试以太网	

RX1	采集器1
RX2	采集器2
RX3	采集器3
RX4	采集器4
RX5	采集器5
RX6	采集器6
RX7	采集器7
RX8	采集器8
RX9	采集器9

图C-13　CPU插件

三、装置原理

DMU-831/N系列合并单元的硬件原理框图如图C-14所示。检修连接片和强制把手等硬开入信号通过开入插件接入，通过扩展转为数字信号接入CPU插件。电子互感器采集单元通过采集插件接入CPU插件。CPU插件实现母线电压并列切换功能以及同步功能；通过SV插件发送SV（9-2）点对点数据至保护直采口；通过FT3插件发送SV（FT3）点对点数据至间隔合并单元；自带以太网口可接入过程层网络。

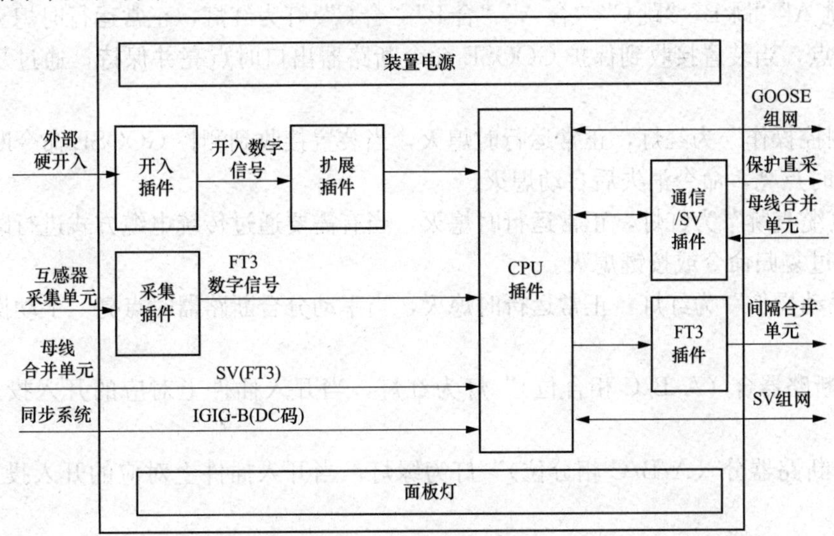

图C-14　DMU-831/N系列合并单元硬件原理框图

C-4 智能终端硬件基本结构

智能终端主要完成该间隔内断路器以及与其相关隔离开关、接地开关和快速接地开关的操作控制和状态监视，直接或通过过程层网络基于 GOOSE 服务发布采集信息；直接或通过过程层网络基于 GOOSE 服务接收指令，驱动执行器完成控制功能，并具有防误操作功能。智能终端属于智能变电站中过程层设备，完全满足变电站数字化的要求。

1. 装置面板

DBU-806 型开关智能单元面板如图 C-15 所示，面板指示灯含义如下：

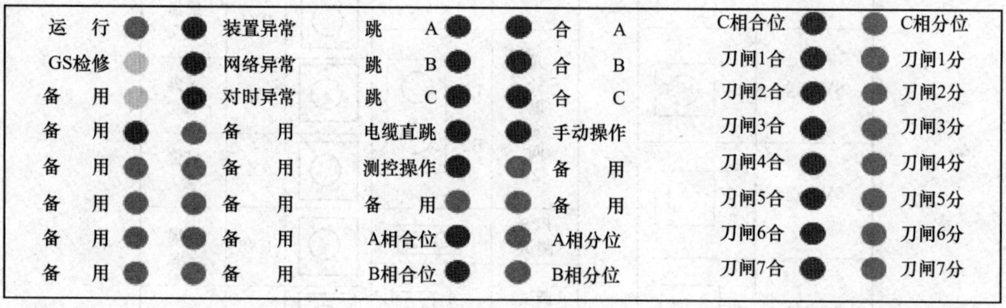

运 行	装置异常	跳 A	合 A	C相合位	C相分位
GS检修	网络异常	跳 B	合 B	刀闸1合	刀闸1分
备 用	对时异常	跳 C	合 C	刀闸2合	刀闸2分
备 用	备 用	电缆直跳	手动操作	刀闸3合	刀闸3分
备 用	备 用	测控操作	备 用	刀闸4合	刀闸4分
备 用	备 用	备 用	备 用	刀闸5合	刀闸5分
备 用	备 用	A相合位	A相分位	刀闸6合	刀闸6分
备 用	备 用	B相合位	B相分位	刀闸7合	刀闸7分

图 C-15 DBU-806 型开关智能单元面板图

(1)“运行”灯为绿灯，装置正常运行时常亮。

(2)“装置异常”灯为红灯，正常运行时熄灭，当装置异常或告警（硬件或软件自检或内部通信异常）时点亮。

(3)“网络异常”灯为红灯，正常运行时熄灭，当过程层网接收报文异常（中断或格式不正确、不对应）时点亮。

(4)“GS 检修”灯为黄灯，正常运行时熄灭，当检修连接片投入时点亮，退出时熄灭。

(5)“对时异常”灯为红灯，正常运行时熄灭，当对时信号中断时点亮，正常后熄灭。

(6)“跳 A”“跳 B”“跳 C”“合 A”“合 B”“合 C”灯为红灯，正常运行时熄灭，一一对应继电器触点，当装置接收到保护 GOOSE 命令断路器出口时点亮并保持，通过复归命令或按键熄灭。

(7)“测控操作”为红灯，正常运行时熄灭，当装置接收到测控 GOOSE 命令断路器或隔离开关出口时点亮，命令消失后自动熄灭。

(8)“电缆直跳”为红灯，正常运行时熄灭，当有需要通过传统电缆方式进行跳闸时点亮并保持，通过复归命令或按键熄灭。

(9)“手动操作”为红灯，正常运行时熄灭，当手动分合断路器时点亮，手动操作终止后自动熄灭。

(10)“断路器合（A/B/C 相合位）”灯为红灯，当开入插件上对应的开入投入时点亮，退出时熄灭。

(11)“断路器分（A/B/C 相分位）”灯为绿灯，当开入插件上对应的开入投入时点亮，退出时熄灭。

(12)“刀闸（隔离开关）1 合”～“刀闸（隔离开关）7 合”灯为红灯，当各相隔离开关合位时点亮，任一相为低电平时熄灭。

(13)“刀闸（隔离开关）1分”～“刀闸（隔离开关）7分”灯为绿灯，当各相隔离开关跳位时点亮，任一相为低电平时熄灭。

2. 装置硬件

图C-16为DBU-806插件示意图。1号插件为电源插件，为本装置提供电源。3号、4号插件分别为CPU插件和GS插件，用于逻辑处理。5、6号插件为直流插件，用于直流采集。7～15号开入插件用于状态采集与操作控制。

15	14	13	12	11	10	9	8	7	6	5	4	3	2	1
开入插件	开入插件	开入插件	扩展插件	出口插件	跳闸插件	开入插件	开入插件	扩展插件	直流插件	直流插件	CPU插件	GS插件	空面板	电源插件

图C-16　DBU-806插件示意图

参 考 文 献

[1] 王维俭. 发电机变压器继电保护应用. 北京：中国电力出版社，2005.

[2] 杨奇逊. 微型机继电保护基础. 4版. 北京：中国电力出版社，2013.

[3] 陈德树，张哲，尹项根. 微机继电保护. 北京：中国电力出版社，2000.

[4] 国家电力调度通信中心. 电力系统继电保护规程汇编. 北京：中国电力出版社，2000.

[5] 杨新民，杨隽琳. 电力系统微机保护培训教材. 北京：中国电力出版社，2000.

[6] 国家电力调度通信中心. 电力系统继电保护实用技术问答. 北京：中国电力出版社，1997.

[7] 李佑林，林东. 电力系统继电保护原理及新技术. 北京：科学出版社，2003.

[8] 陈生贵，卢继平，王维庆. 电力系统继电保护. 重庆：重庆大学出版社，2003.

[9] 郑贵林，王丽娟. 现代继电保护概论. 武汉 ：武汉大学出版社，2003.

[10] 罗玉玲. 电力系统微机继电保护. 北京：人民邮电出版社，2005.

[11] 刘学军，段慧达. 继电保护原理. 北京：中国电力出版社，2004.

[12] 李骏年，王朝均. 电力系统继电保护. 北京：中国电力出版社，1993.

[13] 邓庆松，周世平. 300MW火电机组调试技术. 北京：中国电力出版社，2002.

[14] 许建安. 电力系统继电保护. 北京：中国水利水电出版社，2004.

[15] 李火元，李斌. 电力系统继电保护及自动装置. 北京：中国电力出版社，2004.